中国科学技术经典文库·物理卷

理论物理(第五册)

热力学、气体运动论 及统计力学

吴大猷 著

科学出版社

北京

内 容 简 介

本书为著名物理学家吴大猷先生的著述《理论物理》(共七册)的第五册.
《理论物理》是作者根据长期所从事的教学实践编写的一部比较系统全面的
大学物理学教材. 本册包括热力学、气体运动论及统计力学三部分,用宏观
的和微观的观点,研究物理体系宏观系统的性质. 本册共分 21 章: 第 1~6 章
为热力学部分; 第 7~14 章为气体运动论部分; 第 15~21 章为统计力学部分.
在多数章末还附有习题供读者研讨和学习.

本书根据中国台湾联经出版事业公司的原书翻印出版,作者对原书作了
部分更正,李政道教授为本书的出版写了序言,我们对原书中一些印刷错误
也作了订正.

本书可供高等院校物理系师生教学参考,也可供研究生阅读.

图书在版编目(CIP)数据

理论物理(第五册): 热力学、气体运动论及统计力学/吴大猷著. —北京:
科学出版社, 2010

(中国科学技术经典文库·物理卷)

ISBN 978-7-03-029027-4

Ⅰ. 理…　Ⅱ. 吴…　Ⅲ. ①理论物理学 ②热力学 ③气体-分子运动论
④统计力学　Ⅳ. O41

中国版本图书馆 CIP 数据核字 (2010) 第 183818 号

责任编辑: 钱　俊　鄢德平/责任校对: 刘小梅
责任印制: 徐晓晨/封面设计: 王　浩

科 学 出 版 社 出版
北京东黄城根北街 16 号
邮政编码: 100717
http://www.sciencep.com

北京凌奇印刷有限责任公司 印刷
科学出版社发行　各地新华书店经销
*
1983 年 8 月第　一　版　开本: B5 (720×1000)
2017 年 2 月第三次印刷　印张: 22
字数: 416 000

POD定价: 128.00元
(如有印装质量问题,我社负责调换)

序　言

　　吴大猷先生是国际著名的学者, 在中国物理界, 是和严济慈、周培源、赵忠尧诸教授同时的老前辈. 他的这一部《理论物理》, 包括了"古典"至"近代"物理的全貌. 1977 年初, 在中国台湾陆续印出. 这几年来对该省和东南亚的物理教学界起了很大的影响. 现在中国科学院, 特别是由于卢嘉锡院长和钱三强、严东生副院长的支持, 决定翻印出版, 使全国对物理有兴趣者, 都可以阅读参考.

　　看到了这部巨著, 联想起在 1945 年春天, 我初次在昆明遇见吴老师, 很幸运地得到他在课内和课外的指导, 从"古典力学"学习起至"量子力学", 其经过就相当于念吴老师的这套丛书, 由第一册开始, 直至第七册. 在昆明的这一段时期是我一生学物理过程中的大关键, 因为有了扎实的根基, 使我在 1946 年秋入芝加哥大学, 可立刻参加研究院的工作.

　　1933 年吴老师得密歇根大学的博士学位后, 先留校继续研究一年. 翌年秋回国在北大任教, 当时他的学生中有马仕俊、郭永怀、马大猷、虞福春等, 后均致力物理研究有成. 抗战期间, 吴老师随北大加入西南联大. 这一段时期的生活是相当艰苦的, 但是中国的学术界, 还是培养和训练了很多优秀青年. 下面的几段是录自吴老师的《早期中国物理发展之回忆》一书:

　　"组成西南联大的三个学校, 各有不同的历史. …… 北京大学规模虽大, 资望也高, 但在抗战时期中, 除了有很小数目的款, 维持一个'北京大学办事处'外, 没有任何经费作任何研究工作的. 在抗战开始时, 我的看法是以为应该为全面抗战, 节省一切的开支, 研究工作也可以等战后再作. 但抗战久了, 我的看法便改变了, 我渐觉得为了维持从事研究者的精神, 不能让他们长期地感到无法工作的苦闷. 为了培植及训练战后恢复研究工作所需的人才, 应该在可能情形下, 有些研究设备. 西南联大没有此项经费, 北大也无另款. …… 我知道只好尽自己个人的力量做一点点工作了. …… 请北大在岗头村租了一所泥墙泥地的房子做实验室, 找一位助教, 帮着我把三棱柱放在木制架上拼成一个最原始形的分光仪, 试着做些'拉曼效应'的工作".

　　"我想在二十世纪, 在任何实验室, 不会找到一个拿三棱柱放在木架上做成的分光仪的了. 我们用了许多脑筋, 得了一些结果. ……"

　　"1941 年秋, 有一位燕京大学毕业的黄昆, 要来北大当研究生随我工作, 他是一位优秀的青年. 我接受了他, 让他半时作研究生, 半时作助教, 可以得些收入. 那年上学期我授'古典力学', 下学期授'量子力学'. 班里优秀学生如杨振宁、黄昆、黄授书、张守廉等可以说是一个从不易见的群英会.……"

"1945 年日本投降前, 是生活最困难的时期. 每月发薪, 纸币满箱. 因为物价飞跃, 所以除了留些做买菜所需外, 大家都立刻拿去买了不易坏的东西, 如米、炭等.…… 我可能是教授中最先摆地摊的,…… 抗战初年, 托人由香港、上海带来的较好的东西, 陆续地都卖去了. 等到 1946 年春复员离昆明时, 我和冠世的东西两个手提箱便足够装了."

就在 1946 年春, 离昆明前吴老师还特为了我们一些学生, 在课外另加工讲授"近代物理"和"量子力学". 当时听讲的除我以外, 有朱光亚、唐敖庆、王瑞骁和孙本旺.

在昆明时, 吴老师为了北京大学的四十周年纪念, 写了《多原分子的结构及其振动光谱》一书, 于 1940 年出版. 这本名著四十多年来至今还是全世界各研究院在这领域中的标准手册. 今年正好是中国物理学会成立的五十周年, 科学出版社翻印出版吴大猷教授的《理论物理》全书, 实在是整个物理界的一大喜事.

李政道

1982 年 8 月

写于瑞士日内瓦

总　序

　　若干年来, 由于与各方面的接触, 笔者对中国台湾的物理学教学和学习, 获有一个印象: (一) 大学普通物理学课程之外, 基层的课程, 大多强纳入第二第三两学年, 且教科书多偏高, 量与质都超过学生的消化能力. (二) 学生之天资较高者, 多眩于高深与时尚, 不知或不屑于深厚基础的奠立. (三) 专门性的选修课目, 琳琅满目, 而基层知识训练, 则甚薄弱.

　　一九七四年夏, 笔者拟想以中文编写一套笔者认为从事物理学的必须有的基础的书. 翌年夏, 得褚德三、郭义雄、韩建珊 (中国台湾交通大学教授) 三位之助, 将前此教学的讲稿译为中文, 有 (1) 古典力学, 包括 Lagrangian 和 Hamiltonian 力学, (2) 量子论及原子结构, (3) 电磁学, (4) 狭义与广义相对论等四册. 一九七六年春, 笔者更成 (5) 热力学, 气体运动论与统计力学一册. 此外将有 (6) 量子力学一册, 稿在整理中.

　　这些册的深浅不一. 笔者对大学及研究所的物理课程, 拟有下述的构想:

　　第一学年: 普通物理 (力学, 电磁学为主); 微积分.

　　第二学年: 普通物理 (物性, 光学, 热学, 近代物理); 高等微积分; 中等力学 (一学期).

　　第三学年: 电磁学 (一学年) 及实验; 量子论 (一学年).

　　第四学年: 热力学 (一学期); 狭义相对论 (一学期); 量子力学 (引论)(一学年).

　　研究院第一年: 古典力学 (一学期); 分子运动论与统计力学 (一学年); 量子力学 (一学年); 核子物理 (一学期).

　　研究院第二年: 电动力学 (一学年); 专门性的课目, 如固体物理; 核子物理, 基本粒子; 统计力学; 广义相对论等, 可供选修.

　　上列各课目, 都有许多的书, 各有长短. 亦有大物理学家, 集其讲学精华, 编著整套的书, 如 Planck, Sommerfeld, Landau 者. Landau-Lifshitz 大著既深且博, 非具有很好基础不易受益的. Sommerfeld 书虽似较易, 然仍是极严谨有深度的书, 不宜轻视的. 笔者本书之作, 是想在若干物理部门, 提出一个纲要, 在题材及着重点方面可作为 Sommerfeld 书的补充, 为 Landau 书的初阶.

　　笔者深信, 如一个教师的讲授或一本书的讲解, 留给听者或读者许多需要思索、补充、扩展、涉猎、旁通的地方, 则听者读者可获得较多的益处. 故本书风格, 偏于简练, 课题范围亦不广. 偶以习题的方式, 引使读者搜索, 扩大正文的范围.

　　笔者以为用中文音译西人姓名, 是极不需要且毫无好处之举. 故除了牛顿、爱因斯坦之外, 所有人名, 概用西文.*

　　本书得褚德三、郭义雄、韩建珊三位中国台湾交通大学教授之助, 单越 (中国台湾清华大学) 教授的校阅, 笔者特此致谢.

吴大猷

1977 年元旦

---

　　* 商务印书馆出版之中山自然科学大辞典中, 将 Barkla, Blackett, Lamb, Bloch, Brattain, Townes 译为巴克纳, 布拉克, 拉目, 布劳克, 布劳顿, 汤里士, 错误及不准确可见.

目　　录

引　言

我们研究一个物理系统 —— 包括物质及辐射 —— 的性质, 可从两个观点. 一个是所谓巨观的观点, 观察研究一个固体、液体或气体的特性, 如其密度、温度、压力、弹性、传热等, 而不涉及物质的原子结构基础. 另一观点是所谓微观的观点, 由物质的原子性质着手, 研究物质的巨观性质. 热力学, 气体运动与统计力学, 乃系由巨观的和微观的观点, 研究物理系巨观系统的性质的三部门物理学; 它们的出发点和方法不同, 但却相辅相成, 构成一部研究物质 (matter in bulk) 性质的学问. 这与原子或基本粒子的研究, 成两个极限观点.

热　力　学

热力学是从巨观的观念研讨物质, 所用的观念如温度、密度、压力等, 都是物质的巨观性质 (macroscopic properties), 换言之, 是无须以物质的原子结构为基础即可定义的观念. 由巨观性质的观察和度量的结果的分析, 归纳成经验性的定律. 许多经验定律, 更推广而成立两个基本定律 —— 所谓热力学第一及第二定律, 构成所谓古典热力学. 这热力学的原理 (即其基本定律), 有极普遍之一般性, 不仅不依赖任何特殊的物质结构模型的假设, 且根本的无须依据物质的原子性质. 由于这普遍性一般性, 热力学的运用范围乃极广.

但这极端的普遍性一般性, 同时亦使热力学本身受有限制, 对某范围外的问题, 不能解答. 兹举例言之. 古典热力学只限于物质在热平衡态下的性质的问题, 而不能解答一个物理系统如何由非平衡态进入平衡态的过程的问题. 即以平衡态的范围言之, 热力学告诉我们, 一个气体的压力、体积及温度间, 必有一个关系

$$F(p, V, T) = 0 \qquad\qquad (0\text{-}1)$$

但却无法告诉我们这个函数 F 的形式. 即简单如 "理想气体" 的物态方程式

$$pV = RT \qquad\qquad (0\text{-}2)$$

亦无从导出. 欲获得物态方程式 (1)* 的函数 F, 则需作些气体的结构假设. 这便超出热力学的范围而入了气体运动论的领域了. 普遍性或一般性, 是热力学的特征, 是它的强处, 但也是它的弱处.

本册第一部热力学, 于第 1~6 章中, 述古典热力学.

---

* (1) 式即公式 (0-1), 公式序号均去掉了章号, 只用顺序号表示, 其他章节类同.—— 编辑注

气体运动论

气体运动论的主要对象, 是气体的性质和气体态变迁的过程. 它的出发点, 正是热力学的相反极端, 是所谓微观的观点, 换言之, 即物质是由原子 (下概称分子) 构成, 各分子间有相互作用, 分子遵守力学定律而运行. 这里我们注意的不是每个分子本身的结构, 而是由一极大数目的分子所构成的一个气体的性质.

一克分子的气体, 有 $\cong 10^{23}$ 个分子, 我们无法对每个分子的运动作追踪的观察计算, 且我们根本的意不在此; 我们只想知整个气体的巨观的性质. 如何的由微观的分子的出发点, 可建立一个巨观的气体理论, 便是气体运动的研究目标.

第一步便是由微观的分子运动的力学观念, 按 "可信" (plau- sible) 的假设 (处理极大数目的分子时取 "平均" 法的几率观念), 引入巨观的观念. 举例言之, 由分子与墙壁碰撞时之动量变更的力学观念, 定义 (引入) 气体的压力的巨观观念; 由分子运动的动能, 定义 (引入) 气体的温度的巨观 (热力学) 观念等. 由极简单的假设 (或模型), 很容易的可获得理想气体的物态方程式 (2). 由较周详的假设 (分子间的相互作用定律), 便可获得真实气体的方程式 (1) 的其他形式.

气体运动论由分子的观点, 加入几率的观念, 便可进而获得其他的结果, 如分子速度分布定律、能量的等分配定律等. 这虽是热平衡态的性质, 却是不能由纯热力学所能获得的.

气体运动论的最终最高目标, 是能描述 (或了解) 一个气体由非平衡态转入平衡态的过程. 这些过程, 是热力学中的不可逆过程. 热力学对这些过程研究所能叙述的, 只是熵的增加. 气体运动论则企图能进而叙述一个非平衡态气体演变的经过.

气体运动论或可视为基本性的理论, 惟因其需作若干假设 (模型及接近法), 其普遍性一般性, 则不若热力学.

本册第二部 (第 7~14 章) 叙述古典的近代的气体运动论, 包括所谓现代热力学 (不可逆热力学) 及 1946 年来的气体运动–统计理论.

统 计 力 学

统计力学创自 19 世纪末的 Boltzmann, Maxwell, Gibbs 诸人. 它的基础, 既非如热力学的纯粹基于经验性的定律, 亦非如气体运动论的含有极大的力学成分. 它的初期发展, 确沿用若干的力学观念和几率观念, 但稍后即摒弃了所谓 ergodic 假定, 而采取演绎性理论的形式, 建于些基本假定 (或公理) 上. 统计力学定义若干数学的观念, 鉴定 (identify) 其和热力学中的观念 (如温度、熵等) 的关系, 于是可获得热力学中许多函数 (如自由能、熵等) 的数学式, 超出古典热力学能力之外.

统计力学除了应用于许多问题时能作 (热力学所不能作) 具体计算外, 其重大贡献之一, 是其对热力学第二定律提供了一个物理的、几率的解释. 在热力学中, 熵是一个极抽象的观念. Boltzmann 使熵获得一个几率的意义, 使统计力学与热力学互相沟通, 相辅相成.

本册第三部 (第 15~21 章) 将叙述古典统计力学的基本观念, 其几个形式, 和量子统计力学.

末章讨论微观理论的可逆性和巨观的不可逆性的关系.

参 考 文 献

第 2, 3, 4 章

K. W. Zeemansky: Heat and Thermodynamics

A. Sommerfeld: Thermodynamics and Statistical Mechanics

第 5 章

M. Born: Natural Philosophy of Cause and Chance

A. H. Wilson: Thermodynamics and Statistical Mechanics

第 7, 8 章

J. H. Jeans: The Dynamical Theory of Gases

ter Haar: Elements of Statistical Mechanics

第 9 章

L. B. Loeb: Kinetic Theory of Gases

第 10 章

M. Born, 见前

L. B. Loeb, 见前

第 11, 12 章

T. Y. Wu: Kinetic Equations of Gases and Plasmas

第 13 章

A. Sommerfeld, 见前

第 14 章

T. Y. Wu, 见前

T. Y. Wu, 中央研究院成立五十周年纪念论文集, (1978)

第 15 章

R. B. Lindsay: Physical Statistics

第 16 章

J. H. Jeans, 见前

P. and T. Ehrenfest: The Conceptual Foundations of the
Statistical Approach in Mechanics

第 17 章

R. B. Lindsay and H. Margenau: Foundations of Physics
R. B. Lindsay, 见前

第 18 章

R. C. Tolman: The Principles of Statistical Mechanics
ter Haar: 见前

第 19, 20 章

R. B. Lindsay, 见前
R. C. Tolman, 见前
ter Haar, 见前

第 21 章

T. Y. Wu, 见前第 14 章中研究院论文集 (1978) 一文.

Zeemansky 书有许多关于实验方面的叙述, 为他书所无的. 对热力学的讨论, 较明晰易懂.

Sommerfeld 氏书较精简, 宜读 Zeemansky 书后参读之. Born 氏书宜于入门后读之.

第一部分　热　力　学

Jeans 氏书虽较旧, 但仍系气体运动论古典名著, 其数学及深入部分, 仍有参考价值的.

ter Haar 氏书的资料颇佳, 可供参阅.

Loeb 氏书有许多实验方面的资料, 为他书所无的. 此书浅易详细, 范围亦广, 参考文献亦丰.

Wu 氏书前数章对 Boltzmann 方程式之理论及其解, 及 1946 年后的新发展, 有详细之叙述.

Lindsay 氏书为一极清晰易读的教科书及参考书.

Ehrenfest 夫妇书, 为一古典名著, 详论 Boltzmann 理论的基础及解释.

Lindsay 和 Margenau 书, 极清晰详尽易读.

Tolman 氏书着重统计力学的基础, 入门后可细读之.

第 1 章　引　　论

1.1　一些巨观的观念: 平衡态, 温度, 热力学第零定律

1.1.1　物理系统

一个气态, 或液态固态的物质, 下文均为一个物理系统 (physical system), 或简称为 "系".

兹取一理想的情形; 一个与其周围完全隔绝, 不受任何微扰, 不与周围作热之交换之系. 这样的系称为 "孤立系"(isolated system) 或 "闭合系"(closed system). 按此定义, 我们是无法对一孤立系作观察的, 因为任何的观察, 皆必扰此系也. 又一个盛于一容器的系 (如气体), 无论容器壁的绝缘如何好, 亦不能绝止系的分子和容器壁的分子的撞碰 (分子间的相互作用). 故孤立系实系一理想的、极限的情形. 但在热力学中, 孤立系仍是一极重要的有用的观念. 一个非孤立系, 称为开的系 (open system).

1.1.2　平衡态

在一个 (孤立或开的) 系中, 可能有力学性的、化学性的或热传递的过程在进行. "平衡" 乃指状态不随时而变易之谓. 由上述的三种过程, 乃有 "动力学的平衡"、"化学的平衡" 和 "热的平衡". 如一个系同时有这三项的平衡, 则此系谓为在 "热力平衡态"(thermodynamic equilibrium). 此处宜注意的, 是平衡非各种过程皆停止之谓; 过程可仍进行, 只是每一过程的速率, 和与其相反的过程的速率相等而已.

1.1.3　态函数

一个热力平衡态的系, 有若干性质, 可以巨观的观念表之, 如一个气体的温度、压力, 内能等. 这些观念, 可用为变数, 描述一个系的平衡态. 以气体言, 通常最方便的态变数为温度 T、体积 V、压力 p.

但一个系的热力平衡态, 亦可以这些变数中的独立者的函数表之. 每一态函数 (thermodynamical function of state), 代表一个系在热力平衡态时的某一物理性质, 它的值完全由平衡态的独立变数确定, 与该系达到该平衡态的经过无关. 举例言之. 如 (见下文第 3 章) 熵 S 系一个态函数 (系独立变数 U, V 的函数), 则在态 A, B 之值为 $S(U_A, V_A)$, $S(U_B, V_B)$, 且当该系由态 A 变为态 B 时 S 之变为

$$\Delta S = S(U_B, V_B) - S(U_A, V_A) \tag{1-1}$$

此变与由 A 进入 B 态的过程无关. 下文将再述此点.

温度是一个我们日常熟知的观念, 但在热力学中, 则有很深的涵义. 它是和热力平衡态有基本的相联关系的. 按严格的定义, 温度的意义是和热力平衡态不可分的. 我们下文将再申述此点. 在此之前, 我们再申述热力平衡的涵义.

1.1.4　热力学第零定律

上文 1.1.2 节作了平衡态的初步定义. 下文将更述平衡态和温度观念的关系. 在第 7 章第 5 节我们将见一个气体在热平衡态的特性 (速度的分布). 目前我们先述些基本观念.

任何一个系 (孤立的或与周围接触的), 当经过长时间后, 皆达到 "不再随时间而变" 的态. (例如一盛满热水的容器, 置于一关闭室中, 将先冷却而达到温度不再低降的态). 我们假定: 一个系的态, 必趋近而达到热平衡态. 这个假定, Uhlenbeck 氏以之视为 "热力学第零定律", 盖系在原有之第一第二定律之前, 先建立平衡态的必然性之意.

R. H. Fowler 氏对平衡态观念, 作另一假定如下: 如两个系建立热平衡态, 则两个系必有一相等的态函数. Fowler 以此假定为热力学第零定律.

由上可见, Fowler 与 Uhlenbeck 二氏的观点不同. Fowler 是已假定了平衡态的存在的必然性, 而着重平衡态的条件. Uhlenbeck 氏则着重平衡态的存在必然性.

我们可根据 Fowler 式的第零定律, 定义温度观念, 为两个系在热平衡态时的相同态函数.

在定义温度观念之前, 我们尚需用热平衡态的所谓移转性 (transitive 性), 此乃谓如系 A 与系 B 建立了热平衡关系, 系 B 与系 C 有热平衡关系, 则系 A 与系 C 亦有热平衡关系. 此转移性可视为基于经验结果而作的基本假定.

1.1.5　温度

在从力学观点定义温度之前, 我们先由经验引入温度的观念, 即物体 (尤其为气体) 体积与温度及压力的关系的研究.

气体的性质的研究, 早自 17 世纪起 (Robert Boyle,1621~1691 年; Jacques Charles,1746~1823 年;Joseph L. Gay-Lussac, 1778~1850 年). Boyle(1662 年) 发现下一定律: 在等温度情形下, 气体的压力 p 与体积 V 的乘积成一常数

$$pV = 常数 \qquad (1\text{-}2)$$

Charles 及 Gay-Lussac 发现另一定律: 在等压力情形下, 一个气体的体积 V, 与 $\theta + 273 \equiv T$ 成正比, θ 乃摄氏计的温度, 即

$$\frac{V}{T} = 常数 \qquad (1\text{-}3)$$

此二定律, 可并为一个定律

$$\frac{pV}{T} = \text{常数} \tag{1-4}$$

这个定律 (只适用于所谓理想气体, 为实际的气体在高温度低密度之极限情形), 称为理想气体之物态方程式 (或气体方程式), 系一般气体的物态方程式

$$F(p, V, T) = 0 \tag{1-5}$$

的一特例. 由经验 (如上述的各定律), 或由热力学的第二定律的相的定则 (见第 4 章第 5 节), 我们知道一个单纯气体的平衡态, 完全由两个独立变数确定, 换言之, p, V, T 三个变数间, 必有一个关系如 (5) 式, 虽则 F 函数之形式, 不能纯由热力学导得. 但有了 (5) 式的关系, 我们便可作温度的定义如下.

设有三气体 1, 2 及 3, 以 $p_1, V_1, p_2, V_2, p_3, V_3$ 变数叙述其态. 如 1 与 2 成热平衡, 此情形可以式表示之

$$f_{12}(p_1, V_1; p_2, V_2) = 0 \tag{1-6}$$

或

$$p_1 = F_{12}(V_1; p_2, V_2)$$

兹设 1 与 3 亦成热平衡, 则同理

$$f_{13}(p_1, V_1; p_3, V_3) = 0 \tag{1-7}$$

或

$$p_1 = F_{13}(V_1; p_3, V_3)$$

故

$$F_{13}(V_1; p_3, V_3) = F_{12}(V_1; p_2, V_2,) \tag{1-8}$$

此处我们将作一假定, 即如 1 与 2 及 3 成热平衡, 则 2 与 3 亦成热平衡. 故

$$f_{23}(p_2, V_2; p_3, V_3) = 0 \tag{1-9}$$

以此与 (8) 式比较, 二式同是表示 2 与 3 之关系, 故二式必相当, 第 (8) 式中之 V_1, 应可任意改变而不影响 (8) 式. 故 (8) 式可化为

$$G_3(p_3, V_3) = G_2(p_2, V_2) \tag{1-10}$$

按 Fowler 之第零定律, (10) 式可作温度之定义

$$T_3 = T_2 \tag{1-11}$$

(10) 及 (11) 式亦即第 (2) 式之意也.

上述乃温度观念的热力学定义. 至若温度标的定义, 则仍有待第二定律. 见第 3 章第 4 节.

1.1.6　态函数与非态函数

前 1.1.3 节已作了态函数的定义. 现再由数学和物理观点, 申述热力学态函数的意义.

设一个系的态, 完全由独立变数 $x_1, x_2, x_3, \cdots$ 确定, 又设 $F(x_1, x_2, x_3, \cdots)$ 为这些变数的函数, 则 F 系一个态函数, 其微分 $\mathrm{d}F$

$$\mathrm{d}F = \sum_i \frac{\partial F}{\partial x_i} \mathrm{d}x_i \tag{1-12}$$

系一整微分. F 在两个态 A, B 之差为

$$\int_A^B \mathrm{d}F = F(B) - F(A) \tag{1-13}$$

此与由 A 至 B 之过程无关.

上述满足 (12) 式的微分 $\mathrm{d}F$, 系一整微分, F 乃一态函数. 但如有一微分

$$\delta W = \sum X_i(x_1, x_2, \cdots)\mathrm{d}x_i \tag{1-14}$$

其系数 X_i 函数不满足 (12) 式的条件, 即

$$\frac{\partial X_i}{\partial x_j} - \frac{\partial X_j}{\partial x_i} \neq 0 \tag{1-15}$$

则 δW 非一整微分; (14) 式不能定义一个态函数 $W(x_1, x_2, \cdots)$, 换言之, 由态 A 至态 B 时 δW 之值不能以 (13) 式计算而视 $A \sim B$ 的过程而定.

但如 (14) 式只有两个变数 (x, y)

$$\delta W = X(x, y)\mathrm{d}x + Y(x, y)\mathrm{d}y \tag{1-16}$$

虽 X, Y 两函数不满足 (15) 式条件, 我们永可觅一个函数 $\lambda(x, y)$, 使 $\frac{1}{\lambda}\delta W$ 成一个整微分, 换言之, 使

$$\frac{1}{\lambda}\delta W = \frac{1}{\lambda}X\mathrm{d}x + \frac{1}{\lambda}Y\mathrm{d}y = \mathrm{d}F \tag{1-17}$$

或

$$\frac{\partial}{\partial y}\left(\frac{1}{\lambda}X\right) = \frac{\partial}{\partial x}\left(\frac{1}{\lambda}Y\right)$$

下偏微分方程式任何之解 λ, 皆使 (17) 式定义一个态函数 F

$$X\frac{\partial \ln \lambda^{-1}}{\partial y} - Y\frac{\partial \ln \lambda^{-1}}{\partial x} = \frac{\partial X}{\partial y} - \frac{\partial Y}{\partial x} \tag{1-18}$$

如 (14) 式有三个或三个以上之变数, 则在一般情形下, 不可能求得上述的 λ 函数, 使 $\frac{1}{\lambda}\delta W$ 成一整微分.

上述的定理, 在热力学极为重要, 我们将在第 5 章中较详述其数学的证明及和热力学第二定律的关系. 下文将以显易的例说明态函数与非态函数.

上述的鉴别一微分式

$$X\mathrm{d}x + Y\mathrm{d}y$$

是否为一整微分, 是从数学观点看. 一个函数是否为一态函数, 亦可由物理观点看. 兹取一气体, 其态 (p_A, V_A), (p_B, V_B), (p_C, V_C), (p_D, V_D) 在 p, V 面上为四个点, 如图 1.1 所示: 由 A 经 C 至 B, 其过程为 (1) 在等体积下减低压力, (2) 在等压力下膨胀. 气体所做之功为

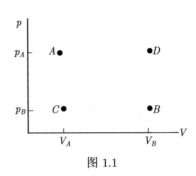

图 1.1

$$\delta W_1 = p_B(V_B - V_A)$$

由 A 经 D 至 B, 其过程为 (3) 在等压下膨胀, (4) 在等体积减压. 气体所做之功为

$$\delta W_2 = p_A(V_B - V_A)$$

显见由 A 至 B 所做之功, 视所经的过程而异的. 故功 W 显然不是一态函数.

兹考虑该气体所吸收之热 Q. 设 C_V, C_p 为等体积及等压力之比热,

$$C_V = \left(\frac{\partial Q}{\partial T}\right)V, \quad C_p = \left(\frac{\partial Q}{\partial T}\right)p \tag{1-19}$$

如气体为理想气体, 则 C_V 及 C_p 皆系常数 (见第 3 章). 由 A 经 C 至 B 所吸收之热为

$$\delta Q_1 = -C_V(T_A - T_C) + C_p(T_B - T_C)$$
$$= -\frac{1}{R}C_V(p_A - p_B)V_A + \frac{1}{R}C_p(V_B - V_A)p_B$$

此处负号系表示气体将热排出. 上式中用 $p_AV_A = RT_A$, $p_BV_B = RT_B$.

由 A 经 D 至 B 所吸之热则为

$$\delta Q_2 = \frac{1}{R}C_p(V_B - V_A)p_A - \frac{1}{R}C_V(p_A - p_B)V_B$$

由第 3 章, 我们将知 $C_p - C_V = R$, 故

$$\delta Q_2 - \delta Q_1 = (p_A - p_B)(V_B - V_A)$$

此显然不等于零, 故 δQ 显然不是一整微分.

兹计算由 A 经 C 至 B 及由 A 经 D 至 B 之 $\delta Q - \delta W$ 差. 由 A 经 C 至 B

$$\delta Q_1 - \delta W_1 = \frac{1}{R} C_V (V_B p_B - V_A p_A)$$

由 A 经 D 至 B

$$\delta Q_2 - \delta W_2 = \frac{1}{R} C_V (V_B p_B - V_A p_A)$$

故功与热之差

$$\delta Q - \delta W = \mathrm{d}U \tag{1-20}$$

则系一整微分. U 系该气体的 "内能". 此式谓吸收之热 δQ, 减所少做之功, 等于内能之增加. 此乃热力学第一定律, 详见下章.

1.2 一些巨观的系数

一个物体的 p, V, T 等的变更, 可以若干个系数表示之. 第 (5) 式之物态方程式, 可写成微分形式如下:*

$$\left(\frac{\partial V}{\partial T}\right)_p = -\frac{\left(\frac{\partial p}{\partial T}\right)_V}{\left(\frac{\partial p}{\partial V}\right)_T} \tag{1-21}$$

──────────

* 设

$$z = z(x, y)$$

则

$$\mathrm{d}z = \left(\frac{\partial z}{\partial x}\right)_y \mathrm{d}x + \left(\frac{\partial z}{\partial y}\right)_x \mathrm{d}y$$

故

$$\left(\frac{\partial x}{\partial y}\right)_z = -\frac{\left(\frac{\partial z}{\partial y}\right)_x}{\left(\frac{\partial z}{\partial x}\right)_y} \tag{1-22}$$

如视 x, z 为独立变数, 则

$$\mathrm{d}y = \left(\frac{\partial y}{\partial z}\right)_x \mathrm{d}z + \left(\frac{\partial y}{\partial x}\right)_z \mathrm{d}x$$

以此代入上式,

$$\mathrm{d}z = \left\{\left(\frac{\partial z}{\partial x}\right)_y + \left(\frac{\partial z}{\partial y}\right)_x \left(\frac{\partial y}{\partial x}\right)_z\right\} \mathrm{d}x + \left(\frac{\partial z}{\partial y}\right)_x \left(\frac{\partial y}{\partial z}\right)_x \mathrm{d}z$$

使 $\mathrm{d}x = 0$, 即得

$$\left(\frac{\partial z}{\partial y}\right)_x \left(\frac{\partial y}{\partial z}\right)_x = 1 \tag{1-23}$$

由 (22), 即得

$$\left(\frac{\partial x}{\partial v}\right)_z \left(\frac{\partial y}{\partial z}\right)_x \left(\frac{\partial z}{\partial x}\right)_y = -1 \tag{1-24}$$

1.2.1 等压 (isobaric, 或 isopiestic) 变迁: 膨胀系数 α

$$\alpha = \frac{1}{V}\left(\frac{\partial V}{\partial T}\right)_p \tag{1-25}$$

理想的气体:

$$\alpha = \frac{1}{273}$$

1.2.2 等容积 (isochoric, 或 isopycnic, 或 isosteric) 变迁: 压力系数 β

$$\beta = \frac{1}{p}\left(\frac{\partial p}{\partial T}\right)_V \tag{1-26}$$

理想的气体:

$$\beta = \frac{1}{T}$$

1.2.3 等温 (isothermal) 变迁: 压缩系数 κ

$$\kappa = -\frac{1}{V}\left(\frac{\partial V}{\partial p}\right)_T \tag{1-27}$$

理想的气体:

$$\kappa = -\frac{1}{p}$$

1.2.4 体积弹性系数 B(bulk modulus)

$$B = -V\left(\frac{\partial p}{\partial V}\right)_T \tag{1-28}$$

$$= \frac{1}{\kappa}$$

理想气体:

$$B = -p$$

以 (26), (27), (28) 各式, 第 (21) 式之物态方程式可写式为下:

$$\alpha V = -\frac{\beta p}{-\dfrac{B}{V}}$$

或

$$\alpha B = \left(\frac{\partial p}{\partial T}\right)_V \tag{1-29}$$

应用 (29) 于汞,

$$\alpha' = 1.8 \times 10^{-8}/(^\circ), \quad B = 0.25 \times 10^{12} \text{dyn/cm}^2$$

故

$$\left(\frac{\partial p}{\partial T}\right)_V = 45.3 \times 10^6 \text{dyn/cm}^2$$

$$= 44.9 \text{atm}$$

兹取一弹性线, 其长度为 L, 其截面积为 A, 其张力为 q. L 乃温度 T 及张力的函数

$$\mathrm{d}L = \left(\frac{\partial L}{\partial T}\right)_q \mathrm{d}T + \left(\frac{\partial L}{\partial q}\right)_T \mathrm{d}q \tag{1-30}$$

如 (25), 线之膨胀系数 β 的定义为

$$\beta = \frac{1}{L}\left(\frac{\partial L}{\partial T}\right)_S \tag{1-31}$$

Young 氏系数之定义为

$$y = \frac{\dfrac{\Delta q}{A}}{\dfrac{\Delta L}{L}} = \frac{L}{A}\left(\frac{\partial q}{\partial L}\right)_T \tag{1-32}$$

按 (21) 式,

$$\left(\frac{\partial q}{\partial T}\right)_L = -\left(\frac{\partial q}{\partial L}\right)_T\left(\frac{\partial L}{\partial T}\right)_q$$
$$= -\beta A y \tag{1-33}$$

1.3　外延量与内含量 (extensive and intensive quantity)

物理的量可分为 "外延性" 及 "内含性" 的二类. 以力学中的距离 (长度)s 及力 F 言, 前者系示延的, 后者系示强度的,

$$\delta W = F\mathrm{d}s$$

系功. 又体积 V 为外延的, 压力 p 系示强度的, 二者的积亦系功

$$\delta W = p\mathrm{d}V$$

由 $V = V(T, p)$, 得

$$\mathrm{d}V = \left(\frac{\partial V}{\partial T}\right)_p \mathrm{d}T + \left(\frac{\partial V}{\partial p}\right)_T \mathrm{d}p \tag{1-34}$$

以 (30) 与 (34) 式比较, 得见 L 与 q 之关系, 与 V 及 p 的相同, 即

$$q\mathrm{d}L = \delta W, \quad 功$$

在物理学中, 成对的示强量和示延量, 其乘积为功者, (p, V) 及 (S, L) 外, 见表 1.1.

表 1.1

内 含 量	外 延 量
力 F	距离 s
压力 p	体积 V
张力 q	长度 L
温度 T	熵 S
磁场强度 H	磁化 $\sigma = MV$
化学位 μ	质点数 n
电位差 V	电荷 e

上表中每一对量的乘积, 皆系功, 如

$$\delta W = F\mathrm{d}s, p\mathrm{d}V, q\mathrm{d}L, T\mathrm{d}S, H\mathrm{d}\sigma, \mu\mathrm{d}n, V\mathrm{d}e$$

习　　题

1. van der Waals 气体态方程式为

$$\left(p + \frac{a}{v^2}\right)(v - b) = RT$$

证明膨胀系数 $\alpha = \dfrac{1}{v}\left(\dfrac{\partial v}{\partial T}\right)_p$, 压力系数 $\beta = \dfrac{1}{p}\left(\dfrac{\partial p}{\partial T}\right)$. 系

$$\alpha = \frac{v - b}{vT - \dfrac{2a}{R}\left(\dfrac{v - b}{v}\right)^2}$$

$$\beta = \frac{v}{vT - \dfrac{a}{R}\left(\dfrac{v - b}{v}\right)}$$

2. 绘上方程式之 p–v 线 (取各不同之 T) 等温线. $p =$ 常数等压线与上述之等温线 T 之交点, 一般的可有三点. 如将 T 增高, 此三点渐趋近; 至 $T = T_\mathrm{c}$, 三交点合而为一点. 此点谓为临界点. 此点之 $T_\mathrm{c}, p_\mathrm{c}, v_V$, 谓为临界值.

证明

$$v_\mathrm{c} = 3b$$

$$T_\mathrm{c} = \frac{8}{27}\frac{a}{bR}$$

$$p_\mathrm{c} = \frac{1}{27}\frac{a}{b^2}$$

如以 $v_\mathrm{c}, T_\mathrm{c}, p_\mathrm{c}$ 为 v, T, p 之单位,

$$V = \frac{v}{v_\mathrm{c}}, \quad t = \frac{T}{T_\mathrm{c}}, \quad P = \frac{p}{p_\mathrm{c}}$$

证明气体方程式可写成下列:

$$\left(P + \frac{3}{V^2}\right)(3V - 1) = 8t$$

第 2 章　热力学第一定律

2.1　第一定律: 能之守恒

设一个系由外吸收热能 δQ, 其一部使该系的内部能增加 dU, 其余则使该系做了功 δW. 按能之守恒定律, 则

$$\delta Q = dU + \delta W \tag{2-1}$$

此即热力学第一定律也. 此定律是由经验而来的, 即从来未有人能从 "无中生有" 的产生能量的, 所有制一 "永恒的运动" 的企图皆失败的.

上式中用 δ 符号是表示 δQ, δW 皆非整微分, 但 dU 是全微分, 即一个系的内部能 U, 系一个态函数, 其值全由态确定, 和该系的经历无关, 故当该系的态经一封闭的径回复至原态时, U 之值亦回复至原值,

$$\oint dU = 0$$

我们将觅一积分因数使 (1) 式之 $dU + \delta W$ 成一整微分

$$\frac{1}{T}(dU + \delta W) = \frac{\delta Q}{T} = dS$$

此 S 即熵. (详见第二定律, 第 3 章 (3-14) 式)

2.2　第一定律的应用: 气体的比热

在气体, $\delta W = pdV$ 故 (1) 式成

$$\delta Q = dU + pdV \tag{2-2}$$

设取 T 及 V 作独立变数. 故

$$U = U(T, V) \tag{2-3}$$

$$dU = \left(\frac{\partial U}{\partial T}\right)_V dT + \left(\frac{\partial U}{\partial V}\right)_T dV$$

$$\delta Q = \left(\frac{\partial U}{\partial T}\right)_V dT + \left[\left(\frac{\partial U}{\partial V}\right)_T + p\right] dV \tag{2-4}$$

由 C_V 之定义及上式, 得

$$C_V = \left(\frac{\delta Q}{\mathrm{d}T}\right)_V = \left(\frac{\partial U}{\partial T}\right)_V \tag{2-5}$$

故

$$\delta Q = C_V \mathrm{d}T + \left[p + \left(\frac{\partial U}{\partial V}\right)_T\right]\mathrm{d}V \tag{2-4a}$$

$$p + \left(\frac{\partial U}{\partial V}\right)_T \equiv L_V \tag{2-6}$$

$L_V\mathrm{d}V$ 称为膨胀潜热.*

如取 T 及 p 为独立变数, 则

$$\mathrm{d}V = \left(\frac{\partial V}{\partial p}\right)_T \mathrm{d}p + \left(\frac{\partial V}{\partial T}\right)_p \mathrm{d}T \tag{2-7}$$

以此代入第 (4) 式, 即得

$$\delta Q = \left\{C_V + \left[p + \left(\frac{\partial U}{\partial V}\right)_T\right]\left(\frac{\partial V}{\partial T}\right)p\right\}\mathrm{d}T$$
$$+ \left[p + \left(\frac{\partial U}{\partial V}\right)_T\right]\left(\frac{\partial V}{\partial p}\right)_T \mathrm{d}p \tag{2-8}$$

由 C_p 之定义及此式, 即得

$$C_p = \left(\frac{\delta Q}{\mathrm{d}T}\right)_p = C_V + \left[p + \left(\frac{\partial U}{\partial V}\right)_T\right]\left(\frac{\partial V}{\partial T}\right)_p \tag{2-9}$$

$$= C_V + L_V\left(\frac{\partial V}{\partial T}\right)_p = C_V + T\left(\frac{\partial p}{\partial T}\right)_V\left(\frac{\partial V}{\partial T}\right)_p \tag{2-9a}$$

由第 (10) 式, 从因次的观点, $\left(\frac{\partial U}{\partial V}\right)_T$ 可视为一种 "内部的压力"(参阅第 3 章习题 7).

如以 T,p 为 U 之变数, 则 (4) 式可写成下形式:

$$\delta Q = \left[\left(\frac{\partial U}{\partial T}\right)_p + p\left(\frac{\partial V}{\partial T}\right)_p\right]\mathrm{d}T$$
$$+ \left[\left(\frac{\partial U}{\partial p}\right)_T + p\left(\frac{\partial V}{\partial p}\right)_T\right]\mathrm{d}p \tag{2-10}$$

---

* 由下文 (3-110), 可得

$$p + \left(\frac{\partial U}{\partial V}\right)_T = T\left(\frac{\partial p}{\partial T}\right)_V$$

$$C_p = \left(\frac{\partial U}{\partial T}\right)_p + p\left(\frac{\partial V}{\partial T}\right)_p \tag{2-11}$$

如以 p, V 为 $U(p, V)$ 之变数, 则

$$C_p = \left(\frac{\partial U}{\partial V}\right)_p \left(\frac{\partial V}{\partial T}\right)_p + p\left(\frac{\partial V}{\partial T}\right)_p$$

$$= \left[\left(\frac{\partial U}{\partial V}\right)_p + p\right]\left(\frac{\partial V}{\partial T}\right)_p \tag{2-12}$$

$$C_V = \left(\frac{\partial U}{\partial T}\right)_V = \left(\frac{\partial U}{\partial p}\right)_V \left(\frac{\partial p}{\partial T}\right)_V \tag{2-13}$$

由 (1-23) 的关系, 可得

$$\left(\frac{\partial U}{\partial p}\right)_V = C_V \left(\frac{\partial T}{\partial p}\right)_V$$

$$\left(\frac{\partial U}{\partial V}\right)_p = C_p \left(\frac{\partial T}{\partial V}\right)_p - p$$

由

$$\left(\frac{\partial}{\partial p}\left(\frac{\partial U}{\partial V}\right)_p\right)_V = \left(\frac{\partial}{\partial V}\left(\frac{\partial U}{\partial p}\right)_V\right)_p$$

即得

$$(C_p - C_V)\frac{\partial^2 T}{\partial p \partial V} + \frac{\partial C_p}{\partial p}\left(\frac{\partial T}{\partial V}\right)_p - \left(\frac{\partial C_V}{\partial V}\right)_V \left(\frac{\partial T}{\partial p}\right)_V \left(\frac{\partial T}{\partial p}\right)_V = 1 \tag{2-14}$$

此方程式中之 C_p, C_V, T, p, V 等皆可以实验量定的. 故此式可用为第一定律的一直接测验.

上文所述之气体, 系任何的气体, 其物态方程式是一般性的 $F(p, V, T) = 0$, 未曾有任何假设的形式的. 如气体乃理想的气体, 其方程式为

$$pV = RT$$

则前文若干方程式均将简化.

关于理想气体, Gay-Lussac 有一个基本性的实验——所谓 "自由膨胀" 的实验. 有甲、乙两个可以通连而与外界隔绝的容器, 开始时, 甲盛有气体, 乙则将气抽出. 兹将两容器间之间隔除去, 使气由甲 "自由"(即不受外力, 不做功) 膨胀至乙. 实验结果是气体的温度不变. 按第一定律, $\delta Q = 0$, $\delta W = 0$, 故此结果显示

$$\left(\frac{\partial T}{\partial V}\right)_U = 0 \tag{2-15}$$

由 (1-21) 式, 得

$$\left(\frac{\partial U}{\partial V}\right)_T = -\frac{\left(\dfrac{\partial T}{\partial V}\right)_U}{\left(\dfrac{\partial T}{\partial U}\right)_V} \tag{2-16}$$

按上述之自由膨胀实验结果 (15), 可得

$$\left(\frac{\partial U}{\partial V}\right)_T = 0 \tag{2-17}$$

此结果谓一理想气体能量, 与气体的体积无关, 亦即

$$U = U(T) \tag{2-18}$$

[上述结果, 从分子运动论的观点, 则甚易了解. 真实的气体的分子间有微弱的互相吸引力 (所谓 van der Waals 力). 如作自由膨胀, 则分子间的平均距离增大, 分子的位能因之而增加, 其动能因之而减小, 故气体之温度将降低. 如气体为理想气体, 则分子间无相互作用力 (即位能等于零), 故分子的动能与气体之体积无关.]

故理想的气体, $pV = RT$, 第 (4), (9), (14) 各式简化为

$$\delta Q = C_V \mathrm{d}T + p\mathrm{d}V \tag{2-19}$$

$$C_p = C_V + R \tag{2-20}$$

$$p\frac{\partial C_p}{\partial p} - V\frac{\partial C_V}{\partial V} = 0$$

按第 (5) 及 (18) 式, $C_V = C_V(T)$, 又按 (20) 式, $C_p = C_p(T)$, 皆只是 T 的函数. 故上式是自然的满足的. 由 (19), (20), 可得

$$\delta Q = C_p \mathrm{d}T - V\mathrm{d}p$$

2.3　焓

第 (3) 式中之内能 U, 系以 T, V 作独立变数. 但在此等压的情形下, 则用 T, p 为独立变数, 较为方便. 故现定义一态函数 H, 称焓 (enthalpy) 的, 如下:*

$$H(T, p) = U(T, V) + pV \tag{2-21}$$

按 (21), 第一定律乃可写为

$$\mathrm{d}U = \delta Q - p\mathrm{d}V \tag{2-22}$$

$$\mathrm{d}H = \delta Q + V\mathrm{d}p \tag{2-23}$$

---

* 见第 3 章 (3-88), (3-89) 式.

故在等体积的过程, 吸收的热 $\delta Q = \mathrm{d}U$; 而在等压力的过程, 吸收的热 $\delta Q = \mathrm{d}H$ 即系 H 之增加. 由上二式, 即得

$$C_V = \left(\frac{\partial U}{\partial T}\right)_V, \quad C_p = \left(\frac{\partial H}{\partial T}\right)_p \tag{2-24}$$

在理想的气体情形下, U 及 H 皆只系 T 的函数, 故

$$C_p - C_V = \frac{\mathrm{d}}{\mathrm{d}T}(H - U) = \frac{\mathrm{d}}{\mathrm{d}T}(pV) \tag{2-25}$$

$$= R \qquad \text{理想之气体} \tag{2-25a}$$

由 (23) 式, 得

$$\delta Q = \left(\frac{\partial H}{\partial T}\right)_p \mathrm{d}T + \left[\left(\frac{\partial H}{\partial p}\right)_T - V\right]\mathrm{d}p \tag{2-26}$$

以

$$\mathrm{d}p = \left(\frac{\partial p}{\partial T}\right)_V \mathrm{d}T + \left(\frac{\partial p}{\partial V}\right)_T \mathrm{d}V$$

代入 (26) 式并用 (24) 式, 得

$$\begin{aligned}
\delta Q &= \left\{C_p + \left[\left(\frac{\partial H}{\partial p}\right)_T - V\right]\left(\frac{\partial p}{\partial T}\right)_V\right\}\mathrm{d}T \\
&\quad + \left[\left(\frac{\partial H}{\partial p}\right)_T - V\right]\left(\frac{\partial p}{\partial V}\right)_T \mathrm{d}V \\
&= C_V\mathrm{d}T + \left[\left(\frac{\partial H}{\partial p}\right)_T - V\right]\left(\frac{\partial p}{\partial V}\right)_T \mathrm{d}V
\end{aligned} \tag{2-27}$$

故

$$C_p - C_V = \left[V - \left(\frac{\partial H}{\partial p}\right)_T\right]\left(\frac{\partial p}{\partial T}\right)_V \tag{2-28}$$

以此应用于理想的气体, 与 (25a) 式比较, 即得

$$\left(\frac{\partial H}{\partial p}\right)_T = 0(\text{理想气体}) \tag{2-29}$$

真实的气体, 则

$$\left(\frac{\partial H}{\partial p}\right)_T \neq 0 \tag{2-30}$$

此式在冷却器原理上之应用, 将于第 3 章第 11 节中述之.

　　焓的观念的应用之一, 是下述的 "节流实验"(throttling experiment). 一绝热之管, 中有一可透气的隔塞, 两端各有一活塞. 开始时, 气体在活塞甲与隔塞之间, 其体积为 V_i, 其压力为 p_i, 活塞乙则紧在隔塞之另一面, 如图 2.1 所示.

　　兹将活塞甲以等压力 p_i 推进, 使气体透过隔塞, 以等压力 p_f 推活塞乙. 其终止情形系气体的体积为 V_f. 在整个过程中, 气体与外围无热之交流, 故 $\Delta Q = 0$. 第一定律的结果乃

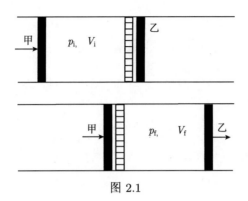

图 2.1

$$\Delta U = \Delta Q - \Delta W, \quad \Delta Q = 0$$

$$U_\mathrm{f} - U_\mathrm{i} = -\int_0^{V_\mathrm{f}} p_\mathrm{f} \mathrm{d}V - \int_{V_\mathrm{i}}^0 p_\mathrm{i} \mathrm{d}V = p_\mathrm{i} V_\mathrm{i} - p_\mathrm{f} V_\mathrm{f}$$

或

$$U_\mathrm{i} + p_\mathrm{i} V_\mathrm{i} = U_\mathrm{f} + p_\mathrm{f} V_\mathrm{f}$$

亦即

$$H_\mathrm{i} = H_\mathrm{f} \tag{2-31}$$

故在此 "节流过程" 中, 该气体之焓之开始值与其终止态之值相等. 但我们务需注意者, 此并非谓在整个过程中焓之值不变. 此过程中所经之态, 均非平衡态, 故此过程是不可逆的过程. 焓乃一态函数, 其开始态及终止态之值, 是与其所经的过程无关的.

上述的焓 H 与内能 U 的关系, 可综合如下表 2.1.

表 2.1

	内能		焓
	$\mathrm{d}U = \delta Q - p\mathrm{d}V$		$\mathrm{d}H = \delta Q + V\mathrm{d}p$
	$C_V = \left(\dfrac{\partial U}{\partial T}\right)_V$		$C_p = \left(\dfrac{\partial H}{\partial T}\right)_p$
等体积过程	$\mathrm{d}U = \delta Q$	等压力过程	$\mathrm{d}H = \delta Q$
绝热过程	$\displaystyle\int_\mathrm{i}^\mathrm{f} \mathrm{d}U = -\int_\mathrm{i}^\mathrm{f} p\mathrm{d}V$		$\displaystyle\int_\mathrm{i}^\mathrm{f} \mathrm{d}H = \int_\mathrm{f}^\mathrm{i} V\mathrm{d}p$
自由膨胀 (第二定律)	$U_\mathrm{f} - U_\mathrm{i} = 0$	节流过程	$H_\mathrm{f} - H_\mathrm{i} = 0$ $\qquad$ (2-32)
可逆过程 见下文	$\mathrm{d}U = T\mathrm{d}S - p\mathrm{d}V$		$\mathrm{d}H = T\mathrm{d}S + V\mathrm{d}p$
	$T = \left(\dfrac{\partial U}{\partial S}\right)_V$		$T = \left(\dfrac{\partial H}{\partial S}\right)_p$
	$p = -\left(\dfrac{\partial U}{\partial V}\right)_S$		$V = \left(\dfrac{\partial H}{\partial p}\right)_S$

2.4 绝热过程: 比热 c_p, c_V

如一个系与其周围无热的交换, 即 $\delta Q = 0$, 则其过程谓为绝热过程 (adiabatic process). 第一定律乃成

$$\mathrm{d}U + p\mathrm{d}V = 0 \tag{2-33}$$

应用 (4a) 式于绝热过程, 即得

$$C_V T + \left[p + \left(\frac{\partial U}{\partial V} \right)_T \right] \mathrm{d}V = 0 \tag{2-34}$$

故

$$C_V = - \left[p + \left(\frac{\partial U}{\partial V} \right)_T \right] \left(\frac{\partial V}{\partial T} \right)_{\mathrm{adi}} \quad (\mathrm{adi}, \text{ 绝热}) \tag{2-35}$$

以此式与 (9) 式合并之, 即得

$$C_V + \frac{C_p - C_V}{\left(\dfrac{\partial V}{\partial T} \right)_p} \left(\frac{\partial V}{\partial T} \right)_{\mathrm{adi}} = 0 \tag{2-36}$$

以 (36) 式用于绝热过程, 即得

$$C_p = - \left[\left(\frac{\partial H}{\partial p} \right)_T - V \right] \left(\frac{\partial p}{\partial T} \right)_{\mathrm{adi}} = 0 \tag{2-37}$$

以此与 (28) 式合并之, 即得

$$C_p + \frac{C_V - C_p}{\left(\dfrac{\partial p}{\partial T} \right)_V} \left(\frac{\partial p}{\partial T} \right)_{\mathrm{adi}} = 0 \tag{2-38}$$

由 (36) 及 (38) 式, 即得

$$\begin{aligned}
\frac{C_p}{C_V} &= - \frac{\left(\dfrac{\partial p}{\partial T} \right)_{\mathrm{adi}} \left(\dfrac{\partial V}{\partial T} \right)_p}{\left(\dfrac{\partial p}{\partial T} \right)_V \left(\dfrac{\partial V}{\partial T} \right)_{\mathrm{adi}}} \\
&= - \frac{\left(\dfrac{\partial p}{\partial T} \right)_{\mathrm{adi}} \left(\dfrac{\partial T}{\partial V} \right)_{\mathrm{adi}}}{\left(\dfrac{\partial p}{\partial T} \right)_V \left(\dfrac{\partial T}{\partial V} \right)_p} \quad (\text{用 (1-23) 式})
\end{aligned}$$

$$= \frac{\left(\frac{\partial p}{\partial V}\right)_{\text{adi}}}{\left(\frac{\partial p}{\partial V}\right)_T} \quad (\text{用 } (1\text{-}21, 22) \text{ 式}) \tag{2-39}$$

亦如 (1-25), (1-26), (1-27), 兹可得各绝热的系数如下:

$$\alpha_{\text{adi}} = \frac{1}{V}\left(\frac{\partial V}{\partial T}\right)_{\text{adi}}, \quad \beta_{\text{adi}} = \frac{1}{p}\left(\frac{\partial p}{\partial T}\right)_{\text{adi}}$$

$$\kappa_{\text{adi}} = \frac{1}{V}\left(\frac{\partial V}{\partial p}\right)_{\text{adi}} \tag{2-40}$$

故 (39) 式可写为

$$\frac{C_p}{C_V} = \frac{\kappa_{\text{isoth}}}{\kappa_{\text{adi}}} = \frac{B_{\text{adi}}}{B_{\text{isoth}}} \quad (\text{用 } (1\text{-}28) \text{ 式}) \tag{2-40a}$$

isoth, 系指等温 (isothermal) 情形也.

前文之 C_p 及 C_V, 仅系无数种的比热定义之二而已. 由第 (4)、(8) 及 (9) 式, 可得一般性的比热式 C

$$C = \frac{\delta Q}{\mathrm{d}T} = C_V + \left[p + \left(\frac{\partial U}{\partial V}\right)_T\right]\frac{\mathrm{d}V}{\mathrm{d}T} \tag{2-41}$$

$$C = \frac{\delta Q}{\mathrm{d}T} = C_p + \left[p + \left(\frac{\partial U}{\partial V}\right)_T\right]\left(\frac{\partial V}{\partial p}\right)_T\frac{\mathrm{d}p}{\mathrm{d}T} \tag{2-42}$$

故

$$\frac{C - C_p}{C - C_V} = \frac{\left(\frac{\partial V}{\partial p}\right)_T \dfrac{\mathrm{d}p}{\mathrm{d}T}}{\dfrac{\mathrm{d}V}{\mathrm{d}T}} = \left(\frac{\partial V}{\partial p}\right)_T\frac{\mathrm{d}p}{\mathrm{d}V}$$

$$= \left(\frac{\partial V}{\partial p}\right)_T \tan\alpha \tag{2-43}$$

$\tan\alpha$ 为 p-V 线之坡度. 由于各不同情形下的物态方程式的不同, $\tan\alpha$ 亦不同, 故 C 亦不同.

兹以理想的气体为例, 其物态方程式为

(i) 一般的情形

$$pV = RT \tag{2-44}$$

$$R\mathrm{d}T = p\mathrm{d}V + V\mathrm{d}p \tag{2-45}$$

(ii) 等温情形

$$pV = RT(\text{常数}) \tag{2-46}$$

(iii) 绝热 (adiabatic) 情形. 由

$$\mathrm{d}U = -p\mathrm{d}V \tag{2-47}$$

及

$$\mathrm{d}U = C_V \mathrm{d}T \tag{2-48}$$

故

$$(R + C_V)p\mathrm{d}V + C_V V \mathrm{d}p = 0$$

积分之, 即得

$$pV^\gamma = 常数, \quad 或 \quad TV^{\gamma-1} = 常数, \quad 或 \; Tp^{1/\gamma-1} = 常数 \tag{2-49}$$

$$\gamma = \frac{C_p}{C_V} \tag{2-50}$$

故理想的气体之比热, 在各情形下不同:

(1) 在等压力情形下, $\alpha = 0$(图 2.2), $C = C_p$.

(2) 在等体积情形下, $\alpha = \dfrac{\pi}{2}$, $C = C_V$.

(3) 在等温情形下, $\tan\alpha = -\dfrac{p}{V}$, $\dfrac{C - C_p}{C - C_V} = 1$, 故 $C \to \infty$.

(4) 在绝热情形下, $\tan\alpha = -\gamma\dfrac{p}{V}$, $\dfrac{C - C_p}{C - C_V} = \dfrac{C_p}{C_V}$, 故 $C = 0$.

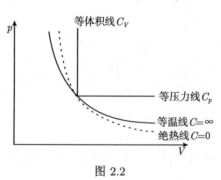

图 2.2

2.5　第一定律于热力化学之应用

第一定律是能的守恒定律, 故其在许多物理及化学过程的应用, 是直接显然的.

2.5.1　物态的变迁

兹以 { } 代表气态; ( ) 代表液态, [ ] 代表固态.

第一定律, 可使我们由熔热 (heat of fusion) 及汽化热 (heat of vaporization) 得升华热 (heat of sublimation). 例如 (以一克分子计)

$$[H_2O] = (H_2O) - 18 \times 80\text{cal (熔热)}$$
$$(H_2O) = \{H_2O\} - 18 \times 596\text{cal (汽化热)}$$

可得

$$[H_2O] = \{H_2O\} - 18 \times 676\text{cal (升华热)}$$

2.5.2 溶解及稀释

例以硫酸溶于水 (以一克分子计)

$$(H_2SO_4) + 5(H_2O) = (H_2SO_4 \cdot 5H_2O) + 13,100\text{cal (溶热)}$$
$$(H_2SO_4) + 10(H_2O) = (H_2SO_4 \cdot 10H_2O) + 15,100\text{cal}$$

故

$$(H_2SO_4 \cdot 5H_2O) + 5(H_2O) = (H_2SO_4 \cdot 10H_2O) + 2,000\text{cal (稀释热)}$$

2.5.3 化学反应

(通常在等压力情形下进行的)

$$U_f - U_i = \delta Q - p(V_f - V_i)$$

或

$$H_f - H_i = (U + pV)_f - (U + pV)_i = \delta Q$$

2.5.4 周环的过程

例如

(a) 炭至 CO 之燃烧能, 可由 (以克分子计)

$$[C] + \{O_2\} = \{CO_2\} + 97,000\text{cal}$$
$$\{CO\} + \frac{1}{2}\{O_2\} = \{CO_2\} + 68,000\text{cal}$$

可得

$$[C] + \frac{1}{2}\{O_2\} = \{CO\} + 29,000\text{cal}$$

(b) 由 [C] 及 [S] 化合成 (CS$_2$) 之化合能, 可由下过程之化合能汽化能计算之

$$[S] + \{O_2\} = \{SO_2\} + 71,100\text{cal} \quad \text{(燃烧能)}$$

$$[C] + \{O_2\} = \{CO_2\} + 97,000\text{cal} \quad \text{(燃烧能)}$$

$$\{CS_2\} + 3\{O_2\} = \{CO_2\} + 2\{SO_2\} + 265,100\text{cal}$$

$$\{CS_2\} = (CS_2) + 6,400\text{cal} \quad \text{(汽化能)}$$

故

$$[C] + 2[S] = (CS_2) - 19,500\text{cal卡}$$

(c) 由 $[Na]$ 及 $\frac{1}{2}\{Cl_2\}$ 至 $[NaCl]$ 之化合能, 可由下一连串之过程计算之. 为清晰见, 各过程以图表之故由 $[Na]$, $\frac{1}{2}\{Cl_2\}$ 化合成 $[NaCl]$ 之能, 可由图 2.3 中实线各过程之能计算之.

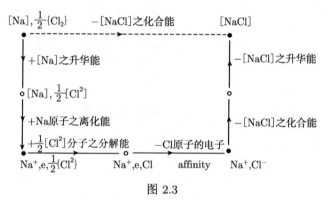

图 2.3

第3章　热力学第二定律

能有各种的形式, 如动能、位能、热能、电能、化学能等. 第一定律是能的守恒定律, 是指能可由某形式转变为其他形式, 但能的总量是不变的, 换言之, 我们只可将能之形式转变, 而不能 "无中生有" 的产生能. 这个定律可以说是归纳人类的经验而来的: 人们从未能造成一个所谓 "一种永恒机器"—— 即不需供应任何能而永久运行的机器.

但第一定律, 对能在各种形式间的互相转变, 则除有守恒限制外, 未作其他的限制. 我们知海洋的水, 含有极大量的热能, 我们可想像一个机器, 吸收海水的热能, 使之做功, 继续不已的, 可无止境地将海洋的热能, 转变为功. 按第一定律, 这应是可能的. 但经验告诉我们, 上述的机器 (虽不是无中生有的产生能, 但有无穷可用的热能使其运行, 故可称为 "第二种永恒机器"), 从未获成功过. 由这些经验, 可作一基本假定, 成为热力学的第二定律.

在古典热力学中, 第二定律可认为是一个基本假定 (postulate), 它的根据, 是我们从未能遇到违背它的经验. 这似是一消极性的定律, 实则不然. 由于熵的观点的引入和推广, 第二定律已成为一意义深邃且范围广大的定律, 在工业, 工程上的应用, 尤为重要.

热力学 (以第一第二定律为基础) 是本身完整的一个系统. 其发展自 19 世纪中起, 约 20 余年间, 即臻完善之境. 19 世纪之末 30 余年间, 统计力学观念及方法猛速展开, 使第二定律获得一 "统计性" 或几率性的意义. 本章将论第二定律在古典力学中的意义. 其统计力学观点上的解释, 则俟本书后数章论之.

在讨论及了解这第二定律之前, 我们务需先引入及了解 "可逆和不可逆过程" 的观念.

3.1　可逆及不可逆过程

在热力学中, 可逆与不可逆过程的观念, 和在力学中的有基本上的不同点. 在力学中, 以两个质点的撞碰, 或行星的运行为例, 如在某一时刻将所有的速度倒转其方向, 则该运动将回溯其经历. 这可逆性称为 "微观的可逆性", 虽则在运动者不必是原子或电子. 这里的可逆性, 是由于过程所遵守的运动定律本身的性质而来的.

在热力学, 则可逆与不可逆的意义, 复杂多了. 我们先将定义说出来:

一个物理系统 (如气) 的态, 由甲经过一个过程 C 而至乙, 同时它的周围环境的态由丙变为丁. 假若能觅一个过程 D, 使系的态由乙回至甲, 同时使它的周围环境由态丁回至丙, 此外不留下任何其他的痕迹, 则上述的过程 C, 谓为可逆的过程. 反之, 如不可能觅得满足上述要求 (不留下任何其他痕迹) 的过程 D, 则过程 C 谓为不可逆过程.

　　为了解可逆性与不可逆性的意义, 先举几个例子.

3.1.1　气体的绝热压缩及膨胀

　　设一气体, 盛于一绝热的筒中, 筒装有活塞. 设气体的压力为 p. 兹施压力 $p+\mathrm{d}p$ 于活塞, $\mathrm{d}p$ 为无限小, 极徐缓地将活塞推进, 压缩气体. 因筒系绝热的, 气体与外界无热的交流. 按第一定律, 压缩气体时所加诸气体之功, 等于气体内能之增加. 如 i, f 代表开始及终止态, 则

$$U_{\mathrm{f}} - U_{\mathrm{i}} = -\int_{\mathrm{i}}^{\mathrm{f}} p\mathrm{d}V, \quad V_{\mathrm{f}} < V_{\mathrm{i}} \tag{3-1}$$

如极徐缓的任气体将活塞外推, 则气体膨胀时所做之功, 皆来自其内能之减低. 如 i,f 系膨胀前, 后之态, 则

$$U_{\mathrm{i}} - U_{\mathrm{f}} = \int_{\mathrm{i}}^{\mathrm{f}} p\mathrm{d}V, \quad V_{\mathrm{i}} < V_{\mathrm{f}} \tag{3-1a}$$

　　上述的压缩及膨胀过程, 务必极徐缓 —— 无限的徐缓 —— 的进行. 其要点系使气体在所经过的过程中, 每一刻都是热力平衡态. 这条件显然是一个理想的极限的情形. 从数学上的观点, 只有当气体在平衡态时它有物态方程式 (如 $pV = RT$ 等) 才可以用积分计算它所做的功.

　　上述的压缩和膨胀过程, 是可逆的. 盖如先将气体按上过程压缩, 再随之以上述的膨胀过程, 则气体还原, 其外界先做之功亦由膨胀过程而恢复也.

3.1.2　气体的等温压缩及膨胀

　　设一气体, 盛于一传热的筒中, 筒与一恒温为 T_0 之贮热库保持接触并维持热平衡. 筒有一活塞. 兹同 3.1.1 节的极徐缓地将气体压缩. 按第一定律,

$$\int_{\mathrm{i}}^{\mathrm{f}} \delta Q = U_{\mathrm{f}} - U_{\mathrm{i}} + \int_{\mathrm{i}}^{\mathrm{f}} p(T_0, V)\mathrm{d}V, \quad V_{\mathrm{f}} < V_{\mathrm{i}}$$

外界对气体所加之功, 一部增加气体之内能, 一部由气体排出至热库. 此过程是可逆的, 因如在压缩过程后, 随之使气体膨胀, 则气体的内能还原, 由热库吸收同前所排出的热, 在膨胀时做前此所受的功, 此外更无其他变迁了.

　　现试看下述的过程:

3.1.3 气体的 "自由膨胀"

第 2 章第 2 节所述之自由膨胀, 系不可逆过程一个最好的例子. 一个理想气体由态 (T_0, p_0, V_0) 在绝热情形下, 不对外界做任何功地膨胀至态 (T_0, p_1, V_1), 谓为自由膨胀. 我们将于下文第 5 节, 详证明它是不可逆的过程.

3.1.4 热的传导

设有两个热库, 其温度为 $T_1, T_2(T_1 < T_2)$. 兹以导热丝连二库. 热将由 T_2 库传至 T_1 库.

3.1.5 摩擦生热

如一枪弹射入沙包而停止, 枪弹之动能, 因摩擦而变为热. 我们由经验, 知道无法使这热仅将枪弹射出而不需周围外界有何参与.

3.1.6 气体扩散

设有 A, B 两气体, 使其互相扩散而混合 (见下文第 (53) 式图及 (51) 式图之左方), 乃不可逆过程之一例.

上述 3.1.3 节 ~3.1.6 节过程, 我们既已作了不可逆性的定义, 则必需证明它们确是不可逆的. 但这些证明, 却需要热力学的第二定律, 不是 "当然的" 或 "显然的". 譬以 3.1.3 节自由膨胀言. 我们说它是不可逆过程, 是因为不可能使气体由前述的 (T_0, p_1, V_1) 态回复至 (T_0, p_0, V_0) 态而不在周围留下任何痕迹. 我们说 3.1.4 节热的传导是不可逆的过程, 意是说不可能只将由 T_1 库搬回 T_2 库而不在周围留下任何痕迹. 但这两处所指 "不可能" 性, 正是第二定律的重要内容. 故了解热力学的不可逆性, 是与了解第二定律有密切关系的.

上述 3.1.1 节、3.1.2 节的绝热压缩性膨胀及等温压缩或膨胀过程, 我们着重 "无限徐缓" 的情形. 气体的压力 p 和活塞所施的压力 $p + \mathrm{d}p$ 之差, 务必是无限小的, 俾气体在过程中是经历一连串的准静止 (quasi-static) 态.

我们务必在此着重的, 是这个 "无限徐缓" 条件, 只是可逆过程的一个必要条件, 而不是充足的条件. 无限徐缓的过程, 未必都是可逆的过程. 以 3.1.4 节热的传导为例. 设 $T_1 T_2$ 两热库, 连以一极细极长的线, 其温度梯度 $\dfrac{\mathrm{d}T}{\mathrm{d}x}$ 可减至无限小, 其热传导可无限缓慢, 但此过程是不可逆的. 只要 T_1 与 T_2 有差别, 则无论传导得如何慢, 这过程永是不可逆的. 这不是在文字上作争辩, 而系第二定律的结论.

3.2 热力学第二定律

本章首段曾略述第二定律的性质 —— 基于人类经验而作的一个假定. 这个定

律可以几个不同的形式表出, 各种形式, 表面上似不同, 但它们都可以被证明是相当的, 换言之, 如我们假设可以违反了该定律的叙述形式甲, 则可证明同时亦违反了形式乙; 反之, 如可以违反了形式乙, 则亦同时违反了形式甲. 但这并不是 “证明” 了第二定律; 第二定律的基础, 最后是经验.

早在 1850 年, R. Clausius 即作了个假定, 谓只将热能由一处输至另一温度较高处而无其他任何遗留变易, 是不可能的. 这个假定, 是第二定律的叙述形式之一.

在热力学中我们常用一反证的论据. 我们不能正面的证明某一 “不可能性”, 但可以反问, 如该假定不确 (即: “是可能” 的), 则可得何结论.

兹假设 Clausius 的定律是不确的, 则我们可无须任何功, 将热能由海洋输至一高温的贮热库, 再使此高温热库的热能做功, 如是继续不断地可用海洋或空气中的能做功. 但经验告诉我们, 这是做不到的.

1851 年 W. Thomson(即 Lord Kelvin) 作另一形式的假定, 谓只由一个温度的贮热库 (即周围无较低温度处), 使热能完全做功, 是不可能的.

这个形式的叙述, 是和 Clausius 的叙述相同的. 兹假设 Thomson 的假定不确. 我们便可由温度 T_1 的热库, 使热能做功, 使功在较高温度 T_2 的热库产生摩擦热. 这是等于将热能由低温处输至高温度处. 但这是违反 Clausius 的假定的.

反之, 如 Clausius 的假定不确, 则我们可将温度 T_1 的热库的热能, 无须做功而输至温度 T_2 较高处, 然后使这 T_2 热库的热能做功, 其总结果系等于将 T_1 热库的热变为功. 但这是违反 Thomson 的假定的.

Planck 氏将 Thomson 的第二定律, 以下述的简单式表之：任何企图使所产生的唯一结果, 为一个热库的冷却及一个物体的举起, 是不可能的.

Ostwald 氏则以下式表第二定律：第二种永恒运动是不可能的 (所谓第二种永恒运动, 乃一循环机器, 唯一的作用系吸收热能, 转变为功, 此外无任何其他变迁).

下节将引入 Clausius 定理, 定义熵 (entropy) 观念, 可以数学式表第二定律：一个物理系统之熵 S, 永遵守下定律:

$$dS \geqslant 0$$

第二定律的几率性意义 (熵之几率性解释), 则将于第 16 章详述之.

3.3   Carnot 循环过程

热力学可谓始于 S. Carnot 氏. 他是法国工程师, 由于研究机器之效率, 1824 年创一循环过程. 取任何气体, 于两个温度 T_1, T_2 之等温 (isothermal) 过程及两个绝热 (adiabatic) 过程, 构成一个循环过程, 见图 3.1.

由 A 点作等温 (可逆的) 膨胀至 B, 作绝热 (可逆的) 膨胀至 C, 作等温的压缩

至 D, 再作绝热的压缩回至 A. 该过程所做之功为

$$W = \oint p \mathrm{d}V \quad (= ABCD \text{之面积})$$

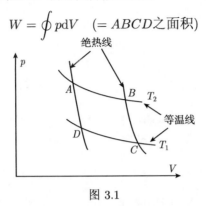

图 3.1

在 AB 过程中由周围所吸收之热, 设为 Q_2. 在 CD 过程中输至周围之热为 Q_1. 物质之内能 U, 经一周环后回至原值. 故第一定律

$$W = Q_2 - Q_1 \tag{3-2}$$

该机器之效率 η 的定义为

$$\eta = \frac{W}{Q_2} = 1 - \frac{Q_1}{Q_2} \tag{3-3}$$

Carnot 定理: 任何机器, 以可逆的过程于温度 T_1, T_2 间作循环, 其效率皆相同, 与其所用之物质无关.

此定理之证明如下: 兹假设有二机器, 其效率不相等, $\eta'' > \eta'$. 兹使效率高的循 $ABCDA$ 推动效率低的, 使后者以 $ADCBA$ 运行. 因按假设

$$\frac{W}{Q_2''} > \frac{W}{Q_2'} \tag{3-4}$$

故

$$Q_2' > Q_2'' \tag{3-5}$$

即谓经过一循环后, 效率高的由 T_2 的贮热库吸收的热 Q_2'', 少于效率低的向 T_2 贮热库输出的热 Q_2'. 如继续重复此循环, 则可不断的将热由 T_1 贮热库输至 T_2 库, $(T_1 < T_2)$ 按第二定律, 此是不可能的. 故原来的假设 $\eta'' > \eta'$ 是不可能的.

3.4 绝对温度标

第 1 章 1.1.5 节中曾作温度观念的定义. 兹将作温度标的定义如下:

按 Carnot 定理, 任何可逆的机器之效率 η, 纯视两个温度 T_1, T_2 而定, 与其结构及物质无关, 故 η 只是 T_1, T_2 的函数,

$$\eta = 1 - \frac{Q_1}{Q_2} = 1 - f(T_1, T_2)$$

兹设有二机, 其一 A 于 T_3, T_2 间运作, 其他 B 于 T_2, T_1 间运作, 如

$$T_3 > T_2 > T_1$$

$$\eta_A = 1 - \frac{Q_2}{Q_3} = 1 - f(T_2, T_3)$$

$$\eta_B = 1 - \frac{Q_1}{Q_2} = 1 - f(T_1, T_2) \tag{3-6}$$

A 对 T_2 库输出热 Q_2, 而 B 则由 T_2 库吸收热 Q_2. 故此库无何作用, A, B 二机实与一个机运作于 T_3, T_1 者相当, 亦即

$$\eta = 1 - \frac{Q_1}{Q_3} = 1 - f(T_1, T_3) \tag{3-6a}$$

而此与 T_2 无关. 由 (6) 及 (6a), 可得

$$\frac{Q_2}{Q_3} = f(T_2, T_3), \quad \frac{Q_1}{Q_2} = f(T_1, T_2) \tag{3-7}$$

及

$$f(T_1, T_3) = f(T_1, T_2) f(T_2, T_3)$$

此式的 f 函数之关系, 可以下式满足之:

$$f(T_i, T_j) = \frac{g(T_i)}{g(T_j)} \tag{3-8}$$

以此代入 (6) 式, 即得

$$\frac{g(T_1)}{g(T_2)} = \frac{Q_1}{Q_2} \tag{3-9}$$

兹定义绝对温度标使 $g(T)$ 即为 T, 或

$$\frac{T_1}{T_2} = \frac{Q_1}{Q_2}$$

此温度计谓为 Kelvin 标, 或绝对标.

我们将见以所谓理想的气体作温度标, 正符合此绝对温度标以理想的气体作 Carnot 循环, 则 (图 3.1)

$$Q_2 = \int_A^B p dV = RT_2 \ln \frac{V_B}{V_A}$$

$$\frac{V_B}{V_C} = \left(\frac{T_1}{T_2}\right)^{\frac{1}{\gamma-1}}, \quad \gamma = \frac{C_p}{C_V} \; [\text{见 (2-57)}]$$

$$|Q_1| = \int_D^C p dV = RT_2 \ln \frac{V_C}{V_D}$$

$$\frac{V_A}{V_D} = \left(\frac{T_1}{T_2}\right)^{\frac{1}{\gamma-1}} \tag{3-10a}$$

所以

$$\frac{V_B}{V_A} = \frac{V_C}{V_D}$$

所以

$$\frac{Q_1}{Q_2} = \frac{T_1}{T_2}, \quad 与 (10) 式相符.$$

3.5 熵

第 1 章第 1.1 节曾证明 δQ 非整微分. 兹试计算 Carnot 的可逆过程循环一周 $\oint \delta Q$ 之值.

使 $Q > 0$ 代表一个系吸收之能; $Q < 0$ 代表放出之能. 故

$$\oint \frac{\delta Q}{T} = \frac{1}{T_2} \int_A^B \delta Q + \int_B^C \frac{\delta Q}{T} + \frac{1}{T_1} \int_C^D \delta Q + \int_B^A \frac{\delta Q}{T}$$

AB, CD 为等温过程. BC, DA 为绝热过程, 故

$$\delta Q = 0$$

$$\oint \frac{\delta Q}{T} = \frac{1}{T_1} \int_A^B \delta Q + \frac{1}{T_2} \int_C^D \delta Q = \frac{Q_1}{T_1} - \frac{Q_2}{T_2}$$

由 (8) 式, 故得

$$\oint \frac{\delta Q}{T} = 0 \tag{3-11}$$

如循环非由两等温线及两绝热线构成, 而系任意的可逆过程循环如图 3.2 所示, 则可将其画为许多的小 Carnot 循环, 而得

$$\oint_C \frac{\delta Q}{T} = \sum_S \oint_i \frac{\delta Q}{T} \tag{3-12}$$

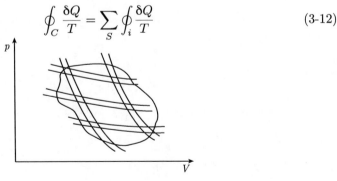

图 3.2

每一小 Carnot 循环皆得 (11) 式结果. 故

$$\oint_C \frac{\delta Q}{T} = 0 \tag{3-13}$$

由此可得下一结论: 在可逆的过程, $\dfrac{\delta Q}{T}$ 乃一整微分. Clausius 定义

$$dS = \frac{\delta Q}{T} = 整微分^* \tag{3-14}$$

中之 S 为熵 (entropy).

S 系一态函数. 由态 A 至态 B, S 之变系 $S(B) - S(A)$, 与态所经的中间过程无关. 这个变 $S(B) - S(A)$, 可由一个 (任何一个) 可逆过程的 $\dfrac{\delta Q}{T}$ 积分计算之

$$S(B) - S(A) = \int_A^B \frac{\delta Q}{T} \tag{3-15}$$

此处务须注意者, 是只在可逆的过程时 $\dfrac{\delta Q}{T}$ 等于 dS. 在不可逆的过程, $\dfrac{\delta Q}{T}$ 不是一整微分, 自然亦非 dS.

此点极为重要. 为阐明此点, 兹以一个气体的自由膨胀 (同时是绝热的) 过程为例. 设开始之态为 i(P_i, V_i), 其终止态为 f(P_f, V_f), 见图 3.3

由 i 至 f 为自由 (绝热) 膨胀. S 之变为 $S(f) - S(i)$. 由 f, 沿一绝热线以可逆的过程将气体压缩至态 A. S 之变为 $S(A) - S(f) = 0$. 由 A 沿一等温线以可逆的过程将气体压缩至态 B(B 点系该等温线与径 i 点的绝热线的交点). S 之变系

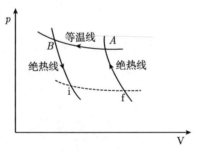

图 3.3

$$S(B) - S(A) = \int_A^B \frac{\delta Q}{T} < 0, \quad 因 \delta Q < 0 \tag{3-16}$$

由 B 沿绝热线以可逆的膨胀回至 i 点. S 之变为 $S(i) - S(B) = 0$. 故整个周环, S 之变为零

$$S(f) - S(i) + S(A) - S(f) + S(B) - S(A) + S(i) - S(B) = 0$$

按上文,

$$S(f) - S(i) = S(A) - S(B)$$

---

* 在可逆的过程, 一个系和其周围作热之交换时, 二者之温度务必相等, 故 (14) 式中之 T, 系二者的共同温度. 如过程是不可逆的则二者之温度可能不同. (14) 式中之 T, 乃周围 (热库) 的温度. 系既作不可逆的过程, 则本身已非在平衡态, 严格言之, 温度的观念是不准确的.

或

$$S(\mathrm{f}) - S(\mathrm{i}) = -\int_A^B \frac{\delta Q}{T} > 0 \tag{3-17}$$

此显示在 (不可逆的) 自由膨胀过程 i~f 中, 气体之 S 增加, 虽则

$$\int_\mathrm{i}^\mathrm{f} \frac{\delta Q}{T} = 0, \quad \text{因} \delta Q = 0.$$

换言之, 如过程是不可逆的, 则 $\dfrac{\delta Q}{T}$ 与 $\mathrm{d}S$ 是无相等关系的!

上文中曾一再的说自由膨胀是不可逆的过程. 我们兹务必证明此叙述. 假设一气体由体积 V_i 至 V_f 的自由膨胀是可逆的, 即谓可觅一过程 $\varGamma$ 使体积由 V_f 回到 V_i 而不在周围产生任何的变迁. 兹使气体由态 i 作自由膨胀至态 f, 在此过程中 $\delta Q = 0, \delta W = 0$, 温度为等温 T. 如这过程系可逆的, 则可觅一过程 $\varGamma$ 使 V_f 回至 V_i 而不产生任何其他变迁. 兹使气体与热库接触, 由态 f 作可逆的等温压缩至 i, 对气做 $\displaystyle\int_\mathrm{i}^\mathrm{f} p\mathrm{d}V$ 的功, 而气体对热库放出热 $Q = \displaystyle\int_\mathrm{i}^\mathrm{f} p\mathrm{d}V$. 设想该气体经热库与一热机组合, 假设的 $\varGamma$ 过程, 乃系在一循环中, 只由该热库吸收上述的压缩的工作. 如按此重复行之, 则可不断的将在同一个温度的贮热库的热, 转变为功! 此乃为第二定律所不许的. 故自由膨胀不可能是可逆的过程.

综结上述, S 系一态函数; 两个态的 S 之差, 可由两个态间的 (任何) 一个可逆过程的 $\dfrac{\delta Q}{T}$ 积分计算之. 按第一定律, 可得

$$S(2) - S(1) = \int_1^2 \mathrm{d}S = \int_1^2 \frac{\delta Q}{T}(\text{可逆}) = \int_1^2 \frac{1}{T}(\mathrm{d}U + P\mathrm{d}V)$$

3.6 可逆的绝热过程, $\delta Q = 0, \mathrm{d}S = 0$

故绝热线 (可逆的) 亦系等熵线 (isentropics).

例 理想的气体

$$pV = RT, \quad \mathrm{d}U = C_V \mathrm{d}T \tag{3-18}$$

$$\mathrm{d}S = C_V \frac{\mathrm{d}T}{T} + R \frac{\mathrm{d}V}{V} \tag{3-19}$$

$$S(T, V) - S(T_0, V_0) = C_V \ln \frac{T}{T_0} + R \ln \frac{V}{V_0} \tag{3-20}$$

$$C_V = T \left(\frac{\partial S}{\partial T} \right)_V \tag{3-21}$$

如以 p, V 为独立变数, 则以 $T = pV/R$ 代入此式, 即得

$$S(p,V) - S(p_0,V_0)$$
$$= C_V \ln \frac{p}{p_0} + (C_V + R) \ln \frac{V}{V_0} \tag{3-22}$$

如以 T, p 为独立变量, 则

$$dS = \left(\frac{\partial S}{\partial T}\right)_\Gamma dT + \left(\frac{\partial S}{\partial P}\right)_T dp \tag{3-23}$$

$$TdS = dQ = C_p dT + T\left(\frac{\partial S}{\partial P}\right)_T dp \tag{3-24}$$

$$C_p = T\left(\frac{\partial S}{\partial T}\right)_p \tag{3-25}$$

$$S(T,p) - S(T_0,p_0) = C_p \ln \frac{T}{T_0} - R \ln \frac{p}{p_0} \tag{3-26}$$

在绝热可逆的过程, 由

$$C_p - C_V = R$$

并用 (2-49) 式, (2-50) 式, 则 (20), (22), (26) 各式可写为

$$S(T,V) - (T_0,V_0) = C_V \left[\ln \frac{T}{T_0} + (\gamma - 1)\ln \frac{V}{V_0}\right] = C_V \ln \frac{TV^{\gamma-1}}{T_0 V_0^{\gamma-1}} = 0$$

$$S(p,V) - S(p_0,V_0) = C_V \ln \frac{pV^\gamma}{p_0 V_0^\gamma} = 0$$

$$p(T,p) - S(T_0,p_0) = C_p \ln \frac{Tp^{\frac{1-\gamma}{\gamma}}}{T_0 p_0^{\frac{1-\gamma}{\gamma}}} = 0$$

此正与等熵过程结果吻合也.

3.7　熵与第二定律

第 3.5 节讨论 Carnot 循环, 定义一个系的熵. 此 "系" 乃热机的气体, 乃一个 "开的系", 因其可与热库交换热也.

在 T_2 之等温可逆过程中 (图 3.1 中之 AB 部分), 此系 (假设为理想气体) 之熵的变为

$$S_s(B) - S_s(A) = \int_A^B \frac{\delta Q}{T_2} = \frac{1}{T_2} \int_A^B p dV = R \ln \frac{V_B}{V_A} \tag{3-27}$$

在同此过程中, 热库输出热 δQ, 按同一定义 (14), 热库之熵的变为

$$S_r(B) - S_r(A) = -R \ln \frac{V_B}{V_A} \tag{3-28}$$

故以气体与热库二者整个系 —— 称为封闭系或隔绝系 —— 之熵言,

$$S = S_s + S_r \tag{3-29}$$

在可逆过程中, 其熵不变

$$dS = 0 \tag{3-30}$$

以整个 Carnot 循环言, 气体由态 A 经 B, C, D 回至 A, 其熵自不变. T_2 之热库, 输出热 Q_2, 故其熵减低 $\dfrac{Q_2}{T_2}$. T_1 之热库, 吸收热 Q_1, 其熵增加 $\dfrac{Q_1}{T_1}$. 惟按第 (10) 式, 两个热库之熵之变等于零.

次考虑不可逆过程之熵. 对不可逆过程, (30) 式不再适用. 兹以气体自由膨胀为例. 按前第 5 节, 该气体在自由膨胀过程中, 其熵之增加为

$$S_s(f) - S_s(i) = R \ln \frac{V_B}{V_A} > 0 \tag{3-31}$$

在自由膨胀过程中, $\delta Q = 0$, 故由 (31),

$$dS_s - \frac{\delta Q}{T} > 0 \tag{3-32}$$

其周围环境, 因自由膨胀系绝热的, 故无热之交换, 其熵不变

$$S_r(f) - S_r(i) = 0 \tag{3-33}$$

故 "气体 + 周围" 整个隔绝系之熵 S((29) 式)

$$dS = S(f) - S(i) > 0 \tag{3-34}$$

气体由态 i 经自由膨胀至态 f, 更由第 5 节图中之 B, A 态回至 i, 其熵之变等于零. 从其周围观点, 在 AB 过程中, 由气体的等温压缩吸收热 $Q(\delta Q > 0)$

$$S_r(B) - S_r(A) = \int_A^B \frac{\delta Q}{T} > 0 \tag{3-35}$$

在 ifABi 循环中, 周围之熵之变为

$$\oint dS_r = S_r(B) - S_r(A) = \frac{1}{T} \int_B^A p dV = R \ln \frac{V_A}{V_B} > 0 \tag{3-36}$$

表 3.1 总述可逆过程、可逆循环、不可逆过程及不可逆循环在开的系及隔绝系中的熵的改变.

表 3.1

	关　的　系			孤立系 $\delta Q = 0$ $\delta W = 0$
可逆过程	1	$\mathrm{d}S - \dfrac{\delta Q}{T} = 0$		$\mathrm{d}S = 0$
可逆循环	2	$\oint \mathrm{d}S = 0$		$\oint \mathrm{d}S = 0^*$
不可逆过程	3a	$\mathrm{d}S > 0$	(31)	$\mathrm{d}S > 0$
	3b	$\mathrm{d}S - \dfrac{\delta Q}{T} > 0$	(32)	
不可逆循环	4a	$\oint \mathrm{d}S = 0$	(15)	$\oint \mathrm{d}S > 0^*$
	4b	$\oint \dfrac{\delta Q}{T} < 0$	(35)	

* 孤立系项下 $\oint \mathrm{d}S$ 之意, 乃系指这整个隔绝系中我们所作观察的系 (开的系) 经一周循环, 非整个隔绝系之一周循环. 后者是不可能的.

表中 (4b) 的一例, 像前述的自由膨胀的 (35) 式. 兹可由较一般性的考虑建立之如下：

设有一可逆之热机 M, 一不可逆之热机 M', 二者皆在 T_1, T_2 $(T_1 < T_2)$ 二温度间运行. 兹使 M' 为推动机, 推动 M 使 M 成一冷却机 (由低温之 T_1 库, 输热至高温之 T_2 库).

两机的循环及热量的输出输入皆如图 3.4 所示.

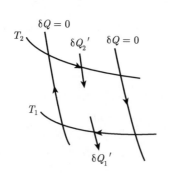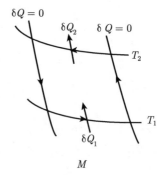

图 3.4

两机的效率, 按第二定律, 有以下关系 (见 (2-3) 式)：

$$\frac{SQ_2' - \delta Q_1'}{\delta Q_2'} < \frac{\delta Q_2 - \delta Q_1}{\delta Q_2}$$

或

$$\frac{\delta Q_1'}{\delta Q_2'} > \frac{\delta Q_1}{\delta Q_2}$$

按 Carnot 定理 (见第 (10) 式),

$$\frac{\delta Q_1}{\delta Q_2} = \frac{T_1}{T_2}$$

故上式成

$$\frac{\delta Q_2'}{T_2} - \frac{\delta Q_1'}{T_1} < 0 \tag{3-37}$$

如由机输出之热视为负号的, 则 (37) 可写为

$$\frac{\delta Q_1'}{T_1} + \frac{\delta Q_2'}{T_2} < 0 \tag{3-38}$$

如上图之循环乃由许多小循环构成的 (图 3.2), 则 (38) 式可写为上表中之 (4b) 式

$$\oint \frac{\delta Q'}{T} < 0 \tag{3-39}$$

兹可证明上表之 (3b) 式如下. 设将不可逆循环 M' 之过程分为一个不可逆之部 $A \sim B$, 一可逆之部 $B \sim A$. 由 (39) 式,

$$\int_B^A \frac{\delta Q'}{T} + \int_A^B \frac{\delta Q'}{T} < 0 \tag{3-40}$$

其可逆部分,

$$\int_B^A \frac{\delta Q'}{T} = S(A) - S(B) \tag{3-41}$$

故 (40) 式可写为

$$S(B) - S(A) - \int_A^B \frac{\delta Q}{T} > 0$$

或

$$dS - \frac{\delta Q}{T} > 0 \tag{3-42}$$

此即上表中之 (3b) 式. 此式示在不可逆之过程, $\frac{\delta Q}{T}$ 不等于 S 之变, 而系小于该态变的 dS.

第二定律及熵之观念, 可以两个 (或数个) 气体的因扩散而混合的现象为例阐明之. 此将俟下文第 8 节详论之.

综结上述, 第二定律的各叙述形式 (Clausius, Kelvin, Ost. Wald,Planck 等), 可借熵之观念而成一数学形式. 在一个孤立系中, 其 S 遵守下定律:

$$dS \geqslant 0 \tag{3-43}$$

只当系中所有过程皆系可逆的时, $dS = 0$. 否则 S 是务必增加的.

在古典热力学中, S 的定义 (14) 式; 在可逆过程中, S 之变为

$$dS = \frac{\delta Q}{T} \tag{3-44}$$

一系由一平衡态 A 至另一平衡态 B, 其熵之变 $S(B) - S(A)$ 是只视 A, B 两态而定, 与其由 A 至 B 所经过程无关的. 此 $S(B) - S(A)$ 之值, 可以采任何一个可逆过程, 按 (39) 式计算之

$$S(B) - S(A) = \int_A^B \frac{\delta Q}{T} \tag{3-45}$$

在古典热力学中, 第二定律是一绝对性, 永远正确的定律. 故热力学是以第一和第二定律作基本 "公理" 而建立的一个演绎系统. 这个 "公理式" 的观点, 可按 Carathéodory 氏, 更完美的, 由第二定律的传统的消极性形成, 改为一 "正面性" 的形式, 在逻辑上较简单了 (见下文第 5 章).

至 19 世纪末 30 年中, 由于 Maxwell 及 Boltzmann 所展开的统计观点, 热力学第二定律由巨观的基础而获得一个微观的看法. 按此观点, 第二定律并非一绝对性的定律, 而是一个几率性的定律. 由几率的观念, 可定义一个函数为熵, 此将于第 16 章第 2 节详述之.

3.8   气体扩散混合之熵改变

现述 Gibbs 对气体扩散混合之熵的改变的理论. 此问题极重要, 本节按第二定律讨论之. 此后将于统计力学中再讨论之 (见第 16 章第 5 节末, 第 18 章 18.5.3 节)

为简单计, 仍取两理想气体 A, B, 混合于体积 V 之 (套起的) 管中, 如图 3.5 所示. 只 A 分子可透穿过乙管的底板 2, 而只有 B 分子可透穿过甲管的底板 1, 开始时, 两管完全套合. 其总压力为二气的分压力之和

$$p = p_A + p_B \tag{3-46}$$

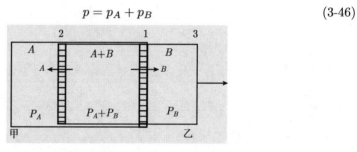

图 3.5

兹将乙管无限慢的向右扯出. 作用于 2 的压力为 p_A(向左), 作用于底板 3 的压力为 p_B(向右), 故在乙管移动时, 无须做功, 又如管是绝热的, 则

$$\delta Q = 0$$

按第一定律, 则

$$dU = 0 \tag{3-47}$$

又按 (2-17) 式, 即得

$$dT = 0 \tag{3-48}$$

由第二定律, 可得

$$dS = 0 \tag{3-49}$$

此乃谓可以可逆的过程, 将两气体 (借有选择性的透膜) 分离之而其熵不变.

在上述过程的开始态, 为混合气体 (T, p, V). 分离后有两个气体, 其态为 (T, p_A, V), (T, p_B, V). 兹设使 n_A, n_B 为两气之克分子数, S 为每克分子气体之熵. 兹取 T, p 为态之变数. 第 (49) 式乃可写为

$$n_A S_A(T, p_A) + n_B S_B(T, p_B) - S(T, p, n_A, n_B) = 0 \qquad (3\text{-}50)$$

式中 $S(T, p, n_A, n_B)$ 系混合气体之熵. (56) 可以下图表之.

$$\boxed{\begin{array}{c} T_1 V_1 p \\[4pt] A+B \end{array}} \longrightarrow \boxed{\begin{array}{c} T_1 V_1 p_A \\[4pt] A \end{array}} + \boxed{\begin{array}{c} T_1 V_1 p_B \\[4pt] B \end{array}}$$

$$(3\text{-}51)$$

现将已分离之气体 A, B, 分别以可逆的等温过程压缩至体积 V_A, V_B, 其值成下比例的关系:

$$\frac{p_A}{V_A} = \frac{p_B}{V_B} = \frac{p}{V} \qquad (3\text{-}52)$$

更将二气并列如下图.

$$\boxed{\begin{array}{c|c} T, V_A, p_A & T_1, V_B, p_B \\[8pt] A & B \end{array}}$$

$$(3\text{-}53)$$

由 (51) 右方压缩至 (53) 式情形之熵之改变, 按 (26) 式, 为

$$\int_{p_A}^{p} \mathrm{d}(n_A S_A) = -n_A R \ln \frac{p}{p_A}$$

$$\int_{p_B}^{p} \mathrm{d}(n_B S_B) = -n_B R \ln \frac{p}{p_B} \qquad (3\text{-}54)$$

故 (51) 左方的混合态之熵, 与 (53) 分离态之熵, 二者差为

$$\begin{aligned} \Delta S_{\mathrm{mix}} &= n_A R \ln \frac{p}{p_A} + n_B R \ln \frac{p}{p_B} \\ &= n_A R \ln \frac{n}{n_A} + n_B R \ln \frac{n}{n_B} \\ &> 0, \quad n = n_A + n_B \end{aligned} \qquad (3\text{-}55)$$

结果表示如将 (53) 图中两气间的隔板抽去, 则由于气体的扩散, 其熵增加如 (55) 式.

上述结果, 可推展至数个气体扩散混合的情形. 如有 $n_A, n_B, n_C, \cdots$ 克分子的气体 $A, B, C, \cdots$ 经扩散混合, 其熵增加 ΔS_{mix}

$$\Delta S_{\mathrm{mix}} = R \sum_i n_i \ln \frac{n}{n_i}, \quad n = n_A + n_B + \cdots$$

混合气体之熵为

$$S(T, p, n_A, n_B, \cdots) = \sum_i n_i S_i(T, p) + R \sum_j n_i \ln \frac{n}{n_j}$$

(55) 式, 如应用于两个相同的气体 $A = B$ 的情形, 则引致下述所谓 Gibbs 佯谬 (paradox) 的有趣问题. 设 $n_A = n_B = 1$, 故二气扩散之熵增加, 按 (55) 式, 为

$$\Delta S_{\mathrm{mix}} = 2R \ln 2 \tag{3-56}$$

惟此乃不可解的结果. 当 $A = B$ 时, 则第 (53) 图两气隔离, 与 (51) 图左方两气间无间隔, 实无异处, 将 (53) 图之间隔抽去, 何以有熵之增加, 殊不可解也. 此问题之分析解答, 将于第 16 章第 5 节末, 及第 18 章与 18.5.3 节中详论之.

3.9　热力学函数与第二定律

3.9.1　热力学函数及微分关系

在热力学中我们可引入各种函数. 第 2 章中曾由内能 U, 引入焓函数 H

$$H(T, p) = U(T, V) + pV \tag{3-57}$$

现将引入在某些情形下较为方便的其他函数.

前在可逆过程时, 按 (14) 式定义, 引入熵 S

$$\mathrm{d}S = \frac{\delta Q}{T} \tag{3-58}$$

按此, 第一定律可写成下式:

$$\mathrm{d}S = \frac{1}{T}\mathrm{d}U + \frac{1}{T}p\mathrm{d}V \tag{3-59}$$

此乃示 S 可看为 U, V 变数的函数, $S = S(U, V)$. 但由之我们可以视 U 为 S, V 之函数

$$U = U(S, V) \tag{3-60}$$

现按下式定义所谓 Helmholtz 氏之 "自由能" $F(T, V)$:

$$F(T, V) = U(S, V) - TS \tag{3-61}$$

由 (61) 式, 即得下数关系 *

$$T = \left(\frac{\partial U}{\partial S}\right)_V, \quad -S = \left(\frac{\partial F}{\partial T}\right)_V \tag{3-62}$$

---

* (60) 式乃所谓 Legendre 氏变换 (或宜称为 Euler 氏变换) 之一特例. 兹略述该变换理论如下

设 $F(x_1, x_2, \cdots, x_8, z_1, \cdots, z_\alpha)$ 为 $x_1, x_2, \cdots, x_n, z_1, \cdots, z_\alpha$ 之函数. 兹定义变数 $y_1, y_2, \cdots, y_n$ 为

$$y_i = \frac{\partial F}{\partial x_i}, \quad i = 1, 2, \cdots, n \tag{3-64}$$

使 $G(y_1, y_2, \cdots, y_n, z_1, z_2, \cdots, z_\alpha)$ 函数, 定义为

$$G \equiv \sum x_i y_i - F \tag{3-65}$$

并假定

$$\frac{\partial\left(\dfrac{\partial F}{\partial x_1}, \cdots, \dfrac{\partial F}{\partial x_n}\right)}{\partial(x_1, \cdots, x_n)} \neq 0 \tag{3-66}$$

我们很易证明下列两定理:

定理一:

$$x_i = \frac{\partial G}{\partial y_i} \tag{3-67}$$

定理二:

$$\frac{\partial F}{\partial zk} + \frac{\partial G}{\partial zj} = 0 \tag{3-68}$$

(64) 系由 $x_1, \cdots, x_n$ 至 $y_2, \cdots, y_n$ 的变换. (67) 则系由 $y_1, \cdots, y_n$ 至 $x_1, \cdots, x_n$ 之倒变换. (68) 式则系其他不经变换的变数 (或参数) 的关系.

上述理论的最熟识应用, 乃古典力学中由 Lagrangian 函数 $L(q, \dot{q})$ 至 Hamiltonian 函数的变换,

$$p_i = \frac{\partial L}{\partial \dot{q}_i}$$

$$H(q, p) = \sum p_i \dot{q}_i - L(q, \dot{q})$$

按 (67),

$$\dot{q}_i = \frac{\partial H}{\partial p_i}$$

按 (68),

$$\frac{\partial L}{\partial q_i} + \frac{\partial H}{\partial q_i} = 0$$

由 Lagrange 方程式

$$\frac{\mathrm{d}}{\mathrm{d}t}\frac{\partial L}{\partial \dot{q}_i} - \frac{\partial L}{\partial q_i} = 0 \tag{3-69}$$

由上式即得

$$\dot{p}_i = -\frac{\partial H}{\partial q_i}$$

$$\left(\frac{\partial F}{\partial V}\right)_T = \left(\frac{\partial U}{\partial V}\right)_S \tag{3-63}$$

又按下式定义 Gibbs 之热力函数 $G(T, p)$:

$$G(T, p) = F(T, V) + pV \tag{3-70}$$
$$= U(S, V) - TS + pV$$

由 (64)~(68), 即得

$$-p = \left(\frac{\partial F}{\partial V}\right)_T, \quad V = \left(\frac{\partial G}{\partial p}\right)_T \tag{3-71}$$

$$\left(\frac{\partial G}{\partial T}\right)_p = \left(\frac{\partial F}{\partial T}\right)_V \tag{3-72}$$

Planck 氏更引入一势函数

$$\psi(T, p) \equiv -\frac{1}{T} G(T, p) \tag{3-73}$$

上列 (62), (63), (71), (72) 各关系外, 尚可得其他的关系.

(a)U, V 为独立变数

由 (59) 式, 即得

$$\frac{1}{T} = \left(\frac{\partial S}{\partial U}\right)_V, \quad \frac{p}{T} = \left(\frac{\partial S}{\partial V}\right)_U \tag{3-74}$$

由 (1-22), 可得

$$-p = \left(\frac{\partial U}{\partial V}\right)_S \tag{3-75}$$

(b)T, V 为独立变数

由 (61),

$$\mathrm{d}F = \mathrm{d}U - T\mathrm{d}S - S\mathrm{d}T = -p\mathrm{d}V - S\mathrm{d}T \tag{3-76}$$

故

$$S = -\left(\frac{\partial F}{\partial T}\right)_V, \quad p = -\left(\frac{\partial F}{\partial V}\right)_T \tag{3-77}$$

及

$$\boxed{\left(\frac{\partial S}{\partial V}\right)_T = \left(\frac{\partial p}{\partial T}\right)_V} \tag{3-78}$$

(77) 式之 $p = -\left(\frac{\partial F}{\partial V}\right)_T$, 至为重要. 在统计力学中, F 可由理论得之, 故由此式可得物态方程式.

由 (78) 式, 可得 Clapeyron 方程式, 见下文第 4 章

以 (77) 式之 $S = -\left(\frac{\partial F}{\partial T}\right)_V$ 代入 (61) 式, 即得 Legendre 变换

$$U(S, V) = F(T, V) - T\left(\frac{\partial F}{\partial T}\right)_V \tag{3-79}$$

(c)T, p 为独立变数

由 (70), (61) 及 (59), 得

$$dG = V dp - S dT \tag{3-80}$$

故

$$V = \left(\frac{\partial G}{\partial p}\right)_T, \quad -S = \left(\frac{\partial G}{\partial T}\right)_p \tag{3-81}$$

及

$$\boxed{\left(\frac{\partial V}{\partial T}\right)_p = -\left(\frac{\partial S}{\partial p}\right)_T} \tag{3-82}$$

(d)S, V 为独立变数

由 (59),

$$dU = T dS - p dV \tag{3-83}$$

故

$$T = \left(\frac{\partial U}{\partial S}\right)_V, \quad -p = \left(\frac{\partial U}{\partial V}\right)_S \tag{3-84}$$

及

$$\boxed{\left(\frac{\partial T}{\partial V}\right)_S = -\left(\frac{\partial p}{\partial S}\right)_V} \tag{3-85}$$

(e)S, p 为独立变数

按 (60), 可写 (57) 如下式:

$$H(S, p) = U(S, V) + pV \tag{3-86}$$

第一定律乃成

$$dH = T dS + V dp \tag{3-87}$$

故

$$T = \left(\frac{\partial H}{\partial S}\right)_p, \quad V = \left(\frac{\partial H}{\partial p}\right)_S \tag{3-88}$$

及

$$\boxed{\left(\frac{\partial T}{\partial p}\right)_S = \left(\frac{\partial V}{\partial S}\right)_p} \tag{3-89}$$

(78), (82), (85), (89) 称为 Maxwell 氏关系.

由 (87) 式视 S 为 T, p 之函数, 可得

$$\left(\frac{\partial H}{\partial p}\right)_T - V = T \left(\frac{\partial S}{\partial p}\right)_T \tag{3-90}$$

$$= -T \left(\frac{\partial V}{\partial T}\right)_p \quad (按 (82))$$

上述许多的微分关系, 可有系统的总结如本章末附录.

3.9.2   第二定律

上节引入许多函数, 我们可以其表述第二定律. 每一函数, 各有其运用方便的情形.

按表 3.1, 对一个开的系的任何过程, 第二定律的条件为

$$dS - \frac{\delta Q}{T} \geqslant 0 \tag{3-91}$$

只有在可逆的过程, 等号始适用. 上式可写成下式:

$$dS - \frac{dU + \delta W}{T} \geqslant 0 \tag{3-92}$$

(a) 绝热过程: $\delta Q = 0$

在此情形下 (91) 式成

$$dS \geqslant 0 \tag{3-93}$$

此式亦适用于一封闭或隔绝系.

(b) 等温过程: $dT = 0$

如一个系与一热库保持接触, 俾其温度与热库的相同, 则 (91) 与 (92) 式成为

$$TdS - \delta Q \geqslant 0 \tag{3-94}$$

$$d(U - TS) \leqslant -\delta W \tag{3-95}$$

由 (61) 式, 后一式乃

$$-dE \geqslant \delta W \tag{3-96}$$

此乃谓在可逆等温过程中, 一个系所做之功, 等于其自由能的减少量, 故自由能略与力学中之位能相似. 在不可逆过程中, 一个系所做之功, 较自由能的减少为少.

以一理想气体为例. dU 及 dS 皆见第 (18), (19) 二式. 又

$$dF = -RT\frac{1}{V}dV = -dV$$

故 (96) 式成

$$pdV \geqslant \delta W \tag{3-97}$$

此乃谓在可逆等温过程所做之功 pdV, 大于在不可逆等温过程所做之功 δW. 以气体自由膨胀之例言, δW=0, 故 (97) 式是满足的

(c) 等温等压过程: $dT = dp = 0$

在等温等压情形下, (92) 式可写为

$$d\left(S - \frac{U + pV}{T}\right) \geqslant 0 \tag{3-98}$$

或用 Gibbs 的热力势 $G(90)$,

$$d\left(\frac{G}{T}\right) \leqslant 0$$

或用 Planck 的 ψ 函数 (73) (3-99)

$$d\psi \geqslant 0 \tag{3-100}$$

G 函数在升华、融化、蒸气化及某些化学反应等过程, 最为方便.

由 (70) 及 (86) 式, 得

$$G(T,p) = H(S,p) - TS \tag{3-101}$$

由此, 即得 (用 (81), (88))

$$T = \left(\frac{\partial H}{\partial S}\right)_p \tag{3-102}$$

由 (73) 及 (101), 可得

$$d\psi = -\frac{V}{T}dp + \frac{H}{T^2}dT \tag{3-103}$$

及

$$H = T^2\left(\frac{\partial \psi}{\partial T}\right)_p, \quad -V = T\left(\frac{\partial \psi}{\partial p}\right)_T \tag{3-104}$$

由 (73), (101) 及 (104), 即得

$$S = \psi + T\left(\frac{\partial \psi}{\partial T}\right)_p \tag{3-105}$$

3.10   第二定律的应用

(1)T,V 为独立之变数: $S(T,V)$

$$dS = \left(\frac{\partial S}{\partial T}\right)_V dT + \left(\frac{\partial S}{\partial V}\right)_T dV \tag{3-106}$$

由 (21) 及 (78), 此乃成

$$dS = C_V\frac{dT}{T} + \left(\frac{\partial p}{\partial V}\right)_V dV \tag{3-107}$$

由此可得

$$\left(\frac{\partial C_V}{\partial V}\right)_T = T\left(\frac{\partial^2 p}{\partial T^2}\right)V \tag{3-108}$$

由 (2-4) 式及 $\delta Q = TdS$, 可得

$$T\mathrm{d}S = \left(\frac{\partial U}{\partial T}\right)_V \mathrm{d}T + \left[\left(\frac{\partial U}{\partial V}\right)_T + p\right]\mathrm{d}V \tag{3-109}$$

以此与 (107) 比较, 即得

$$\left(\frac{\partial U}{\partial V}\right)_T = T\left(\frac{\partial p}{\partial T}\right)_V - p \tag{3-110}$$

此式极为有用, 盖可从物态方程式得 $\left(\dfrac{\partial U}{\partial V}\right)_T$ 也. 由

$$\mathrm{d}U = \left(\frac{\partial U}{\partial T}\right)_V \mathrm{d}T + \left(\frac{\partial U}{\partial V}\right)_T \mathrm{d}V \tag{3-111}$$

可得

$$C_V\left(\frac{\partial T}{\partial V}\right)_U = -\left(\frac{\partial U}{\partial V}\right)_T = p - T\left(\frac{\partial p}{\partial T}\right)_V \tag{3-112}$$

在可逆等温过程中, (107) 式可得

$$\delta Q = \int_1^2 T\left(\frac{\partial p}{\partial T}\right)_V \mathrm{d}V = T\int_1^2 \beta p\mathrm{d}V \tag{3-113}$$

β 为压力系数, 见 (1-26).

在可逆绝热过程中, (107) 式得

$$\left(\frac{\partial T}{\partial V}\right)_S = -\frac{T}{C_V}\left(\frac{\partial p}{\partial V}\right)_V = -\frac{T}{C_V}\beta p \tag{3-114}$$

(a) 在理想气体情形下, (108), (110), (112), (90) 简化为

$$\left(\frac{\partial C_V}{\partial V}\right)_T = 0 \tag{3-115}$$

$$\left(\frac{\partial U}{\partial V}\right)_T = 0 \tag{3-116}$$

$$\left(\frac{\partial T}{\partial V}\right)_U = 0 \tag{3-117}$$

$$\left(\frac{\partial H}{\partial p}\right)_T = 0 \tag{3-118}$$

由 (115), 我们只可知 C_V 与 V 无关, 但我们熟知的 $C_V = \dfrac{3}{2}R$ 关系则不能由热力学得来, 必须由气体运动论始能获得. (116) 式示理想气体之内能 U, 只是温度 T 之函数, 与 V 无关. (117) 则系与第 3 章第 2 节所述的自由膨胀实验结果相符. (118) 关系, 则与 (2-29) 相符.

(b)van der Waals 气体

$$\left(p + \frac{a}{V^2}\right)(V - b) = RT \tag{3-119}$$

由 (108), 即得

$$\left(\frac{\partial C_V}{\partial V}\right)_T = 0 \tag{3-120}$$

$$\left(\frac{\partial U}{\partial V}\right)_T = \frac{a}{V^2} \tag{3-121}$$

由此, 即得

$$U = \int C_V \mathrm{d}T - \frac{a}{V} + 常数 \tag{3-122}$$

由 (109) 及 (119),

$$S = \int \frac{1}{T} C_V \mathrm{d}T + R \ln(V - b) + 常数 \tag{3-123}$$

(2)T, p 为独立变数: $S(T, p)$

$$\mathrm{d}S = \left(\frac{\partial S}{\partial T}\right)_p \mathrm{d}T + \left(\frac{\partial S}{\partial p}\right)_T \mathrm{d}p \tag{3-124}$$

由 (25) 及 (82),

$$T\mathrm{d}S = C_p \mathrm{d}T - T\left(\frac{\partial V}{\partial T}\right)_p \mathrm{d}p \tag{3-125}$$

及

$$\left(\frac{\partial C_p}{\partial p}\right)_T = -T\left(\frac{\partial^2 V}{\partial T^2}\right)_p^{*} \tag{3-126}$$

在理想气体情形下, 此些式简化为

$$T\mathrm{d}S = C_p \mathrm{d}T - V\mathrm{d}p \tag{3-127}$$

$$\left(\frac{\partial C_p}{\partial p}\right)_T = 0, \quad 或 \quad C_p = C_p(T) \tag{3-128}$$

i) 可逆等温过程, 由 (124) 得

$$\delta Q = -\int_1^2 T\left(\frac{\partial V}{\partial T}\right)_p \mathrm{d}p$$

---

* (126) 亦可由 (2-37) 及 (90) 获得

$$C_p = \left(\frac{\partial H}{\partial T}\right)_p, \quad \left(\frac{\partial H}{\partial p}\right)_T = V - T\left(\frac{\partial V}{\partial T}\right)_p$$

$$= -T \int_1^2 \alpha V \mathrm{d}p, \quad \alpha \ \text{见} \ (1\text{-}25) \tag{3-129}$$

ii) 可逆绝热过程, 由 (125) 得

$$\left(\frac{\partial T}{\partial p}\right)_S = \frac{T}{C_p}\left(\frac{\partial V}{\partial T}\right)_p \tag{3-130}$$

此式示在绝热情形下, 压力对温度的影响. 通常是 $\left(\dfrac{\partial V}{\partial T}\right)_p > 0$, 故物体压缩时之温度增高.

(a) 以汞为例.

克分子体积 $V = 14.7\mathrm{cm}^3$

膨胀系数 $\alpha = 1.78 \times 10^{-4}/^\circ\mathrm{C}$

等压比热 $C_p = 6.69\mathrm{cal}/克分子 = 6.69 \times 4.19 \times 10^7 \mathrm{erg}/^\circ\mathrm{C}$

外施压力 $p = 1000\mathrm{atm} = 10^3 \times 1.013 \times 10^6 \mathrm{dyn/cm}^2$

温度升高 $\Delta T = 2.58^\circ\mathrm{C}$

(b) 以 (130) 应用于一丝之扯长.

由 (1-30), (1-33), 并于 (130) 式中作下列的代替

$$\begin{aligned} &V \to \text{长} L, \quad p \to \text{张力} - t \\ &C_p \to C_t, \quad \text{等张力比热} \\ &\alpha \to \alpha_L, \quad \text{线性膨胀 (等张力) 系数} \end{aligned} \tag{3-131}$$

即得

$$\left(\frac{\partial T}{\partial t}\right)_S = -\frac{T}{C_t}\alpha_L L \tag{3-123}$$

在绝热情形将丝扯长, 其温度下降.

(c) 以绝热去磁法冷却 (见下文 3.12.4 节).

(d) Joule Thomson 之节流实验 (见下文第 11 节).

iii) 可逆等温等压过程, 由 (87) 式, 可得

$$\mathrm{d}H = T\mathrm{d}S \tag{3-133}$$

$$Q = H_2 - H_1 = (U + p_0 V)_2 - (U + p_0 V)_1 \tag{3-134}$$

以 (81) 式 $-S = \left(\dfrac{\partial G}{\partial T}\right)_p$ 代入 (101) 式, 得

$$H(S,p) = G(T,p) = -T\left(\frac{\partial G}{\partial T}\right)_p \tag{3-135}$$

对 p 作偏微分, 用 (81) 式 $V = \left(\dfrac{\partial G}{\partial p}\right)_T$, 即得

$$\left(\frac{\partial H}{\partial p}\right)_T = V - T\left(\frac{\partial V}{\partial T}\right)_p = -T^2\left(\frac{\partial}{\partial T}\left(\frac{V}{T}\right)\right)_p \tag{3-136}$$

此式亦可由 (104) 式第一方程式得之.

设 Q 为过程之反应热, 使

$$\Delta V = V_2 - V_1$$

则 (136) 式成下式:

$$\left(\frac{\partial Q}{\partial p}\right)_T = -T_2\left(\frac{\partial}{\partial T}\left(\frac{\Delta V}{T}\right)\right)_p \tag{3-137}$$

如 Q 与 p 无关, 则

$$\frac{\Delta V}{T} = \text{常数(与 } T \text{ 无关)} \tag{3-138}$$

等压过程中, (103) 式得

$$\psi = \int \frac{H}{T^2} \mathrm{d}T \tag{3-139}$$

因 U 含有一未定常数, $U + b$, 故

$$\psi = \int \frac{H}{T^2} \mathrm{d}T - \frac{b}{T} \tag{3-140}$$

又因 S 有一未定常数, $S + a$, 故自由能 $F = U - TS$ 有一未定项 $(b - aT)$.

3.11 Joule-Thomson 实验 —— 冷却机原理

第 2 章第 3 节曾述 Joule, Thomson 二氏之透气塞 (porous plug) 实验 (或称节流 (throttling) 实验), 并提及焓观念和冷却机原理的关系. 该问题需用热力学第二定律, 兹于本节申述 Joule-Thomson 效应和冷却机的原理.

兹取一实际气体 (即非理想气体), 使 p_i, T_i 为其开始时之压力及温度, p_f, T_f 为气体被压透过塞后之压力及温度. (见第 2 章第 3 节之图 2.1). 实验的程序如下:

(1) 由一固定的 p_i, T_i, 先取一 p_f 值 $p_f(1)$. 将气体压透过塞后, 量其温度 $T_i(1)$. 再由同前之 p_i, T_i, 另取一 p_f 值 $p_f(2)$, 将气体压透过塞后, 量其温度 $T_i(2)$.

同法, 量 $p_f(3), p_f(4), \cdots$ 时之温度 $T_f(3), T_f(4), T_f(5) \cdots$ 按 (2-31) 式, 各态 $(p_f(1), T_f(1)), \cdots$ 之焓与开始时 (p_i, T_i) 的相等,

$$H_i = H_f(1) = H_f(2) = \cdots \tag{3-141}$$

如所取之 $p_f(1), p_f(2), \cdots$ 甚密, 则各点 (T_f, p_f) 成一等焓线 (isenthalpic), 见附图 3.6.

(2) 实验之次一步, 乃于开始时另取一固定的 T_i 值 (p_i 值同前), 而重作上述一系列的 $(p_f(1), T_f(1)), (p_f(2), T_f(2)), \cdots$ 的实验. 如是可得 T_i (2) 时的等焓线.

更另取 $T_i(3), T_i(4), \cdots$ 求一集的等焓线, 如图 3.6 所示.

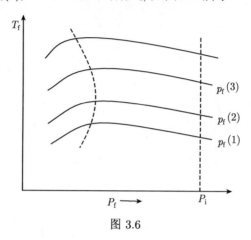

图 3.6

图 3.6 中之虚线, 系各等焓线的坡度

$$\mu \equiv \left(\frac{\partial T}{\partial p}\right)_H \tag{3-142}$$

的最高值轨迹. 此虚线称为转回线 (inversion curve). 等焓线及转回线, 皆视气体而异. 转回线上端与 T 轴相交点之 T_m 值, 各气体大不同. 高的如 CO_2 气, 约为 1500K; 低的如氦, 为 40K. 空气则约为 600K, 氢则约为 200K.

由上图, 显见如欲借节流程序得冷却的效应, 则

(1) 必需条件, 系开始之温度 T_i, 务需低于上述的 T_m 温度.

(2) 开始的 T_i 愈低, 冷却效应亦愈佳. 此可由各气体的经验得来的等焓线, 转回线性质见之.

冷却效应, 自以 (142) 式的 μ 值为定. μ 应为 Joule-Thomson 系数. 此系数乃 p, V, T 的函数, 自与气体的物态方程式有关. 由 (87) 及 (125) 式

$$\mathrm{d}H = T\mathrm{d}S + V\mathrm{d}p$$

$$T\mathrm{d}S = C_p\mathrm{d}T - T\left(\frac{\partial V}{\partial T}\right)_p \mathrm{d}p$$

故得

$$C_p\mathrm{d}T = \left(T\left(\frac{\partial V}{\partial T}\right)_p - V\right)\mathrm{d}p + \mathrm{d}H \tag{3-143}$$

故

$$\left(\frac{\partial T}{\partial p}\right)_H = \frac{1}{C_p}\left(T\left(\frac{\partial V}{\partial T}\right)_p - V\right) \tag{3-144}$$

$$= \frac{V}{C_p}(\alpha T - 1) \qquad \text{用 (1-25) 式} \tag{3-144a}$$

$$= 0, \quad \text{理想气体} \tag{3-144b}$$

由 (1-21) 式, 即得

$$\left(\frac{\partial H}{\partial p}\right)_T = -\left(\frac{\partial H}{\partial T}\right)_p\left(\frac{\partial T}{\partial p}\right)_H = -C_p\left(\frac{\partial T}{\partial p}\right)_H \tag{3-145}$$

按 (2-29) 式, 以理想气体言,

$$\left(\frac{\partial H}{\partial p}\right)_T = 0$$

由此又得 (144b).

3.12　　磁　　　　性

第一定律及第二定律为

$$\delta Q = \mathrm{d}U + pV \tag{3-146}$$

$$\left(\frac{\partial U}{\partial V}\right)_T = T\left(\frac{\partial p}{\partial t}\right)_V - p \quad \text{(110) 式} \tag{3-147}$$

应用于磁性问题时, 只需作下列的替换 (见第 1 章表 1.1):

$$p \to -H, \quad V \to \sigma \tag{3-148}$$

σ 乃一克分子之磁偶 ($\sigma = N\mu_0$, $N = \text{Avogadro氏数}$), 故上二式乃成

$$\sigma Q = \mathrm{d}U - H\mathrm{d}\sigma \tag{3-149}$$

$$\left(\frac{\partial U}{\partial \sigma}\right)_T = -T\left(\frac{\partial H}{\partial T}\right)_\sigma + H \tag{3-150}$$

在普通物性, 我们需一物态方程式 $F(p, V, T) = 0$. 在磁性问题, 我们亦需一个 "物态方程式"

$$f(H, \sigma, T) = 0 \tag{3-151}$$

在各不同物体, 此 "物态方程式" 亦不同.

3.12.1　顺磁性物体, 如稀有土属原子, 氧 O_2, NO_2 分子等

顺磁性物体之 "物态方程式", 乃 P. Langevin(1905 年) 之顺磁性磁化率理论之公式. 此理论已见《量子论与原子结构》甲部第 6 章. 兹简述如下.

设每分子有一永久磁矩 μ_0. 在磁场 H 中, 其位能为

$$V(\theta) = -\mu_0 H \cos\theta$$

θ 为磁矩与 H 之夹角. 由于分子之热运动, N 分子中其矩指向 θ(即其位能为 $V(\theta)$)者, 按 Boltzmann 定理 (见第 8 章 (8-37)), 其数为

$$n(\theta) = CN e^{\xi\cos\theta}, \quad \xi = \frac{\mu_0 H}{kT} \tag{3-152}$$

C 为一常数, 其值由下关系定之:

$$\int_0^\pi n(\theta)\sin\theta\mathrm{d}\theta = N \tag{3-153}$$

故
$$C = \frac{\xi}{2}\left[\sin h\xi\right]^{-1} \tag{3-154}$$

一个分子的磁矩在 H 方向的分量的平均值为

$$\langle\mu_H\rangle = C\int_0^\pi \mu_0\cos\theta e^{\xi\cos\theta}\sin\theta\mathrm{d}\theta$$
$$= \mu_0\left[\coth\xi - \frac{1}{\xi}\right] \equiv \mu_0 L(\xi) \tag{3-155}$$

如定义

则磁的 "物态方程式" 乃

$$\sigma = \sigma_0 L\left(\frac{\mu_0 H}{kT}\right) \tag{3-156}$$

此式亦可写成下式:

$$H = \frac{kT}{\mu_0} f\left(\frac{\sigma}{\sigma_0}\right) \tag{3-157}$$

由 (150) 式, 即得

$$\left(\frac{\partial U}{\partial \sigma}\right)_T = 0 \tag{3-158}$$

即 U 与 σ 无关. 此相当于理想的气体之 $\left(\dfrac{\partial U}{\partial V}\right)_T = 0$.

3.12.2　铁磁性, 如铁, 镍, 钴等

按 Weiss 的理论, 铁磁性物体中, 由于有磁性的分子, 即当外场 H 等于零时, 仍有一 "内场" 使分子顺排. 按此理论, 我们需将 Langevin 理论中之 H, 代以

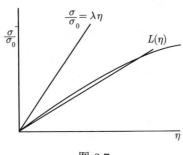

图 3.7

$$H + \gamma\sigma \tag{3-159}$$

兹使

$$\eta = \frac{\mu_0(H + \gamma\sigma)}{kT} \tag{3-160}$$

或

$$\sigma = -\frac{H}{\gamma} + \frac{kT}{\mu_0\gamma}\eta \tag{3-161}$$

由 Langevin 理论,

$$\frac{\sigma}{\sigma_0} = L(\eta) \tag{3-162}$$

$H = 0$ 情形:

(161) 式之 $\frac{\sigma}{\sigma_0}$ 与 η 之关系, 系直线关系

$$\sigma = \lambda\sigma_0\eta, \quad \lambda = \frac{kT}{\mu_0\gamma\sigma_0} \tag{3-163}$$

λ 乃 $\frac{\sigma}{\sigma_0}$-η 直线之坡度. 在高 T 时, $\lambda > \frac{1}{3}\left[L(\eta)\text{-}\eta \text{ 线在 } \eta = 0 \text{ 点之坡度为 } \frac{1}{3}\right]$, 则 $\frac{\sigma}{\sigma_0} = \lambda\eta$ 线不与 $\frac{\sigma}{\sigma_0} = L(\eta)$ 线交, 将无磁化现象. 换言之, 高温度毁去磁化度.

在低 T 时, $\lambda < \frac{1}{3}$, 则虽 $H = 0$, 将仍有磁化 σ_0 临界温度乃

$$\frac{kT_c}{\mu_0\gamma\sigma_0} = \frac{1}{3}, \quad \text{或} \quad T_c = \frac{\mu_0\gamma\sigma_0}{3k} \tag{3-164}$$

T_c 称为 Curie 温度.

$H \neq 0$ 的情形:

i) 在 $T < T_c, \eta$ 之值极小时, 由 (161) 及 (162), 可得

$$\frac{\sigma}{\sigma_0} = -\frac{H}{\gamma\sigma_0} + \frac{kT}{\mu_0\gamma\sigma_0}\eta = -\frac{H}{\gamma\sigma_0} + \frac{T}{3T_c}\eta \tag{3-165}$$

$$\frac{\sigma}{\sigma_0} = \frac{1}{3}\eta - \frac{1}{45}\eta^3 + \cdots \tag{3-166}$$

由 (165), $H = 0$ 时, $\eta = \dfrac{3T_c}{T}\left(\dfrac{\sigma}{\sigma_0}\right)$. 以上代入 (166), 则得次一接近值

$$\frac{\sigma}{\sigma_0} = \sqrt{\frac{5}{3}\left(\frac{T_c - T}{T}\right)\left(\frac{T}{T_c}\right)^3} \backsimeq \sqrt{\frac{5}{3}\frac{(T_c - T)}{T}}$$

$$T \backsimeq T_c \tag{3-167}$$

ii) 在 $T_c < T, \eta$ 之值极小时, 由 (166) 式略去 η^3 项, 于 (165) 式消去 η, 即得

$$\sigma = \frac{H}{\gamma}\frac{T_c}{T - T_c} \tag{3-168}$$

故磁化率 χ 为

$$\chi = \frac{\sigma}{H} = \frac{T_c}{\gamma}\frac{1}{T - T_c} \tag{3-169}$$

此谓为 Curie-Weiss 定律.

兹将 (162) 式写成 (157) 的形式

$$\eta = f\left(\frac{\sigma}{\sigma_0}\right), \quad 或 H = \frac{kT}{\mu_0}f\left(\frac{\sigma}{\sigma_0}\right) - \gamma\sigma \tag{3-170}$$

由 (150) 式即得

$$\left(\frac{\partial U}{\partial \sigma}\right)_T = -\gamma\sigma \tag{3-171}$$

此式约略与 van der Waals 气体的

$$\left(\frac{\partial U}{\partial V}\right)_T = \frac{a}{V^2}$$

关系相似.

3.12.3   磁比热

由第一定律 (2-4a) 式

$$\delta Q = C_V \mathrm{d}T + \left[\left(\frac{\partial U}{\partial V}\right)_T + P\right]\mathrm{d}V \tag{3-172}$$

作 (148) 之替换, 可得

$$\delta Q = C_\sigma \mathrm{d}T + \left[\left(\frac{\partial U}{\partial \sigma}\right)_T - H\right]\mathrm{d}\sigma \tag{3-173}$$

兹定义磁比热

$$C_H = \left(\frac{\partial Q}{\partial T}\right)_H \tag{3-174}$$

由 (171), (173), 可得

$$C_H = C_\sigma - (H + \gamma\sigma)\left(\frac{\mathrm{d}\sigma}{\mathrm{d}T}\right)_H \tag{3-175}$$

$$\equiv C_\sigma + \delta_H$$

此处 C_H 谓为磁比热 (与气体之 $C_p = C_V + \left[p + \left(\frac{\partial U}{\partial V}\right)_T\right]\left(\frac{\partial V}{\partial T}\right)_p$, (2-9) 式, 比较之).

　　a) 顺磁性物体的情形系: $\gamma = 0$, 故当 $H = 0$ 时, $\delta_H = 0$; 当 $H \neq 0$ 时, $\delta_H \neq 0$.

　　b) 铁磁性物体, 则 $\gamma \neq 0$, 故当 $H = 0$ 时, $\delta_H \neq 0$,

$$\left(\frac{\delta Q}{\partial T}\right)_{H=0} = C_\sigma - \gamma\sigma\left(\frac{\mathrm{d}\sigma}{\mathrm{d}T}\right)_{H=0} = C_\sigma - \frac{1}{2}\gamma\left(\frac{\mathrm{d}\sigma^2}{\mathrm{d}T}\right)_{H=0} \tag{3-176}$$

$T \leqslant T_c$ 时, 由 (167) 式可计得 $(\sigma_0 = N\mu_0, Nk = R)$

$$C_H\left(\frac{\delta Q}{\partial T}\right)_{H=0} = C_\sigma + \frac{5k\sigma_0}{2\mu_0} = C_\sigma + \frac{5}{2}R, \quad T \simeq T_c \tag{3-177}$$

故 $C_H - C_\sigma = \delta_H \simeq 5\mathrm{cal}/克分子$. 由 (168) 式, 在 $T_c \leqslant T$ 则

$$C_H = \left(\frac{\delta Q}{\partial T}\right)_{H=0} = C_\sigma - \left(\frac{HT_c}{\gamma}\right)^2 \frac{1}{(T - T_c)^2} \tag{3-178}$$

$$= C_\sigma, \quad H = 0 \tag{3-179}$$

故 $\left(\frac{\delta Q}{\partial T}\right)_{H=0}$ 如图 3.8 所示.

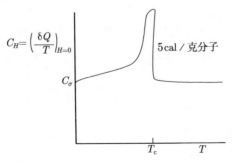

图 3.8

在 T_c 点, $\left(\frac{\delta Q}{\partial T}\right)_{H=0}$ (系比热) 有一突变 (5cal / 克分子), 此突变为 Weiss 观察到, 用以定 Curie 温度 T_c 的. 上述的结果, 系谓在 $H = 0$ 时, $T \leqslant T_c$ 之铁磁性, 在 Curie 点转变为顺磁性. 此转变似不属于高阶之相转变而与液氦之 λ 转变同.

3.12.4 以绝热消磁化 (demagnetization) 产生低温度法

在可逆的绝热过程, dS=0, 由本章 (3-130) 式, 得

$$\left(\frac{\partial T}{\partial p}\right)_S = \frac{T}{C_p}\left(\frac{\partial V}{\partial T}\right)_p \tag{3-180}$$

或

$$\Delta T = \frac{T}{C_p}\left(\frac{\partial V}{\partial T}\right)_p \Delta p \tag{3-180a}$$

兹如以此式应用于磁物质, 只需作 (148) 式之替代, 故得

$$\Delta T = -\frac{T}{C_H}\left(\frac{\partial \sigma}{\partial T}\right)_H \Delta H \tag{3-181}$$

此处之 C_H 乃 (175) 式者.

以多数的物质言, 增高 T 时磁化强度 σ 降低, 故 $\left(\frac{\partial \sigma}{\partial T}\right)_H < 0$. 故按 (181) 式, 降低 H 时, 其温度下降. 此谓为磁热效应.

兹取一顺磁性物体, 其 Curie 定律为

$$\chi = \frac{\sigma}{H} = \frac{\sigma_0^2}{3RT} \tag{3-182}$$

先置之于强磁场 (H=24, 000Gs), 用液氢使其冷却 (准备的预先冷却). 再 (绝热的) 将 H 减至零, $\Delta H = -24,000$Gs. 按上 (181) 式, 则 $\Delta T < 0$.

此法初由 Debye(1926 年) 及 Giauque(1927 年) 各自提出; 首次实验则 Giauque 于 1933 年于美国作所, 旋即由 Kurti 及 Simon (1935 年) 于英国, de Haas 及 Wiersma(1933~1935 年) 于荷兰改进之, 最低温度可达 0.0014K.

(更低之温度, 则需用核子自转磁矩以代电子自转磁矩. Simon 于 1956 年已达 10^{-6}K 之低温.)

上述方法于熵的统计观点, 其解释如下: 当 H 增强时, 此过程按 (181) 式是使 T 增高的, 故务需于等温情形增强 H. 由 Maxwell 关系 (82),

$$\left(\frac{\partial S}{\partial p}\right)_T = -\left(\frac{\partial V}{\partial T}\right)_p$$

以此应用于磁性时, 只需作 (148) 式之替换, 即得

$$\left(\frac{\partial S}{\partial H}\right)_T = \left(\frac{\partial \sigma}{\partial T}\right)_H \tag{3-183}$$

按前, $\left(\frac{\partial \sigma}{\partial T}\right)_H < 0$, 故

$$\left(\frac{\partial S}{\partial H}\right)_T < 0 \tag{3-184}$$

此乃谓在 H 增强时, S 减小. 盖磁场增强, 则分子 (磁矩) 之排列秩序度增高, 相当于 S 之减小也. 反之, 磁场减低, S 应增高.

在绝热情形下将 H 减低, S 欲增加而无从增加, 由于物质之被绝热, 此 S 之增加只能由温度之下降满足之.

上述清形, 可以图 3.9 表明之开始时, 磁场 $H=0$, 温度为 T_i, 态为 A 点. 以等温使磁场由 0 增至 H_f, 态为图 3.9 中 B 点. 由 B 点以绝热消磁化过程, 其熵不变, 磁态由 B 至 C 点, 其温度为 T_f. 由 C 在 T_f 等温度下, 磁化至 D 点, 更以绝热消磁化至 E 点, 则可达更低之温度.

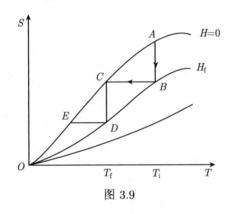

图 3.9

如各 H 值之等熵线, 皆聚于 $T=0$ 点如图 3.9 所示, 则 $T=0$ 点, 不可能的以有限步骤达到之 (参阅下文第 6 章热力学第三定律).

附录 热力学函数

本章引用各函数及变数 G,P,H,S,U,V,F,T, 各函数最适宜之独立变数, 及各偏微分导数间之关系, 兹总列如下表:

$$U(S,V) \qquad H(S,\boldsymbol{p}) \qquad G(\boldsymbol{T},\boldsymbol{p}) \qquad F(\boldsymbol{T},V)$$

$$H = U + \boldsymbol{p}V \quad G = U + \boldsymbol{p}V - \boldsymbol{T}S \quad F = U - \boldsymbol{T}S$$
$$= H - \boldsymbol{T}S \qquad = H - \boldsymbol{T}S - \boldsymbol{p}V$$
$$= G - \boldsymbol{p}V$$

$$\mathrm{d}U = \boldsymbol{T}\mathrm{d}S \quad \mathrm{d}H = \boldsymbol{T}\mathrm{d}S \quad \mathrm{d}G = -S\mathrm{d}\boldsymbol{T}, \quad \mathrm{d}F = -S\mathrm{d}\boldsymbol{T}$$
$$-\boldsymbol{p}\mathrm{d}V \qquad +V\mathrm{d}\boldsymbol{p} \qquad +V\mathrm{d}\boldsymbol{p} \qquad -\boldsymbol{p}\mathrm{d}V$$
$$\boldsymbol{T} = \left(\frac{\partial U}{\partial S}\right)_V \quad \boldsymbol{T} = \left(\frac{\partial H}{\partial S}\right)_p \quad -S = \left(\frac{\partial G}{\partial \boldsymbol{T}}\right)_p \quad -S = \left(\frac{\partial H}{\partial \boldsymbol{T}}\right)_V$$

$$-\boldsymbol{p} = \left(\frac{\partial U}{\partial V}\right)_s \quad V = \left(\frac{\partial H}{\partial \boldsymbol{p}}\right)_S \quad V = \left(\frac{\partial G}{\partial \boldsymbol{P}}\right)_T \quad -\boldsymbol{p} = \left(\frac{\partial F}{\partial V}\right)_T$$

$$\left(\frac{\partial \boldsymbol{T}}{\partial V}\right)_S = \quad \left(\frac{\partial \boldsymbol{T}}{\partial \boldsymbol{p}}\right)_S = \quad \left(\frac{\partial T}{\partial \boldsymbol{T}}\right)_p = \quad \left(\frac{\partial S}{\partial V}\right)_T =$$

$$-\left(\frac{\partial \boldsymbol{p}}{\partial S}\right)_V \quad \left(\frac{\partial V}{\partial S}\right)_P \quad -\left(\frac{\partial S}{\partial \boldsymbol{p}}\right)_T \quad \left(\frac{\partial \boldsymbol{p}}{\partial \boldsymbol{T}}\right)_V$$

如加入化学势 $\boldsymbol{\mu_i}$ 及克分子数 n_i , 则

$$\mathrm{d}U = \boldsymbol{T}\mathrm{d}S \qquad \mathrm{d}H = \boldsymbol{T}\mathrm{d}S \qquad \mathrm{d}G = -S\mathrm{d}\boldsymbol{T} \qquad \mathrm{d}F = -S\mathrm{d}\boldsymbol{T}$$

$$-\boldsymbol{p}\mathrm{d}V \qquad +V\mathrm{d}\boldsymbol{p} \qquad +V\mathrm{d}\boldsymbol{p} \qquad -\boldsymbol{p}\mathrm{d}V$$

$$+\sum \boldsymbol{\mu_i}\mathrm{d}n_i \qquad +\sum \boldsymbol{\mu_i}\mathrm{d}n_i \qquad +\sum \boldsymbol{\mu_i}\mathrm{d}n_i \qquad +\sum \boldsymbol{\mu_i}\mathrm{d}n_i$$

$$\boldsymbol{\mu_i} = \left(\frac{\partial H}{\partial n_i}\right)_{S,V,n_j} \quad \boldsymbol{\mu_i} = \left(\frac{\partial H}{\partial n_i}\right)_{S,p,n_j} \quad \boldsymbol{\mu_i} = \left(\frac{\partial G}{\partial n_i}\right)_{T,p,n_j} \quad \boldsymbol{\mu_i} = \left(\frac{\partial F}{\partial n_i}\right)_{T,V,n_j}$$

$$\left(\frac{\partial U}{\partial n_i}\right)_{S,V,n_j} = \left(\frac{\partial H}{\partial n_i}\right)_{S,p,n_j} = \left(\frac{\partial G}{\partial n_i}\right)_{T,p,n_j} = \left(\frac{\partial F}{\partial n_i}\right)_{T,V,n_j}$$

上表中凡示强量如 $\boldsymbol{T}, \boldsymbol{p}$, $\boldsymbol{\mu_i}$ 皆以黑体字表示之, 其他皆示外延量, 如 U, V, F, G, H, S,n_i 等.

为易于记忆计, 上表的主要点可以图 3.10 表示之. G, P, H, S, U, V, F, T各字之顺序, 乃取下句每字之首字母组成的 "Good Physicists Have Studied Under Very Fine Teachers".G,H, U,F 每一函数之变数, 即其线上前后之二函数, 如 H 之前后为 P,S, 余类推. 至若微分之关系, 如 $\mathrm{d}U$,

$$\mathrm{d}U = a\mathrm{d}S + b\mathrm{d}V$$

$\mathrm{d}S$ 之系数 a, 乃系取 S 之对称点 T(对图形中心 O 言). 其符号则如下定之：由 U 至 S, 取对 O 点之矩. 凡顺时针方向者为正号, 反时针方向者为负号. 故 $a = T$. 同法即得 $b = -P$. 其他 $\mathrm{d}H$,$\mathrm{d}G$, $\mathrm{d}F$ 亦同法.

图 3.10 及上句, 系 Gilvarary 所作 (见 Zcemansky 书), 取各系数 (如上例之 a, b) 之法, 乃补充该作而得的.

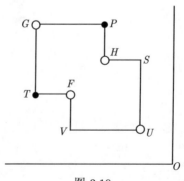

图 3.10

习　题

1. 证明一不可逆的机, 在温度 T_1, T_2 间运作时由 T_1 取能量 δQ_1 输至 T_2 所可得之功, 永小于一可逆机在同 T_1, T_2 间输 δQ_1 能的运作.

2. van der Waals 气体之物态方程式为

$$\left(p + \frac{a}{V^2}\right)(V - b) = RT, \quad a > 0, b > 0$$

证明 Joule-Thomson 系数

$$\left(\frac{\partial T}{\partial p}\right)_H = \frac{2a(V-b)^2 - bRTV^2}{RTV^3 - 2a(V-b)^2} \cdot \frac{V}{C_p} \simeq \left(\frac{2a}{RT} - b\right)\frac{V}{C_p}$$

兹定义 Joule-Thomson 温度 $T_J = \dfrac{2a}{Rb}$ $\left(T_J = \dfrac{27}{4}T_c, T_c = \text{临界温度}\right)$. 证明 $T < T_J$ 时, 膨胀时气体冷却; $T > T_J$ 时膨胀时温度增高.

3. 假设一气体之物态方程式为下式:

$$p = g(V)T + h(V), \quad g, h \text{系任意函数}$$

证明 C_V 只系 T 的函数.

4. 设一气体之内能 U 为

$$U = \frac{3}{2}pV$$

证明

$$U \infty T\psi(TV^{\frac{2}{3}}) = \frac{2}{3}RT\psi(TV^{\frac{2}{3}})$$

ψ 系任意函数.

5. 证明

$$C_p - C_V = T\left(\frac{\partial V}{\partial T}\right)_p \left(\frac{\partial p}{\partial T}\right)_V = -T\left(\frac{\partial V}{\partial T}\right)_p^2 \left(\frac{\partial p}{\partial V}\right)_T = \frac{TV\alpha^2}{\kappa}$$

注: 见 (82), (97), 及 (1-25),(1-27).

证明:

(1) 一般的言, $C_p - C_V > 0$;

(2) 水在密度最大值 (0°C) 时, $C_p - C_V = 0$;

(3) 汞之 $\alpha = 1.8 \times 10^{-4}/(°)$, $\kappa = 3.9 \times 10^{-12} \text{cm/dyn}$. 求 $T = 273\text{K}$ 之 $C_p - C_V$ 值.

6. 证明 van der Waals 气体:

(1) $\dfrac{C_p - C_V}{R} = \left(1 - \dfrac{2a}{V^3}\dfrac{(V-b)^2}{RT}\right)^{-1}$;

(2) 在临界点, $C_p - C_V \to \infty$.

7. 由第一定律 (见 (2-13) 式), 曾得

$$C_p - C_V = \left[p + \left(\frac{\partial U}{\partial V}\right)_T\right]\left(\frac{\partial V}{\partial T}\right)_p$$

$\left(\dfrac{\partial U}{\partial V}\right)_T$ 可视为一种 "内压力". 彼与 p 之相对重要性, 视物体而异. 理想的气体之 $\left(\dfrac{\partial U}{\partial V}\right)_T = 0$(见 (3-88) 式). 试证明

$$\frac{1}{p}\left(\frac{\partial U}{\partial V}\right)_T = -\frac{T}{p}\left(\frac{\partial V}{\partial T}\right)_p\left(\frac{\partial p}{\partial V}\right)_T - 1 \quad (用 (84) 式)$$

汞之 $\alpha = \dfrac{1}{V}\left(\dfrac{\partial V}{\partial T}\right)_p = 1.8 \times 10^{-4}/(°), \dfrac{1}{p}\left(\dfrac{\partial p}{\partial V}\right)_T = 2.5 \times 10^5/V$, 证明其 "内压力" 远较 p 为大.

计算 van der Waals 气体之内压力.

8. 试计算一物体作等温压缩时的热能 δQ, 内能 U 的变迁

$$\delta Q = \left[P + \left(\frac{\partial U}{\partial V}\right)_T\right]\left(\frac{\partial V}{\partial P}\right)_T \mathrm{d}p \qquad\qquad (式\ 2\text{-}12)$$

$$= T\left(\frac{\partial p}{\partial T}\right)_V\left(\frac{\partial V}{\partial p}\right)_T \mathrm{d}p \qquad\qquad (式\ 3\text{-}84)$$

$$= -T\left(\frac{\partial V}{\partial T}\right)_p \mathrm{d}p \qquad\qquad (式\ (1\text{-}21,23))$$

汞之 $\alpha = \dfrac{1}{V}\left(\dfrac{\partial V}{\partial T}\right)_p = 1.8 \times 10^{-4}/(°), V=14.7$cc/mol. 如 d$p$= 1000atm, 求 (1)$\delta Q$; (2) 压缩之功; (3)d$U$.

9. 以 T, S 为坐标, 求 Carnot 循环之功效率. 并比较图 3.11 两个循环 A, B 之效率.

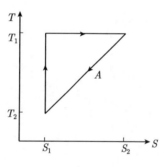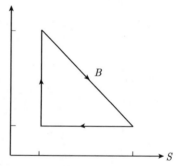

图 3.11

10. (1) 1000g 之水, 其温度为 273K, 使之与一温度为 373K 之热库接触, 至水之温度达 373K. 问水之熵变若干? 整个宇宙之熵变若干? 热库之熵变若干?

(2) 如将此 273K 之水, 先由一 323K 之热库热至 323K 乃再由 373K 之热库热至 373K, 问水、热库及宇宙之熵变各若干?

(3) 如何的可以将此 1000g 之水, 由 273K 热至 373K 而使宇宙的熵几等于不变?

11. 一铜块, 质量为 400g, 温度为 100C, 置于一大湖中, 湖水温度为 10C. 铜之 C_p=0.375J / (°). 问宇宙之熵度变若干.

12. 两铜块, 各 400g, 其温度为 100°C 及 10°C, 接连后, 宇宙之熵变若干?

13. 一绝缘的管, 两端皆封密. 管中有一导热无阻力之活塞. 开始时活塞的一旁有 1000cm^3 的气体, 其温度为 300K, 其压力为两大气压, 活塞的他旁有 1000cm^3 的气体, 温度为 300K, 压力为一大气压. 兹将塞放松使其移动以达平衡 (温度及压力). 求平衡时之压力及温度, 及熵之增加. 试指明不可逆过程为何.

14. 三个相同的物体, 其比热皆系常数, 其温度为 300K, 300K 及 100K. 如不加外热及功, 只用热机及冷却机, 问将其中之一可提高的最高温度为若干.

15. 由 Maxwell 关系之一, (68) 式, 试导出 Clapeyron 方程式

$$\left(\frac{\partial p}{\partial T}\right)_V = \frac{1}{T}\frac{\delta Q}{\mathrm{d}V}\bigg|_T$$

16. 由 Maxwell 关系之一, (72) 式, 试导出

$$\left(\frac{\partial V}{\partial T}\right)_p = -\frac{1}{T}\frac{\delta Q}{\partial p}\bigg|_T$$

一般的情形下,

$$\frac{\partial Q}{\partial P}\bigg|_T < 0$$

即压缩时放出热. 讨论水在 $0 \sim 4°\text{C}$ 间之情形.

17. 证下式两关系:

$$\left(\frac{\partial S}{\partial p}\right)_T = -\left(\frac{\partial V}{\partial T}\right)_S - \left(\frac{\partial V}{\partial S}\right)_T\left(\frac{\partial S}{\partial T}\right)_p$$

$$\left(\frac{\partial S}{\partial p}\right)_V = -\left(\frac{\partial V}{\partial T}\right)_p - \left(\frac{\partial S}{\partial V}\right)_p\left(\frac{\partial V}{\partial p}\right)_T$$

18. 有两个体积相等的容器, 各盛 N 个同一气体的分子. 其温度为 T_1 及 T_2. 兹使两容器作热的接触, 达新的平衡态时, 两容器之温度皆为 $T_0 = \frac{1}{2}(T_1 + T_2)$. 证明此系统 (两容器内之气体) 之熵增加

$$\frac{3}{2}NK\ln\left(\frac{T_0^2}{T_1 T_2}\right).$$

第4章 热力平衡

4.1 热力平衡的条件

热力学的主要研究, 是一个物质 (包括辐射) 系的热力平衡的条件、性质, 及在非平衡态时的改变趋向等问题. 设 S_s, S_r 代表一个 (所观察的) 系的熵和其所有环境的熵. 这个系和其环境, 构成一个 "隔绝的系", 它的熵 S 为

$$S = S_s + S_r \tag{4-1}$$

按第 3 章第 7 节之表, 一个隔绝系之熵 S 必遵守

$$dS \geqslant 0 \tag{4-2}$$

此乃意谓这个隔绝系中, 一切自然过程 (其 dS 皆 > 0) 将不断的进行, 直至 S 达到最高值 S_{max}, 则该系到了热力平衡态,

$$dS = d(S_s + S_r) = 0 \tag{4-3}$$

一个隔绝系中,

$$\delta Q = 0, \quad \delta W = 0 \tag{4-4}$$

按第一定律, 则

$$dU = 0 \tag{4-5}$$

故热力平衡的必需条件, 可写成下式:

$$S = S_{max}, \quad U = 常数, \quad V = 常数 \tag{4-6}$$

(6) 式系 Gibbs 的条件.

上述的平衡条件 (或定义) 之结果之一, 乃是在平衡态之一个隔绝系, 不可能有任何不可逆过程会自然发生的, 盖如有此可能, 则其熵将再增加而与平衡态的假定抵触了.

第 (3) 式是热力平衡的必需条件已如上述. 设一个系的态, 乃由若干变数 x_i(包括各构成分子的克分子数 n_i, 各部分之位置坐标等) 定的. 如任何虚移 δx_i(包括 $-\delta x_i$) 都不改变熵之值, 即

$$\delta S = \sum \frac{\partial S}{\partial x_i} \delta x_i = 0 \tag{4-7}$$

[换言之, 任何虚移, 既不引起不可逆过程之发生使 $\delta(S_s + S_r) > 0$, 亦不引致 $\delta(S_s + S_r)$ 之减小, 至有不可逆之过程 $\delta(S_s + S_r) > 0$ 随之发生], 则该系必需在平衡态. 故 (3) 式亦系热力平衡之充足条件.

兹暂不考虑一个隔绝系, 而只就一个 "开的系" 言 (即撤开其环境, 只就所观察的系言). 假设开系与其环境的热的交换过程乃可逆的过程. 如该系由环境所吸收之热为 δQ, 则由第 3 章第 7 节之表 3.1, 第二定律为

$$dS - \frac{\delta Q}{T} \geqslant 0 \tag{4-8}$$

或

$$dS - \frac{dU + pdV}{T} \geqslant 0 \tag{4-8a}$$

或

$$TdS - dU \geqslant \delta W \tag{4-8b}$$

上各式之等号, 是平衡态, 其不等号则系一切自然的 (不可逆的) 过程的趋向. 各种情形下, 第二定律的形式已见第 3 章第 7 节.

(1) 绝热过程, 见 (3-93) 式. 兹以 Δ_1, Δ_2 代表第一, 第二阶变分, 则

$$\Delta_1 S \geqslant 0 \tag{4-9}$$

平衡态及稳定平衡的条件为

$$\Delta_1 S = 0, \quad \Delta_2 S < 0, \quad S = 最高值 \tag{4-10}$$

(2) 等温过程, 见 (3-94,3-95,3-96) 式,

$$-\Delta_1 F = \Delta_1 (TS - U) \geqslant \delta W \tag{4-11}$$

如 δW=0, 如若干之化学反应, 则平衡态及稳定平衡的条件为

$$\Delta_1 F = 0, \quad \Delta_2 F > 0, \quad F = 最低值 \tag{4-12}$$

(3) 等温等压过程, 见 (3-98) 和 (3-99) 各式, 或

$$\Delta_1 \left(-\frac{G}{T} \right) = \Delta_1 \left(S - \frac{U + pV}{T} \right) \geqslant 0 \tag{4-13}$$

$$\Delta_1 G \leqslant 0 \tag{4-14}$$

平衡态及稳定平衡之条件乃

$$\Delta_1 G = 0, \quad \Delta_2 G > 0, \quad G = 最低值 \tag{4-15}$$

上述的热力平衡条件等, 皆系当一个系无外力场之情形.

4.2   外力场下的热力平衡

如有外力场, 其位能函数为 ϕ, 则一个系由态 A 至 B 时, 其功为

$$\delta W\bigg|_A^B = \int_A^B P\mathrm{d}V + \int_A^B \mathrm{d}\phi = \int_A^B P\mathrm{d}V + \phi(B) - \phi(A) \tag{4-16}$$

在等温情形下, (11) 式乃需代以下式:

$$\Delta F + P\Delta V + \Delta\phi \leqslant 0$$

表 4.1 综合各种情形下之平衡及稳定平衡条件.

表 4-1

	等 温 过 程	等温等体积过程	等温等压过程
第二定律	$\Delta_1 F + p\mathrm{d}V + \Delta\phi \leqslant 0$	$\Delta_1(F + \phi) \leqslant 0$	$\Delta_1(F + pV + \phi) \leqslant 0$
			或 $\Delta_1(G + \phi) \leqslant 0$
稳定平衡	$\Delta_1 F + p\mathrm{d}V + \Delta\phi = 0$	$\Delta_1(F + \phi) = 0$	$\Delta_1(G + \phi) = 0$
条件		$\Delta_2(F + \phi) > 0$	$\Delta_2(G + \phi) > 0$

例: 在外力场中均匀系统之平衡及稳定性.

设有一物质系, 其质量密度为 $\rho(x, y, z)$, 其温度均匀, 地心引力场势为 $\phi(x, y, z)$. 求该系的平衡情形.

(1) 用 $G(T, P)$ 函数

该系之质量为

$$M = \iiint \rho\mathrm{d}\tau \tag{4-17}$$

其热力势为 ($g=$ 单位质量之热力势)

$$Z = \iiint (g + \phi)\rho\mathrm{d}\tau \tag{4-18}$$

平衡之条件为 (15),

$$\Delta Z = 0$$

虚位移乃质量之分布

$$\Delta M = \iiint \Delta\rho\mathrm{d}\tau = 0 \tag{4-19}$$

故

$$\Delta Z = \iiint \mathrm{d}\tau(g + \phi)\Delta\rho = 0 \tag{4-20}$$

用 Lagrange 乘因数法, 此变分问题之解为

$$g + \phi = 常数, 与 x, y, z 无关 \tag{4-21}$$

或

$$\nabla(\mathrm{g} + \phi) = 0$$

或

$$\left(\frac{\partial g}{\partial p}\right)_T \nabla p + \nabla\phi = 0 \tag{4-22}$$

由 (3-81) 式,

$$\left(\frac{\partial g}{\partial p}\right)_T = v = \frac{1}{\rho}$$

故

$$\nabla p = -\rho\nabla\phi \tag{4-23}$$

此乃流体静力之方程式也.

应用此于等温之大气分布问题, 上方程简化为

$$\frac{\mathrm{d}p}{\mathrm{d}z} = -\rho\frac{\mathrm{d}\phi}{\mathrm{d}z}$$

由分子运动论,

$$p = nkT$$

n 为每单位体积之分子数, k 为 Boltzmann 常数, T 为温度. $\frac{\mathrm{d}\phi}{\mathrm{d}z} = g, \rho = nm, m$ 为分子质量, 故

$$\frac{\mathrm{d}n}{n} = \frac{\mathrm{d}p}{p} = -\frac{mg}{kT}\mathrm{d}z$$

其解为

$$n = n_0\mathrm{e}^{-\frac{mg}{kT}z} \quad \text{或} \quad p = p_0\mathrm{e}^{-\frac{mg}{kT}z} \tag{4-24}$$

此系 Laplace 之大气分布公式也.

(2) 用 $F(V,T) = F\left(\dfrac{1}{\rho}, T\right)$ 函数

设 f 为每单位质量之自由能.

$$\Delta\iiint \rho\mathrm{d}\tau = 0 \tag{4-25}$$

$$\Delta\iiint \mathrm{d}\tau(f + \phi) = 0 \tag{4-25a}$$

此变分问题之解为

$$f + \phi + \rho\frac{\partial f}{\partial\rho} = \text{ 常数, 与}x, y, z\text{无关} \tag{4-26}$$

由 (3-77),

$$\left(\frac{\partial f}{\partial V}\right)_T = -p$$

因

$$-\rho^2\left(\frac{\partial f}{\partial\rho}\right)_T = \left(\frac{\partial f}{\partial\left(\frac{1}{\rho}\right)}\right)_T$$

故 (32) 成

$$f + \phi + pV = 常数 \tag{4-27}$$

或

$$g + \phi = 常数 \tag{4-27a}$$

此与用 $G(T, p)$ 所得之 (21) 式结果相同.

稳定平衡之条件为 (15) 式, 或

$$\Delta_2 \iiint \mathrm{d}\tau (f + \phi)\rho > 0 \tag{4-28}$$

或

$$\iiint \mathrm{d}\tau \left(2\frac{\partial f}{\partial \rho} + \rho \frac{\partial^2 f}{\partial \rho^2} \right) (\delta\rho)^2 > 0$$

用前二式, 此化为

$$\frac{1}{\rho} \frac{\partial p}{\partial \rho} > 0$$

或

$$\frac{\partial p}{\partial V} < 0 \tag{4-29}$$

一般言之, 气体 $\dfrac{\partial p}{\partial V} > 0$, 故平衡是稳定的. 例外是在临界温度下, $\left(\dfrac{\partial p}{\partial V} \right)_T$ 是可能 > 0 的, 见图 4.1. 故在临界点下, 平衡是不稳定的.

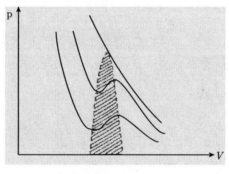

图 4.1

(3) 用 $S(u, V) = S(u, \rho), u, S$ 乃单位质量之内能及熵. 平衡之条件乃

$$\Delta \iiint \rho \mathrm{d}\tau = 0$$

$$\Delta \iiint \mathrm{d}\tau S(u, \rho)\rho = 0 \tag{4-30}$$

此变分问题, 尚有一附带条件, 即系之总能应不变

$$\Delta \iiint \mathrm{d}\tau (u + \phi)\rho = 0 \tag{4-31}$$

引用 Lagrange 乘因数,

$$\iiint \left[\left\{ S + \rho \left(\frac{\partial S}{\partial \rho} \right)_u + c_1 + c_2(u + \phi) \right\} \delta\rho + \rho \left\{ \left(\frac{\partial S}{\partial u} \right)_V + c_2 \right\} \delta u \right] \delta\tau = 0$$

取 c_2 使

$$\left(\frac{\partial S}{\partial u} \right)_V + c_2 = 0$$

用 (3-74) 式, 即得

$$c_2 = -\frac{1}{T}, \quad \text{故} T = \text{常数}$$

故再用 (3-74) 式, 又得

$$S - \frac{pV}{T} + c_1 - \frac{1}{T}(u + \phi) = 0$$

或

$$g + \phi = u - TS + pV + \phi = -c_1 T = \text{常数} \tag{4-32}$$

此结果亦与前 (21), (27a) 相同. 换言之, 无论用 $G(T, p)$, 或 $F(T, V)$, 或 $S(u, V)$, 平衡的条件皆相同的.

平衡之稳定条件, 上文用 $F(T, V)$ 函数法已获得为第 (29) 式. 用 $S(U, V)$ 亦得同此结果之证明, 当留作为一习题.

4.3 相 转 变

最常见之相转变 (phase transition), 为水之汽化, 或水结冰, 或水之升华为水蒸气. 液态、气态及固态称为相. 在某一温度及压力下, 通常有两个相在热力平衡下共存 (如水与蒸气或水与冰.) 表示两个相的热力平衡的条件, 最适当的函数关系, 系用 Gibbs 的 $G(T, p)$ 函数. 兹阐明此点.

(1) 兹先试用熵 $S(U, V)$

设有一系, 有一个构成分 (component) 的两相 (如水与冰) 平衡共存. 两相的物质为 n_1, n_2. 兹使 s, u, v, 代表 1g 物质之熵, 内能及体积. 故

$$\left. \begin{array}{l} S = n_1 s_1 + n_2 s_2, U = n_1 u_1 + n_2 u_2 \\ V = n_1 v_1 + n_2 v_2, N = n_1 + n_2 \end{array} \right\} \tag{4-33}$$

$$dS = \frac{1}{T}dU + \frac{1}{T}pdV$$

兹作虚变 $\delta n_1, \delta n_2, \delta u_1, \delta u_2, \delta v_1, \delta v_2$. 平衡的条件为

$$0 = \delta S = \sum_{i=1}^{2} \left\{ s_i \delta n_i + n_i \frac{1}{T_i} (\delta u_i + P_i \delta v_i) \right\} \tag{4-34}$$

虚变须满足下条件:

$$0 = \delta U = \sum_{i=1}^{2} (u_i \delta u_i + n_i \delta u_i) \left.\begin{array}{l} \\ \\ \end{array}\right\}$$

$$0 = \delta V = \sum_{i=1}^{2} (v_i \delta n_i + n_i \delta v_i)$$

$$0 = \delta N = \delta n_1 + \delta n_2$$

(4-35)

以此三式代入 (34) 式, 即得

$$\left\{ s_1 - s_2 - \frac{u_1 - u_2}{T_2} - \frac{p_2(v_1 - v_2)}{T_2} \right\} \delta n_1 + n_1 \left(\frac{p_1}{T_1} - \frac{p_2}{T_2} \right) \delta v_1$$

$$+ n_1 \left(\frac{1}{T_1} - \frac{1}{T_2} \right) \delta u_1 = 0$$

因 $\delta n_1, \delta v_1, \delta u_2$ 皆系任意的, 故由上式即得

$$T_1 = T_2, \quad p_1 = p_2 \tag{4-36}$$

及

$$u_1 - Ts_1 + p_1 v_1 = u_2 - Ts_2 + p_2 v_2 \tag{4-37}$$

此式即

$$g_1 = g_2 \tag{4-37a}$$

即两相每单位质量之 $G(T, p)$ 函数, 必需相等也.

(2) 如由 $F(T, V)$ 函数出发, 使 f_i 为单位质量之相之自由能,

$$\begin{array}{l} F(T, V) = n_1 f_1 + n_2 f_2 \\ \mathrm{d}F = -S\mathrm{d}T - p\mathrm{d}V \end{array} \left.\begin{array}{l} \\ \end{array}\right\}$$

(4-38)

平衡之条件, 乃在虚变 $\delta n_i, \delta v_i, \delta f_i$ 下,

$$\delta F = \sum_{i=1}^{2} (f_i \delta n_i + n_i \delta f_i) = 0$$

$$\delta V = \sum_{i=1}^{2} (v_i \delta n_i + n_i \delta v_i) = 0$$

$$\delta N = \sum_{i=1}^{2} \delta n_i = 0$$

在等温情形下,

$$\delta f_i = -p_i \delta v_i$$

由上四式, 即得

$$\{f_1 - f_2 + p_2 (v_1 - v_2)\} \delta n_1 - n_1 (p_1 - p_2) \delta v_1 = 0$$

因 $\delta n_1, \delta v_1$ 皆系任意的, 故

$$p_1 = p_2, \tag{4-39}$$

$$f_1 + p_1 v_1 = f_2 + p_2 v_2 \tag{4-40}$$

或

$$g_1 = g_2 \tag{4-37a}$$

总结上述, 即两相在热力平衡下共同存在之条件为

$$g_{(1)} = g_{(2)}$$

由 (3-80),(3-81) 式, 得

$$dG = -SdT + Vdp \tag{4-41}$$

$$-S = \left(\frac{\partial G}{\partial T}\right)_p, \quad V = \left(\frac{\partial G}{\partial p}\right)_T \tag{4-42}$$

P.Ehrenfest 氏按偏微分 $\left(\dfrac{\partial G}{\partial T}\right)_p, \left(\dfrac{\partial G}{\partial P}\right)_T$ 在两相的连续性情形, 将相转变分为二类.

1) 第一阶的相转变, 其情形为

$$g_{(1)} = g_{(2)}, \quad s_{(1)} \neq s_{(2)}, \quad v_{(1)} \neq v_{(2)} \tag{4-43}$$

2) 第二阶相转变如相转变之情形系

$$g_{(1)} = g_{(2)}$$

$$\left(\frac{\partial g_{(1)}}{\partial T}\right)_p = \left(\frac{\partial g_{(2)}}{\partial T}\right)_p, \text{即} v_{(1)} = v_{(2)} \tag{4-44}$$

$$\left(\frac{\partial g_{(1)}}{\partial p}\right)_T = \left(\frac{\partial g_{(2)}}{\partial p}\right)_T, \text{即} s_{(1)} = s_{(2)}$$

$$\left(\frac{\partial^2 g_{(1)}}{\partial T^2}\right)_p \neq \left(\frac{\partial^2 g_{(2)}}{\partial T^2}\right)_p, \text{即} \left(\frac{\partial S}{\partial T}\right)_p = \frac{C_p}{T} \text{不连续}$$

$$\left(\frac{\partial^2 g_{(1)}}{\partial p^2}\right)_T \neq \left(\frac{\partial^2 g_{(2)}}{\partial p^2}\right)_T, \text{即} \left(\frac{\partial V}{\partial p}\right)_T = -V\kappa_T \text{不连续} \tag{4-45}$$

$$\left(\frac{\partial^2 g_{(1)}}{\partial p \partial T}\right) \neq \left(\frac{\partial^2 g_{(2)}}{\partial p \partial T}\right), \text{即} \left(\frac{\partial V}{\partial T}\right)_p = V\alpha_p \text{不连续}$$

则称为第二阶之相转变.

4.3.1　第一阶相转变

兹以水及蒸气的热力平衡为例.

按 Gibbs 之相定则 (见下文第 5 节), 一个液体与其蒸汽在热力平衡下, 只有一个自由度, 换言之, 水之饱和蒸汽压 p_s, 完全由温度

$$p_s = p_s(T) \tag{4-46}$$

决定之; 温度一定, 则再无变数可变之自由, 兹以图 4.2 申述之. 开始时, 活塞之压力 p 甚大, 无蒸汽, 全部皆为水. 此态相当于图 4.2 之 A 点.

继续减轻外压 p, 水之体积微增. 及 p 降至水在该温度 T 之饱和蒸汽压 p_s 时, 再举高活塞, 压力保持为 p_s 不变, 只有更多的水蒸发为蒸汽而已. 此段过程相当于图中之平线 (等压线). 至所有水皆蒸发为蒸汽, 则继续减低压力时, 蒸汽之体积增大, 如 B 点. 由 A 至 B 为一等温线.

如增高温度, 则得另一等温线, 如 C 至 D. 等温线中之等压一段, 乃水与蒸汽平衡共同存在的态. 将温度继续增高, 则等压一段愈短缩. 至温度 T 等于所谓临界温度 T_c 时, 则等压段成为一个点, 等温线则如 EF 线. 如 $T > T_c$, 则无论压力 p 如何大, 亦不能使汽液化. 上述乃经验的结果.

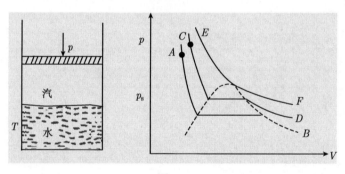

图 4.2

现在应用相转变平衡的条件 (43) 于这问题. 我们首欲求 (46) 函数的微分方程式, 次乃求 $p_s(T)$ 函数.

设 $A(p, T), A'(p + dp, T + dT)$ 为 (46) 线上两邻近点 (图 4.3). 下文将以 l 表示液态, g 表示汽态. 使 G, S 代表每克分子之 Gibbs 热力势及熵. 由 (41) 式, 可得

$$G_1(A') - G_1(A) = -S_1 dT + V_1 dp$$
$$G_g(A') - G_g(A) = -S_g dT + V_g dp \tag{4-47}$$

由 (37a) 式得

$$\frac{dp_s}{dT} = \frac{s_g - s_1}{V_g - V_1} \tag{4-48}$$

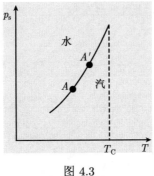

图 4.3

此方程式称为 Clapeyron 方程式. 此式可以它式示之. 由 (3-101) 式, 可引入焓

$$G = H - TS$$

故

$$T(S_g - S_l) = H_g - H_l \equiv \Delta H \tag{4-49}$$

ΔH 乃所谓 (每克分子) 之潜蒸化能 (即蒸化水为汽之能). ΔH 永是正号的. (48) 式乃可写为

$$\frac{\mathrm{d}p_s}{\mathrm{d}T} = \frac{\Delta H}{T(V_g - V_l)} \tag{4-50}$$

因 V_g 永大于 V_l, 故 $\dfrac{\mathrm{d}p_s}{\mathrm{d}T} > 0$, 即饱和蒸汽压永随温度上升而增高. 我们宜注意者, 乃 (48), (50) 式皆只适用于在 T_c 下之温度. 在 $T > T_c$ 时. 则根本无水与汽平衡共存之可能, (37a) 及 (46) 式均无意义了.

次欲求 (46) 函数形式, 我们假设蒸汽可视为一理想气体. 在汽的相, 得 (用 (3-26) 式)

$$G_g = H_g - TS_g$$
$$H_g = C_g T + H_{g0} \tag{4-51}$$
$$S_g = C_g \ln T + R \ln p + S_{g0}$$

此处之 C_g, 乃气体之等压比热 (每克分子). H_{g0}, S_{g0} 乃常数. 这两常数, 是无法由热力学求得的. (无论假设气体是否为理想气体, 任何气体方程式皆不能推展到绝对 $T = 0$ 的, 故即是热力学第三定律 (见下文第 6 章) 亦无助于此).

由 (51) 式, 可得

$$G_g = RT\left(\ln p - \frac{1}{R}C_g \ln T + \frac{1}{RT}H_{g0} - i_g\right) \tag{4-52}$$

$$i_g = \frac{S_{g0} - C_g}{R} \tag{4-53}$$

次乃求 G_l. 因液态不能于过低之温度下保持液态, 故兹取一 (任意) 温度 T_m(高于融点), 以下式代 (51)

$$H_l = \int_{T_m}^T C_l dT + H_{lm}, \quad S_l = \int_{T_m}^T \frac{C_l}{T} dT + S_{lm} \tag{4-54}$$

H_{lm}, S_{lm} 系 H_l, S_l 在 T_m 时之值, C_l 系液态之等压比热. 故

$$C_l = \int_{T_m}^T C_l dT - T \int_{T_m}^T \frac{C_l}{T} dT + H_{lm} - T S_{lm} \tag{4-55}$$

由 $G_l = G_g$(52), (55), 即得 (46) 关系之方程式如下:

$$\ln p = \frac{C_g}{R} \ln T + \frac{1}{RT} \int_{T_m}^T C_l dT - \frac{1}{R} \int_{T_m}^T \frac{C_l}{T} dT - \frac{H_{g0} - H_{lm}}{RT}$$
$$+ i_g - \frac{S_{lm}}{R} \tag{4-56}$$

此即饱和蒸汽压力与温度之关系. 此式亦可以 (51), (54) 代入 Clapeyron 方程式 (48) 再积分后获得之 *.

固体升华的平衡问题, 系与上问题相同的. 欲求固态与蒸汽平衡之饱和气压 p 与 T 之关系, 仍用上计算法. (52) 式仍旧. (54) 式则代以 (s 代表固态)

$$H_s = \int_0^T C_s dT + H_{s0}, \quad S_s = \int_0^T \frac{C_s}{T} dT + S_{s1} \tag{4-57}$$

此处 H_{s0}, S_{s0} 乃 H_s, S_s 在绝对零度之值. S_{s0} 可按热力学第三定律使之等于零 (见下文第 6 章). 故由 (56) 式, 可得固体饱和蒸汽压力与温度的方程式

$$\ln p = \frac{C_g}{R} \ln T + \frac{1}{RT} \int_0^T C_s dT - \frac{1}{R} \int_0^T \frac{1}{T} C_s dT - \frac{L_0}{RT} + i_g \tag{4-58}$$

$$L_0 = (H_g - H_s)_0 \tag{4-59}$$

L_0 乃在绝对零度之升华热. 如蒸汽系单元分子, 则

$$C_g = \frac{5}{2} R, \quad i_g = \frac{S_{g0}}{R} - \frac{5}{2} \tag{4-60}$$

L_0 及 i_g 之值, 可由实验量得之

$$\ln p - \frac{5}{2} \ln T - \frac{1}{R} \left[\frac{1}{T} \int_0^T C_s dT - \int_0^T \frac{C_s}{T} dT \right]$$

---

* 用下关系:
$$\int_{T_m}^T \frac{1}{T^2} \left(\int_{T_m}^T C_l dT \right) dT = -\frac{1}{T} \int_{T_m}^T C_l dT + \int_{T_m}^T \frac{1}{T} C_l dT$$

值, 与 $\dfrac{1}{T}$ 值作一图线定之.

$$L_0 = 112千固耳/克分子 \tag{4-61}$$

$$i_g = 1.50 \tag{4-62}$$

此 i_g 值与下式 (m 为原子质量):

$$i_g = \ln\left\{\left(\frac{2\pi mk}{h^2}\right)^{3/2} k\right\} \tag{4-63}$$

相符. (64) 式可由量子 (统计) 力学导出 (见后文)* , 惟早在 1911 年, (64) 式已由 Sackur 得来 (稍后 1912 年 Tetrode 亦得与此微有小异的结果). 以 (60), (64) 式代入 (62) 式之 S_v, 即得 (单元分子)

$$
\begin{aligned}
S &= C_g \ln T - R\ln P + i_g R + C_g \\
&= C_V \ln T + R\ln V + R\left[\ln\left\{\left(\frac{2\pi mk}{h^2}\right)^{\frac{3}{2}} k\right\} + \frac{5}{2} - \ln R\right]
\end{aligned} \tag{4-64}
$$

此式谓为 Sackur-Tetrode 方程式. 此式可写如下式:

$$S = \frac{5}{2}R + R\ln\left\{\frac{V}{N}\left(\frac{2\pi mkT}{h^2}\right)^{3/2}\right\} \tag{4-64a}$$

4.3.2 第二阶相转变

前第 (45) 式中的三个不连续关系, 并非互相独立的. 由 (48) 之 Clapeyron 方程式及 (42) 式, 可得

$$\frac{\mathrm{d}p}{\mathrm{d}T} = -\frac{\left(\dfrac{\partial g_1}{\partial T}\right) - \left(\dfrac{\partial g_2}{\partial T}\right)}{\left(\dfrac{\partial g_1}{\partial p}\right) - \left(\dfrac{\partial g_2}{\partial p}\right)} \tag{4-65}$$

按 (44) 式, 此系 $\dfrac{0}{0}$ 不定式. 如将分子分母对 T 作偏微分, 可得

$$\frac{\mathrm{d}p}{\mathrm{d}T} = \frac{1}{TV}\frac{C_{p1} - C_{p2}}{\alpha_1 - \alpha_2} \equiv \frac{1}{TV}\frac{\Delta C_p}{\Delta k_p} \tag{4-66}$$

C_{p1}, C_{p2} 为两相之等压比热, α_1, α_2 为二相之等压膨胀系数. 如将 (65) 式之分子分母对 p 作偏微分, 则得

$$\frac{\mathrm{d}p}{\mathrm{d}T} = -V\frac{\alpha_1 - \alpha_2}{\left(\dfrac{\partial V_1}{\partial p}\right)_T - \left(\dfrac{\partial V_2}{\partial p}\right)_T} \equiv \frac{\Delta\alpha_p}{\Delta n_T} \tag{4-67}$$

---

* 可参见第 16 章第 5 节 (99)~(107), 及 (112) 式. 注意 (62), (63) 二式的单位.

n_{T1}, n_{T2} 为二相的等温压缩系数. 由 (66), (67) 可得

$$\frac{1}{TV}\frac{\Delta C_p}{\Delta \alpha_p} = \frac{\Delta \alpha_p}{\Delta n_T} \tag{4-68}$$

此乃在相转变之比热 C_p, 膨胀系数 α_p, 压缩系数 k_T 的关系, 称为 Ehrenfest 关系. (68) 式各数量, 皆可由实验量定者, 故可以之判别相转变之是否属 "第二阶".

早几年, 由液态氦在所谓 λ 点 (2.19K)(由 He I 至 He II 的转变) 的比热, 实验数值如下:

$$(C_p)_{\text{HeII}} - (C_p)_{\text{HeI}} = 1.9\text{cal/gram}$$

$$\frac{\mathrm{d}p}{\mathrm{d}T} = -80.8 \text{ atm/K}$$

$$\frac{1}{v} = 0.15$$

以此代入 (66) 式, 得

$$\Delta \alpha_p = -0.065/\text{K}$$

此值与由实验量得之值

$$(\alpha_p)_{\text{HeII}} = -0.044/\text{K}, (\alpha_p)_{\text{HeI}} = 0.022/\text{K}$$

$$\Delta \alpha_p = -0.066/\text{K}$$

甚符, 故初以为 HeI~HeII 之转变乃一第二阶之相转变. 后来量 C_p 更准, 且量到 λ 点近至 10^{-6} 度处, 发现 λ 点是一奇异点 (C_p 无限大), 故非第二阶相转变了.

按目前所知, 所有的相转变, 或只有在零磁场时超导性转变为正常导性, 是一第二阶转变.

氦气–氦液, 及氦液–氦固态之相转变, 似皆系第一阶相变

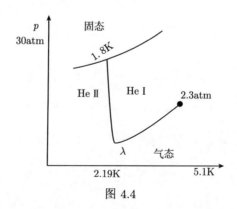

图 4.4

4.4　相转变 ——van der Waals 气体

van der Waals 氏的气体方程式 * (1873 年, 其博士论文)

$$\left(p + \frac{a}{V^2}\right)(V - b) = RT \tag{4-69}$$

为其等温线, T 在 T_c 之下的 **, 有一最低点 M 及一最高点 N, 见图 4.5. 在 M, N 之间,

$$\left(\frac{\partial p}{\partial V}\right)_T > 0 \tag{4-70}$$

故是 "不合常理" 的. 由经验的结果 (见上节之图 4.4), 等温线中应有一段等压线, 代表液态与气态平衡共存的相转变. 故目前对 van der Waals 方程式, 我们的问题是: 在某一温度 T 情形下, 如何在 van der Waals 的等温线上, 觅得液气二相平衡的压力? 换言之, 代表二相平衡的等压线段, 如何觅之?

此问题的答甚易. 由 (3-76) 及 (3-77) 式,

$$dF = -SdT - pdV$$
$$\left(\frac{\partial F}{\partial V}\right)_T = -p, \qquad \left(\frac{\partial^2 F}{\partial V^2}\right)_T = -\left(\frac{\partial p}{\partial V}\right)_T \tag{4-71}$$

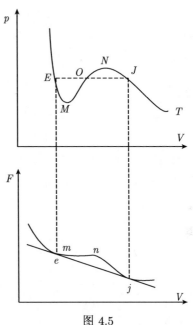

图 4.5

我们可得许多结果. 兹在同 van der Waals 等温线图的 V 坐标, 绘自由能 F 的等温线. 此 F-V 线有下述的性质:

(i) $T > T_c$, $\left(\frac{\partial p}{\partial V}\right)_T < 0$, 由 (71), 可知 F-V 线是向上凹的;

(ii) $T < T_c$, 在 M, N 之间, $\left(\frac{\partial p}{\partial V}\right)_T > 0$, 故 F-V 线是向下凹的;

(iii) $T < T_c$, 在 M, N 之外, $\left(\frac{\partial p}{\partial V}\right)_T < 0$, 故 F-V 线是向上凹的.

---

* 此方程式将于下文第 7 章第 4 节以 Virial 定理导出, 又于第 7 章末附录以几率计算导出, 又于第 18 章末习题 8, 以系综法导出.

** $T_c = \dfrac{8a}{27Rb}$, 见第 1 章习题 2.

按此可绘 F-V 线如上图. 现于 F-V 线作一共同切线. 设切线点为 e, j. 沿 $V = V_e$, $V = V_j$ 直线, 与 P-V 等温线, 交于 E, J 点.

因 e, j 点有共同切线, 故

$$\left(\frac{\partial F}{\partial V}\right)_e = \left(\frac{\partial F}{\partial V}\right)_j$$

按 (71) 首一式, 即得

$$p_E = p_J \tag{4-72}$$

由切线之方程式为

$$F - F_e = \left(\frac{\partial F}{\partial V}\right)_e (V - V_e) = \left(\frac{\partial F}{\partial V}\right)_j (V - V_j),$$

故

$$(F + pV)_e = (F + pV)_j$$

此即系

$$G_e = G_j \tag{4-73}$$

故 E, J 两点之压力相等, G 函数相等, 故 E, J 满足液, 汽两相平衡共存的条件. 经 E, J 作一等压线, 此线乃两相平衡的态.

此等压线 EJ, 将 van der Waals 等温线画分为 $EMOE$ 及 $ONJO$ 两相等的面积. 证明如下.

(73) 式乃

$$(U - TS + pV)_E = (U - TS + pV)_J \tag{4-74}$$

$$dU = \left(\frac{\partial U}{\partial V}\right)_T dV + \left(\frac{\partial U}{\partial T}\right)_V dT$$

由 (3-121),

$$= \frac{a}{V^2} dV + \left(\frac{\partial U}{\partial T}\right)_V dT$$

由 (3-109),

$$T dS = \left(\frac{\partial U}{\partial T}\right)_V dT + \left[\left(\frac{\partial U}{\partial V}\right)_T + p\right] dV$$

由 (3-121) 及 (69),

$$= \left(\frac{\partial U}{\partial T}\right)_V dT + \frac{RT}{V - b} dV \tag{4-75}$$

以此代入 (74), 即得

$$\int_E^J \frac{a}{V^2} dV - RT \int_E^J \frac{dV}{V - b} + p_E (V_J - V_E) = 0 \tag{4-76}$$

式中之 $p_E (V_J - V_E)$, 乃系等压线 EJ 下之面积.

现计算等温线 $EMONJ$ 下之面积. 由 (69), 即得

$$\int_E^J p dV = RT \int_E^J \frac{dV}{V - b} - \int_E^J \frac{a}{V^2} dV \tag{4-77}$$

以上二式相较, 即得

$$\int_E^J p\mathrm{d}V = p_E\,(V_J - V_E) \tag{4-78}$$

故 EJ 等压线使 $EMOE$ 及 $ONJO$ 之面积相等. EJ 线称为 Maxwell 线 (Maxwell 于 1874 年得之).

兹据着重下数点:

(1) 由 (3-120) 式, 可知 (75) 式之 $\mathrm{d}S$, 确系一整微分, 故 (69) 确系一个热力平衡的气体. 惟其 $EMONJ$ 部分, 则系对液化不稳定的平衡.

(2)Maxwell 线 EJ 不仅系一等压线, 同时亦系在与 $EMONJ$ 同一温度 T 的等温线. 设今取一较低温度 $T_0\,(T_0 < T)$ 的 van der Waals 等温线 C. EJ 将与 C 线在两点上相交. 此两点乃同时属于两不同的温度 T, T_0, 似有矛盾. 实则 EJ 乃系在 T 时两相热力平衡的态, 而 C 乃系在 T_0 时气相非与液有热力平衡之态, 实不同也.

(3) 我们将证明在$EMONJ$等温线一点 $W\,(p, V_l)$ 之 $F\,(T, V_l)$, 大于其在EJ等压线上同 V 值之一点 $X\,(p_s, V_l)$.

现取 E 点为出发点. 沿EJ,

$$\mathrm{d}F = -S\mathrm{d}T - p\mathrm{d}V = -p\mathrm{d}V$$

故

$$F\,(X) - F\,(E) = -p_E\,(V_l - V_E) < 0$$

沿$EMONJ$等温线, 由上 dF式,

$$F\,(W) - F\,(E) = -\int_E^W p\mathrm{d}V < 0$$

由 $p - V$ 图, 可见

$$F\,(W) - F\,(X) = p_E\,(V_l - V_E) - \int_E^W p\mathrm{d}V > 0 \tag{4-79}$$

只当 W, X 两点移至 J 点时, 此差 $F(W)$-$F(X)$ 等于零.

(79) 式的几何表示, 已见于上图之 F-V 线, F 线相当于 van der Waals 等温线, 共同切线ej则相当于 Maxwell EJ线. 在同一 V 值, 前者 F 线居于切线ej之上也.

(4) 关于$EMONJ$一段不稳定或 "不物理" 的等温线, 按 Van Hove 一定理, 谓按统计力学, 绝不可能有 $\left(\dfrac{\partial p}{\partial V}\right)_T > 0$ 的情形, 故$EMONJ$应以 Maxwell 线代之.

4.5   Gibbs 之相定则

本章第 1 节, 由热力学第二定律, 得一般性的热力平衡条件. 第 3 节讨论一个物质的相的 (转变) 平衡条件, 及对最常遇的问题 (饱和蒸气压与温度之关系) 的应用. 本节将应用热力平衡条件于较复杂的系 (有多个物质、多个相) 的平衡问题. 这即所谓 Gibbs 之相定则 (phase rule).

兹取一个系, 其构成的 (化学上不同的) 成分数为 c, 其相的数为 p(两个不相溶的液体, 如水与油, 则成两个相, 有显著的边界的). 设在热力平衡态时, 此系之自由度为 f, 所谓自由度, 即各相中各成分之克分子数 (或密度) 及温度、压力等变数, 其可以任意指定数值之数. Gibbs 之相定则, 谓

$$p + f = c + 2^* \tag{4-80}$$

在证明此定则前, 先以熟知的情形为例作说明.

(i) 任何一个纯气体, $c = 1, p = 1$. 故自由度 $f = 2$. 此即谓 $p, V\ T$ 三变数中, 我们可以任意指定两个变数之值. 此亦即谓 p, V, T 有一函数关系,

$$f(p, V, T) = 0 \tag{4-81}$$

物态方程式也. 惟热力学不能定此函数之形式!

(ii) 一液体与其蒸汽在平衡下共存, 如水与蒸汽. 则 $c = 1, p = 2, f = 1$. 此即谓平衡态下, 蒸汽压系温度之函数, 二者定其一, 则其他变数已全确定矣.

(iii) 如一物之固态、液态、气态三相同在平衡下, 则 $c = 1, p = 3, f = 0$. 此即三相点, 系一完全固定的点.

兹使 α 表示成分, k 表示相, 故

$n_\alpha^k =$ 成分 α 在相 k 之 “克分子” 数 (mol 数)

$N^k = \sum\limits_{\alpha}^{\gamma} n_\alpha^k =$ 在相 k 所有各成分之总克分子数

$M_\alpha = \sum\limits_{k}^{p} n_\alpha^k =$ 成分 α 在所有各相之总克分子数

$V^k =$ 相 k 之体积

$v^k = \dfrac{V^k}{N^k} =$ 相 k 之克分子体积

$c_\alpha^k = \dfrac{n_\alpha^k}{V^k} =$ 相 k 中成分 α 之浓度 (单位体积之克分子数)

$x_\alpha^k = \dfrac{n_\alpha^k}{N^k} =$ 相 k 中成分 α 之克分子分数 (molar fraction)

---

* 此相定则应用于相转变及物质在各相的分配, 但不能应用于有化学反应之系 (见下节).

由上各定义, 可得

$$V = \sum_k v^k N^k = \sum_k V^k = \text{总体积}$$

$$M_\alpha = \sum_k x_\alpha^k N^k$$

$$\sum_\alpha x_\alpha^k = 1$$

在证明 Gibbs 相定律之前, 先引入化学势 (chemical potential) 观念. 设取某一相 k, 内有 n_α^k $(n_1^k, n_2^k, \cdots, n_c^k)$ 克分子. 其 G 函数为

$$G^k = G^k \left(T, p, n_1^k, n_2^k, \cdots, n_c^k \right) \tag{4-82}$$

兹假设各 n_α^k 皆增加 γ 倍, 则 "外延量" 的 G, 亦增加 γ 倍, 换言之

$$G \left(T, p, \gamma n_1, \gamma n_2, \cdots, \gamma n_c \right) = \gamma G \left(T, p, n_1, n_2, \cdots, n_c \right) \tag{4-83}$$

G 乃各 n_α 之第一次均匀函数. 按 Euler 定理, 得

$$G = \sum_\alpha n_\alpha \left(\frac{\partial G}{\partial n_\alpha} \right)_{T,p,n\beta} \tag{4-84}$$

兹定义化学势 μ 为

$$\mu_\alpha^k \equiv \left(\frac{\partial G^k}{\partial n_\alpha^k} \right)_{T,p,n\beta} \tag{4-85}$$

μ_α^k 显系每增加 n_α^k 一克分子时 G^k 的增加值, 亦每克分子 α 之 G^k 之值. (84), (85) 式中之 n_β 注, 系 n_α 之外, 所有其他 n_β^k 之意.

由 (82)(非必要时, 略去 k 的注), 即得

$$dG = \left(\frac{\partial G}{\partial T} \right)_{p,n_\alpha} dT + \left(\frac{\partial G}{\partial p} \right)_{T,n_\alpha} dp + \sum_\alpha \left(\frac{\partial G}{\partial n_\alpha} \right)_{T,p,n\beta} dn_\alpha \tag{4-86}$$

$$= -S dT + V dp + \sum_\alpha \mu_\alpha dn_\alpha \tag{4-87}$$

如 $\delta T = \delta p = 0$, 则热力平衡的条件乃

$$(\delta G)_{T,p} = \sum_\alpha \mu_\alpha \delta n_\alpha = 0 \tag{4-88}$$

由 (84), (85) 式, 得

$$G = \sum n_\alpha \mu_\alpha \tag{4-89}$$

故如 $\delta T = \delta p = 0$, 则

$$(\delta G)_{T,p} = \sum \mu_\alpha \delta n_\alpha + \sum_{\alpha,\beta} n_\alpha \left(\frac{\partial \mu_\alpha}{\partial n_\beta} \right)_{T,p,n\beta} \delta n_\beta \tag{4-90}$$

由 (88) 式, 平衡条件乃

$$(\delta G)_{T,p} = 0 \tag{4-91}$$

$$\sum_{\alpha,\beta} n_\alpha \left(\frac{\partial \mu_\alpha}{\partial n_\beta} \right)_{T,p,n\beta} \delta n_\beta = 0 \tag{4-92}$$

因各 δn_β 皆系任意的, 故

$$\sum_\alpha n_\alpha \left(\frac{\partial \mu_\alpha}{\partial n_\beta} \right)_{T,p,n\beta} = 0 \tag{4-93}$$

此式正与 (83) 式 G 为 n_α 之第一次均为函数相符, 盖 μ_α 按 (85) 式乃 n_β 之第零次均为函数也. 故 μ_α 只系各 $n_1, n_2, \cdots$, 之比例之函数.

由 (89) 式

$$\mathrm{d}G = \sum n_\alpha \mathrm{d}\mu_\alpha + \sum \mu_\alpha \mathrm{d}n_\alpha \tag{4-94}$$

与 (87) 式比较, 即得下一般式:

$$\sum n_\alpha \mathrm{d}\mu_\alpha = V\mathrm{d}P - S\mathrm{d}T \tag{4-95}$$

兹如 (87) 式, 我们可得

$$\begin{aligned}
\mathrm{d}G &= -S\mathrm{d}T - V\mathrm{d}p + \sum \mu_\alpha \mathrm{d}n_\alpha \\
\mathrm{d}F &= -S\mathrm{d}T - p\mathrm{d}V + \sum \mu_\alpha \mathrm{d}n_\alpha \\
\mathrm{d}U &= T\mathrm{d}S - p\mathrm{d}V + \sum \mu_\alpha \mathrm{d}n_\alpha \\
\mathrm{d}H &= T\mathrm{d}S + p\mathrm{d}V + \sum \mu_\alpha \mathrm{d}n_\alpha
\end{aligned} \tag{4-96}$$

在此四式中之 μ, 其意义为

$$\mu_\alpha = \left(\frac{\partial G}{\partial n_\alpha} \right)_{T,p,n\beta}, \quad \mu_\alpha = \left(\frac{\partial F}{\partial n_\alpha} \right)_{T,V,n\beta}$$

$$\mu_\alpha = \left(\frac{\partial U}{\partial n_\alpha} \right)_{S,V,n\beta}, \quad \mu_\alpha = \left(\frac{\partial H}{\partial n_\alpha} \right)_{S,p,n\beta} \tag{4-97}$$

此四个 μ_α, 可证明其皆相等如下.

由下变换

$$G(T, p) = F(T, V) + pV$$

可得

$$dG = \left(\frac{\partial F}{\partial T}\right)_{V,n\alpha} dT + \left(\frac{\partial F}{\partial V}\right)_{T,n\alpha} dV + pdV + Vdp + \sum_{\alpha}\left(\frac{\partial F}{\partial n_\alpha}\right)_{T,V,n\beta} dn_\alpha \quad (4\text{-}98)$$

由 (3-71), (3-81), (3-82) 有

$$\left(\frac{\partial G}{\partial p}\right)_{T,n\alpha} = V, \quad \left(\frac{\partial G}{\partial T}\right)_{p,n\alpha} = -S$$

$$\left(\frac{\partial F}{\partial V}\right)_{T,n\alpha} = -p, \quad \left(\frac{\partial F}{\partial T}\right)_{V,n\alpha} = -S$$

故 (98) 式成

$$dG = -SdT + Vdp + \sum_{\alpha}\left(\frac{\partial F}{\partial n_\alpha}\right)_{T,V,n\beta} dn_\alpha$$

以此与 (96), (97) 比较, 即得

$$\left(\frac{\partial F}{\partial n_\alpha}\right)_{T,V,n\beta} = \left(\frac{\partial G}{\partial n_\alpha}\right)_{T,p,n\beta} \quad (4\text{-}99)$$

同法可证 (97) 式其他二 μ_α 亦相等.

兹证明 Gibbs 氏相定律 (80) 如下. 先取 F 函数为出发点. f^k 为 k 相中单位体积之自由能, 并使

$$F = \sum_{k=1}^{p} F^k\left(T, V^k, n_\alpha^k\right)$$

假设只有虚移 $\delta V^k, \delta V^j \neq 0$. 故平衡条件为

$$\delta\left(V^k + V^j\right) = 0 \quad (4\text{-}100)$$

及

$$\delta F = \frac{\partial F^k}{\partial V^k}\delta V^k + \frac{\partial F^j}{\partial V^j}\delta V^j$$

由此二式及 $p^k = \dfrac{\partial F^k}{\partial V^k}$, 即得

$$p^k = p^j \quad (4\text{-}101)$$

类此的方程式, 有 $(p-1)$ 个独立的.

再假设虚变只有 $\delta n_\alpha^k, \delta n_\alpha^j \neq 0$. 平衡条件乃

$$\delta\left(n_\alpha^k + n_\alpha^j\right) = 0 \tag{4-102}$$

$$0 = \delta F = \frac{\partial F^k}{\partial n_\alpha^k}\delta n_\alpha^k + \frac{\partial F^j}{\partial n_\alpha^j}\delta n_\alpha^j = \mu_\alpha^k \delta n_\alpha^k + \mu_\alpha^j \delta n_\alpha^j$$

由 (102) 式, 即得

$$\mu_\alpha^k = \mu_\alpha^j \tag{4-103}$$

每一 α, 类此的方程式有 $(p-1)$ 个独立的, 故共有独立的 (103) 关系 $c(p-1)$ 个. 类似 (103), (101) 式的方程式数为 $c(p-1) + (p-1)$,

$$(c+1)(p-1) \tag{4-104}$$

任何之可能虚变 $\delta V^k, \delta n_\alpha^k, k = 1, 2, \cdots, p, \alpha = 1, 2, \cdots, c$, 皆可视为 (100) 及 (102) 二类的组合. 故此系的变数的总数为 $(T, n_\alpha^k, k = 1, 2, \cdots, p, \alpha = 1, 2, \cdots, c)$

$$cp + 1 \tag{4-105}$$

故自由度之数 f 为 $cp + 1 - (c+1)(p-1)$, 或

$$f = c - p + 2 \tag{4-106}$$

此即 Gibbs 相定则 (80) 也.

上证明似曾隐含一假设, 即所有各相皆含有所有各成分也. 下文将证明上述结果 (106), 是与这假设无关的.

兹假设成分 α 仅 k_α 相中有之, $k_\alpha \leqslant p$ 数. 又假设相 k 中只有 m_k 个成分 $m_k \leqslant c$ 数. 故

$$变数之总数 = 1 + \sum_{k=1}^{p} m_k \quad (\leqslant 1 + pc) \tag{4-107}$$

类似 (103), (101) 的方程式数为

$$= p - 1 + \sum_{\alpha=1}^{c}(k_\alpha - 1)$$

$$= p - 1 - c + \sum_{\alpha=1}^{c} k_\alpha \tag{4-108}$$

兹 $\sum\limits_{k=1}^{p} m_k$ 乃所有各相中之各成分之总数, 而 $\sum\limits_{\alpha=1}^{c} k_\alpha$ 乃所有各成分出现之相之总数, 二者同系一数也 *.

$$\sum_{k=1}^{d} m_k = \sum_{\alpha=1}^{c} k_\alpha \tag{4-109}$$

故

$$f = 1 + \sum_{k=1}^{p} m_k - \left(p - 1 - c + \sum_{\alpha=1}^{c} k_\alpha \right) = c - p + 2$$

如用 G 函数, 亦同样的可获得 Gibbs 定则 (80).

使 $g^k \left(T, p, x_1^k, x_2^k, \cdots, x_c^k \right)$ 为每克分子之 G 函数. 按本节前段的符号,

$$N^k = \sum_\alpha n_\alpha^k, \quad x_\alpha^k = \frac{n_\alpha^k}{N^k}, \quad \sum_\alpha^c x_\alpha^k = 1$$

故此系之 G 为

$$G = \sum_{k=1}^{p} N^k g^k \tag{4-110}$$

在等温等压 $\delta T = \delta p = 0$ 情形下, 平衡条件为

$$\delta G = \left(\frac{\partial G}{\partial n_\alpha^k} \right)_{T,p,n\beta} \delta n_\alpha^k + \left(\frac{\partial G}{\partial n_\alpha^j} \right)_{T,p,n\beta} \delta n_\alpha^j = 0$$

$$\delta(n_\alpha^k + n_\alpha^j) = 0$$

由此即得 (103) 式如前

$$\mu_\alpha^k = \mu_\alpha^j$$

类此的关系, 每一 α 有 $(p-1)$ 个独立的. 故共有 $c(p-1)$ 个.

变数系 $T, p, x_\alpha^k, k = 1, \cdots, p, \alpha = 1, \cdots, c$, 惟每一 k, 有 $\sum\limits_\alpha^c x_\alpha^k = 1$ 式之关系,

故

$$变数之总数 = 2 + cp - p$$

故

$$自由度数 f = 2 + cp - p - c(p-1) = c - p + 2$$

此即 (106) 之相定则也.

---

* 以 $c = 4, p = 3$ 为实例

	k_α		m_k
成分 1 在相 a, b, c	3	相 a 有二成分	2
成分 2 在相 a	1	相 b 有三成分	3
成分 3 在相 b, c	2	相 c 有二成分	2
成分 4 在相 b	1		
$\sum\limits_1^4 k_\alpha$	7	$\sum\limits_1^3 m_k$	7

4.6　化学反应平衡 —— 质量作用定律

热力平衡理论, 在许多物理、化学及工程方面之应用甚广. 其在工业上之贡献, 非以热力学为纯粹学府科学者所能预料. 兹略述其重要者一二, 如所谓 "质量作用 (mass action) 定律", 乃一切化学反应的基本定律, 及恒星大气游离度与温度、压力的关系 (见下第 7 节).

4.6.1　质量作用定律

兹考虑一 (气态) 化学反应, 其方程式为

$$\nu_1 A_1 + \nu_2 A_2 + \cdots \rightleftharpoons \nu_k A_k + \nu_{k+1} A_{k+1} + \cdots \tag{4-111}$$

ν_j 数之意义, 可以下例说明之:

$$2H_2O \longrightarrow 2H_2 + O_2 \tag{4-112}$$

$$N_2 + 3H_2 \longrightarrow 2NH_3 \tag{4-113}$$

我们采一符号规定：在反应方程左之 ν 皆作负数, 在右方者皆作正号. 上例 (112), $\nu_1 = -2, \nu_2 = 2, \nu_3 = 1$;(113) 例则 $\nu_1 = -1, \nu_2 = -3, \nu_3 = 2$.

使 U_j, H_j, G_j 等为气体 j 每克分子之内能、焓及热力势. 故在各气体单独存在时,

$$u = \sum n_j U_j, \quad h = \sum n_j H_j, \quad g = \sum n_j G_j \tag{4-114}$$

$$G_j = H_j - TS_j \tag{4-115}$$

但由 (114) 式, 由于混合熵 (3-55),

$$g = \sum n_j \left(H_j - TS_j - RT \ln \frac{n}{n_j} \right) \tag{4-116}$$

$$= \sum n_j \left\{ G_j(T, p) - RT \ln \frac{n}{n_j} \right\} \tag{4-117}$$

由等温及等压情形 (过程) 下, 如 n_j 变改, 则

$$\delta g = \sum_j \delta n_j \left(G_j - RT \ln \frac{n}{n_j} \right) - RT \sum n_j \delta \ln \frac{n}{n_j}$$

最后一项等于零, 盖 $\sum \delta n_j - \delta n = 0$ 也. 此化学反应的平衡条件为

$$\delta g = \sum_j \delta n_j \left(G_j - RT \ln \frac{n}{n_j} \right) = 0 \tag{4-118}$$

按反应方程式, δn_j 间的比例, 应即系 ν_j 的比例, 如

$$\delta n_1 : \delta n_2 : \delta n_3 : \cdots = \nu_1 : \nu_2 : \nu_3 : \cdots \tag{4-119}$$

故 (118) 式成

$$\prod_j \left(\frac{n_j}{n}\right)^{\nu_j} = K \text{常数} \tag{4-120}$$

$$\ln K = -\frac{1}{RT} \sum_j \nu_j G_j (T, p) \tag{4-121}$$

兹以 x_j 代 $\frac{n_j}{n}, \sum x_j = 1$. 故 (120) 式可写为

$$\prod_j x_j^{\nu_j} = K \tag{4-122}$$

如用分压力 $p_j = x_j p$, 则

$$\prod_j p_j^{\nu_j} = p^{\sum \nu_j} K$$

$$\equiv K_p \tag{4-123}$$

(120) 或 (123), 称为 "质量作用定律"(mass action law), 为挪威之 Guldberg 及 Waage 于 1867 年所建立的.

(123) 式之 K_p 只系温度之函数, 与压力无关. 证明如下. 兹将 (121) 式对 p 微分, 并用 (3-71) 式

$$V_j = \left(\frac{\partial G_j}{\partial p}\right)_T$$

即得

$$\left(\frac{\partial \ln K}{\partial p}\right)_T = -\frac{1}{RT} \sum \nu_j V_j \tag{4-124}$$

$$= -\frac{1}{RT} \sum \nu_j \frac{RT}{p} = -\frac{\nu_i}{p}$$

$$= \frac{\partial}{\partial p} \ln p^{-\sum \nu_j}$$

积分之即得

$$K = C p^{-\sum \nu_j}, \quad C = C(T) \tag{4-125}$$

C 系一积分 "常数"(与 p 无关) 只系 T 之函数. 以 (123) 与 (125) 式较, 即见 $C = K_p$, 故 K_p 与 p 无关, 或

$$p^{\sum \nu_j} \exp\left(-\frac{1}{RT} \sum \nu_j g_j\right) \text{与} p \text{无关} \tag{4-126}$$

由此可得 *

$$G_j = RT\left(\phi_j\left(T\right) + \ln p\right) \tag{4-127}$$

$\phi_j\left(T\right)$ 系 T 的函数. G_j 及 K, 皆不能纯由热力学导出的. 使

$$\Delta V \equiv \sum_j \nu_j V_j, \quad 总体积之变迁$$

则 (124) 式成

$$\left(\frac{\partial \ln K}{\partial p}\right)_T = -\frac{\Delta V}{RT}$$

(121) 式之 K 及 (123) 式之 K_p, 均可以他式表之. 取理想气体,

$$H_j = C_j T + H_{0j}, \quad H_{0j} 为一常数$$

$$S_j = C_j \ln T - R \ln p + S_{0j}, \quad S_{0j} 为一常数 \tag{4-130}$$

C_j 为每克分子等压比热. H_{0j}, S_{0j} 皆不能由热力学中求得的, 以 (130) 式代入 (115) 式, 即得

$$G_j = C_j\left(T - T \ln T\right) + RT \ln p + H_{0j} - TS_{0j} \tag{4-131}$$

由 (121) 式, 即得

$$\ln K = \frac{\sum \nu_j C_j}{R} \ln T - \left(\sum \nu_j\right) \ln p - \frac{\sum \nu_j H_i}{RT} + i \tag{4-132}$$

$$i = \sum \nu_j i_j = \sum \nu_j \frac{S_{0j} - C_j}{R} \tag{4-132a}$$

---

* 由第 5 节 (97), 化学势 μ_j 的定义为

$$\mu_j = \left(\frac{\partial G}{\partial n_j}\right)_{T,p,ni}, \quad n_i = (n_1, n_2, \cdots, n_{j-1}, n_{j+1}, \cdots)$$
$$= G_j$$

故由 (127) 式,

$$\mu_j = RT\left(\phi_j\left(T\right) + \ln p\right). \tag{4-128}$$

如有混合气体, 则按 (117) 式

$$\delta G = \sum n_j \mu_j$$
$$\mu_j = G_j - RT \ln \frac{n}{n_j} \tag{4-129}$$

i_j 为化学常数 (见前 (53) 式). $\sum \nu_j H_{0j}$ 可称为 "绝对零度之反应热", 是需由实验量定的.

由 (123) 式及 (132), 即得

$$\ln K_p = -\frac{\Delta H}{RT} + \frac{\Delta C}{R} \ln T + \frac{1}{R} \sum \nu_j S_{0j} \tag{4-133}$$

$$\Delta H = \sum \nu_j H_j, \quad \Delta C = \sum \nu_j C_j \tag{4-133a}$$

4.6.2 Van't Hoff 反应等压式

由 (121) 式, 作对 T 之偏微分, 用 (3-81) 式 $-S - \left(\frac{\partial G}{\partial T}\right)_p$, 及 (115) 式

$$\left(\frac{\partial \ln K}{\partial T}\right)_p = \frac{1}{RT^2} \sum \nu_j G_j - \frac{1}{RT} \sum \nu_j \left(\frac{\partial G_j}{\partial T}\right)_p$$

$$= \frac{1}{RT^2} \sum_j \nu_j H_j$$

$$= \frac{1}{RT^2} \Delta H \tag{4-134}$$

$$\Delta H = \sum \nu_i H_j = 反应热 \tag{4-135}$$

此称为 Van't Hoff 氏反应等压式 (reaction isobar). 由 (123), (132), 及 (2-37) 之 $C_p = \left(\frac{\partial H}{\partial T_p}\right)$, 得 *

$$\left(\frac{\partial \ln K_p}{\partial T}\right)_p = \frac{\Delta H}{RT^2} \tag{4-136}$$

4.6.3 Braun-Le Chatelier 原理

(134) 反应等压式的应用甚广. 兹以 (112) 水之分解为例.

$$2H_2O \rightleftharpoons 2H_2 + O_2 \tag{4-112}$$

$\nu_1 = -2, \nu_2 = 2, 乃 \nu_3 = 1, \sum \nu = 1$ 故质量作用定律 (122) 式,

$$\frac{[x_{H_2}]^2 [x_{O_2}]}{[x_{H_2O}]^2} = K, \quad 常数 \tag{4-138}$$

---

* 如采 $G = U - TS + pV$ 之关系, 则 (134), (136) 可写成下式:

$$\left(\frac{\partial \ln K}{\partial T}\right)_p = \frac{\Delta U}{RT^2} \tag{4-137}$$

$$\left(\frac{\partial \ln K_p}{\partial T}\right)_p = \frac{\Delta U}{RT^2}$$

由 (138) 式, 得见如增高 K 之值, 则 (112) 式右方之 H_2, O_2 都增高.

由 (124) 式, 得见在等温下增高压力, 是使平衡态 (K 之值) 改变, 其改变的趋向, 可以 (112) 及 (113) 两例说明之. 以 (112) 言, 因 $\sum \nu = 1$, 故 (124) 式为

$$\left(\frac{\partial \ln K}{\partial p}\right)_T < 0 \tag{4-139}$$

增加压力, 使 K 减小, 按 (138) 式, 是使 H_2O 增高 (或是使 H_2, O_2 的浓度相对减低). 换言之, 增加压力, 使平衡改变之趋向, 为体积较小的方向. ((112) 反应的左方与右方的体积比例为 2:3).

又以 (113) 式为例

$$N_2 + 3H_2 \rightleftharpoons 2NH_3 \tag{4-113}$$

此反应之 $\sum \nu = -2$, 故 (124) 式为

$$\left(\frac{\partial \ln K}{\partial p}\right)_T > 0 \tag{4-140}$$

由 (122) 式

$$\frac{[x_{NH_3}]^2}{[x_{N_2}][x_{H_2}]^3} = K$$

故欲得较多之 NH_3, 需要增加 K 之值, 按 (140) 式, 应增高压力.

至第一次世界大战前, 凡制火药、肥料及其他化学品所需之硝酸钾硝酸钠, 皆仰赖南美洲智利. 故利用空中氮气, 至为逼切. (113) 式反应系所谓 Haber 氏的 "固定氮气" 的主要方法. 其初反应效率甚低, 及对热力学真正了解, 增高压力, 始获成功. 此是热力学对工业的重要性的一例.

由 (134) 式 (反应等压式), 得见在等压情形下, 增高温度的影响, 是使平衡态 (K 值) 改变, 其改变的方向, 系使反应趋向焓值 (H 函数) 较大的一方, 换言之, 增高温度下, 利于使反应趋向于吸收热的一方. 以 (112) 反应为例, 在等压下增高温度, 利于 (112) 式之向右.

由上述的数个例子, 可推广成的一个原理: 如改变决定平衡态的变数之一, 其影响是使平衡态迁移, 其迁移之方向, 使减低或减消由该变数改变所产生的影响. 这个原理, 称为 Braun-Le Chatelier 原理 *.

4.6.4   Van't Hoff 反应等体积式

上述之反应等压式 (134), 应用于等温等压之反应过程, 最为方便. 如反应是在等温等体积情形下进行, 则以用自由能 $F(T, V)$ 函数较 $G(T, p)$ 为便.

兹将 (117), (118) 式代以

---

* 这原理略似电诱导现象的 Lenz 定律.

$$f = \sum_j n_j \left(U_j - TS_j - RT \ln \frac{n}{n_j} \right)$$

$$= \sum_j n_j \left(F_j - RT \ln \frac{n}{n_j} \right) \tag{4-141}$$

$$\delta f = \sum \delta n_j \left(F_j - RT \ln \frac{n}{n_j} \right) = 0 \tag{4-142}$$

(120), (121), (122) 各式, 兹乃代以下式:

$$\prod_j \left(\frac{n_j}{n} \right)^{\nu j} = K_x \tag{4-143}$$

$$\ln K_x = -\frac{1}{RT} \sum_j \nu_j F_{jj} (T, V) \tag{4-144}$$

$$\prod_j X_j^{\nu j} = K_x \tag{4-145}$$

(132) 式则代以

$$\ln K_x = -\frac{1}{RT} \sum \nu_j U_j + \frac{1}{R} \sum \nu_j C_j \ln T - \left(\sum \nu_j \right) \ln V + \frac{1}{R} \sum \nu_j S_{0j}$$

$$= -\frac{\Delta U}{RT} + \frac{\Delta C}{R} \ln T - \left(\sum \nu_j \right) \ln V + \frac{1}{R} \sum \nu_j S_{0j} \tag{4-146}$$

C_j 系等体积 (每克分子) 比热,

$$\Delta C = \sum \nu_j C_j, \quad \Delta U = \sum \nu_j U_j$$

由 (146), 即得

$$\left(\frac{\partial \ln K_x}{\partial T} \right)_V = \frac{\Delta U}{RT^2} \tag{4-147}$$

此式称为 Van't Hoff 反应等体积式 (reaction isochore).

4.7 光谱之恒星分类 ——Saha 氏理论

恒星表面温度, 可由其 "黑体性" 辐射光谱的能分析估计之. 红色星之温度可低至 3000K, 白色星之温度可高过 $20,000$K. 恒星按其光谱能之分布, 分为若干级, 其最高温的称为 O 星, 次为 B, A, G, F, K, M等, 每级又可细分为 $O_0, O_1, O_2, \cdots, B_0,$ $B_1, B_2, \cdots$. 恒星辐射光谱有连续部分, 亦有放射线光谱. 由观测之结果, 发现某些原子之光谱线, 出现于某级之星. 如氦原子之 4471Å 线出现开始于 A_0 级星, 经 B_5 级至 B_0 级光度达最高点, 至更热之 O_5 级星而渐灭. 又如钠之 5896Å 线, 于温度低的 M 级星即出现, 其强度经 K, F, G 至 A_0 级而灭. 又如氦 He^+ 之 4686Å 线, 开始出现于 B_0 级星, 经 O_5 至 O_1 而灭.

上述及其他结果之解释, 系印度物理学家 M. N. Saha 于 1920 年应用上第 10 节理论建立的. Saha 应用 Van't Hoff 反应等压关系 (134). 求原子的游离度与原子游离能, 气压 p 及温度 T 之关系, 为恒星 (按光谱) 分级理论建立一新的基础.

兹设星大气 (放射光谱处) 之压力为 p, 某原子 A(其光谱线已观察到的) 的游离度为 x. 如 "反应" 为

$$A \rightleftharpoons A^+ + e - \Delta U \tag{4-148}$$

则电子 e 之分压力为 $\dfrac{x}{1+x}P$, 正游离子 A^+ 的亦同之, 中和原子 A 之分压力为 $\dfrac{1-x}{1+x}p$. 使 $\Delta U \equiv$ 游离 A 所需之能. (111) 式中之 $\nu_1 = -1$, $\nu_2 = \nu_3 = 1$, 故 $\sum \nu_j = 1$, 按 (133a) 式, 即得

$$\ln \frac{x^2}{1-x^2}p = -\frac{\Delta U}{RT} + \frac{5}{2}\ln T + i_e + C \tag{4-149}$$

i_e 需用量子统计力学计算之, C 亦需由统计力学得来, 但均系常数, 与 p, T 无关的

$$i_e = \ln\left\{\left(\frac{2\pi m_e k}{h^2}\right)^{3/2}k\right\}, \quad C = \ln\left\{2 \cdot \frac{Z(A^+)}{Z(A)}\right\} \tag{4-150}$$

m_e 系电子质量, $k = \dfrac{R}{N}$ 系 Boltzmann 常数, Z 系分配函数 (partition function) 之电子运动部分,

$$Z(A) = \sum_r g_r \exp\left(-\frac{\epsilon_r}{kT}\right) \tag{4-151}$$

ϵ_r 为 A 原子之电子激起态 r 能, g_r 为态 r 之统计权重 (最低能态之 $\epsilon_0 = 0$).

下式乃钙原子的游离度 (百分值), 与压力 p 及温度 T 之关系. 由表 4.2 可见压力的影响极大 (钙之游离能为 6.1 eV). 按此表, 如压力为 10^{-4}atm, 则在 $6000 \sim 7000$K 之星, 钙原子将完全游离化, CaI 光谱线 (中和钙原子) 自不出现了. 但如压力为 10^{-2}atm, 则需至 9000K 时, 游离度始达百分之百.

Saha 的理论, 使星之按光谱分级, 奠立一有根据有系统的基础, 在 20 世纪, 三十年代中, 为天体物理一大贡献. Saha 及 Srivastava 之 *A Tratise on Heat* 书中有较详之叙述. 又可参阅 A. Unsöld, *Physik der Sternatmosphäre.*

表 4.2

T/K $\diagdown$ $p/$ atm	1	10^{-2}	10^{-4}
2,000			1.4×10^{-3}
3,000			1
4,000		2.8	26
5,000	2	20	90
6,000	8	64	99
7,000	23	91	100
8,000	46	98.5	″
9,000	70	100	″
10,000	85	″	″
11,000	93	″	″
12,000	96.5	″	″
13,000	98	″	″

第 5 章　第二定律之 Carathéodory 氏式

第 3 章所讨论的第二定律之形式, 无论是 Clausius 氏的、Thomson 氏的、Planck 氏的或 Ostwald 氏的, 皆是根据经验, 归纳后而作的一般化的假定 (postulate) (这个假定是一个 "负性" 的叙述, 如 "不可能 ⋯⋯ " 等).

Carathéodory(1909 年) 将第二定律, 建立于仅仅一个实验的结果, 无须假定无数实验的负性结果. 这使第二定律本身的性质, 简单而且坚固得多了.

为了解这个新的形式, 我们需作些数学的引言.

5.1　积分因子 (integrating factor)

设独立变数为 $x_1, x_2, \cdots, X_i$ 为这些变数的函数, 下列

$$\delta W = \sum_i X_i \mathrm{d}x_i \tag{5-1}$$

微分式称为 Pfaff 式. 如下列之 Pfaff 方程式:

$$\sum X_i \mathrm{d}x_i = 0 \tag{5-2}$$

有一解

$$\phi(x_1, x_2, \cdots, x_n) = C, \quad C = 常数 \tag{5-3}$$

则 (2) 式谓为可积分. 第 (3) 式系 $n-$ 维空间一个 "一参数" 组 (∞^1) 的面.

我们知使 (1) 式的 δW 成为一个整微分 $\mathrm{d}W$ 的充足及必要条件, 系下列各式之一:

(i) $\quad \displaystyle\int_A^B \mathrm{d}W = \int_A^B \sum X_i \mathrm{d}x_i = W(B) - W(A)$ $\tag{5-4}$

与由 A 至 B 点的径无关;

(ii) $\quad X_i = \dfrac{\partial W}{\partial x_i}, \quad i = 1, 2, \cdots, n$ $\tag{5-5}$

(iii) $\quad \dfrac{\partial X_i}{\partial x_j} - \dfrac{\partial X_j}{\partial x_i} = 0, \quad i, j = 1, 2, \cdots, n$ $\tag{5-6}$

兹将证明下述定理:

定理　设 Pfaff 方程式 (2) 有解如 (3), 则有一积分因数 $\dfrac{1}{\lambda}$ 存在, 使

$$\frac{1}{\lambda} \delta W = \frac{1}{\lambda} \sum_i X_i \mathrm{d}x_i \tag{5-7}$$

成一整微分 dϕ

$$\frac{1}{\lambda} \sum_i X_i dx_i = d\phi \tag{5-8}$$

先取 $n = 2$ 之特例. 设 $\delta W = X dx + Y dy$, 又下方程式:

$$X dx + Y dy = 0 \tag{5-9}$$

之解为下一个参数组的线

$$\phi(x, y) = C \text{常数} \tag{5-10}$$

沿任一 $\phi(x, y) = C_1$ 线,

$$\frac{\partial \phi}{\partial x} dx + \frac{\partial \phi}{\partial y} dy = 0$$

故

$$\frac{dy}{dx} = -\frac{\dfrac{\partial \phi}{\partial x}}{\dfrac{\partial \phi}{\partial y}}$$

由此式及 (9) 式, 得

$$\frac{\dfrac{\partial \phi}{\partial x}}{X} = \frac{\dfrac{\partial \phi}{\partial y}}{Y}$$

兹使 $\lambda(x, y)$ 为一函数

$$\frac{1}{\lambda} = \frac{\dfrac{\partial \phi}{\partial x}}{X} = \frac{\dfrac{\partial \phi}{\partial y}}{Y} \tag{5-11}$$

故

$$d\phi = \frac{\partial \phi}{\partial x} dx + \frac{\partial \phi}{\partial y} dy = \frac{1}{\lambda}(X dx + Y dy)$$

$$= \frac{\delta W}{\lambda} \tag{5-12}$$

系一整微分, 亦即谓 $\dfrac{1}{\lambda}$ 系一积分因数.

再取 $n = 3$ 之特例

$$\delta W = X dx + Y dy + Z dz \tag{5-13}$$

设方程式

$$X dx + Y dy + Z dz = 0 \tag{5-14}$$

之解为

$$\phi(x, y, z) = C \text{常数} \tag{5-15}$$

故

$$\frac{\partial \phi}{\partial x} dx + \frac{\partial \phi}{\partial y} dy + \frac{\partial \phi}{\partial z} dz = 0 \tag{5-16}$$

由此式, 即得

$$\left.\frac{\mathrm{d}y}{\mathrm{d}x}\right)_z = -\frac{\dfrac{\partial\phi}{\partial x}}{\dfrac{\partial\phi}{\partial y}}, \left.\frac{\mathrm{d}z}{\mathrm{d}x}\right)_y = -\frac{\dfrac{\partial\phi}{\partial x}}{\dfrac{\partial\phi}{\partial z}}$$

$$\left.\frac{\mathrm{d}z}{\mathrm{d}y}\right)_x = -\frac{\dfrac{\partial\phi}{\partial y}}{\dfrac{\partial\phi}{\partial z}}$$

由 (14) 式, 得

$$\left.\frac{\mathrm{d}y}{\mathrm{d}x}\right)_z = -\frac{X}{Y}, \quad \left.\frac{\mathrm{d}z}{\mathrm{d}x}\right)_y = -\frac{X}{Z}, \quad \left.\frac{\mathrm{d}z}{\mathrm{d}y}\right)_x = -\frac{Y}{Z}$$

使 $\lambda(x,y,z)$ 函数

$$\frac{1}{\lambda} = \frac{\dfrac{\partial\phi}{\partial x}}{X} = \frac{\dfrac{\partial\phi}{\partial y}}{Y} = \frac{\dfrac{\partial\phi}{\partial z}}{Z}$$

故

$$\frac{\delta W}{\lambda} = \frac{1}{\lambda}(X\mathrm{d}x + Y\mathrm{d}y + Z\mathrm{d}z) = \mathrm{d}\phi \tag{5-17}$$

系一整微分.

兹取 n 个变数之 δW 如 (1) 式. 设 $\dfrac{1}{\lambda}$ 为一积分因数, 故

$$\frac{1}{\lambda}X_i = \frac{\partial\phi}{\partial x_i}, \quad i = 1, 2, \cdots, n \tag{5-18}$$

故

$$\frac{\partial}{\partial x_j}\left(\frac{X_i}{\lambda}\right) = \frac{\partial}{\partial x_i}\left(\frac{X_j}{\lambda}\right)$$

或

$$\frac{1}{\lambda}\left(\frac{\partial X_i}{\partial x_j} - \frac{\partial X_j}{\partial x_i}\right) = \left(X_j\frac{\partial}{\partial x_i} - X_i\frac{\partial}{\partial x_j}\right)\left(\frac{1}{\lambda}\right)$$

$$i, j = 1, 2, \cdots, n$$

同此,

$$\frac{1}{\lambda}\left(\frac{\partial X_j}{\partial x_k} - \frac{\partial X_k}{\partial x_j}\right) = \left(X_k\frac{\partial}{\partial x_j} - X_j\frac{\partial}{\partial x_k}\right)\left(\frac{1}{\lambda}\right) \tag{5-19}$$

$$\frac{1}{\lambda}\left(\frac{\partial X_k}{\partial x_i} - \frac{\partial X_i}{\partial x_k}\right) = \left(X_i\frac{\partial}{\partial x_k} - X_k\frac{\partial}{\partial x_i}\right)\left(\frac{1}{\lambda}\right)$$

以 X_k, X_i, X_j 分别乘此三式而求其和, 即得

$$X_k\left(\frac{\partial X_i}{\partial x_j} - \frac{\partial X_j}{\partial x_i}\right) + X_i\left(\frac{\partial X_j}{\partial x_k} - \frac{\partial X_k}{\partial x_j}\right)$$

$$+ X_j \left(\frac{\partial X_k}{\partial x_i} - \frac{\partial X_i}{\partial x_k} \right) = 0 \tag{5-20}$$

此乃第 (2) 式可积分 (亦即有 $\frac{1}{\lambda}$ 存在) 之必要条件. 我们亦可证明 (19) 或 (20) 系充足条件 *.

在一般情形下, 第 (19) 式的条件是不被满足的, 亦即谓无 λ 之存在, 可使 $\frac{1}{\lambda} \cdot \delta W$ 成一整微分的. 兹举一例如下:

$$\delta W = -y\mathrm{d}x + x\mathrm{d}y + k\mathrm{d}z, \quad k = 常数$$

第 (19) 式三个方程式乃

$$0 = \left(k\frac{\partial}{\partial y} - x\frac{\partial}{\partial z} \right) \lambda$$

$$0 = \left(-y\frac{\partial}{\partial z} - k\frac{\partial}{\partial x} \right) \lambda$$

$$2\lambda = \left(x\frac{\partial}{\partial x} + y\frac{\partial}{\partial y} \right) \lambda$$

此三式之解为 $\lambda = 0$, 故上 δW 式无积分因子 $\frac{1}{\lambda}$ 之存在.

5.2 积分因数存在之条件：几何解释

设 Pfaff 方程式 (2) 有一解如 (3) 式

$$\phi(x_1, x_2, \cdots, x_n) = C \tag{5-21}$$

兹取 $\phi = C$ 之切面 (tangent plane) 中 $(x_1, x_2, \cdots, x_n)$ 点, 在面上取一 $\mathrm{d}s(\mathrm{d}x_1, \mathrm{d}x_2, \cdots, \mathrm{d}x_n)$. 以 $X_1, X_2, \cdots, X_n$ 视为一向函数 R 之分量, $R(X_1, X_2, \cdots, X_n)$. 第 (2) 式乃可写成下式:

$$R \cdot \mathrm{d}s = 0$$

即 $\phi(x_1, x_2, \cdots, x_n) = C$ 面在每点 $(x_1, x_2, \cdots, x_n)$ 与一 $R(x_1, x_2, \cdots, x_n)$ 向量垂直也. 在任一面 $\phi = C_1$ 上, 由任一点 P 沿任一至另一点 P_1, 则下二关系皆同时得满足:

$$\delta W = \sum_i X_i \mathrm{d}x_i = 0 \tag{5-22}$$

及

$$\mathrm{d}\phi = \sum_i \frac{\partial \phi}{\partial x_i} \mathrm{d}x_i = 0 \tag{5-23}$$

---

* 在 $n = 2$ 之情形, 第 (19) 式即第 1 章 (1-18) 式, 该处之 μ 为 $\frac{1}{\lambda}$.

由 $\phi = C_1$ 上之一点 P 至另一面 $\phi = C_2$ 之任一点 Q, 则

$$\mathrm{d}\phi = C_2 - C_1 \tag{5-24}$$

见图 5.1. δW 之值, 则视 P, Q 二点的位置及由 P 至 Q 所经之径而定. 如能觅一 λ 函数使

$$\delta W = \lambda \mathrm{d}\phi$$

则 $\dfrac{\delta W}{\lambda}$ 系一整微分.

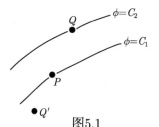

图5.1

由图 5.1, 如 Q 点不在 $\phi = C_1$ 面上, 则由 P 点无从沿一 (22) 方程式之解以达 Q, 又由上图, 显然的可见任何一点 P 的邻近区域中, 有无穷数的 Q 点, 不能由 P 沿 $\sum X_i \mathrm{d}x_i = 0$ 之解可达到的.

设 Q 为此 "不可达" 的点之一, 使 $PQ = \Delta s$. 兹取反方向一 Δs, 使 $PQ' = -\Delta s$, 则 Q' 点显然亦一不可达的点 (盖如 $R \cdot \Delta s \neq 0$, 则 $R \cdot (-\Delta s)$ 亦不等于零也). 但 P 之邻近处, 按假定, 是有 "可达到" 的点的 (如 $\phi = C_1$ 面之点). 故两个 "不可达" 的点 Q, Q' 的区域, 被 $\phi = C_1$ 画分为二区.

我们现可问下一基本问题: 在何条件下, 一个 Pfaff 方程式

$$\sum_i X_i \mathrm{d}x_i = 0$$

可以积分? 亦即: 在何情形下, 可得一积分因数, 使

$$\frac{1}{\lambda} \sum X_i \mathrm{d}x_i = \mathrm{d}\phi \tag{5-25}$$

成一整微分? 此问题的答案, 乃下一定理:

定理　如在任一点 P 的近邻, 有不能沿

$$\sum X_i \mathrm{d}x_i = 0 \tag{5-26}$$

之解可达的 Q 点存在, 则有 $\lambda(x_1, x_2, \cdots, x_n)$ 存在, 可使

$$\frac{1}{\lambda} \sum_i X_i \mathrm{d}x_i$$

成一整微分.

此定理之证明, 大体已见上文, 但更仔细之证明如下:

如图 5.2 所示, 取任一点 P. 设 Q 为一不可达的点. 由 Q, 沿 (26) 之解趋近 P 点以达一点如 R. R 亦系由 P 不可达的点 (否则可由 P 经 R 以达 Q 矣). 经 P, R 两点作一直线 L, 兹将 L 与其自身作平行的移动而回至原位置, L 乃描出一柱形面, 如图. 由 P 点起, 沿此柱面作 (26) 式解之线 C. 设此线与 L 之交点为 N, 则 N 点务必与 P 点合, 否则可改变上述之柱面而使 N 点连续的沿 L 移动, 终可遇 R 点, 使 R 变成 "可达" 的点了.

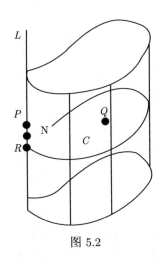

图 5.2

兹将 L 作另一平行移动, 使 L 描出另一柱形面, 则同理 N 点与 P 点合. 如连续的使 L 平行移动, 则 C 线描出一个面, 此个面的方程式可写为

$$\phi(x_1, x_2, \cdots, x_n) = C$$

总结上文, 由于 "不可达" 点 Q 之存在, 则必有第 (3) 式解

$$\phi(x_1, x_2, \cdots, x_n) = C$$

之存在, 由此即可按 (18) 式得 $\lambda(x_1, \cdots, x_n)$, 使 $\dfrac{1}{\lambda} \sum\limits_i X_i \mathrm{d}x_i$ 成整微分.

5.3 Carathéodory 之热力学第二定律

第一定律中之 δQ 非一整微分

$$\delta Q = \mathrm{d}U + p\mathrm{d}V \tag{5-27}$$

第二定律是先觅一积分因数 $\dfrac{1}{T}$, 俾能定义熵函数. Carathéodory 氏的第二定律形式, 是下述的基本假定: 一个系的任何态 P, 其近邻永有一个态 Q, 不可能的以可逆的绝热 ($\delta Q = 0$) 过程由 P 达到的. 最显明的例如下. 设有一盛于绝热的容器的流体 (液体或气体), 其态为 $Q(p_0, V_0, T_0)$. 现以一螺旋于流体中转动使流体因摩擦生热而温度升高, 其态乃成 $P(p, V_0, T)$. Q 态即永不可能由 P 以可逆的绝热过程达到的 (欲达到 Q 则需能将热完全变为功!).

如知道有不可达的一个态存在, 则按上节的定理, 必有

$$\mathrm{d}U + p\mathrm{d}V = 0 \tag{5-28}$$

之解, 得积分因数 $\dfrac{1}{T}$[*].

上述的一个系 (两个变数), 是显然的. 惟两个系 (或两个以上) 的热力平衡情形, 则其不显然, 事实上此正是 Carathéodory 的理论的起点. 我们务需记着, "温度" 是热力平衡的观念.

设有两个系

$$\delta Q_1 = \mathrm{d}U_1 + p_1\mathrm{d}V_1, \quad \delta Q_2 = \mathrm{d}U_2 + p_2\mathrm{d}V_2 \tag{5-30}$$

$$\delta Q = \delta Q_1 + \delta Q_2 \tag{5-31}$$

$$\mathrm{d}U = \mathrm{d}U_1 + \mathrm{d}U_2$$

取 V 及温度 θ(θ 系未定义温标 scale 之温度) 为独立变数, 按热力平衡及第零定律 (第 1 章), 两个系在平衡时, 其温度相等, 故

$$U_1 = U_1(V_1, \vartheta), \quad U_2 = U_2(V_2, \vartheta) \tag{5-32}$$

$$\begin{aligned}
\delta Q = {} & \left(\frac{\partial U_1}{\partial V_1} + P_1\right)\mathrm{d}V_1 + \left(\frac{\partial U_2}{\partial V_2} + P_2\right)\mathrm{d}V_2 \\
& + \left(\frac{\partial U_1}{\partial \vartheta} + \frac{\partial U_2}{\partial \vartheta}\right)\mathrm{d}\vartheta
\end{aligned} \tag{5-33}$$

按上节的定理, 一个 Pfaff 式如有三个 (或以上) 变数, 则只当在任一点 P 的近邻有不可达的点 Q 时, 可有积分因数. 卡氏的第二定律现乃谓在任何态 P, 皆有不能借绝热过程 $\delta Q = 0$ 而达到的态 Q, 兹欲求 (33) 式之积分因数.

上述的两个系, 各别的看, 则 (见 (32))

$$\delta Q_1 = \lambda_1\mathrm{d}\phi_1, \quad \delta \phi_2 = \lambda_2\mathrm{d}\phi_2 \tag{5-34}$$

$$\phi_1 = \phi_1(V_1, \vartheta), \quad \phi_2 = \phi_2(V_2, \vartheta) \tag{5-35}$$

如有不可达的态, 则有积分因数 λ 之存在, 整个系的 Q, ϕ, λ

$$\delta Q = \lambda\mathrm{d}\phi \tag{5-36}$$

---

[*] 在下文证明此点前, 我们可先作下述的覆证, 设

$$\frac{1}{\lambda}(\mathrm{d}U + P\mathrm{d}V) = \mathrm{d}S$$

则

$$\left(\frac{\partial S}{\partial U}\right)_V = \frac{1}{\lambda}, \quad \left(\frac{\partial S}{\partial V}\right)_U = \frac{P}{\lambda} \tag{5-29}$$

此与第二定律通常的形式所得结果 (3-59) 式比较. 即见 $\lambda = T$.

即

$$\lambda \mathrm{d}\phi = \lambda_1 \mathrm{d}\phi_1 + \lambda_2 \mathrm{d}\phi_2 \tag{5-37}$$

由 (35) 式, 可将变数 V_1, V_2, ϑ 代以 $\phi_1, \phi_2, \vartheta$, 故

$$\lambda_1 = \lambda_1(\phi_1, \vartheta), \quad \lambda_2 = \lambda_2(\phi_2, \vartheta) \tag{5-38}$$

一般的可写

$$\mathrm{d}\phi = \frac{\partial \phi}{\partial \phi_1} \mathrm{d}\phi_1 + \frac{\partial \phi}{\partial \phi_2} \mathrm{d}\phi_2 + \frac{\partial \phi}{\partial \vartheta} \mathrm{d}\vartheta \tag{5-39}$$

惟与 (37) 式较, 显示 $\dfrac{\partial \phi}{\partial \vartheta} = 0$, 故 ϕ 乃 ϕ_1, ϕ_2 之函数而与 ϑ 无关. 再由 (37) 式, 得

$$\frac{\partial \phi}{\partial \phi_1} = \frac{\lambda_1}{\lambda}, \quad \frac{\partial \phi}{\partial \phi_2} = \frac{\lambda_2}{\lambda} \tag{5-40}$$

此二比率亦与 ϑ 无关:

$$\frac{\partial}{\partial \vartheta}\left(\frac{\lambda_1}{\lambda}\right) = \frac{\partial}{\partial \vartheta}\left(\frac{\lambda_2}{\lambda}\right) = 0 \tag{5-41}$$

由此可得

$$\frac{\partial \ln \lambda_1}{\partial \vartheta} = \frac{\partial \ln \lambda_2}{\partial \vartheta} = \frac{\partial \ln \lambda}{\partial \vartheta} = g(\vartheta) \tag{5-42}$$

此 $g(\vartheta)$ 函数与两个系 1, 2 无关, 而系一普遍函数.

积分 (42) 式, 即得

$$\ln \lambda_i = \int g(\vartheta)\mathrm{d}\vartheta + \ln \Phi(\phi_i)$$

或

$$\lambda_i = \Phi(\phi_i)\mathrm{e}^{\int g(\vartheta)\mathrm{d}\theta} \tag{5-43}$$

兹定义

$$T(\vartheta) = C\mathrm{e}^{\int g(\vartheta)\mathrm{d}\theta} \tag{5-44}$$

$$S_i(\phi_i) = \frac{1}{C} \int \Phi(\phi_i)\mathrm{d}\phi_i \tag{5-45}$$

常数 C 可由两个固定点 (水之沸点及冰点 $T_1 - T_2 = 100°C$) 定之. 由上 (36), (37), (43), (44), (45), 可得

$$
\begin{aligned}
\delta Q &= \lambda \mathrm{d}\phi \\
&= \sum \lambda_i \mathrm{d}\phi_i \\
&= \sum \Phi(\phi_i)\mathrm{d}\phi_i \mathrm{e}^{\int g(\vartheta)\mathrm{d}\vartheta} \\
&= \sum_i \frac{1}{C} \Phi(\phi_i)\mathrm{d}\phi_i \cdot C\mathrm{e}^{\int g(\vartheta)\mathrm{d}\vartheta} \\
&= T(\vartheta)\mathrm{d}S
\end{aligned}
\tag{5-46}
$$

$$\mathrm{d}S = \sum_i \mathrm{d}S_i \tag{5-47}$$

上述各结果, 自然是与第 3 章的相同.

5.4 $\Delta S \geqslant 0$

上节以几何方法, 证明如每一点 $P(x_1, x_2, \cdots, x_n)$ 邻近, 皆有一点 $Q(x_1, x, \cdots, x_n)$ 不能以满足下方程式:

$$\sum X_i \mathrm{d}x = 0 \tag{5-48}$$

的 $\mathrm{d}s(\mathrm{d}x_1, \mathrm{d}x_2, \cdots, \mathrm{d}x_n)$ 达到, 则必有一积分因子存在, 使

$$\frac{1}{\lambda} \sum X_i \mathrm{d}x_i, \quad \lambda = \lambda(x_1, x_2, \cdots, x_n)$$

成一整微分 $\mathrm{d}\phi$

$$\mathrm{d}\phi = \frac{1}{\lambda} \sum X_i \mathrm{d}x_i \tag{5-49}$$

此定理在热力学上的应用, 可分二阶次. 上节所说, 乃系谓: 如一个物理系统的每一态 P(以变数 $x_1, x_2, \cdots, x_n$ 定的) 的邻皆近, 有 (最少) 一个态 Q, 不能以可逆的绝热过程达到 (换言之, 不能以满足下方程式:

$$\delta Q = \sum X_i \mathrm{d}x_i = 0 \tag{5-50}$$

的可逆的过程, 由 P 达到 Q), 则必有一函数 λ 存在, 使

$$\frac{1}{\lambda} \sum X_i \mathrm{d}x_i = \frac{\delta Q}{\lambda} = \mathrm{d}S \tag{5-51}$$

成一态函数 S 的整微分.

这个 Q 点的存在, 便是 Carathéodory 的基本假定, 可以由经验证明之 (例如, 第 (31) 式中的两个在平衡态的系统, 其任一态 (V_1, V_2, θ), $\theta =$ 温度, 不可能以可逆的绝热过程达到另一 (V_1, V_2, θ')态, $\theta' \neq \theta$).

上述的过程, 限于可逆的 (即一连续的平衡态的). 由此可证明熵函数 S 的存在, 惟尚未获得第二定律的全部, 即熵的永不减小

$$\Delta S \geqslant 0 \tag{5-52}$$

兹欲得 (52) 式, 则 Carathéodory 的基本假定 (或原理, 或定律) 需改述如下: 每一态 P 的邻近. 皆有 (最少) 一态 Q, 不能以任何 (可逆或不可逆) 的绝热过程达到. 按此, 则 S 函数的存在, 已如上述; 第 (52) 式关系, 则可证明如下.

兹取两个气体为例 (如上第 (31) 及 (32) 式). 设其开始之平 (衡) 态, 以 (V_1^0, V_2^0, S^0) 表之. S^0 为整个系统之熵. 我试问是否可借绝热过程, 由 (V_1^0, V_2^0, S^0) 达到另一终态 (V_1, V_2, S).

我们先以可逆绝热过程 (压缩或膨胀) 使 V_1^0, V_2^0 变至 V_1, V_2 值. 因系可逆绝热过程, 故熵 S^0 经此不变. 兹该系统之态乃为 (V_1, V_2, S^0).

次乃在 $V_1 V_2$ 不变情形下, 以绝热之不可逆过程 (如搅转摩擦产生热等), 使熵改变, 由 S^0 至 S.

终态 (V_1, V_2, S) 之熵 S, 非大于 (或等于)S^0, 即小于或等于 S^0,

$$S - S^0 \geqslant 0 或 \quad S - S^0 \leqslant 0 \tag{5-53}$$

但由始态 (V_1^0, V_2^0, S^0) 所能以绝热过程达到的态, 其熵 S 只能皆是

$$S - S^0 \geqslant 0$$

或皆是

$$S - S^0 \leqslant 0$$

而不能二者兼有之, 盖如 S 可 $\geqslant S^0$, 又可 $\leqslant S^0$, 则由始态可达任何之终态, 此与 Carathéodory 原理 (或可谓为其基本假定) 违背也.

至于 $S - S^0$ 究是限于 $\geqslant 0$, 抑是限于 $\leqslant 0$, 则视 (44) 式中之常数 C 如何采定而定. 我们将采 C 之符号, 使温度 T 成一正号值. 采定 C 后, 则 $S - S^0$ 之正负号, 可由一个过程决定之. 由经验之结果, 知

$$S - S^0 \geqslant 0 \tag{5-54}$$

故 $S - S^0$ 永不会减小! 上式谓一个系统之熵, 永只可增. 只当绝热过程是可逆的 (无限慢, 连续的平衡态的过程) 情形下, $S - S^0 = 0$.

第6章 第三定律

在第 3 章中, 熵之定义乃由其微分 dS 而来, 故其积分 S 永有一未定的积分常数 S_0. 同样的, 内能 U 亦永有一常数 U_0. 在通常的应用上, 我们几乎永是只要问 S 及 U 的变迁 (两态间的差), 故 S_0, U_0 是无关的. 惟自由能 F 及热力势 G

$$F = U - TS$$
$$G = U - TS + pV$$

则含有 TS 项. 如 S 有 $-S_0$ 项, 则 F 及 G 均将有 $-TS_0$ 项. 故 F 及 G 函数只适宜于等温的过程 (如化学平衡等) 的. 由是乃有 S, U 等的绝对值的问题.

从历史的观点, 德国物理化学家 W. Nernst(1909 年) 作下述的考虑. 由第二定律之 (3-79) 式

$$F - U = T\left(\frac{\partial F}{\partial T}\right)_V \tag{6-1}$$

设 1, 2 系一个系在同温度 T 的不同的两个态 *, 使

$$F_1 - F_2 \equiv \Delta F, \quad U_1 - U_2 \equiv \Delta U \tag{6-2}$$

则

$$\Delta F - \Delta U = T\left(\frac{\partial \Delta F}{\partial T}\right)_V \tag{6-3}$$

Nernst 以为通常 $\Delta F, \Delta U$ 之差甚小, 且在绝对温度等于零时不仅 $\Delta F = \Delta U = 0$, 且他们的改变率亦相等, 即

$$\lim_{T \to 0} \Delta F = 0, \quad \lim_{T \to 0} \Delta U = 0 \tag{6-4}$$

$$\lim_{T \to 0} \frac{d\Delta F}{dT} = \lim_{T \to 0} \frac{d\Delta U}{dT} = 0 \tag{6-5}$$

由 (1)

$$\Delta F = \Delta U - T\Delta S \tag{6-6}$$

$$\frac{d}{dT}(\Delta F) = \frac{d}{dT}(\Delta U) - \Delta S - T\frac{d}{dT}(\Delta S) \tag{6-7}$$

$$\lim_{T \to 0} \frac{d\Delta F}{dT} = \lim_{T \to 0}\left\{\frac{d\Delta U}{dT} - \Delta S - T\frac{d\Delta S}{dT}\right\}$$

---

* 这两个态 1, 2, 是指除了 T 外, 其他的变数皆不同, 甚至其化学结合或晶体结构不同.

故由 (3), 及按 (5) 的假定, 即得

$$\lim_{T \to 0} \Delta S = 0, \quad \text{或} \quad S_2 \to S_1 \text{当} T \to 0 \tag{6-8}$$

此乃谓当 $T \to 0$ 时, 一个系的熵趋近一个值 S_0, 与压力及其系的组合态等都无关. 这个值 S_0 可以使之等于零, 使熵有一绝对值 (不再含有一个未定的常数).

上第 (4), (5) 式, Nernst 称为 "热的新定理". 他不喜用熵的观念. 上第 (8) 之方式, 系 Planck 氏的, 称为第三定律.

Nernst 之定律, 经许多的实验 (尤其为 1927~1937 年间 Simon 氏的) 而得较清晰的叙述. 第三定律之形式之一如下:

一个凝结系, 在可逆等温过程中之熵之改变, 当温度 T 趋近 $T = 0$ 时, 亦趋近于零 (Nernst-Simon 的形式).

第三定律的最重要结果为下述结论: 绝对温度 $T = 0$ 之点, 只可不断趋近之而不可达的.

欲阐明此点, 兹取第 3 章 3.12.3 节所讨论的以绝热消磁化法产生低温法. 一个顺磁性物体, 其 S 与 T 之关系, 略如图 6.1 上图所示由 P 起其温度为 T_1, 作绝热之消磁化至 Q 点, 其温度为 $T_2, T_2 < T_1$. 由 Q 作等温之磁化, H 由零至 H, S 降至 R 点. 再由 R 点 (温度 T_2) 作绝热之消磁化至 W 点 (温度 $T_3 < T_2$). 如是继续重覆上述过程, 可渐趋 $T = 0$ 及 $S = 0$, 而不能即达.

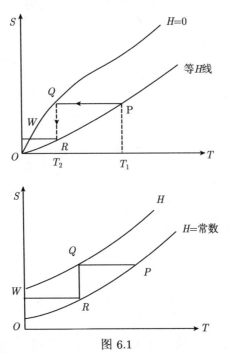

图 6.1

上述的叙述, 是依据第三定律 (8), 亦即当 $T \to 0$ 时 $S \to 0$ 是也. 如 $S-T$ 线 (等磁场线) 不经 $(S, T) = (0, 0)$ 点如图 6.1 下图, 则由 R 之绝热消磁化即可达 $T = 0$ 矣.

上述的 "绝对零温度之不能达到", 亦可视为第三定律的另一形式 (称为 Fowler-Guggenheim 形式).

第三定律之应用, 可见下例:

(i) 膨胀系数 $\alpha = \dfrac{1}{V} \left(\dfrac{\partial V}{\partial T} \right)_p$, 压力系数 $\beta = \dfrac{1}{p} \left(\dfrac{\partial p}{\partial T} \right)_V$ (见 (1-25, 1-26) 式), 由 (3-78) 式及 (3-82) 式, 得

$$\left(\frac{\partial S}{\partial p} \right)_T = -V \cdot \frac{1}{V} \left(\frac{\partial V}{\partial T} \right)_p = -\alpha V \tag{6-9}$$

$$\left(\frac{\partial S}{\partial V} \right)_T = p \frac{1}{p} \left(\frac{\partial p}{\partial T} \right)_V = \beta p \tag{6-10}$$

按第三定律, S 在 $T \to 0$ 之极限值 S_0, 系与 p 及 V 无关的. 故上二式的左右均趋于零. 故除非 V, p 亦趋于零, 则 β 及 α 亦趋于零.

(ii) 比热 C_V, C_p

由 (3-21) 式及 (3-25) 式, 得

$$C_V = T \left(\frac{\partial S}{\partial T} \right)_V, \quad C_p = T \left(\frac{\partial S}{\partial T} \right)_p \tag{6-11}$$

积分之

$$S(T, V) = \int_0^T \frac{C_V}{T} \mathrm{d}T + f(V) \tag{6-12}$$

$$S(T, p) = \int_0^T \frac{C_p}{V} \mathrm{d}T + g(p) \tag{6-13}$$

$f(V), g(p)$ 分别的系未定之 V, p 函数. 惟接第三定律, S 的限极值系与 V, p 无关的, 故 $f(V) g, (p)$ 不应存在. 又当 $T \to 0$ 时, 比热 C_V, C_p 亦务趋于零, 原则上的积分将不收敛. 按 Debye 之比热理论 (见《量子论与原子结构》第 3 章), 弹性体之比热在低温时为 CT^3. 按统计力学 (见下文第 16 章 16.6.3 节), 一电子气体之比热, 其比热与 T 成比例. 故上二积分, 皆无不收敛的困难.

(iii) 相对变

由第 4 章, (48) 式之 Clapeyron 公式,

$$\frac{\mathrm{d}p}{\mathrm{d}T} = \frac{S_2 - S_1}{V_2 - V_1} \tag{6-13a}$$

第一阶之相转变, 二相之体积 $V_2 \neq V_1$[见 (4-43)]. 按第三定律,

$$\lim_{T \to 0} (S_2 - S_1) = 0$$

故如 $\lim_{T \to 0} (V_2 - V_1) \neq 0$, 则

$$\lim_{T \to 0} \frac{\mathrm{d}p}{\mathrm{d}T} = 0 \tag{6-14}$$

按氦固态–液态之相转变之实验结果, $\frac{\mathrm{d}p}{\mathrm{d}T}$ 在低温时约为

$$\frac{\mathrm{d}p}{\mathrm{d}T} = 0.425T^7 \tag{6-15}$$

故趋近零值甚速. 与第三定律相等.

(iv) 气体扩散混合之熵

第 3 章第 8 节中会计算气体扩散混合时熵之增加. 图 6.2 左方为 A, B 两气体未混合前之态, 右方为混合后之态.

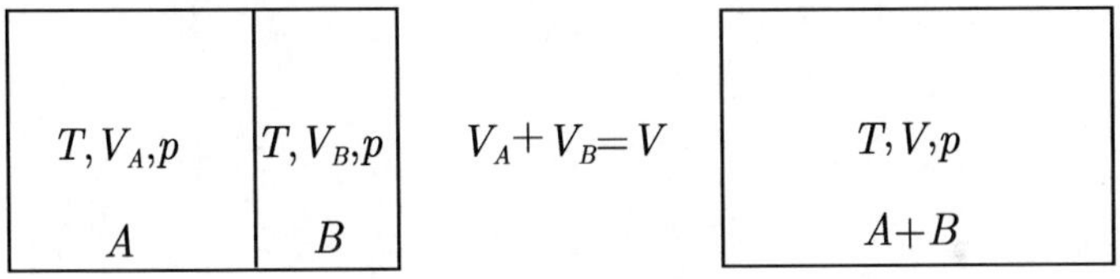

$$V_A + V_B = V$$

图 6.2

$$S_1 = S_A(T, p, n_A) + S_B(T, p, n_B), \quad S_2 = S_2(T, p, n_A + n_B)$$

由 (3-55) 式,

$$S_2 - S_1 = n_A R \ln \frac{n}{n_A} + n_B R \ln \frac{n}{n_B}, \quad n = n_A + n_B > 0 \tag{6-16}$$

按第三定律, 上二图的两个态的熵差 $S_2 - S_1$, 应于 $T \to 0$ 时趋于零. 惟此与 (6-16) 不符.

此矛盾实因第 (16) 式结果, 系由理想气体方程式计算得来的. 惟任何的气体方程式, 均不能伸延至 $T = 0$, 故 (16) 式的结果, 于 $T \to 0$ 时是错误 (无根据) 的.

习　　题

1. 证明第三定律的 Nernst-Simon 形式与 Fowler-Guggenhein 形式是相同的.

2. 证明

$$\lim_{T \to 0} \frac{C_p - C_V}{C_V} = 0$$

(用 (2-9), (3-78), (3-82), (11) 各式).

3. 第 3 章第 12 节 (3-174), (3-175), 会定义磁比热 C_H 及 C_σ

$$\lim_{T \to 0} C_H = \lim_{T \to 0} C_\sigma = 0$$

证明, 与 (13) 相当,

$$S(T,H) - S(T,H=0) = \int_0^H \left(\frac{\partial \sigma}{\partial T}\right)_H dH$$

第二部分　气体运动论

第7章　气体运动论

气体运动论 (kinetic theory of gases) 或称分子运动论, 可溯源于 17 世纪. 1658 年 Gassendi 以为物质有固、液、气三态, 其原子 (即最小的不可再分的单位之意) 系弹性球, 不断的在运动中. 1662 年 Boyles 氏由实验建立气体的 Boyles 定律. 1678 年 Hoo- kes 氏试行解释此定律, 1738 年 Daniel Bernoulli 氏假设气体之压力, 系由分子之撞击而来, 由此导出 Boyles 定律. 我们务当记着在该时, 分子及原子之存在, 尚未有直接之实验证明. 惟由于化学的研究, 有所谓 "定比例的定律"(即两物化合时, 其质量永有一定比例, 例如氧与氢化合为水, 二者之重的比例为 8:2), 及 "倍数比例的定律"(即两物化合时, 其容积比例永系一倍数, 例如氧与氢化合, 二者容积之比为 1:2; 氧与氮化合时, 其比例为 1:1, 或 1:2, 或 2:1), 原子与分子的观念, 渐得佐证. 1811 年, Avogadro 氏按此分辨原子与分子之别. 1848 年 Joules, 1856 年 Krönig, 1857 年 Clausius 先后求得气体压力与气体的动能之关系, 更由此进而获得温度与此分子动能的关系而导出理想气体方程式 $pV = RT$. Clausius 更引入 "平均自由径" 的观念. 1859 年 J. C. Maxwell 研究分子速度的分布. 1868 年后的十余年间, L. Boltzmann 以其分子撞击理论进而求得此分子速度分布定律.

1911 年始, Chapman 及 Enskog 二氏应用 Boltzmann 方程式于所谓运输现象 (热传导、黏性运动、扩散等). 至此, 所谓古典分子运动理论之发展, 乃达其高峰.

7.1　气体的压力, 温度, 动能

设 n 为单位体积气体之分子平均数. 各分子之速度不等. 兹使 c 代表速度 (向量), 其 x, y, z 方向的分量为 u, v, w. 设 n 分子中其速度在 c 与 $c + \mathrm{d}c$ 间 (即其分量在 u, v, w 与 $u + \mathrm{d}u, v + \mathrm{d}v, w + \mathrm{d}w$ 间) 者为 $f(c)\mathrm{d}c = f(u, v, w)\mathrm{d}u\mathrm{d}v\mathrm{d}w$, 故

$$n = \int f \mathrm{d}c = \iiint f(u, v, w)\mathrm{d}u\mathrm{d}v\mathrm{d}w \tag{7-1}$$

此处 u, v, w 积分的限值皆系由 $-\infty$ 到 ∞, $f(c) = f(u, v, w)$ 称为分子速度分布函数.

兹考虑一气体容器的一壁, 取其一面积素 $\mathrm{d}S$, 采一坐标系使其 x 轴与 $\mathrm{d}S$ 垂直. 每秒钟撞击 $\mathrm{d}S$ 之分子, 其速度在 c 与 $c + \mathrm{d}c$ 间者, 为

$$uf\mathrm{d}u\mathrm{d}v\mathrm{d}w \, \mathrm{d}S$$

盖凡与 dS 之垂直距离小于 u 的分子, 皆可于一秒钟内到达 dS 也. 设每分子之质量为 m. 每一分子撞击 dS 而反撞, 其给予 dS 之运动量 (沿法线, x 轴) 为 $2mu$. 故每秒 dS 所受之运动量为*

$$2m \int_{-\infty}^{\infty} dv \int_{-\infty}^{\infty} dw \int_{0}^{8} u^2 f du$$

而按定义, 此即压力 p

$$p = 2m \int_{-\infty}^{\infty} dv \int_{-\infty}^{\infty} dw \int_{0}^{\infty} u^2 f du \tag{7-2}$$

兹假定 $f(u,v,w) = f(-u,-v,-w)$ (即分子速度分布, 与速度的正负两方向无关), 并定义

$$\overline{u^2} \equiv \frac{1}{n} \iiint_{-\infty}^{\infty} u^2 f du dv dw \tag{7-3}$$

则 (2) 式成

$$p = nm\overline{u^2} \tag{7-4}$$

$\overline{u^2}$ 乃 (在空间某点, 即在容器壁处) 各分子速度分量之平方之平均值. 在一均匀的气体中, $f(u,v,w)$ 应与方向无关, 故

$$\overline{u^2} = \overline{v^2} = \overline{w^2} = \frac{1}{3}\overline{(u^2 + v^2 + w^2)} = \frac{1}{3}\overline{c^2} \tag{7-5}$$

又 $\frac{1}{2}m\overline{c^2}$ 显系一个分子的动能的平均值, 故

$$\bar{\epsilon} = \frac{1}{2}m\overline{c^2} \tag{7-6}$$

故

$$p = \frac{2}{3}n\bar{\epsilon} \tag{7-7}$$

如一气体之体积为 V, 则其分子的总动能为 $Vn\bar{\epsilon} \equiv N\bar{\epsilon}$ 故

$$p = \frac{2}{3}\frac{N\bar{\epsilon}}{V} \tag{7-7a}$$

如取一克分子 (1mol) 的气体, 则 $N =$ Avogadro 数 (6.0×10^{23}).

由 (7) 式, 可得:

(i) Boyles 定律,

---

*u 之积分极限为 0 至 ∞, 盖分子速度分量 u 系离开 dS 者, 不能撞 dS 也.

(ii) Dalton 分压力定律, 如有一混合气体, 因动能是相加的, 故气体的总压力乃各分压力 (partial pressure) 之和.

(iii)$c^2 = \dfrac{3p}{\rho}$, $\rho = $ 密度. 声波之速度 $c_{\mathrm{s}} = \sqrt{\gamma \dfrac{p}{\rho}}$, $\gamma = c_p/c_V = $ 等压比热 / 等体积比热 $= \dfrac{7}{5}$(双原分子气体), 故分子之 $\sqrt{c^2}$ 与声速约略相同.

第 (7) 式系由力学观念得来. 如欲进一步的求其和温度观念的关系, 则需热力学的观念和其他的假定.

由热力学第一, 第二定律 (见 (3-59))

$$\mathrm{d}S = \frac{1}{T}\mathrm{d}U + \frac{p}{T}\mathrm{d}V$$

$$= \frac{1}{T}\left(\frac{\partial U}{\partial p}\right)_V \mathrm{d}p + \frac{1}{T}\left[\left(\frac{\partial U}{\partial V}\right)_p + p\right]\mathrm{d}V \tag{7-8}$$

我们兹假设气体之内能, 系所有分子的平均动能. 按 (7) 式,

$$U = N\bar{\epsilon} = \frac{3}{2}pV \tag{7-9}$$

由 (8) 式, 即得

$$3\left[\frac{1}{T} + V\left(\frac{\partial}{\partial V}\left(\frac{1}{T}\right)\right)_p\right] = 5\left[\frac{1}{T} + p\left(\frac{\partial}{\partial p}\left(\frac{1}{T}\right)\right)_V\right]$$

此方程式可以下式满足之

$$pV = RT \tag{7-10}$$

由 (9) 式, 即得

$$\bar{\epsilon} = \frac{3RT}{2N} = \frac{3}{2}kT \tag{7-11}$$

$$p = nkT \tag{7-12}$$

$k = \dfrac{R}{N}$ 称为 Boltzmann 常数

$$k = 1.380 \times 10^{-23}\mathrm{J/K} \tag{7-13}$$

(11) 式隐含一结论, 即系分子的平均动能为 $\dfrac{3}{2}kT$, 又因每个分子有三个平移运动自由度, 故每一自由度的平均动能为 $\dfrac{1}{2}kT$. 此结论称为 “能之等分配定律” (equipartition of energy). 按此定律, 凡物体在热力平衡下, 每一运动自由度的平均能量皆相等, 且等于 $\dfrac{1}{2}kT$.

此定律极为重要, 尤其在黑体辐射能在光谱分布的研究问题, 此定律应用于辐射能之分配问题时, 引致量子论之发现 (参阅《量子论与原子结构》甲部第 1 章).

7.2   能之等分配定律

上节末所述之 "能之等分配定律 (equipartition of energy)", 最早系 1845 年 J.J.Waterston 所提出. 伊向英国伦敦皇家学会提出一论文, 中谓在一混合物体中, 分子的速度的平方之平均值, 与分子之质量成反比例. 不幸的, 审评该文的二人之一, 谓该文只是胡说, 即在会中宣读亦不值得, 故拒绝刊出, 仅于翌年该学会的会刊中有一短报告. 直至 40 余年后 (1892 年) 由于 Lord Rayleigh 之赏识, 该文始刊载该学会之 *Philosophical Transactions*. Rayleigh 在序文中谓当初未刊载该文, 是至不幸事, 使该问题之发展, 延误了十余年. 1928 年, 于 Waterston 的论文集的序中, J. S. Haldane 谓在该学会悠长的历史中, 错误的后果影响科学发展及英国科学的声誉, 其严重未有过于此的. 盖一直到 1860 年, Maxwell 始重新的提出 "能之等分配" 说, 谓两种质点分配其速度, 使他们的动能相等. 其最初是指光滑圆球形的质点, 后乃推广至任何形式的且包括转动的质点.

1868 年 Boltzmann 更推广此定律, 使其不限于刚体质点而且适用于有内部自由度 (如振动) 的分子. Maxwell 的证明, 系用 "系综" 的方法, 计算许多相同的系统的分子动能的平均 (见本册第 18 章), 而不是一个系统的分子动能的长时间平均值. 1878 年 Maxwell 引入他称为 "轨道的连续性"(continuity of path)(亦即 Boltzmann 称为 ergodic 系统) 的假定, 求一个系统的分子动能的长时间的平均值 (见下文第 16 章第 4 节及 18 章首段). 我们将于下文先作一简浅的证明 (按 J. H. Jeans). 再作 (经 Jeans 改善的)Maxwell 氏原来的证明. 更于第 16 章第 6 节 (6-109) 式, 作 Boltzmann 统计力学的证明.

1) 设一气体与其容器之壁, 乃在热平衡态

设壁分子之质量为 M, 其速度分量为 $\xi, \eta, \zeta(\xi$ 乃垂直于壁的分量); 气体分子之质量为 m, 其速度分量为 $u, v, w(u$ 与壁垂直. m 与 M 的碰撞, 满足能及动量守恒定律. 兹假设分子系光滑刚体球, 故碰撞后的速度 $\xi', \eta', \zeta', u', v', w'$ 满足下式:

$$v' = v, \quad w' = w, \quad \eta' = \eta, \quad \zeta' = \zeta$$
$$\frac{1}{2}mu^2 + \frac{1}{2}M\xi^2 = \frac{1}{2}mu'^2 + \frac{1}{2}M\xi'^2$$
$$mu + M\xi = mu' + M\xi'$$

由后二式, 即得

$$M\left(\xi^2 - \xi'^2\right) = -m\left(u^2 - u'^2\right)$$
$$M\left(\xi - \xi'\right) = -m\left(u - u'\right)$$

故得

$$u' - \xi' = -(u - \xi)$$

此式乃谓二分子之相对速度, 经碰撞后只反转其方向. 由此式即得

$$(M + m)\, \xi' = (M - m)\, \xi + 2mu$$
$$(M + m)\, u' = (m - M)\, u + 2M\xi$$

故壁分子之动能增加

$$\frac{1}{2} M \left(\xi'^2 - \xi^2 \right) = \frac{1}{2} M \left(\xi' + \xi \right) \left(\xi' - \xi \right)$$
$$= \frac{2Mm}{\left(M + m \right)^2} \left[mu^2 - M\xi^2 + (M - m)\, \xi u \right] \tag{7-14}$$

兹作一长时间的平均值, ξ 与 u 是各自独立的. 故

$$\overline{\xi u} = \overline{\xi}\, \overline{u}.$$

因 ξ 之平均值为零, 故 $\overline{\xi u} = 0$, 又因壁的温度 (连接于一等温热库) 是不变的, 故其分子的动能亦是不变的,

$$\overline{\xi'^2 - \xi^2} = 0$$

故

$$\frac{1}{2} \overline{M\xi^2} = \frac{1}{2} \overline{mu^2}$$

按第 (5) 式, 故得

$$\frac{1}{2} \overline{mu^2} = \frac{1}{2} \overline{mv^2} = \frac{1}{2} \overline{mw^2} = \frac{1}{2} \overline{M\xi^2} \tag{7-15}$$

如气体系一混合气体, 另一分子质量为 m_1, 速度为 u_1, v_1, w_1. 则同理可得

$$\frac{1}{2} \overline{m_1 u_1^2} = \frac{1}{2} \overline{m_1 v_1^2} = \frac{1}{2} \overline{m w_1^2} = \frac{1}{2} \overline{M\xi^2}$$

故

$$\frac{1}{2} \overline{mu^2} = \frac{1}{2} \overline{m_1 u_1^2} = \cdots \tag{7-16}$$

此即 "能之等分配" 也.

兹应用此定律于气体的比热问题. 设气体之分子系一个原子构成的, 如稀有气体 He, Ne, A 等, 则分子之自由度为三. 取一克分子. 其动能乃

$$U = 3 \sum \frac{1}{2} \overline{mu^2} = 3N \frac{1}{2} kT = \frac{3}{2} RT$$

按热力学第一定律,

$$\delta Q = \mathrm{d}U + p\mathrm{d}V$$

故

$$C_p = \frac{\delta Q}{\mathrm{d}T} = C_V + p\frac{\mathrm{d}V}{\mathrm{d}T}, C_V = \frac{3}{2}R$$

在理想气体情形下, 由此乃得

$$C_p - C_V = R$$

或

$$\gamma \equiv \frac{C_p}{C_V} = \frac{5}{3}$$

如气体之分子系二原子, 如 H_2, N_2 等, 则分子之自由度 = 3 (平移) + 2(转动) + 1(振动). 因振动有动能与势能, 故每一振动自由度有 $2 \cdot \frac{1}{2}kT$ 之能量. 以一克分子言, 则其能量 U 为

$$U = \frac{3}{2}RT + \frac{2}{2}RT + \frac{2}{2}RT$$

$$C_V = \frac{7}{2}R, \quad C_p = \frac{9}{2}R, \quad \gamma = \frac{9}{7}$$

按声波速度的公式 ($p =$ 压力, $\rho =$ 气体密度),

$$v = \sqrt{\gamma\frac{p}{\rho}}$$

γ 之值可由此量定. 由实验的结果, 二原气体如氮、氧之 γ 皆等于 $\frac{7}{5}$ 而非 $\frac{9}{7}$. 此 $\gamma = \frac{7}{5}$ 之值, 相当于 $C_V = \frac{5}{2}R, C_p = \frac{7}{2}R$. 此似二原分子只有平移及转动的自由度, 故问题系为何 "能之等分配定律" 不适用于振动的自由度.

此问题虽似是一个小问题, 但能之等分配定律, 乃系统计力学, 气体动力学及热力学等的结果, 故乃实系一个颇基本性的问题. 1901 年 Lord Kelvin 会谓 19 世纪的热及光的动力理论有两个乌云, 一个系地球何以能在一弹性介质 (如以太的) 中运行无阻, 一则系 Maxwell-Boltzmann 的能之等分配原则. 关于二原分子之 C_V, 等于 $\frac{5}{2}R$ 而非 $\frac{7}{2}R$ 的 "乌云", 到了量子论才得解答. 振动的能, 系量子化而非可取任何连续值的, 故振动能的平均值非 $2 \cdot \frac{1}{2}kT$, 而系

$$\bar{\epsilon} = \frac{h\nu}{\mathrm{e}^{\beta h\nu} - 1}, \quad \beta = \frac{1}{kT}$$

(见下第 16 章 (16-54a) 式;《量子论与原子结构》甲部第 1、3 章) 只当温度甚高 (或 $\frac{h\nu}{kT} \ll 1$) 时, $\bar{\epsilon}$ 趋近 kT, 在通常温度下, $\beta h\nu \gg 1$ 故 $\bar{\epsilon}$ 甚小也.

2) 能之等分配定律, Maxwell 之证明如下 (参看 Jeans: *The Dynamical Theory of Gases*, §§119-124)

取一动力系统, 其自由度为 n. 使广义坐标为 $q_i, i = 1, 2, \cdots, n$. 其动能 K 为

$$K = \sum \frac{1}{2} a_{ij} \dot{q}_i \dot{q}_j, \quad a_{ij} = a_{ij}(q_1, \cdots q_n)$$

使 q_i 之正则共轭动量为 p_i

$$p_i = \frac{\partial K}{\partial \dot{q}_i}, \quad i = 1, 2, \cdots, n$$

K 乃可写成

$$K = \sum \frac{1}{2} b_{ij} p_i p_j, \quad b_{ij} = b_{ij}(q_1, \cdots, q_n)$$

按代数, 此二次方式可变换为一简正式

$$K = \sum \frac{1}{2} c_i \eta_i^2, \quad c_i = c_i(q_1, \cdots, q_n) \tag{7-17}$$

因 K 永系正号的, 故每一 c_i 皆 $\geqslant 0$.

兹取一极大数目的 (在巨观上相同的) 系统 (所谓一个系综 *), 每一个系统, 在 $q_1, \cdots, q_n, \eta_1, \cdots, \eta_n$ 的 $2n-$ 维度空间的代表为一个点. 整个系综的代表, 系一个密度函数 $\rho(q_1, \cdots, q_n, \eta_1, \cdots, \eta_n)$. 如在某时 t_0, 该 ρ 系一均匀函数, 则 ρ 将永系均匀函数. 关于此点之根据, 可参看下文第 16 章第 4 节论 Liouville 定理及稳定密度 (16-62)~(16-74) 式.

兹使该动力系统之位能为 V, 总能为 E,

$$E = K + V \tag{7-18}$$

在 $q_1, \cdots, q_n, \eta_1, \cdots, \eta_n$ 空间, 其 q 在 $\mathrm{d}q_1 \cdots, \mathrm{d}q_n$ 间, 而其 η_i 则为

$$\frac{1}{2} \sum_{i=1}^{n} c_i \eta_i^2 \leqslant E - V \tag{7-19}$$

之体积为

$$\mathrm{d}q_1 \cdots \mathrm{d}q_n \int \cdots \int \mathrm{d}\eta_1 \cdots \mathrm{d}\eta_n \tag{7-20}$$

积分之极限乃系上 (19) 式所定的. 此积分乃系 Dirichlet 积分 **. 其值为

$$\int \cdots \int \mathrm{d}\eta_1 \cdots \mathrm{d}\eta_n = \frac{(2\pi)^{\frac{n}{2}}}{\Gamma\left(1 + \frac{n}{2}\right)} \frac{1}{\sqrt{c_1 c_2 \cdots c_n}} (E - V)^{\frac{n}{2}} \tag{7-21}$$

---

* 系综 (ensemble) 观念, 可参看第 12 章首段, 及第 18 章章首节.

** 此式乃三维度空间 $\frac{1}{2}\left(c_1 x^2 + c_2 y^2 + c_3 z^2\right) \leqslant (E - V)$ 时可得 $\frac{4}{3}\pi a^3$ 式之推广, $a^2 = \dfrac{E - V}{c_1 c_2 c_3}$.

故 $q_1 \cdots q_n$ 在 $\mathrm{d}q_1 \cdots \mathrm{d}q_n$ 间, E 在 E 与 $E + \mathrm{d}E$ 间之体积为

$$\mathrm{d}q_1 \cdots \mathrm{d}q_n \frac{(2\pi)^{\frac{n}{2}}}{\varGamma\left(\dfrac{n}{2}\right)} \frac{1}{\sqrt{c_1 c_2 \cdots c_n}} (E - V)^{\frac{2}{n} - 1} \mathrm{d}E \tag{7-22}$$

设兹限 η_n 在 η_n 与 $\eta_n + \mathrm{d}\eta_n$ 之间, 故

$$\frac{1}{2} \sum_{i=1}^{n-1} c_i \eta_i^2 \leqslant \left(E - V - \frac{1}{2} c_n \eta_n^2 \right)$$

则上式之体积须代以

$$\mathrm{d}q_1 \cdots \mathrm{d}q_n \frac{(2\pi)^{\frac{1}{2}(n-1)}}{\varGamma\left(\dfrac{n}{2} - \dfrac{1}{2}\right)} \frac{1}{\sqrt{c_1 c_2 \cdots c_{n-1}}}$$
$$\left(E - V \frac{1}{2} c_n \eta_n^2 \right)^{\frac{1}{2}(n-3)} \mathrm{d}E \mathrm{d}\eta_n \tag{7-23}$$

(17) 式与 (16) 式之比例, 乃 η_n 在 η_n 与 $\eta_n + \mathrm{d}\eta_n$ 间的 "几率"

$$W_n \mathrm{d}\eta_n = \frac{\varGamma\left(\dfrac{n}{2}\right)}{\varGamma\left(\dfrac{n}{2} - \dfrac{1}{2}\right) \varGamma\left(\dfrac{1}{2}\right)} \frac{(E - V - K_n)^{\frac{1}{2}(n-3)}}{(E - V)^{\frac{1}{2}(n-1)}} \sqrt{\frac{c_n}{2}} \mathrm{d}\eta_n \tag{7-24}$$

$$K_n = \frac{1}{2} c_n \eta_n^2$$

故 K_n 在上述系综中之平均值乃

$$\bar{K}_n = \int_{-\eta_{mon}}^{\eta_{mon}} W_n K_n \mathrm{d}\eta_n, \quad \eta_{\max}^2 = \frac{2(E - V)}{c_n}$$
$$= \frac{2\varGamma\left(\dfrac{n}{2}\right)}{\varGamma\left(\dfrac{n}{2} - \dfrac{1}{2}\right) \varGamma\left(\dfrac{1}{2}\right)} \int_0^{E-V} \frac{(E - V - K_n)^{\frac{1}{2}(n-3)}}{(E - V)^{\frac{1}{2}(n-2)}} \frac{1}{2} \sqrt{K_n} \mathrm{d}K_n{}^*$$
$$= \frac{E - V}{2} \tag{7-25}$$

同法, 如 η_j 限在 η_j 与 $\eta_j + \mathrm{d}\eta_j$ 之间, 则上 $W_n \mathrm{d}\eta_n$ 式可代以下式:

$$W_j \mathrm{d}\eta_j = \frac{\varGamma\left(\dfrac{n}{2}\right)}{\varGamma\left(\dfrac{n}{2} - \dfrac{1}{2}\right) \varGamma\left(\dfrac{1}{2}\right)} \frac{(E - V - K_j)^{\frac{1}{2}(n-3)}}{(E - V)^{\frac{1}{2}(n-2)}} \sqrt{\frac{c_i}{2}} \mathrm{d}\eta_j$$

$$* \int_0^a (a - x)^{\frac{n-3}{2}} \sqrt{x}\, \mathrm{d}x = 2a^{\frac{n}{2}} \int_0^{\frac{\pi}{2}} \cos^{(n-2)} \vartheta \sin^2 \vartheta \mathrm{d}\vartheta = 2a^{\frac{n}{2}} \cdot \frac{1}{2} B\left(\frac{n-1}{2}, \frac{3}{2} \right) \tag{7-26}$$

$$= a_2^n \frac{\varGamma\left(\dfrac{n-1}{2}\right) \varGamma\left(\dfrac{3}{2}\right)}{\varGamma\left(\dfrac{n}{2} + 1\right)}, \quad B = \text{Beta函数} \tag{7-27}$$

而得

$$\bar{K}_j = \frac{E - V}{n} \tag{7-25a}$$

故

$$\bar{K}_1 = \bar{K}_2 = \cdots = \bar{K}_n \tag{7-28}$$

换言之, 每自由度之动能的平均值皆相等.

上述之平均值, 乃系对一个均匀密度之系综之平均. (一个有稳定密度的系综, 其密度 ρ 与时间 t 无关, 故代表平衡态. 见第 16 章第 4 节, 均匀的密度, 是稳定密度的一特例, 此系综乃所谓 "微正则系综", 见第 18 章.)

7.3 平均自由径, 移动率

前节计算气体压力之理论中, 分子是视为有质量的 "几何点". 事实上分子与分子间, 是有一力场的, 略如图 7.1 所示, 两分子间之位能 $V(r)$, 在小距离 r 时是极强的排斥力, 在大距离 ($> 10^{-8}$cm) 时, 则是极弱的吸引力, $V(r)$ 与 r^{-6} 成正比. 此谓为 van der Waals 力. 两分子相遇, 其距离接近 r_0 时, 则其速度量作改变如图. 从一个定于一分子的坐标系观点, 另一分子之速度作一散射如图. 此散射的细节 (如散射角 ϑ 与二分子的相对速度 $V_2 - V_1$ 及所谓撞击参数 ρ 的关系), 自与 $V(r)$ 有关. 此问题可按力学处理之 (在 $V(r)$ 为 $\frac{1}{r}$ 的情形, 可参阅《量子论与原子结构》第 4 章). 惟正确的理论, 则需根据量子力学. 在本册中, 为简单计, 我们将上图之 $V(r)$, 代以两刚体圆球之位能, 如虚线所示. 在此简化情形下, 凡两个分子的中心, 接近至距离 a 时, 则生一撞碰. $\pi a^2 = \sigma$ 谓为碰撞截面 (collision cross section). 一个分子与另一分子作碰撞后, 行经一距离 l 后与另一分子撞碰. 此 l 之值不一, 其平均值 λ 称为平均自由径 mfp(mean free path).

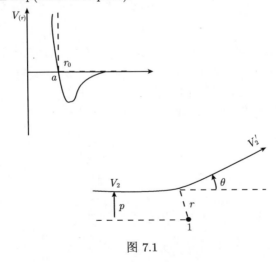

图 7.1

(i) mfp 最简单的计算, 乃从一个速度为 u 的分子的观点, 视其他的分子皆为静止的. 如气体每单位体积的分子数为 n, 则此运行的分子, 每秒所遇的分子数为 $n\pi a^2 u$. 此数亦即

$$\nu = \text{一个分子每秒所作的撞碰数} = n\pi a^2 u \tag{7-29}$$

因一分子每秒所经的径为 u, 故每两撞碰间的距离平均为

$$\lambda = \frac{u}{\nu} = \frac{u}{n\pi a^2 u} = \frac{1}{n\pi a^2} = \frac{1}{n\sigma} \tag{7-30}$$

(ii) 上述之计算, 显有缺点. 如不假设所有的分子皆静止, 而假设所有分子的速度值皆相等为 u, 则如两个分子之速度向量夹角为 θ 时, 其相对速度 $v = 2u\sin\frac{\theta}{2}$. 因分子速度的方向分布是均匀的, 故 v 之平均值为

$$\bar{v} = \frac{1}{4\pi} \int_0^\Pi \int_0^{2\eta} 2u\sin\frac{\theta}{2}\sin\theta \mathrm{d}\theta \mathrm{d}\varphi = \frac{4}{3}u \tag{7-31}$$

故 (24) 式应改正为

$$\lambda = \frac{u}{n\pi a^2 \bar{v}} = \frac{1}{\frac{4}{3}n\pi a^2} \tag{7-32}$$

(iii) 上节假设所有分子的速度皆相等, 显是不确. 按 Maxwell 的速度分布定律 (见下第 8 章习题 3), 上式应更作校正, 结果为

$$\lambda = \frac{1}{\sqrt{2}n\pi a^2} \tag{7-33}$$

(iv) 自由径分布律. 分子的 "自由径"(即一个分子在两撞碰间所撞的距离), 长短不一. 其分布定律可求得如下: 兹使 ν = 一个分子每秒所作之撞碰的平均数, $n(x)$ = 已走了 x 路程而尚未作撞碰的分子数. 则一个分子在 $\mathrm{d}x$ 间所作的撞碰数为 $\frac{\nu}{u}\mathrm{d}x$, u = 平均速度. 故在 $\mathrm{d}x$ 距间, n 个分子作 $n\frac{\nu}{u}\mathrm{d}x$ 个撞碰, 故

$$\mathrm{d}n = -n\frac{\nu}{u}\mathrm{d}x = -\frac{n}{\lambda}\mathrm{d}x$$

积分之即得

$$n = n(0)\mathrm{e}^{-x/\lambda}, \quad \lambda = \mathrm{mfp} \tag{7-34}$$

(此公式的形式, 与若干其他几率性分布相同, 宜注意.)

(v) 移动率 (mobility). 与自由径有关的一个量为 "移动率". 设有带电荷 e 的粒子, 其质量为 m, 在一极弱的电场 E 中. 如两接连的撞碰间的自由径为 l, 自由时间 $\tau = \dfrac{l}{u}$, 则在此 τ 间, 该电荷所走的路程 x 为

$$x = \frac{1}{2}\frac{Ee}{m}\left(\frac{l}{u}\right)^2$$

上式之 x, 应对自由径 l 之分布 (29) 作一平均, 即

$$\bar{x} = \frac{1}{2}\frac{Ee}{m}\frac{n(0)\displaystyle\int_0^\infty \left(\frac{l}{u}\right)^2 \mathrm{e}^{-l/\lambda}\frac{\mathrm{d}l}{\lambda}}{n(0)\displaystyle\int_0^\infty \mathrm{e}^{-l/\lambda}\frac{\mathrm{d}l}{\lambda}} = \frac{Ee}{m}\left(\frac{\lambda}{u}\right)^2 \tag{7-35}$$

兹定义 "移动速度" v_{d}(drift velocity) 及移动率 K 如下:

$$v_{\mathrm{d}} = \frac{\bar{x}}{\tau} = \frac{Ee}{m}\left(\frac{\lambda}{u}\right) \tag{7-36}$$

$$K = \frac{v_{\mathrm{d}}}{eE} = \frac{\lambda}{mu} \tag{7-37}$$

(vi) 平均自由径 λ 与温度之关系. 在上 (i)~(iii) 所得之 λ 式, 皆根据一简单的假定, 即两个分子间的相互作用 $V(r_{12})$, 系如图 7.1 所示之虚线,

$$V(r_{12}) = \infty, r_{12} < a$$
$$= 0, a < r_{12}$$

亦即系假设分子系直径为 a 之刚体圆球也. 事实上, $V(r_{12})$ 之形式, 并非如是, 而系前图之实线所示的. 兹取两个分子, 在相距极远时其相对运动速度为 v_0, 此动能为 $\dfrac{1}{2}\mu v_0^2 = E_0$, 此两个分子互相接近碰撞时, 其相对速度 v 因 $V(r_{12})$ 而变. 按能之守恒定律, 当二者间距为 r 时, v 之值为

$$\frac{1}{2}\mu v^2 + V(r) = E_0$$

当 $V(r) = E_0$ 时, 则 $v = 0$, 二者乃在其 "最近距" a, 见图 7.2. 故 a 之值, 乃随 E_0 之值而变. 因 E_0 与温度 T 成正比 (见第 (11) 式), 故 "最近距" a 之值亦随 T 而异.

按 (30) 或 (33) 式, 平均自由径 λ, 乃亦系 T 之函数.

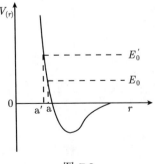

图 7.2

$$\lambda(T_1) < \lambda(T_2), \quad T_1 < T_2 \tag{7-38}$$

此点极为重要. 在下章计算黏性 (或其他运输) 系数时, 将见 λ 之出现. 由于

$$\lambda = \lambda(T) \tag{7-39}$$

这些系数亦与 T 有关.

7.4　均功定理, 气态方程式

第 1 节 (12) 式所得之气态方程式, 乃系根据分子是各不相扰的质点之假设而来的. 事实上分子间有相互作用, 如第 2 节所述. 兹欲求一较一般性的气态方程式, 其方法是 R. Clausius (1857 年) 的均功定理 (virial theorem).

设分子 i 的运动方程式为

$$m_i \ddot{x}_i = X_i, \quad m_i \ddot{y}_i = Y_i, \quad m_i \ddot{z}_i = Z_i$$

X_i 系作用于分子 i 之力 F 的 x 方向分力, 一部来自与其他分子的相互作用力 f, 一部则来自气体容器之壁的影响. Y_i, Z_i 同此. 由 (36), 即得

$$x^2 = \frac{1}{2}\frac{\mathrm{d}^2}{\mathrm{d}t^2}x^2 - x\ddot{x} = \frac{1}{2}\frac{\mathrm{d}^2}{\mathrm{d}t^2}x^2 - \frac{1}{m}xX$$

气体所有分子之动能 E 为

$$\begin{aligned} E &= \frac{1}{2}\sum_i m_i\left(\dot{x}_i^2 + \dot{y}_i^2 + \dot{z}_i^2\right) \\ &= \frac{1}{4}\sum m \frac{\mathrm{d}^2}{\mathrm{d}t^2}r^2 - \frac{1}{2}\sum(xX + yY + zZ) \end{aligned} \tag{7-40}$$

(40) 式及下文中, 皆省去作和的指数 i. 兹对 (40) 式各项作一长时间 τ 的平均值.

$$\begin{aligned} \frac{1}{\tau}\int_0^\tau E\mathrm{d}t = &\frac{1}{4\tau}\sum m\left[\frac{\mathrm{d}}{\mathrm{d}t}r^2\right]_{t=0}^\tau \\ &- \frac{1}{\tau}\int_0^\tau \sum(xX + yY + zZ)\,\mathrm{d}t \end{aligned}$$

$\frac{\mathrm{d}}{\mathrm{d}t}r_i^2 = 2r_i\frac{\mathrm{d}r_i}{\mathrm{d}t}$, 当气体在稳定态时, 各分子的速度方向是有各不同值的, 故 $\boldsymbol{r}_i \cdot \dot{\boldsymbol{r}}_i$ 亦有任意正负值的, 故 $\sum m_i \boldsymbol{r}_i \cdot \dot{\boldsymbol{r}}_i$ 等于零. 上式乃成

$$\bar{E} = -\frac{1}{2}\overline{\Sigma(\boldsymbol{r} \cdot \boldsymbol{F})} \tag{7-41}$$

此式之右方量, 称为 virial. F 的一部来自分子与分子的相互作用 f, 一部来自壁与分子间的力 g,

$$F = f + g \tag{7-42}$$

(i) 壁与分子间的作用 g. 如图 7.3, 设气体对容器壁的压力 p, 在各点皆相同. 使 $\mathrm{d}S$ 为壁的面素, 其 (向外) 法线 (单位向量 $\boldsymbol{n}$) 的方向余弦为 λ, μ, ν, 故 $\mathrm{d}S$ 对分子之力 g 为

$$g = -(\lambda, \mu, \nu)\, p \mathrm{d}S = -\boldsymbol{n}p\mathrm{d}S$$

$$\frac{1}{2}(\boldsymbol{r} \cdot \boldsymbol{g}) = -\frac{1}{2}p(\boldsymbol{n} \cdot \boldsymbol{r})\,\mathrm{d}S$$

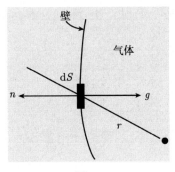

图 7.3

整个壁对分子之力, 可积分得之

$$-\frac{1}{2}\overline{\sum(\boldsymbol{r} \cdot \boldsymbol{g})} = \frac{p}{2}\oiint(\boldsymbol{n} \cdot \boldsymbol{r})\,\mathrm{d}S$$
$$= \frac{p}{2}\iiint \mathrm{div}\,\boldsymbol{r}\,\mathrm{d}x\mathrm{d}y\mathrm{d}z = \frac{3p}{2}V \tag{7-43}$$

V 为气体 (容器) 之体积. 故 (41) 式成

$$\bar{E} = \frac{3}{2}pV - \frac{1}{2}\overline{\sum(\boldsymbol{r} \cdot \boldsymbol{f})} \tag{7-44}$$

(ii) 分子间相互作用 f. 如分子系刚体质点, 则 $\sum_i(\boldsymbol{r}_i \cdot \boldsymbol{f}_i)$ 有成对的项

$$(\boldsymbol{r}_i \cdot \boldsymbol{f}_i) + (\boldsymbol{r}_j \cdot \boldsymbol{f}_f) = \boldsymbol{r}_i \cdot (\sum_k \boldsymbol{f}_{ik}) + \boldsymbol{r}_f \cdot (\sum_k \boldsymbol{f}_{jk})$$
$$= 0(因 \boldsymbol{f}_{ik} = -\boldsymbol{f}_{ki} 及 f_{ik} 只当 \boldsymbol{r}_{ij} = 0 时不等于零)$$

故

$$\bar{E} = \frac{3}{2}pV \tag{7-45}$$

由此式与 (11) 式, 即得理想气体之方程式 $pV = RT$.

兹假设两个分子间的相互作用, 系沿两个分子的中心线的 (简称 "中心力"), 故 $\sum(\boldsymbol{r} \cdot \boldsymbol{f})$ 有 i, j 对者

$$r_i f_{if} + r_f f_{fi} = (r_i - r_f)f_{ij} = r_{ij}f_{if} \tag{7-46}$$

$\frac{1}{2}N(N-1)$ 项. 两个分子 (中心) 的距离在 r 与 $r+\mathrm{d}r$ 间者, 有

$$\frac{1}{2}N(N-1)\frac{4\pi r^2 \mathrm{d}r}{V} \simeq \frac{N^2}{2}\frac{4\pi r^2 \mathrm{d}r}{V} \tag{7-47}$$

对. 上式乃指无相互作用的分子言. 如有相互力, 其位能为 $\phi(r)$,

$$f(r) = -\frac{\mathrm{d}\phi}{\mathrm{d}r} \tag{7-48}$$

则 (47) 式应乘以 Boltzmann 定理的因数 (见下文 (8-36) 式或 (15-43) 式)

$$e^{-\phi(r)/kT} = exp\left(-\frac{1}{kT}\int_r^\infty (r)\,\mathrm{d}r\right) \tag{7-49}$$

由此式及 (47) 式, 可得

$$\sum r_{if}f_{if} = -\frac{NkT}{V}\frac{2\pi N}{kT}\int_0^\infty r\frac{\mathrm{d}\phi}{\mathrm{d}r}r^2\mathrm{d}re^{-\phi/kT} \tag{7-50}$$

$$= \frac{NkT}{V}3\times 2\pi N\int_0^\infty \left(1-e^{-\phi/kT}\right)r^2\mathrm{d}r \tag{7-50a}$$

$$= \frac{NkT}{V}3B \tag{7-50b}$$

$$B(T) = \frac{2\pi N}{3kT}\int_0^\infty \frac{\mathrm{d}\phi}{\mathrm{d}r}e^{-\phi/kT}r^3\mathrm{d}r \tag{7-51}$$

$$= 2\pi N\int_0^\infty (1-e^{-\phi/kT})r^2\mathrm{d}r \tag{7-51a}$$

由 (44) 式, 即得

$$pV = \frac{2}{3}\bar{E} + RT\frac{B(T)}{V} \tag{7-52}$$

用 (11) 式, $\bar{E} = \frac{3}{2}RT$,

$$pV = RT\left(1+\frac{B}{V}\right) \tag{7-53}$$

此式与 $pV = RT$ 差一修正项. B_2 称为第二 virial 系数.

(48) 式中之位能 $\phi(r)$, 可能略如图 7.1 之 van der Waals $V(r)$, 有排斥力部分, 亦有吸引力部分. 兹计算其对 $B_2(T)$ 之贡献.

(a) 排斥力部分.

ϕ 之排斥力部分, 可以第 2 节图之虚线代表之, 即

$$\phi(r) = 0, \quad a \leqslant r \leqslant \infty$$
$$= \infty, \quad r < \sigma \tag{7-54}$$

(σ 亦可视为刚体圆球分子的直径.) 由 (51a) 式, 即得

$$B = \frac{2\pi N\sigma^3}{3} = 4N\frac{4}{3}\pi\left(\frac{\sigma}{2}\right)^3 = 4Nv_0 \tag{7-55}$$
$$= 4倍所有分子的总体积$$

因 $\frac{B}{V} \ll 1$, 故 (53) 式可写成

$$p(V-B) = RT \tag{7-56}$$

(b) 吸引力 (内聚力) 部分, $f(r) < 0$.

设每单位体积气体之分子数为 n. 取体积素 dV. 其中的 ndV 分子与距其为 r 与 $r + dr$ 间球壳中分子, 成 $\frac{1}{2}ndVn\,4\pi r^2 dr$ 对, 见 (47). 故由 (46) 式 (见 (51a) 式 $\phi \ll kT$ 情形下)

$$\sum_{i,j} r_{ij}f_{ij} = \frac{1}{2}\int ndV \int n4\pi r^2 dr \neq rf(r)$$

$$= 2\pi n^2 V \int_0^\infty f(r)\, r^3 dr$$

$$= -\frac{2\pi N^2}{V}\bar{a} \tag{7-57}$$

$$\bar{a} \equiv -\int_0^\infty f(r)\, r^3 dr > 0 \tag{7-58}$$

$\bar{a}$ 的因次为力 × 长度 × 体积. 以 (57) 代入 (44), (55) 式, 即得 van der Waals 方程式

$$pV = RT\left(1 + \frac{B}{V}\right) - \frac{a}{V} \tag{7-59}$$

或

$$\left(p + \frac{a}{V^2}\right)(V - b) = RT \tag{7-60}$$

$$b \equiv B = 4Nv_0 \ (55), \quad a = \frac{2\pi N^2}{3}\bar{a} \ (58) \tag{7-60a}$$

7.5　分子速度分布——Maxwell 分布

1859 年 Maxwell 首次获得分子速度的分布定律. 稍后又修改其证明, 但仍有弱点, 兹先述其原来论证. 较满意的证明, 将候下章用 Boltzmann 的碰撞理论方法及后些章统计力学方法讨论之. Maxwell 作下数假定:

(1) 速度分布乃由几率函数表示的.

(2) 速度 c 之三个分量 u, v, w, 系各自独立的.

(3) 在平衡态时, 速度分布, 在速度空间是各向同性的 (isotropic) 按 (1), 速度 c 在 c 与 $c + dc$ 间的几率为 *

$$F(c)dc = F(c)dudvdw, \tag{7-61}$$

---

*(61), (62) 式之 $F(c)$, 与第 (1) 式之 $f(c)$ 之关系, 乃

$$f(c) = nF(c) \tag{7-62a}$$

n 为每单位体积分子之数.(62) 式中之 $dc = dudvdw$.

此 $F(c)$ 之归一化式为

$$\int F(c)\mathrm{d}c = 1 \tag{7-62}$$

其 u 分量在 u 及 $u+\mathrm{d}u$ 间的几率为

$$\phi(u)\mathrm{d}u, \text{余类此} \tag{7-61a}$$

按 (2), 速度分量在 u 与 $u+\mathrm{d}u$, v 与 $v+\mathrm{d}v$, w 与 $w+\mathrm{d}w$ 间之几率为

$$\phi(u)\phi(v)\phi(w)\mathrm{d}u\mathrm{d}v\mathrm{d}w \tag{7-63}$$

按 (3), 则下关系:

$$\phi(u)\phi(v)\phi(w) = F(c^2) \tag{7-64}$$

与坐标系的转动无关 (即对坐标转动有不变性). (62) 式乃对任何 u, v, w 皆正确的.
将 (64) 式对 u 作对数微分, 即得

$$\frac{1}{u\phi(u)}\frac{\mathrm{d}\phi(u)}{\mathrm{d}u} = \frac{2}{F(c^2)}\frac{\mathrm{d}F(c^2)}{\mathrm{d}c^2}$$

或

$$\frac{1}{u}\frac{\phi'(u)}{\phi(u)} = 2\frac{F'(c^2)}{F(c^2)} \tag{7-65a}$$

同法, 可得

$$\frac{1}{v}\frac{\phi'(v)}{\phi(v)} = \frac{1}{w}\frac{\phi'(w)}{\phi(w)} = 2\frac{f'(c^2)}{f(c^2)} \tag{7-65b,c}$$

(65a) 式之左方与 v, w 无关而右方则与 u, v, w 有关, 故 (65a) 式只于下情形下可满足

$$\frac{1}{u}\frac{\phi'(u)}{\phi(u)} = \text{常数} = -m\beta$$

同理

$$\frac{1'}{v}\frac{\phi'(v)}{\phi(v)} = -m\beta, \quad \frac{1}{w}\frac{\phi'(w)}{\phi(w)} = -m\beta$$

积分上各式, 即得

$$\frac{\mathrm{d}\ln\phi(u)}{\mathrm{d}u} = -m\beta u$$

或

$$\phi(u) = a\mathrm{e}^{\frac{-\beta m u^2}{2}}, \phi(v) = a\mathrm{e}^{\frac{-\beta m v^2}{2}}$$

$$\phi(\omega) = a\mathrm{e}^{\frac{-\beta m w^2}{2}} \tag{7-66}$$

由 (64) 式,

$$F(c^2) = a^3 \mathrm{e}^{\frac{-\beta m(u^2+v^2+w^2)}{2}} \tag{7-67}$$

积分常数 a 可由下条件定之:

$$4\pi \int_0^\infty F(c^2)c^2\mathrm{d}c = 1 \tag{7-68}$$

即

$$a^3 = \left(\frac{m\beta}{2\pi}\right)^{3/2} \tag{7-69}$$

积分常数 β 之决定, 则需借 "能" 与温度的关系 (11) 式. 即

$$\frac{3}{2}kT = 4\pi \int_0^\infty \frac{1}{2}mc^2 F(c^2)c^2\mathrm{d}c \tag{7-70}$$

积分之, 用下公式:

$$\int_0^\infty \mathrm{e}^{-\beta c^2} c^4 \mathrm{d}c = \frac{3}{8}\left(\frac{\pi}{\beta^5}\right)^{1/2}$$

即得

$$\beta = \frac{1}{kT} \tag{7-71}$$

故 (66), (67) 式成

$$\phi(u) = \left(\frac{m}{2\pi kT}\right)^{1/2} \mathrm{e}^{-mu^2/2kT} \tag{7-72}$$

$$F(c^2) = \left(\frac{m}{2\pi kT}\right)^{3/2} \mathrm{e}^{-mc^2/2kT} \tag{7-72a}$$

由此式, 可定义下数个 "平均速度":

(1) 平均速度 $\bar{c}$:

$$\bar{c} = \int_0^\infty cF(c^2)4\pi c^2\mathrm{d}c$$

$$= 2\left(\frac{2kT}{\pi m}\right)^{1/2} \tag{7-73a}$$

(2) 方均根速度 $\sqrt{\overline{c^2}}$ (root-mean-square):

$$\overline{c^2} = \int_0^\infty c^2 F(c^2)4\pi c^2\mathrm{d}c$$

$$= \frac{3kT}{m}$$

$$\sqrt{\overline{c^2}} = \left(\frac{3kT}{m}\right)^{1/2} \tag{7-73b}$$

(3) 最可能速度 c_w(most probable speed)：定义为

$$\frac{\mathrm{d}F(c^2)}{\mathrm{d}c} = 0$$

$$c_w = \left(\frac{2kT}{m}\right)^{1/2} \tag{7-73c}$$

由上三式，可得

$$c_w:\bar{c}:\sqrt{\overline{c^2}} = 1:\frac{2}{\sqrt{\pi}}:\sqrt{\frac{3}{2}} \tag{7-73d}$$

$$= 1:1.128:1.224$$

上述的证明的弱点, 乃第 (2) 式假定的速度三个分量的互相独立无关.

上 (72) 式之速度分布定律, 最早的实验证明, 系由气体放射管所放射光谱线, 由于 Doppler 效应, 其宽展与气体温度增高而增大. 设放射光谱的原子 (或分子) 沿观察辐射的方向之速度分量为 u, 光速为 c(与前之分子速度 c 无关), 则按 Doppler 效应原理, 所观察得到的波长, 由原来之 λ_0, 变为 $\lambda_0 + \mathrm{d}\lambda$,

$$\frac{\mathrm{d}\lambda}{\lambda_0} = \frac{u}{c}$$

或

$$\mathrm{d}\lambda = \frac{u\lambda_0}{c} = \frac{u}{\nu_0}, \quad \nu_0 = 频率$$

如放射光的原子的速度 u 分布为 (72) 式, 则在光谱仪所得的线, 其强度之分布为

$$I(\lambda_0 + \Delta\lambda) = I(\lambda_0)\mathrm{e}^{\frac{-m\beta(\nu_0 \mathrm{d}\lambda)^2}{2}}, \quad \beta = \frac{m}{2kT} \tag{7-74}$$

该光谱线之 "半宽度"$\Delta\lambda_{\frac{1}{2}}$ 的定义, 乃当 $I(\lambda)/I(\lambda_0) = 1/2$ 时 $\mathrm{d}\lambda$ 之值, 即

$$\Delta\lambda_{\frac{1}{2}} = \frac{1}{\nu_0}\sqrt{2\ln 2}\left(\frac{kT}{m}\right)^{1/2} \tag{7-75}$$

此式为实验所证实 (早在 1892 年 Michelson 即证实之).

速度分布定律的直接实验证明, 则可举 1920 年 O. Stern 用原子射束的方法.

附录　van der Waals 气体方程式

上述由均功定理导出 van der Waals 方程式法, 是较一般化的方法, 但和 van der Waals, Boltzmann 及较后 (1949 年)F.Sauter 的考虑法不同. Boltzmann 用几率

的考虑 (可参阅 Jeans 书 §160). 下文将述 Sauter 的最清楚的证法 (参阅 Sommerfeld 书, 第 26 节).

(a) 兹考虑 (一克分子的) 气体内部的一体积素 dv(距容器壁甚远处). 设分子之密度为 n_i, 气体体积为 V, 分子总数为 $N, n_i = \dfrac{N}{V}$. 因任何两个分子的中心距离不能小于 σ (见 (34)), 故 N 个分子占去 $\dfrac{4}{3}\pi\sigma^3 N$ 的体积. 故一个分子可以在 dv 的几率非 $\dfrac{dv}{V}$ 而系

$$
\begin{aligned}
w_i &= \frac{dv}{V}\frac{\left(V - \dfrac{4}{3}\pi\sigma^3 N\right)}{V} \\
&= \frac{dv}{V}\left(1 - n_i\frac{4\pi}{3}\sigma^3\right) \qquad\qquad (7\text{-}76) \\
&= \frac{dv}{V}(1 - 8n_i v_0) \qquad\qquad\qquad (7\text{-}76a)
\end{aligned}
$$

$v_0 = \dfrac{4}{3}\pi\left(\dfrac{\sigma}{2}\right)^3$ 乃每刚体球 (半径 $= \dfrac{1}{2}\sigma$) 之体积.

兹取距容器之壁只略远于 $\dfrac{1}{2}\sigma$ 处之一点. 在离壁 $r \gtrsim \dfrac{1}{2}\sigma$ 处, 对某一个分子 (A) 言, 其他的分子 (B) 所占去的体积非如 (76) 式而系 $\dfrac{1}{2}n_w V\dfrac{4\pi}{3}\sigma^3, n_w$ 乃在壁邻近 $(r \gtrsim \dfrac{1}{2}\sigma)$ 处之密度, 盖 (B) 分子的 "排斥圆球" $\dfrac{4}{3}\pi\sigma^3$ 之一半, 是 (A) 分子中心因限于壁而所当然的不能进入者也. 故邻近壁处, 一个分子可以在 dv 的几率非 (76a) 而乃系

$$
Ww = \frac{dv}{V}(1 - 4n_w v_0) \qquad\qquad (7\text{-}77)
$$

n_w 乃邻近壁处之分子密度. $\dfrac{w_i}{w_w}$ 亦即在气体内部 i 点与气体邻近壁处之密度之比例,

$$
\frac{n_i}{n_w} = \frac{w_i}{w_w} = \frac{1 - 8n_i v_0}{1 - 4n_w v_0} \qquad\qquad (7\text{-}78)
$$

或

$$
n_w = \frac{1}{1 - 4n_i v_0}n_i \qquad\qquad (7\text{-}79)
$$

此结果乃谓: 由于分子间之相互排斥作用 (在上考虑中, 以刚体式代之), 使靠近壁处之分子密度略高于气体内部.

兹按第 (4) 式压力 p 与分子密度 n 之关系, 故得

$$
\begin{aligned}
p &= n_w m\overline{u^2} = \frac{1}{1 - 4n v_0}n m\overline{u^2} \\
p &= \frac{RT}{V(1 - 4n_0 v_0)} = \frac{RT}{V - b}, \quad b = 4N v_0 \qquad (7\text{-}80)
\end{aligned}
$$

(b) 至分子吸引力 (内聚力) 的部分, van der Waals 的证明略如下: 在气体内部, 每一个分子受周围各方的分子的吸引力, 互相抵消而不生何影响. 惟面临容器壁处之分子, 只受其背后的分子之吸引力. 此情形略如大气受地心吸力 (Laplace 问题) 的情形 (所不同处是此处之吸引力是为壁距离 z 的函数而非一常数).

使分子与壁之距离为 z, 分子 (由于其背后的分子之吸引力) 之位能为 $\phi(z)$. 显然的, $\phi(\infty) = 0$, 而在壁处则

$$\phi(0) = -\int_0^\infty \frac{\mathrm{d}\phi}{\mathrm{d}z}\mathrm{d}z > 0, \tag{7-81}$$

按 (4-24) 式,

$$\frac{n(z)}{n(\infty)} = \mathrm{e}^{-\phi(z)/kT}, \quad n(\infty) = n = \frac{N}{V}$$

故

$$\frac{n(0)}{n} = \mathrm{e}^{-\eta\gamma(0)/kT} \tag{7-82}$$

$n(0)$ 亦即 (56) 式中的邻近壁处之分子密度 n 也. 故用 (57a), (57) 式, 即得

$$p = \frac{1}{1 - 4nv_0}n\mathrm{e}^{-n\gamma(0)/kT}\overline{mu^2}$$

$$= \frac{RT}{V - b}\mathrm{e}^{-n\gamma(0)/kT} \tag{7-83}$$

此式系 Dieterici(1898 年) 所提出者 *.

---

* Dieterici 方程式与 van der Waals 式的比较.

$$p = \frac{RT}{V - b}\mathrm{e}^{-\frac{a}{kTV}} \tag{7-84a}$$

此式之临界值 (见第 1 章习题 2) 为

$$V_c = 2b, \quad RT_c = \frac{a}{4b}, \quad p_c = \frac{a}{4b^2\mathrm{e}^2} \tag{7-84b}$$

临界常数 K 为

$$K \equiv \frac{RT_c}{p_c R_c} = \frac{1}{2}\mathrm{e}^2 = 3.695 \tag{7-84c}$$

如以 V_c, T_c, p_c 为单位, 则 (84a) 式成

$$p(v^2 - 1) = t\exp\left\{2\left(1 - \frac{1}{v}\right)\right\} \tag{7-84d}$$

$K = 3.695$ 之值, 与实验的结果甚合:

　　　　　A,　3.42;　Xe,　3.605;　CO_2,　3.61;　CCl_4　3.68,　C_6H_6,　3.71,

按 van der Waals 式, 则

$$V_c = 3b, \quad RT = \frac{8a}{27b}, \quad p_c = \frac{1}{27} \cdot \frac{a}{b^2}, \quad K = \frac{8}{3} = 2.67$$

关于 Dieterici 式, 参阅 Jeans 书第 206~208 节.

如 $\dfrac{n\gamma(0)}{kT} \ll 1, b \ll V$, (83) 式即成 van der Waals 式,

$$p = \frac{RT}{V-b} - \frac{a}{V^2}, a = N^2\gamma(0)$$

第 (80) 式 $b = 4Nv_0$ 而非如 (76a) 所示之 $8Nv_0$, 已由两个不同的考虑法得来: 用均功定理 (55) 的计算, 及用 Sauter- Boltzmann-van der Waals 的计算. 下法似亦可得此结果.

第一个分子可在 V 中之任何处. 第二个分子在 V 中之几率则为 $\dfrac{V-8v_0}{V} \equiv 1-x$, 第三个则为 $1-2x$, 余类推. 故 V 中有 N 个分子之几率为

$$W_N = 1(1-x)(1-2x)\cdots(1-(N-1)x)$$
$$\ln W_N = \sum_{s=1}^{N-1} \ln(1-sx)$$

兹 $Nx \ll 1$. 故

$$\ln W_N = \sum_{s=1}^{N-1} (-sx) = -\frac{N(N-1)}{2}x$$
$$\cong -\frac{N^2}{2}x, \quad N \gg 1$$

故

$$W_N = \exp\left(-\frac{N^2}{2}x\right) = \left(\exp(-\frac{N}{2}x)\right)^N$$

在 V 中得一个分子的平均几率乃

$$(W_N)^{1/N} = e^{-\frac{1}{2}Nx}$$

因 $Nx \ll 1$, 故

$$W_N^{\frac{1}{N}} \cong \left(1 - \frac{Nx}{2}\right)$$
$$= \left(1 - \frac{4v_0 N}{V}\right) = \left(1 - \frac{b}{V}\right)$$

$b = 4Nv_0$, 即 (55) 式的结果.

第 8 章　Boltzmann 方程式及 *H* 定理

第 7 章, 除了以 Virial 定理导出物态方程式一部外, 皆是以取平均值方法处理在热平衡态之气体的几个问题, 并未用到很多力学的观念.

本章将讨论非平衡态的系, 及由非平衡态趋入平衡态的过程. 这是气体运动论远超过古典热力学的范围处. 此部门的发展, 多由于 Maxwell 及 Boltzmann 在 19 世纪后 40 年的工作.

8.1　Boltzmann 方程式

一个非平衡态的气体, 其在空间的分布是不均匀的, 其分子速度的分布亦非 Maxwell 式的. 兹使

$$f(x, y, z, u, v, w, t)\mathrm{d}x\mathrm{d}y\mathrm{d}z\mathrm{d}u\mathrm{d}v\mathrm{d}w$$

代表在时 t, 在 x, y, z 与 $x + \mathrm{d}x, y + \mathrm{d}y, z + \mathrm{d}z$ 间的体积素 $\mathrm{d}x\mathrm{d}y\mathrm{d}z$ 中, 其速度分量在 u, v, w 与 $u + \mathrm{d}u, v + \mathrm{d}v, w + \mathrm{d}w$ 间的分子数. 此分布函数 f 的意义, 更由下式见之:

$$\iiint f(x, y, z, u, v, w, t)\mathrm{d}u\mathrm{d}v\mathrm{d}w = n(x, y, z, t) \tag{8-1}$$

$n(x, y, z, t)$ 乃在 t 时在 x, y, z 点每单位体积之分子数, 故

$$\iiint n(x, y, z, t)\mathrm{d}x\mathrm{d}y\mathrm{d}z = N \tag{8-2}$$

N 系气体的总分子数, 系一与时 t 无关的常数. 非平衡系理论的主要问题, 系求得 f 函数与时间进展演变 (趋近平衡态) 的理论.

设气体分子皆系 "光滑" 圆球质体. 取一个分子, 其速度为 u_1, v_1, w_1 另一个分子, 其速度为 u_2, v_2, w_2, 两分子间之相互作用位能为 $V(r_{12}), V(r_{12})$ 只与两分子的中心的距离绝对值 r_{12} 有关, 作用力系沿 $r_1 - r_2$ 线. 设此二分子之碰撞为弹性的. 取 $r_1 - r_2$ 线为坐标系之 x 轴, 故两分子速度的 "法线" 分量为 u_1 及 u_2, 兹使 $u_1', v_1', w_1', u_2', v_2', w_2'$ 代表两分子在碰撞后之速度分量. 按动量守恒定律及上述的 $V(r_{12})$ 的 "中心" 性, 故有下关系:

$$u_1' + u_2' = u_1 + u_2 \tag{8-3}$$

$$v_1' = v_1, w_1' = w_1, v_2' = v_2, w_2' = w_2$$

由于上述的弹性碰撞假设, 故有

$$u_2' - u_1' = -(u_2 - u_1) \tag{8-4}$$

由 (3) 和 (4) 六个线性关系, 即得

$$\begin{aligned}
\mathrm{d}u_1'\mathrm{d}v_1'\mathrm{d}w_1'\mathrm{d}u_2'\mathrm{d}v_2'\mathrm{d}w_2' &= \frac{\partial(u_1', v_1', w_1', u_2', v_2', w_2')}{\partial(u_1, v_1, w_1, u_2, v_2, w_2)} \\
&\quad \times \mathrm{d}u_1\mathrm{d}v_1\mathrm{d}w_1\mathrm{d}u_2\mathrm{d}v_2\mathrm{d}w_2 \\
&= \mathrm{d}u_1\mathrm{d}v_1\mathrm{d}w_1\mathrm{d}u_2\mathrm{d}v_2\mathrm{d}w_2 \tag{8-5}
\end{aligned}$$

第 (3) 式乃谓两质点的相对速度向量, 经弹性碰撞, 只作方向的反转, 其绝对值不变. 第 (4) 式谓碰撞前后两质点的速度的 Jacobian 等于 1. 此二简单力学结果, 下文将屡用及.

兹为简单计, 假设 $V(r_{12})$ 为第 7 章第 2 节图之虚线 (亦即如 (7-48) 式), 换言之, 分子为直径 a 之刚体圆球. 设两分子之相对速度为 $\boldsymbol{g} = \boldsymbol{g}(u_2 - u_1, v_2 - v_1, w_2 - w_1)$. 两分子相碰时, 取两中心之线为 $x-$ 轴, 见图 8.1. $\boldsymbol{g}$ 之法线分量为

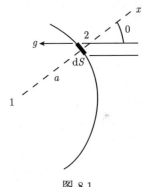

图 8.1

$$u_2 - u_1 = -|\boldsymbol{g}|\cos\theta$$

设 $\mathrm{d}S$ 为球面 (分子 "2" 中心与分子 "1" 碰撞时所在的表面) 的面素, $\mathrm{d}\Omega$ 为 $\mathrm{d}S$ 在 "1" 的固体角, $\mathrm{d}S = a^2\mathrm{d}\Omega$.

按 (1) 式, 每单位体积气体之分子 "2" 数, 其速度在 u_2, v_2, w_2, 及 $u_2+\mathrm{d}u_2, v_2+\mathrm{d}v_2, w_2 + \mathrm{d}w_2$ 间者, 为 $f(u_2, v_2, w_2)\mathrm{d}u_2\mathrm{d}v_2\mathrm{d}w_2$. 故每秒以 θ 方向碰撞 $\mathrm{d}S$ 之数为

$$f(u_2, v_2, w_2)\mathrm{d}u_2\mathrm{d}v_2\mathrm{d}w_2 a^2\mathrm{d}\Omega \cos\theta\,|g| \tag{8-6}$$

故每秒每单位体积气体中, 分子速度为 (u_1, v_1, w_1) 与分子 (u_2, v_2, w_2) 作上图的碰撞数为

$$f(u_1, v_1, w_1)f(u_2, v_2, w_2)\,|g|\,a^2\mathrm{d}\Omega \cos\theta$$
$$\times \mathrm{d}u_1\mathrm{d}v_1\mathrm{d}w_1\mathrm{d}u_2\mathrm{d}v_2\mathrm{d}w_2 \tag{8-7}$$

每秒每单位体积气体中, 分子速度为 (u_1, v_1, w_1) 与所有任何速度及任何碰撞方向的分子碰撞数为

$$N_{(-)} = f(u_1, v_1, w_1)\mathrm{d}u_1\mathrm{d}v_1\mathrm{d}w_1 \iiint a^2\mathrm{d}\Omega \cos\theta$$

$$\times |g| \, f(u_2, v_2, w_2) \mathrm{d}u_2 \mathrm{d}v_2 \mathrm{d}w_2 \tag{8-8}$$

因每一此项碰撞皆使 u_1, v_1, w_1 改变, 故 (8) 式系 u_1, v_1, w_1 分子数之减少率.

如分子系圆球刚体 (或分子间之 $V(r_{12})$ 有 "中心" 性, 如前述), 按力学, 每一碰撞其速度关系为

$$(u_1, v_1, w_1) + (u_2, v_2, w_2) \rightarrow (u_1', v_1', w_1') + (u_2', v_2', w_2') \tag{8-9a}$$

者, 必有一 "回复碰撞"(restituting collision), 经此碰撞后, 两个分子的速度为 (u_1, v_1, w_1) 及 (u_2, v_2, w_2), 亦即

$$(u_1', v_1', w_1') + (u_2', v_2', w_2') \rightarrow (u_1, v_1, w_1) + (u_2, v_2, w_2) \tag{8-9b}$$

由同上段的计算, 每秒每单位体积气体中, 速度为 (u_1', v_1', w_1') 的分子与所有任何分子碰撞之数为

$$N_{(+)} = f(u_1'v_1'w_1')\mathrm{d}u_1'\mathrm{d}v_1'\mathrm{d}w_1' \iiint a^2 \mathrm{d}\Omega \cos\theta$$

$$\times |g'| \, f(u_2', v_2', w_2')\mathrm{d}u_2'\mathrm{d}v_2'\mathrm{d}w_2' \tag{8-10}$$

$N_{(-)}$ 为每秒 $f(u_1, v_1, w_1)\mathrm{d}u_1\mathrm{d}v_1\mathrm{d}w_1$ 之减少数, $N_{(+)}$ 为每秒其增加数故具有速度 u_1, v_1, w_1 之分子数, 因碰撞的增加率为

$$\left(\frac{\partial f(u_1, v_1, w_1)}{\partial t}\right)_{\text{Coll}} \mathrm{d}u_1\mathrm{d}v_1\mathrm{d}w_1 = N_{(+)} - N_{(-)} \tag{8-11}$$

应用 (4) 式及相对速度 $g' = -g$ 之关系, 此式可化为

$$\left(\frac{\partial f(u_1, v_1, w_1)}{\partial t}\right)_{\text{Coll}} = \int a^2 \mathrm{d}\Omega \cos\theta$$

$$\times \iint [f_1'f_2' - f_1f_2] \, |g|\mathrm{d}u_2\mathrm{d}v_2\mathrm{d}w_2$$

式中

$$\begin{aligned} f_1' &\equiv f(u_1', v_1', w_1'), \qquad f_2' \equiv f(u_2', v_2', w_2') \\ f_1 &\equiv f(u_1, v_1, w_1), \qquad f_2 \equiv f(u_2, v_2, w_2) \end{aligned} \tag{8-12}$$

(12) 式右方之积分, 称为 "碰撞积分". 导得该式之基本假设有二:

(i) 只考虑及两个分子的碰撞 (所谓二原碰撞), 两个以上的分子的同时作用, 皆忽略不计. 此假设在高密度气体情形下, 不甚准确.

(ii) 在同一位置得两个分子的几率, 认为是 $f(u_1, v_1, w_1)$ 与 $f(u_2, v_2, w_2)$ 二者的乘积, 此乃暗含两个分子是完全独立无关的假定. 此假定只是当分子确是完全独立的几何点 (无碰撞的) 情形是正确的. 真正分子, 有相互作用 (亦即有碰撞的), 则此假定只能视为一近似性的假设而已.

由于上述的基本假设, 故 (11) 式是不可能纯由基本力学定律导出的. (11) 式是包含了上述的所谓 Boltzmann 的 "碰撞数假设" (stosszahlansatz) 的.

兹取一非平衡态之气体, 其分布函数 f 之意义, 见第 (1) 式. $f(x, y, z, u, v, w, t) \equiv f(\boldsymbol{r}, \boldsymbol{v}, t)$ 的改 变率为

$$\frac{\mathrm{d}f}{\mathrm{d}t} = \frac{\partial f}{\partial t} + \left(\boldsymbol{v} \cdot \frac{\partial}{\partial \boldsymbol{r}}\right) f + \left(\boldsymbol{a} \cdot \frac{\partial}{\partial \boldsymbol{v}}\right) f^* \tag{8-13}$$

如分子不与其他分子碰撞, 则沿一个分子在 $(\boldsymbol{r}, \boldsymbol{v})$ 六维空间的运行轨道, f 之值不变,

$$\frac{\partial f}{\partial t} + \left(\boldsymbol{v} \cdot \frac{\partial}{\partial \boldsymbol{r}}\right) f + \left(\boldsymbol{a} \cdot \frac{\partial}{\partial \boldsymbol{v}}\right) f = 0 \tag{8-14}$$

(此系力学的 Liouville 定理的一简单例.) 惟如分子在此六维空间运行时与其他分子撞碰, 则 $\dfrac{\mathrm{d}f}{\mathrm{d}t}$ 不等于零而系按 (11) 式. f 应满足下方程式:

$$\frac{\partial f_1}{\partial t} + \boldsymbol{v}_1 \cdot \frac{\partial f_1}{\partial \boldsymbol{r}_1} + \boldsymbol{a}_1 \cdot \frac{\partial f_1}{\partial \boldsymbol{v}_1} = \left(\frac{\partial f_1}{\partial t}\right)_{\mathrm{coll}} \tag{8-15a}$$

或

$$\left(\frac{\partial}{\partial t} + \boldsymbol{v}_1 \cdot \frac{\partial}{\partial \boldsymbol{r}_1} + \boldsymbol{a}_1 \cdot \frac{\partial}{\partial \boldsymbol{v}_1}\right) f(\boldsymbol{r}_1, \boldsymbol{v}_1, t)$$

$$= \iint a^2 \mathrm{d}\Omega \cos\theta [f_1' f_2' - f_1 f_2] |g| \mathrm{d}^3 \boldsymbol{v}_2 \tag{8-15}$$

此乃一非线性的积分微分方程式, 称为 Boltzmann 方程式. 此方程式为气体运动论的基本方程式, 亦为非平衡态问题的最早亦最基础之理论.

8.2   Boltzmann 方程式之不可逆性 ——H 定理

由 (15) 式, 可得一极重要的结论, 即该方程式对时间 t 变数的反转 $t \to -t$, 无 "不变性" (如作 $t \to -t$ 的运作, 则 $\boldsymbol{v} \to -\boldsymbol{v}, \boldsymbol{a} \to \boldsymbol{a}, f(\boldsymbol{r}, \boldsymbol{v}, t) \to \bar{f}(\boldsymbol{r}, \boldsymbol{v}, t)$, (15) 之左

---

*

$$\boldsymbol{v} \cdot \frac{\partial}{\partial \boldsymbol{r}} = u\frac{\partial}{\partial x} + v\frac{\partial}{\partial y} + w\frac{\partial}{\partial z},$$

$$\boldsymbol{a} \cdot \frac{\partial}{\partial \boldsymbol{v}} = a_x \frac{\partial}{\partial u} + a_y \frac{\partial}{\partial v} + a_z \frac{\partial}{\partial w}, \boldsymbol{a} \text{ 为由外力的加速度.}$$

方改变其符号, 而右方不变, 故方式程不复保持其原式). 此特性与力学及电磁学的基本定律皆不同. 换言之, (15) 式本身包含一时间的箭向. 此箭向之意义, 可以下述的 H 定理阐明之.

H 定理 (1868, 1872 年)

Boltzmann 引入一 H 函数, 定义为

$$H(t) = \int f(\boldsymbol{v}) \ln f(\boldsymbol{v}) \mathrm{d}\boldsymbol{v} \tag{8-16}$$

$f(\boldsymbol{v}, t)$ 中之 t 变数, 为简便计, 此处及下文皆不明写出.

$$\frac{\mathrm{d}H}{\mathrm{d}t} = \int (1 + \ln f) \frac{\mathrm{d}f}{\mathrm{d}t} \mathrm{d}\boldsymbol{v} \tag{8-17}$$

$$\frac{\mathrm{d}H}{\mathrm{d}t} = \int (1 + \ln f) \left(\frac{\partial f}{\partial t} \right)_{\mathrm{coll}} \mathrm{d}\boldsymbol{v} \tag{8-18}$$

由 (15) 式,

$$\frac{\mathrm{d}H}{\mathrm{d}t} = \iint (1 + \ln f_1)(f_1' f_2 - f_1 f_2) \\ \times |g| \, \mathrm{d}\sigma \mathrm{d}\boldsymbol{v}_2 \mathrm{d}\boldsymbol{v}_1 \tag{8-19}$$

式中 $\mathrm{d}\sigma \equiv a^2 \mathrm{d}\Omega \cos\theta$. 将此式中之积分中之 "1", "2" 调换, 以所得式与 (19) 式相加, 即得

$$\frac{\mathrm{d}H}{\mathrm{d}t} = \frac{1}{2} \iint (2 + \ln f_1 f_2)(f_1' f_2' - f_1 f_2) \\ \times |\boldsymbol{g}| \, \mathrm{d}\sigma \mathrm{d}\boldsymbol{v}_1 \mathrm{d}\boldsymbol{v}_2 \tag{8-20}$$

将积分中之 f_1 与 f_1' 交换, f_2 与 f_2' 交换, 显得

$$\frac{\mathrm{d}H}{\mathrm{d}t} = \frac{1}{2} \iint (2 + \ln f_1' f_2')(f_1 f_2 - f_1' f_2') \\ \times |\boldsymbol{g}'| \, \mathrm{d}\sigma \mathrm{d}\boldsymbol{v}_1' \mathrm{d}\boldsymbol{v}_2'^* \tag{8-21}$$

由 (20), (21) 式,

$$\frac{\mathrm{d}H}{\mathrm{d}t} = \frac{1}{4} \iint (\ln f_1 f_2 - \ln f_1' f_2')(f_1' f_2' - f_1 f_2) \\ \times |g| \, \mathrm{d}\sigma \mathrm{d}\boldsymbol{v}_1 \mathrm{d}\boldsymbol{v}_2 \tag{8-22}$$

惟

$$(\ln f_1 f_2 - \ln f_1' f_2')(f_1' f_2' - f_1 f_2)$$

---

* 用第 (4), (5) 式, 则 $|\boldsymbol{g}'| = |\boldsymbol{g}|$, $\mathrm{d}\boldsymbol{v}_1 \mathrm{d}\boldsymbol{v}_2 = \mathrm{d}\boldsymbol{v}_1' \mathrm{d}\boldsymbol{v}_2'$.

$$= \left(\ln \frac{f_1 f_2}{f_1' f_2'} \right) (f_1' f_2' - f_1' f_2) \leqslant 0 \tag{8-23}$$

故

$$\frac{\mathrm{d}H}{\mathrm{d}t} \leqslant 0 \tag{8-24}$$

故 (16) 式定义之 H 函数, 永是减小的. 此结果乃由于 (15) 式而来的. (15) 式的时间箭向, 乃出现于 (24) 式!

8.3 平 衡 态

平衡态的条件自然是 $\dfrac{\partial f}{\partial t} = 0$. 由 (24) 式, 平衡态亦可定义为

$$\frac{\mathrm{d}H}{\mathrm{d}t} = 0 \tag{8-25}$$

兹将证明平衡态之必要及充足条件为

$$f_1' f_2' - f_1 f_2 = 0 \tag{8-26}$$

此式为充足条件, 由 (20) 式即可见之. 欲证明其为必要条件, 按 (25), 平衡态之 H 值为最低值. 故平衡态之条件可以变分方程式表示之

$$\delta \int f \ln f \mathrm{d}\boldsymbol{v} = 0 \tag{8-27}$$

附有下列条件:

分子数之守恒:

$$\delta n = \delta \int f \mathrm{d}\boldsymbol{v} = 0 \tag{8-28}$$

分子动量守恒:

$$\delta \int m \boldsymbol{v} f \mathrm{d}\boldsymbol{v} = 0 \tag{8-29}$$

分子动能守恒:

$$\delta \int \frac{1}{2} m v^2 f \mathrm{d}\boldsymbol{v} = 0 \tag{8-30}$$

用 Lagrange 乘数法, 乘 (28) 以 λ, 乘 (29) 以向量 $\dfrac{1}{m}\boldsymbol{\mu}$ 作内乘积, 乘 (30) 以 β, 则变分问题成为

$$\int \mathrm{d}\boldsymbol{v} \left[(1 + \ln f) - \lambda - \boldsymbol{v} \cdot \boldsymbol{\mu} + \frac{1}{2} m v^2 \beta \right] \delta f = 0$$

或

$$\ln f = (\lambda - 1) + \boldsymbol{\mu} \cdot \boldsymbol{v} - \frac{1}{2} \beta m v^2 \tag{8-31}$$

在两分子碰撞时, 两个分子之数之和, 两个分子之动量之和, 两个分子动能之和, 碰撞前后皆相等

$$1 + 1 = 1 + 1$$

$$m\boldsymbol{v}_1 + m\boldsymbol{v}_2 = m\boldsymbol{v}_1' + m\boldsymbol{v}_2' \tag{8-32}$$

$$\frac{1}{2}m\boldsymbol{v}_1^2 + \frac{1}{2}m\boldsymbol{v}_2^2 = \frac{1}{2}m\boldsymbol{v}_1'^2 + \frac{1}{2}m\boldsymbol{v}_2'^2$$

由于 (32) 式, (31) 式之 f 显然符合

$$\ln f_1 + \ln f_2 = \ln f_1' + \ln f_2'$$

而此即是 (26) 式也. 1, $\boldsymbol{v}$, v^2 有 (32) 特性, 故称为 "碰撞不变量"(或称 summation invariant).

欲求 (31) 式中之未定乘数 $\lambda, \boldsymbol{\mu}, \beta$, 兹先以

$$g \equiv \lambda - 1, \quad h \equiv \frac{1}{2}\beta m \tag{8-33}$$

则 (31) 可写成下式:

$$f = \exp(g + \boldsymbol{\mu} \cdot \boldsymbol{v} - hv^2) \tag{8-34}$$

先假定 $g, \boldsymbol{\mu}, h$ 等可能仍是 x, y, z, t 之函数. 以 (34) 代入 (15) 式, 即得 (14) 式, 盖由于 (2) 式, $\left(\dfrac{\partial f}{\partial t}\right)_{\text{coll}} = 0$ 也. 兹要求 f 对任何值之速度 v 皆满足第 (14) 式, 如是可得下列的方程式

$$\frac{\partial g}{\partial t} + \sum \boldsymbol{\mu}_i \boldsymbol{a}_i = 0 \tag{8-35a}$$

$$\frac{\partial h}{\partial x_i} = 0, \quad i, j = x, y, z \tag{8-35b}$$

$$\frac{\partial \boldsymbol{\mu}_i}{\partial x_f} + \frac{\partial \boldsymbol{\mu}_i}{\partial x_i} - 2\frac{\partial h}{\partial t}\delta_{if} = 0 \tag{8-35c}$$

$$\frac{\partial \boldsymbol{\mu}_i}{\partial t} + \frac{\partial g}{\partial x_i} - 2h\boldsymbol{a}_i = 0 \tag{8-35d}$$

由 (35b), 可见 h 只可能是 t 的函数. 由 (35c), 我们可假设 $\boldsymbol{\mu}$ 系一移动、一转动及一辐射动之和

$$\boldsymbol{\mu} = \boldsymbol{\mu}_0(t) + [\Omega(t) \times \boldsymbol{r}] + \frac{\partial h}{\partial t}\boldsymbol{r} \tag{8-35e}$$

兹假设外力场 U 为

$$U = \sum_i A_i x_i + \frac{1}{2}\sum_{i,j} A_{if} x_i x_f + \frac{1}{6}\sum_{i,j.k} A_{ifk} x_i x_f x_k + \cdots m\boldsymbol{a}$$

$$= -\nabla U \tag{8-35f}$$

(35d) 可写成

$$\frac{\partial \boldsymbol{\mu}}{\partial t} = -\nabla \left(g + \frac{2h}{m} U \right) \tag{8-35g}$$

故 $\mathrm{curl}\dfrac{\partial \boldsymbol{\mu}}{\partial t} = 0$, 因此 Ω 务需为一常数. 故由 (e) 及 (g), 即得

$$g + \frac{2h}{m} U = g_0(t) - \frac{\mathrm{d}\boldsymbol{\mu}_0}{\mathrm{d}t} \cdot \boldsymbol{r} - \frac{1}{2} \frac{\mathrm{d}^2 h}{\mathrm{d}t^3} r^2 \tag{8-35h}$$

以此代入 (a) 式, 即得

$$\frac{1}{m} \boldsymbol{\mu} \cdot \nabla U + \frac{2}{m} \frac{\mathrm{d}h}{\mathrm{d}t} U = \frac{\mathrm{d}g_0}{\mathrm{d}t} - \frac{\mathrm{d}^2 \boldsymbol{\mu}_0}{\mathrm{d}t^2} \cdot \boldsymbol{r} - \frac{1}{2} \frac{\mathrm{d}^3 h}{\mathrm{d}t^3} r^2 \tag{8-35i}$$

以 (f) 代入此式, 只左方有 x_i 等的三次方, 如 (i) 需成立, 则每三次方项 $x_i x_f x_k$ 之系数必须等于零. 这样的方程式有 10, 而未知数只有 4, $\dfrac{\mathrm{d}h}{\mathrm{d}t}$ 及 Ω. 故 $\dfrac{\mathrm{d}h}{\mathrm{d}t}$ 与 Ω 只能等于零, 故由 (e), $k = k_0(t)$, 更由 (i), 左方有 x_i 等之二次方而右方无之, 故 $k_0 = 0$. 由 (i), 即得 $n_0 =$ 常数, 由 (h) 即得

$$g = g_0 - \frac{2h}{m} U \tag{8-36}$$

以此代入 (34) 式即得

$$f = A_0 \mathrm{e}^{-\beta U(\gamma)} \mathrm{e}^{-\frac{1}{2}\beta m v^2}, \quad A_0 = \mathrm{e}^{n_0} = \text{常数} \tag{8-37}$$

此乃所谓 Boltzmann 分布定律. 如无外力场, 则此即系 Maxwell 的速度分布

$$f = A \mathrm{e}^{-\frac{1}{2}\beta m v^2} \tag{8-38}$$

以第 7 章 (65~72) 式的步骤, 即得 ($n=$ 每单位体积之分子数)

$$f(v) = n \left(\frac{m}{2\pi kT} \right)^{3/2} \exp\left(-\frac{mv^2}{2kT} \right) \tag{8-38a}$$

上文由 Boltzmann 之碰撞法, 经 *H* 定理, 可获速度分布定律 (38) 及其在外力场之推广式 (37), 似甚令人满意. 惟此碰撞理论亦含有假定 (见第 1 节 (12) 式下之讨论), 与 Maxwell 的证, 同有假定, 惟其假定不同耳.

8.4 *H* 定理, 热力学与不可逆性

(24) 式之 *H* 定理, 与热力学第二定律的熵的形式, 不仅有极相似处, 且可确建立二者的关系.

兹取 (38a) 式,

$$f = \frac{N}{V} \left(\frac{m}{2\pi kT} \right)^{3/2} \exp\left(-\frac{mv^2}{2kT} \right)$$

N=Avogadro 数, V 为克分子体积. 故

$$\ln f = -\ln V + \frac{3}{2} \ln \frac{1}{kT} - \frac{m}{2kT} v^2 + 常数 \tag{8-39}$$

(16) 式之 H 乃

$$H_v = n \left[-\ln V + \frac{3}{2} \ln \frac{1}{kT} - \frac{m}{2kT} \cdot \frac{3kT}{m} + 常数 \right] \tag{8-40}$$

或每分子之 H 为

$$H_0 = \frac{H_v}{n} = -\ln V + \frac{3}{2} \ln \frac{1}{kT} + 常数 \tag{8-41}$$

按热力学, 取一克分子之理想气体 $pV = NkT$,

$$\mathrm{d}S = \frac{1}{T}\mathrm{d}U + \frac{1}{T}p\mathrm{d}V$$

由 (9), (12) 式,

$$= \frac{1}{T}\mathrm{d}\left(\frac{3NkT}{2} \right) + \frac{Nk}{V}\mathrm{d}V$$

故

$$S = \frac{3Nk}{2} \ln kT + Nk \ln V + 常数 \tag{8-42}$$

故每单位体积之熵 S_v 乃

$$S_v = \frac{S}{V} = nk \left[\ln V - \frac{3}{2} \ln \frac{1}{kT} \right] + 常数 \tag{8-42a}$$

或每分子之熵 S_0 为

$$S_0 = k \left[\ln V - \frac{3}{2} \ln \frac{1}{kT} \right] + 常数 \tag{8-42b}$$

以 (40) 与 (42a) 比较 [或 (41) 与 (42b)], 即得

$$S_v = -kH_v + 常数$$
$$S_0 = -kH_0 + 常数 \tag{8-43}$$

或一般的,

$$S = -kH + 常数$$

上之计算, 虽系以理想气体为例的而非一般性的, 但无疑的是 Boltzmann 确由气体运动论的观点, 觅得一个有熵 S 的性质的函数 H, 二者只差一个乘数 $-k$ 而已. [其实未尝不可在 (18) 式 H 之定义时, 将 H 定义为

$$H = -k \int f \ln f d\upsilon$$

如是则 $-H$ 即系 $S+$ 常数矣. 为循历史文献见, 故 H 仍定义如 (16) 式. 按此, Boltzmann 初以为热力学第二定律, 可由力学 (气体运动论的基本观念) 获得.

我们务忆力学 (基本运动方程式) 系可逆的, 即谓方程式在将时间 t 反转为 $-t$, 其形式不变是也. 热力学 (第二定律) 则系描述不可逆的现象的. 故如何可望由可逆的力学导出不可逆现象的定律, 是不可解的.

由于上节所述的 H 定理的显然的成功, Boltzmann 以为 H 定理, 即相当于热力学第二定律.

此论一出, 即引起许多讨论和批评. 虽复经 Boltzmann 的修正补充解释 (及 Ehrenfest 夫妇在一名著中讨论分析), 然文献中仍呈纷乱及误解之象. 兹作一简晰的阐明如下.

(1)H 定理的最早批评, 是 Loschmidt 氏 (1876 年) 所提出之 "逆转疑问"(德文之 Umkehreinwand). 设取一个系 A, 它的相点 $P(q_1, q_2, \cdots, p_1, p_2, \cdots)$ 在时间 $t_1, t_2, t_3 \cdots$ 经过 $P_1, P_2, P_3, \cdots$ 点. 按 H 定理, 则 H 是递减的, 故

$$\left. \begin{array}{l} H_A(1) > H_A(2) > H_A(3) > \cdots \\ t_1 < t_2 < t_3 < \cdots \end{array} \right\} \tag{8-44}$$

兹考虑另一系 B, 其与 A 不同处, 是它所有分子的速度向量, 都是 A 的分子的相反的. 如是则 B 的相点在相空间所走经的径, 是与 A 的相反的. 此即谓在时间 $\cdots t_3' < t_2' < t_1'$, 其相由 $\cdots P_3', P_2', P_1' \cdots$.

$$\begin{array}{l} \cdots > H_B(1) > H_B(2) > H_B(3) > \cdots \\ \cdots > t_1' > t_2' > t_3' > \cdots \end{array} \tag{8-45}$$

但这结果适和 H 定理所要求的

$$\left. \begin{array}{l} \cdots H_B(1) < H_B(2) < H_B(3) \cdots \\ \cdots t_1' > t_2' > t_3' \cdots \end{array} \right\}$$

相反!

(2) 另一个批评, 是 Zermelo 氏 (1896 年) 所提出的所谓 "循回疑问"(德文的 Wiederkehreinwand). 这个疑问, 是根据当时 Poincaré氏 (1890 年) 所证明的所谓

"能径 ergodic 定理". * 按古典力学, 一个气体分子的运动方程式系

$$q_k = \frac{\partial H}{\partial p_k}, \quad p_x = -\frac{\partial H}{\partial q_k}, \quad k = 1, 2, \cdots n$$

在这 $6n$ 维的相空间 (称为 Γ 空间. Γ 代气体 gas 之意) 中, 相 (q_k, p_k) 点按上方程式运行, 其轨迹系一永不自行相交的线. Ergodic 定理, 乃谓只需给予时间, 此线将无穷的接近任何选取的一个点, (但这并非谓穿过该点!). 此定理之证明, 将留在统计力学的一章.

兹设一个系的相, 在 $t_1 < t_2 < t_3 \cdots$, 时为 $P_1, P_2, P_3 \cdots$, 其 H 值如 (44) 式. 按 "能径定理", 经过一 (很长的) "准周期"(quasi period)T, 它的相 P, 终于接近 P_1 而在 $t_1 + T < t_2 + T < t_3 + T \cdots$ 时, 经过 $P_1', P_2', P_3' \cdots$. 由于 P_1' 可无穷的接近 P_1(故随之 $P_2', P_3', \cdots$ 亦无穷的接近 $P_2, P_3 \cdots$), 故

$$H(t_1 + T) \simeq H(t_1), H(t_2 + T) \simeq H(t_2)\text{等} \tag{8-46}$$

惟按 H 定理, H 是永在减小的, 不可能的经过一准周期 T 而又回复其原来之值如 (46) 式. 故此矛盾之存在, 使人疑 H 定理的正确性.

为了解 H 定理及解释上述两个疑问, 我们

(1) 首先应记忆 H 函数本身的定义是 (16) 式, 而 H 定理的证明, 则系借 Boltzmann 方程式 (15) 的 $\left(\dfrac{\partial f}{\partial t}\right)_{\text{coll.}}$ 所谓碰撞积分. 该方程式并非纯为力学定律的结果, 而系包含若干假定而来的 (见第 1 节 (12) 式下的讨论). 这些假定, 虽是 "很可信", 但究竟是 "假定"—— 是一种属于几率性的假定 **. 故由 (15) 式证明的 H 定理, 并非力学定律的结果; 如其与根据纯力学所得的结果有矛盾, 亦非不可解的.

(2) 次乃可检讨 Loschmidt 氏和 Zermelo 氏的疑问.

兹先证明下述一定理.

定理　　如 (分子分布) 函数 $f(q_k, p_k, t)$ 所满足之方程式

$$\frac{\mathrm{d}f}{\mathrm{d}t} = I(f) \tag{8-47}$$

对 t 变数之反转 $(t \to -t)$ 有不变性, 则

$$H(t) \equiv \iint f \ln f \mathrm{d}q \mathrm{d}p = \text{常数} \tag{8-48}$$

---

* 参看第 6 章第 4 节 "能径假定" 的讨论.

** Boltzmann 在企图答复上述的疑问批评的讨论中, 其观点如下: 由于 "碰撞积分" 的几率性假设, H 定理所要求的 H 永在减小, 只是有几率的意义, 即: 在任何时, H 低降的几率远大于增加的几率; 这不仅对时间 t 如此, 对 $-t$ 亦如此. 换言之, H 可有起伏 (fluctuation) 但其大体 (巨观) 是低降的 (参看下文第 11 章, 第 3 节).

证明如下: 使 Θ 表示 t 反转之运作

$$\Theta t = -t \equiv -\tau$$

故

$$\Theta q_k = q_k, \quad \Theta p_k = -p_k \tag{8-49}$$

$$\Theta f(q,p,t) = f(q,-p,-\tau) \equiv \bar{f}(q,p,\tau)$$

按假定, 得

$$\Theta \left(\frac{\mathrm{d}f}{\mathrm{d}t} = I(f) \right) = \left(\frac{\mathrm{d}\bar{f}}{\mathrm{d}\tau} = I(\bar{f}) \right) \tag{8-50}$$

惟将 t 改为 $-t$, f 改为 $\bar{f}$, 则 (47) 式变为

$$-\frac{\mathrm{d}\bar{f}}{\mathrm{d}t} = I(\bar{f}) \tag{8-51}$$

故 $I(f)$ 之变换, 为

$$\Theta(I(f)) = -I(\bar{f}) \tag{8-52}$$

兹使 $\mathscr{U}$ 表示速度向量反转之运作 (时 t 不变)

$$\mathscr{U} p_k = -p_k \tag{8-53}$$

使

$$\mathscr{U} f(q,p,t) = f(q,-p,t) \equiv \bar{\bar{f}} = (q,p,t)$$

因 (47) 式务需可使用于任何的速度, 故 (47) 式对 $\mathscr{U}$ 运作务有不变性

$$\mathscr{U} \left(\frac{\mathrm{d}f}{\mathrm{d}t} = I(f) \right) = \left(\frac{\mathrm{d}\bar{\bar{f}}}{\mathrm{d}t} = I(\bar{\bar{f}}) \right) \tag{8-54}$$

换言之,

$$\mathscr{U} I(f) = I(\bar{\bar{f}}) \tag{8-55}$$

兹在 $t = \tau = 0$ 时, 作 t 之反转. 则按 (50) 及 (54) 式,

$$\bar{f}(q,p,0) = f(q,-p,0)$$

$$\bar{\bar{f}}(q,p,0) = f(q,-p,0)$$

故

$$\bar{f}(q,p,0) = \bar{\bar{f}}(q,p,0) \tag{8-56}$$

故在 $t = \tau = 0$ 时, (52) 式得

$$I(f(q, p, 0)) \rightarrow -I(\bar{f}(q, p, 0)) = -I(\bar{\bar{f}}(q, p, 0)) \tag{8-57}$$

以此与 (55) 式较, 则得

$$I(f) = 0 \tag{8-58}$$

故

$$\begin{aligned}
\frac{\mathrm{d}H}{\mathrm{d}t} &= \iint (1 + \ln f) \left(\frac{\mathrm{d}f}{\mathrm{d}t} \right) \mathrm{d}q \mathrm{d}p \\
&= 0
\end{aligned} \tag{8-59}$$

此乃证明 (48) 式的定理.

由此定理, 则前述的两个疑问, 即迎刃而解: 如按力学定律 (对 $t \rightarrow -t$, 有不变性的运动方程式), 则 H 函数根本是一个常数. 如果则 Loschmidt 的 "反转疑问" 及 Zermelo 的 "回复疑问" 均不发生矣.

总结本节的讨论, 我们可得结论如下: 如分子间的作用及其运动定律, 皆对 $t \rightarrow -t$ 有不变性, 则不可能获第二定律 ($\Delta S > 0$). 反之, 热力学第二定律, 务必求之于有时间箭向的理论 (或假定). 我们将在后文指出, 有许多方法可引入这时间的箭向. Boltzmann 的 "碰撞数假定"(11), 仅系一特例而已.

本节可参阅作者一文, Int'l J. Theor. Phys. 14,289(1975).

习　　题

1. 两质点之速度分量为 u_1, v_1, w_1; u_2, v_2, w_2 兹引入两质点质量中心之速度 $U(\xi, \eta, \zeta)$, 及两质点之相对速度 $V(\alpha, \beta, \gamma)$, 其变换关系为

$$\xi = \frac{1}{2}(u_1 + u_2), \quad \alpha = u_2 - u_1, \text{余类推}$$

(a) 证明

$$\mathrm{d}u_1 \mathrm{d}v_1 \mathrm{d}w_1 \mathrm{d}u_2 \mathrm{d}v_2 \mathrm{d}w_2 = \mathrm{d}\xi \mathrm{d}\eta \mathrm{d}\zeta \mathrm{d}\alpha \mathrm{d}\beta \mathrm{d}\gamma$$

(b) 如变换至球极标

$$\begin{aligned}
\xi &= U \sin\theta \cos\varphi, & \alpha &= V \sin\psi \cos\chi \\
\eta &= U \sin\theta \sin\varphi, & \beta &= V \sin\psi \sin\chi \\
\zeta &= U \cos\cos\theta, & \gamma &= V \cos\psi
\end{aligned}$$

证明 χ 之值系 $0 \leqslant \chi \leqslant 2\pi$, ψ 之值则系 $0 \leqslant \psi \leqslant \dfrac{\pi}{2}$ (绘一图以示 χ 角).

(c) 证明

$$\int \cdots \int \mathrm{d}u_1 \mathrm{d}v_1 \mathrm{d}w_1 \mathrm{d}u_2 \mathrm{d}v_2 \mathrm{d}w_2 = 4\pi \int U^2 \mathrm{d}U \cdot 2\pi \int V^2 \mathrm{d}V$$

2. 证明每单位体积中的分子每秒所作之二原碰撞数为

$$\mathscr{M} = n^2 a^2 \sqrt{\frac{4\pi kT}{m}}$$

$$= \frac{\pi}{\sqrt{2}} n^2 a^2 \bar{\bar{c}}$$

a 为分子之直径, $\bar{c}$ 为分子之平均速度 ((7-73) 式), n 为单位体积中之分子数.

3. 证明每一个分子每秒内之自由径数为

$$\sqrt{2}\pi n a^2 \bar{c}$$

证明分子之平均自由径 mfp 为

$$\lambda = \frac{1}{\sqrt{2}\pi n a^2}$$

此节第 7 章 (7-33) 式.

4. 设氢气在 0°C 及 760mm 汞压力下,

$$\bar{c} = 1.69 \times 10^5 \text{cm/s}, \quad n = 2.7 \times 10^{19}/\text{cm}^3$$

假设 $a = 2.7 \times 10^{-8}$cm

计算一立方厘米体积内每秒二原碰撞数 μ, 平均自由径 λ, 及 n 分子每秒所走的路程.

5. 证明一气体分子速度大于 c_0 者, 为总分子数之

$$\frac{2}{\sqrt{\pi}} x e^{-x^2} + \text{erf}(x)$$

$$x = \sqrt{\frac{m}{2kT}} c_0, \quad \text{erf}(x) = \frac{2}{\sqrt{\pi}} \int_x^\infty e^{-x^2} dx$$

6. (a) 求在平衡态时两个分子的平均相对速度.

(b) 一混合气体的分子质量为 m_a 及 m_b. 求二者质量中心的速率 V 的平均值 $\bar{V}$. 求二者相对速度 ξ 的平均值 ξ. 证明

$$\sqrt{M}\bar{V} = \sqrt{\mu}\xi = \sqrt{m_a}\bar{c}_a = \sqrt{m_b}\bar{c}_b$$

$$\mu = \frac{m_a m_b}{m_a + m_b}, \quad M = m_a + m_b$$

7. 取 (15a) 式. 如使 $\left(\frac{\partial f}{\partial t}\right)$ coll. $= 0$, $\frac{\partial f}{\partial t} = 0$, 又假设在平衡态时,

$$f(r, v) = G(r)F(v)$$

证明 $f(r, v)$ 乃 Boltzmann 分布定律 (37) 式.

8. 设有二容器, 其体积为 V_1, V_2, 中连一细管 (体积远小于 V_1, V_2). V_2 中之气体有 (外在的) 位能 (如 (36) 式中之 U); V_1 中的气体则无之. 两容器的气体在温度 T 下成平衡态. 由 Boltzmann 分布定律 (36),

$$\text{在} V_1: f_1 = \frac{N}{(V_1 + V_2 e^{-U/kT})} \left(\frac{m}{2\pi kT}\right)^{3/2} \exp\left(-\frac{mv^2}{2kT}\right), \quad U < 0$$

在V_2：$f_2 = \dfrac{N}{(V_1 + V_2 \mathrm{e}^{-U/kT})} \mathrm{e}^{-u/kT} \left(\dfrac{m}{2\pi kT}\right)^{3/2} \exp\left(-\dfrac{mv^2}{2kT}\right)$

求 V_1, V_2 之压力 P_1, P_2. 在低温时 $-U/kT \gg 1$, 气体多在何容器?

证明两容器气体之全部能量 (动能及位能) 为

$$E = \frac{3}{2}NkT + \frac{NUV_2}{V_1 \mathrm{e}^{U/kT} + V_2}$$

由

$$\left(\frac{\partial S}{\partial T}\right)_V = \frac{1}{T}\left(\frac{\partial E}{\partial T}\right)_V, \quad \left(\frac{\partial S}{\partial V}\right)_T = \left(\frac{\partial P}{\partial T}\right)_V$$

试明此二容器气体之熵为及等体积比热为

$$S = \frac{3}{2}Nk\ln T + \frac{3}{2}Nk + Nk\ln(V_1 + V_2 \mathrm{e}^{-U/kT}) + \frac{NU}{T}\frac{V_2}{V_1 \mathrm{e}^{U/kT} + V_2}$$

$$C_V = \frac{3}{2}Nk + \frac{NU^2}{kT^2}\frac{V_1 V_2 \mathrm{e}^{U/kT}}{(V_1 \mathrm{e}^{U/kT} + V_2)^2}$$

第 9 章　气体之热传导, 黏性及扩散

9.1　输 运 现 象

在不平衡态之气体, 可能有热能, 动量及质量, 由气体之一处, 流 (或称输运, transport) 至另一处. 此三种流动所生的现象, 为热之传导, 黏性运动及气体扩散. 此三现象, 各有其半理论性半经验性的理论及其方程式. 但基本的理论, 则系气体运动论, 尤其系专对非平衡态气体之 Boltzmann 方程式 (8-17a). 从这方程式的观点去研讨这些现象, 当留候后一章. 兹先由简单的气体运动论观点, 作这些问题的引论.

设一非平衡状态之气体, 其平均分子数密度 (即单位体积之分子数) 为 n, 平均自由径为 λ, 其平均速度 $\bar{u}, \bar{v}, \bar{w}$. n 及 $\bar{u}, \bar{v}, \bar{w}$ 等在气体各点均不同, 故皆系坐标之函数. λ 系与 n 成反比, 故亦系坐标之函数. 又按 (7-39) 式, λ 亦系温度 T 之函数. 设分子速度 $c(u, v, w)$ 的分布函数为 $F(c)$

$$\int F(c)\mathrm{d}c = 1 \quad (\text{见 } (7\text{-}68)) \tag{9-1}$$

在平衡态时 $F(c)$ 系 (7-72a) 式之 Maxwell 定律.

设 S 代表一量 (如分子的平均动能, 平均动量, 及平均数密度 n 等), 并假设气体不均匀 (非平衡态), 如

$$\frac{\partial S}{\partial z} \neq 0 \tag{9-2}$$

如图 9.1 所示, 兹取一在 $P(x, y, z)$ 点的体积素 $\mathrm{d}\tau$; 在坐标系中心之 xy 面取一面积素 $\mathrm{d}\sigma$. P 距 $\mathrm{d}\sigma$ 为 $r(x, y, z)$. $\mathrm{d}\tau$ 中有 $n\mathrm{d}\tau$ 个分子, 其分子速度在 c 与 $c+\mathrm{d}c$ 之间者为

$$n\mathrm{d}\tau F(c)\mathrm{d}c$$

每一个分子每秒作 $\dfrac{c}{\lambda}$ 个撞碰, 故上数的分子, 每秒作 $\dfrac{c}{\lambda} n\mathrm{d}\tau F(c)\mathrm{d}c$ 个新起点. 这些分子中, 其指向 $\mathrm{d}\sigma$ 者为

$$\frac{c}{\lambda}\frac{\mathrm{d}\sigma \cos\theta}{4\pi r^2} n\mathrm{d}\tau F(c)\mathrm{d}c$$

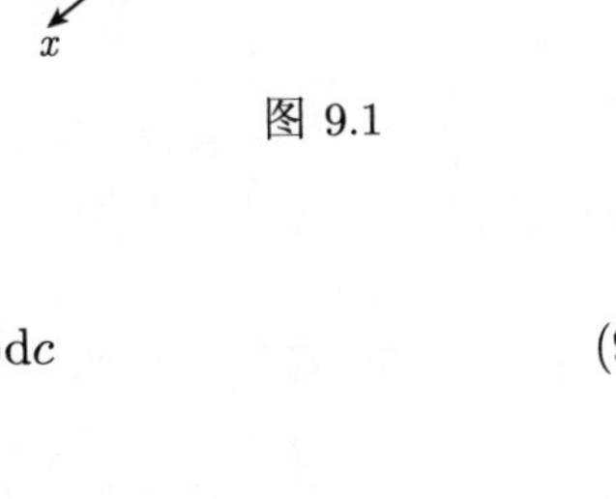

图 9.1

由于自平径之限制, 此数中之能在行径距程 r 前不与其他分子碰撞者, 按 (7-34), 为

$$\mathrm{e}^{-r/\lambda}\frac{c\mathrm{d}\sigma \cos\theta}{4\pi r^2 \lambda} n\mathrm{d}\tau F(c)\mathrm{d}c \tag{9-3}$$

此等分子由 P 点之 $\mathrm{d}\tau$, 带来 S 之量为 $(z = r\cos\theta)$

$$\left(S_0 + r\cos\theta\frac{\partial S}{\partial z}\right)\frac{c}{\lambda}\mathrm{e}^{-r/\lambda}\frac{\mathrm{d}\sigma\cos\theta}{4\pi r^2}n\mathrm{d}\tau F(c)\mathrm{d}c \tag{9-4}$$

由 xy 面上方 $(z > 0)$ 各处的分子, 每秒带经单位面积 (与 z 轴垂直) 之 S, 乃 (4) 式对分子速度 $\mathrm{d}c$ 及体积 $\mathrm{d}\tau$ 之积分. (4) 式之第二项为 $(\mathrm{d}\tau = r^2\mathrm{d}r\sin\theta\mathrm{d}\theta\mathrm{d}\phi,$ $\mathrm{d}c = 4\pi c^2\mathrm{d}c)$

$$n\frac{\partial S}{\partial z}\int_0^\infty \mathrm{d}cc^2 F(c)\frac{c}{\lambda}\int_0^\infty \mathrm{d}r r\mathrm{e}^{-r/\lambda}\int_0^{\frac{\pi}{2}}\cos^2\theta\sin\theta\mathrm{d}\theta\cdot 2\pi$$
$$=\frac{2\pi}{3}n\left(\frac{\partial S}{\partial z}\right)\int_0^\infty c\lambda F(c)c^2\mathrm{d}c \tag{9-5a}$$

同理, 由 xy 面下方 $(z < 0)$ 每秒输运至 $\mathrm{d}\sigma$, 亦如 (4) 式,

$$\left(S_0 - r\cos\theta\frac{\partial S}{\partial z}\right)\frac{c}{\lambda}\mathrm{e}^{-r/\lambda}\frac{\mathrm{d}\sigma\cos\theta}{4\pi r^2}n\mathrm{d}\tau F(c)\mathrm{d}^3c \tag{9-4a}$$

(4) 式及 (4a) 式之首项相抵消, 故每秒输运过单位面积 (与 S 梯度 $\dfrac{\partial S}{\partial z}$ 垂直面) 之 S 量, 乃 (5a) 式之二倍,

$$M_s = -\frac{1}{3}n\overline{(c\lambda)}\left(\frac{\partial S}{\partial z}\right) \tag{9-5}$$

$$\overline{(c\lambda)} \equiv 4\pi\int_0^\infty c\lambda F(c)c^2\mathrm{d}c^* \tag{9-6}$$

乃 $c\lambda$ 对速度分布之平均值. 如作一接近性假设, $F(c)$ 为平衡态的 (7-72a) 定律, 且 λ 与 c(及 T) 无关, 则

$$\overline{(c\lambda)} = \bar{c}\lambda \tag{9-6a}$$

$\bar{c}$ 为平均速度 (见 (7-73a) 式), (5) 式乃成

$$M_s = -\frac{1}{3}n\bar{c}\lambda\frac{\partial S}{\partial z} \tag{9-7}$$

此式之负号, 乃指 S 系由 S 值高处输至 S 值低处.

按 (7-31)~(7-33) 式, $n\lambda$ 大致与压力无关 (在精确的理论 —— 超过 Boltzmann 方程式 (8-15) 之外者 —— 则 $n\lambda$ 微与密度 n 有关). $\bar{c}$ 与 $\sqrt{T}$ 成正比.

第 (7) 式系一般性的结果. 热传导, 黏性及扩散等现象, 相当于 S 等于热能, 动量及密度 n 的情形, 如下.

---

* 第 (6) 式极其重要, 显出速度分布与 "平均自由径" 的关系. 此式实系平均自由径的可能定义之一.

9.2 热 之 传 导

使 C_V 为等体积比热 (每克的), m 为分子质量,

$$S = mC_V T \tag{9-8}$$

为每分子的热能. 由于气体非平衡, 故 T 系位置的函数. 设 J 为热流 (每秒经过单位面积之热能), 则 (7) 式成

$$J = -\frac{1}{3} nm\bar{c}\lambda C_V \frac{\partial T}{\partial z} \tag{9-9a}$$

$$= -\kappa \frac{\partial T}{\partial z} \tag{9-9b}$$

$$\kappa = \frac{1}{3} \rho\bar{c}\lambda C_V \tag{9-10}$$

ρ 系气体密度, κ 称为导热系数.(9b) 式谓热流之值与温度梯度成正比, 其方向则由高温至低温处. 此系 Fourier 定律.

(9b) 式可推广至三维空间 $T = T(x, y, z)$ 之情形. J 向量乃

$$J = -k\nabla T \tag{9-9c}$$

兹取体积 V 之气体, 其周围表面为 σ. 由能之守恒考虑, V 内热能之增加率等于流经 $\sigma\lambda V$ 内之热, 即得下方程式

$$\iiint \frac{\partial}{\partial t}(\rho C_V T)\mathrm{d}x\mathrm{d}y\mathrm{d}z = -\iint_\sigma \boldsymbol{J} \cdot \mathrm{d}\boldsymbol{\sigma} \tag{9-11}$$

按 Gauss 定理及 (9c) 式,

$$\iint_\sigma \boldsymbol{J} \cdot \mathrm{d}\boldsymbol{\sigma} = \iiint \mathrm{div}\boldsymbol{J}\mathrm{d}x\mathrm{d}y\mathrm{d}z$$

$$= -\iiint \mathrm{div}(k\nabla T)\mathrm{d}x\mathrm{d}y\mathrm{d}z$$

故

$$\iiint_V \left[\frac{\partial}{\partial t}(\rho C_V T) - \mathrm{div}(k\nabla T) \right]\mathrm{d}x\mathrm{d}y\mathrm{d}z = 0$$

由此即得

$$\frac{\partial T}{\partial t} = \frac{k}{\rho C_V} \nabla^2 T \tag{9-12}$$

此乃 Fourier 之热传导方程式也.

由于求此方程式之解, Fourier 乃创 Fourier 级数方法, 其解可写为 (见本章末附录)

$$T(x,t) = \sum_n \exp\left[-\left(\frac{2\pi n}{\lambda}\right)^2 \frac{k}{\rho C_V} t\right] \cos\left(\frac{2\pi n x}{\lambda}\right) \tag{9-13}$$

由 (12) 式, 得一极重要的结果, 即该方程式对 t 之反转 $t \to -t$, 无不变性是也. [使 $t \to -t$, 则 (13) 式显示时间愈长, 温度愈高, 在物理上及数学上, 皆所不许的.] 热传导乃热力学中的不可逆过程也.

9.3 黏 性

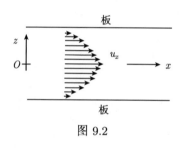

图 9.2

设有二平面板, 气体 (或液体) 流其中, 如量其流速度 u_1, 则将发现近板处 u 小, 两板的中央处 u 较大, 如图 9.2 所示, 此现象乃由于气体之 "黏性", 近板处之气体分子, 由于板之阻力, 其沿 x 向 (流之方向) 之速度 u_x 较小. 如取坐标系如图, 则

$$\frac{\partial u_x}{\partial z} < 0 \tag{9-14}$$

兹用第 1 节 (2)~(4) 式的理论, 使 $S =$ 沿流向之动量

$$S = m u_x \tag{9-15}$$

则每秒经过单位面积 (与 z 轴垂直面) 之动量为

$$P_x = -\frac{1}{3} n \bar{c} \lambda m \frac{\partial u_x}{\partial z} \tag{9-16a}$$

$$= -\mu \frac{\partial u_x}{\partial z} \tag{9-16b}$$

$$\mu = \frac{1}{3} \rho \bar{c} \lambda \tag{9-17}$$

μ 称为黏性系数. 因 $\rho\lambda = mn\lambda$ 与压力无关 (见前), 故 μ 亦与压力无关. (17) 式谓动量之传递率, 与流向速度 u_x 之梯度成比例, 其方向则系由 u_x 值大处输至 u_x 值小处. 此动量的传递的影响, 是流慢的气体层拖缓流快的层, 流快的层拖速流慢的层, 构成黏性.

由 (10) 及 (17) 式, 可得

$$\frac{k}{\mu C_V} = 1 \tag{9-18}$$

惟 (4) 式只系简单理论之结果. 第 (10) 及 (17) 式, 皆有若干修正 (如 Tait 氏, Jeans 氏等, 见 Loeb 书, 第 6 章), (18) 式可写为

$$\frac{\kappa}{\mu C_V} = 0(1)$$

由 Boltzmann 方程式之理论, 如分子间之相互作用 $V = \dfrac{b}{r^5}$(称为 Maxwell 气体), (参阅第 11 章 (11-61) 式) 则 (18) 式成

$$\frac{\kappa}{\mu C_V} = \frac{5}{2} \tag{9-19}$$

此值与单原气体之实验值甚符. 此 5/2 值称为 Eucken 常数.

又上述各结果, 只在 λ 远小于气体容器之大小时适用如气压低至 10^{-4}mm 汞, 则 λ 略为 10cm, 气体谓为 Knudsen 气体, 各定律则大异矣.

(16b) 式的物理意义是: 由于 u_x(见前图 9.2) 有梯度, 致有动量 x 分量 mu_x 之传输. 第 (16b) 式谓一与 mu_x 梯度垂直之面 dσ, 接受有 P_xdσ 之拖力, 此拖力与 dσ 面平行. 每单位面积的拖力乃

$$P_x = -\mu \frac{\partial u_x}{\partial x}$$

此黏性系数 μ, 出现于流体之运动方程式如下:

$$\begin{aligned}
&\rho \frac{D u_x}{Dt} = \rho X - \frac{\partial p}{\partial x} + \mu \nabla^2 u_x \\
&\frac{D u_x}{Dt} = \frac{\partial u_x}{\partial t} + u_x \frac{\partial u_x}{\partial v} + u_y \frac{\partial u_x}{\partial y} + u_z \frac{\partial u_x}{\partial z} \\
&p = 压力, \rho = 密度 = nm \\
&X = 作用于单位质量之外力\ x\ 分量
\end{aligned} \tag{9-20}$$

$\mu\nabla^2 u_x$ 的出现, 亦犹 (12) 式用 (18) 式后之

$$\rho \frac{\partial T}{\partial t} = \mu \nabla^2 T$$

及下文 (25) 用 (23) 式后之

$$\rho \frac{\partial n}{\partial t} = \mu \nabla^2 n$$

的 $\mu\nabla^2 T$, $\mu\nabla^2 n$ 项相同. (19) 式可由 Boltzmann(8-15) 式导出, 见后文第 11 章.

黏性的物理意义, 可以下简单情形见之. 设有流体 (气体或液体). 在 $z = 0$ 面, 分子之速度 (u,v,w) 的平均值为 $\bar{u} = \bar{v} = \bar{w} = 0$, 在 $z = z$ 面, 其平均值

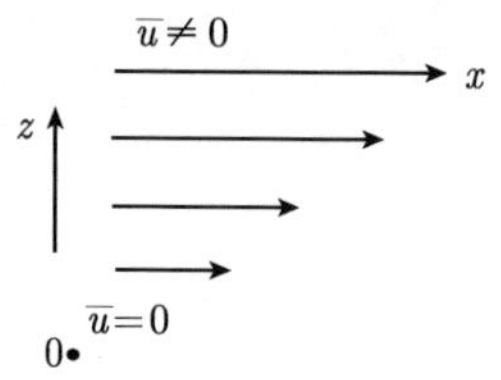

$\bar{u} \neq 0, \bar{v} = \bar{w} = 0$. 此乃相当于该流体有一向 x 的流动, 其 $\dfrac{\partial \bar{u}}{\partial z} \neq 0$ 见图 9.3. 设有 $z = 0$ 层的两个分子, 其速度为 (u, v, w) 及 $(-u, v, w)$, 由 $z = 0$ 层运行至 $z = z$ 层. 在移动前, 其动能为

图 9.3

$$2 \cdot \frac{1}{2} m(u^2 + v^2 + w^2) \tag{9-21a}$$

及其进入 $z = z$ 层, 其与流动的液体的相对速底乃

$$u - \bar{u} \mathrel{\text{及}} - u - \bar{u}$$

故两个分子的 "热动能" 为

$$\frac{1}{2} m[(u - \bar{u})^2 + v^2 + w^2] + \frac{1}{2} m[(-u - \bar{u})^2 + v^2 + w^2]$$
$$= 2 \times \frac{1}{2} m(u^2 + v^2 + w^2) + 2 \cdot \frac{1}{2} m \bar{u}^2 \tag{9-21b}$$

此式较上 (21a) 式增加了 $m\bar{u}^2$. 此热动能的增加量, 自然是来自 $z = z$ 层流体的流动能. 换言之, 由于动量之运输 (黏性的来由), 流体的流动能, 转变为流体的热能. 此即流体 "内摩擦力" 生热的现象. 此黏性所产生的结果, 是不可逆过程的一例. 此不可逆性, 不仅见于热力学第二定律: 第 (19) 式 (所谓 Navier-Stokes 运动方程式) 中, 由于含有黏性系数 μ 之项, 对时间 t 的反转, 已不具有不变性.

9.4　扩　　散

(1) 自扩散

设一气体之密度是不均匀的, 则分子之运动, 使其趋向均匀态. 使第 (15), (7) 式之 S 为分子密度 n

$$S = n \tag{9-22}$$

但需将该式中之 n 代以 1*. 故每秒运输过一单位面积之分子数为 (所谓 Fick 定律)

$$N = -D \frac{\partial u}{\partial z} \tag{9-23}$$

$$D = \frac{1}{3} \bar{c} \lambda \tag{9-24}$$

---

* 在第 (4) 式下之计算, 由 $\mathrm{d}\tau$ 每秒落在 $\mathrm{d}\sigma$ 之分子数, 即系

$$\frac{b\sigma \cos \theta}{4\pi r^2} \frac{\bar{c}}{\lambda} \left(n(z = 0) + r \cos \theta \frac{\partial u}{\partial z} \right) \mathrm{e}^{-r/\lambda} \mathrm{d}\tau F(c) \mathrm{d}c$$

D 谓称为扩散系效. 由 (17), 即得 D 与黏性系数之关系

$$D = \frac{1}{\rho}\mu \tag{9-25}$$

此式在更精细的理论中, 应有更正因数, 如

按 Jeans 理论, $D = 1.34\frac{1}{\rho}\mu$ $\tag{9-26}$

按 Chapman 理论, $D = 1.336\frac{1}{\rho}\mu$

由 (7-36) 式, $\lambda \propto \frac{1}{n}$ 故 D 与密度 n 成比例. 又因平均速度 $\bar{c} \propto \sqrt{T}$, 故 D 与 $\sqrt{T}$ 成正比例.

由分子数之守恒, 可得如 (11) 式的关系

$$\frac{\partial}{\partial t}\iiint\limits_V n\mathrm{d}\tau = -\iint\limits_\sigma N \cdot \mathrm{d}\sigma \tag{9-27}$$

$$= -\iiint\limits_V \mathrm{div}N\mathrm{d}\tau$$

用 (23) 式, 即得

$$\frac{\partial n}{\partial t} = D\nabla^2 n$$

此乃所谓气体扩散方程式. 得上式时, 我们假设 D 与坐标无关, 否则应得

$$\frac{\partial n}{\partial t} = \mathrm{div}(D\nabla n) \tag{9-28}$$

$$= D\nabla^2 n, \quad \text{如 } D \text{ 等于一常数} \tag{9-29}$$

(2) 互相扩散

上文讨论的, 乃一个气体自己的扩散. 兹取两不同的分子 a, b 的混合气体, 其密度 n_a, n_b 不均匀 (为坐标的函数) 惟 $n_a + n_b = n$ 及温度 T 皆系均匀的, 即

$$\frac{\partial}{\partial z}(n_a + n_b) = 0, \quad \frac{\partial T}{\partial z} = 0 \tag{9-30}$$

按 (23), (24) 式, 每秒 a 分子经过与 z 轴垂直之单位面积之数为

$$N_a = -D_{ab}\frac{\partial n_a}{\partial z}, \quad D_{ab} = \frac{1}{3}\bar{c}_a\lambda_a \tag{9-31}$$

同理

$$N_b = -D_{ba}\frac{\partial n_b}{\partial z}, \quad D_{ba} = \frac{1}{3}\bar{c}_b\lambda_b \tag{9-32}$$

由于 (30) 式及稳定 (steady) 状态的条件

$$N_a + N_b = 0 \tag{9-33}$$

故需要

$$D_{ab} = D_{ba}, \text{或} \quad \bar{c}_a \lambda_a = \bar{c}_b \lambda_b \tag{9-34}$$

如 $\bar{c}_a \lambda \neq \bar{c}_b \lambda_b$, 则 (30) 及 (33) 条件是不能满足的. 欲求满足 (33) 式, 则只有假设整个气体以速度 υ 移动, 故 (31), (32) 式需改为

$$\left. \begin{aligned} N_a &= n_a \upsilon - \frac{1}{3} \bar{c}_a \lambda_a \frac{\partial n_a}{\partial z} \\ N_b &= n_b \upsilon - \frac{1}{3} \bar{c}_b \lambda_b \frac{\partial n_b}{\partial z} \end{aligned} \right\} \tag{9-35}$$

由二式, 消去 V, 即得

$$N_a = -D \frac{\partial n_a}{\partial z}, \quad N_b = -D \frac{\partial n_b}{\partial z} \tag{9-36}$$

$$D = \frac{n_a \bar{c}_b \lambda_b + n_b \bar{c}_a \lambda_a}{3(n_a + n_b)} \tag{9-37}$$

此式乃两个气体相互扩散的系数.

(3) 热扩散

如上述的混合气体已达均匀状态 $\left(\text{即} \dfrac{\partial n_1}{\partial z} = \dfrac{\partial n_2}{\partial z} = 0\right)$, 而引入一温度的梯度, (譬如一管, 开始时气体均匀的系 43.1%的氢, 56.9% 的 CO_2. 兹使管之一端热至 230°C, 另一端为 10°C) 见图 9.4

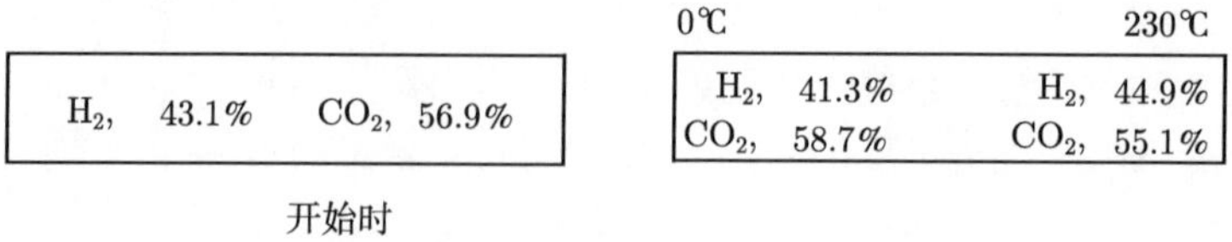

图 9.4

俟气体达平衡态时, 则发现温度高之一端, 较重的 CO_2 分子扩至温度低的, 较 H_2 为多, 其两端的成分见上图. 此现象谓为热扩散 (thermal diffusion). 其理论先由 Chapman(1917 年) 按 Boltzmann 方程式 (8-15), 用 $V(r_{12}) \propto r_{12}^{-5}$ 定律导出, 旋由 Dootson(1917 年) 以上述的实验证实的.

此热扩散现象, 极为重要, 因其系 Onsager 之互易定理 (recipro-city theorem) 之一例也. (见第 13 章)

9.5 其他不可逆过程

前三节曾研讨热的传导, 黏性运动及气体扩散三种不可逆的过程. 此外电流亦一不可逆的 (运输) 过程. 由于电位 V 之梯度, 电荷流动而生电流, 其关系为

$$I_x = -\sigma \frac{\partial V}{\partial x}$$

此乃 Ohm 定律也. (σ 称为导电系数, $R = 1/\sigma$ 系电阻.) 热之传导与电之传导, 不仅相类似而实有极密切关系. [以金属言, 导热系数 k 与导电系数 σ, 按古典物理 (Lorentz), 其比例为 $\frac{\kappa}{\sigma T} = 2 \left(\frac{k}{e} \right)^2$ 按量子统计力学, 则 $\frac{\kappa}{\sigma T} = \frac{\pi^2}{3} \left(\frac{k}{e} \right)^2$] 凡此皆将于下文第 19 章量子统计力学一章中详述之.

此外更有化学作用, 亦不可逆过程也. 兹将各不可逆过程以表 9.1 综合之.

表 9.1

热之传导:	Fourier 定律
	热流 $Q = -\kappa \nabla T$
黏 性 流:	牛顿 定律
	切变 (shear) 力 $F = -\mu \nabla u$
扩 散:	Fick 定律
	质 量 流 $N = -D \nabla n$
电 流:	Ohm 定律
	电流 $I = -\sigma \nabla V$

第 10 章　Brownian 运动

气体运动论的基础是原子分子的存在. 而分子存在的直接证明之一, 是所谓 Brownian 运动. Brown 乃 19 世纪初一位植物学家. 他 (1827 年) 在显微镜下观察到液体中悬浮的小质点, 有不规则的运动. 这些运动是完全无规则的, 故不可能是由于对流而来的. Brown 发现这些质点的速度, 由液体黏性减小而增高; 又质点愈小, 它们的速度亦愈大. Brown 对这现象的解释, 是这些质点受了液体分子的 (各方不均匀平衡的) 碰撞而作的运动. 这个解释, 后由爱因斯坦 (1905 年) 的理论及 Perrin(1908 年) 的实验, 证实其是正确的.

爱因斯坦的理论, 后由 Planck 和 Fokker 予以修改. 兹简述如下. (与爱因斯坦研究差不多同时的, 有 Smoluchowski 的理论, 故 Brownian 运动的理论, 以二氏同名称之.)

10.1　Fokker-Planck 方程式

设一悬浮粒子在 t 时在 x 及 $x+\mathrm{d}x$ 间之几率为 $f(x,t)$. 经常作用于粒子之力, 为一常力 F, 及液体分子之碰撞. 按 (7-37) 式, 如移动系数为 κ, 则粒子之移动速度 v 乃

$$v = \kappa F$$

至若分子的碰撞所产生些不规则的移动, 乃遵守几率性的定律的. 兹使 $\phi(x)$ 为在 τ 时间中, 一粒子被碰撞而向 x 方向移动 x 间距的几率 [于完全不规则的碰撞, 故 $\phi(-x) = \phi(x)$].

如粒子原在 x_1, 其在时间 τ 中被碰移至 x 之几率为

$$f(x_1)\phi(x - x_1) \tag{10-1}$$

如粒子原在 x, 其在时间 τ 中被碰移至 x_1 之几率为

$$f(x)\phi(x_1 - x) \tag{10-1a}$$

故在时间 τ 中, $f(x)$ 的增加为 (参看 (8-15a) 式)

$$\left(\frac{\partial f}{\partial t} + u\frac{\partial f}{\partial x}\right)\tau = \int_{-\infty}^{\infty} f(x_1)\phi(x - x_1)\mathrm{d}x_1$$

$$-\int_{-\infty}^{\infty} f(x)\phi(x_1 - x)\mathrm{d}x_1 \tag{10-2}$$

兹变换二积分之变数 $x' = x - x_1$ 及 $x' = x_1 - x$, 此式右方即成

$$= -\int_{\infty}^{-\infty} f(x-x')\phi(x')\mathrm{d}x' - \int_{-\infty}^{\infty} f(x)\phi(x')\mathrm{d}x'$$

$$= \int_{-\infty}^{\infty} [f(x-x') - f(x)]\phi(x')\mathrm{d}x' \tag{10-3}$$

$\phi(x)$ 几率自然应满足下归一条件:

$$\int_{-\infty}^{\infty} \phi(x)\mathrm{d}x = 1 \tag{10-4}$$

兹定义平均值

$$\overline{\Delta x} \equiv \int_{-\infty}^{\infty} x\phi(x)\mathrm{d}x \tag{10-5}$$

$$\overline{(\Delta x)^2} \equiv \int_{-\infty}^{\infty} x^2\phi(x)\mathrm{d}x \tag{10-6}$$

[如 $\phi(-x) = \phi(x)$, 则 $\overline{\Delta x} = 0$]. $\phi(x)$ 的 x 范围应甚小, 盖碰撞产生大移动 x 之几率甚小也. 故 (3) 积分中可展开

$$f(x-x') = f(x) - x'\left(\frac{\partial f}{\partial x}\right) + \frac{1}{21}(x')^2\left(\frac{\partial^2 f}{\partial x^2}\right) + \cdots$$

$$\int_{-\infty}^{\infty} [f(x-x') - f(x)]\phi(x')\mathrm{d}x' = -\overline{\Delta x}\left(\frac{\partial f}{\partial x}\right)$$

$$+ \frac{1}{2}\overline{(\Delta x)^2}\left(\frac{\partial^2 f}{\partial x^2}\right) + \cdots$$

(2) 式乃成

$$\frac{\partial f}{\partial t} + \left(xF + \frac{\overline{\Delta x}}{\tau}\right)\frac{\partial f}{\partial x} - \frac{1}{2}\frac{\overline{(\Delta x)^2}}{\tau}\frac{\partial^2 f}{\partial x^2} = 0 \tag{10-7}$$

此方程式称为 Fokker-Planck 方程式. 此处 τ 之出现, 乃系因 $\phi(x)$ 按定义系 τ 时间中的几率也. 如无外力 ($F = 0$), 又如 $\overline{\Delta x} = 0$, 则

$$\frac{\partial f}{\partial t} = \frac{\overline{(\Delta x)^2}}{2\tau}\frac{\partial^2 f}{\partial x^2} \tag{10-8}$$

以此式与 (9-8) 比较, 可见此式与扩散方程式相似, 故我们定义 "扩散系数" D 为

$$D = \frac{\overline{(\Delta x)^2}}{2\tau} \tag{10-9}$$

此系爱因斯坦的结果 *.

　　我们务需注意的, 是 Fokker-Planck 方程式 (7), 亦如扩散方程 (9-28), 乃对时间反转 $t \to -t$ 无不变性. 这些方程式都是自身藏有时间箭向的. 以 (7) 式言, 箭向之引入, 系来自 (1), (1a) 式关于几率所作的假定. [第 (1), (1a) 式关系, 不是可由力学导来的.] 此点在了解不可逆过程理论时, 极为重要.

　　兹应用 (7) 式于 Brownian 运动现象. 粒子在液体中, 受有 F 力. 在统计平衡态时, 该式成

$$\kappa F \frac{\partial f}{\partial x} - D \frac{\partial^2 f}{\partial x^2} = 0 \tag{10-10}$$

如 κ, F, D 皆非 x 之函数, 此式之解为

$$f = \frac{D}{\kappa F} \exp\left(\frac{\kappa F}{D} x\right) \tag{10-11}$$

$-Fx$ 系能. 兹用 Boltzmann 定理 (8-37), 应得

$$f \propto \exp\left(\frac{Fx}{kT}\right) \tag{10-12}$$

故由 (11), (12),

$$\frac{\kappa}{D} = \frac{1}{kT} \tag{10-13}$$

再以此代入 (9) 式, 即得

$$\frac{\overline{(\Delta x)^2}}{2\tau} = \kappa kT = \kappa \frac{RT}{N} \tag{10-14}$$

此式与 (9) 式, 系爱因斯坦的重要结果.

10.2　J. Perrin(1908 年) 作两个实验, 不仅证实上述理论, 且首次量得 Avogadro 数 N 之值

　　(i) 实验之一, 系在显微镜下, 以时间 τ 的间距, 观察 Δx 之值, 而作 $(\Delta x)^2$ 的平均 $\overline{(\Delta x)^2}$. 移动率 κ 则可由悬浮粒子 (因地心引力) 下降的 "终点速度" v_t 的度量

---

* 扩散方程式

$$\frac{\partial f}{\partial t} = D \frac{\partial^2 f}{\partial x^2}$$

之解为

$$f(x,t) = \frac{1}{\sqrt{4\pi Dt}} e^{-x^2/4Dt}, \quad \left(\int_{-\infty}^{\infty} f(x,t)\mathrm{d}x = 1\right)$$

由此可得

$$\overline{(\Delta x)^2} = \int_{-\infty}^{\infty} x^2 f(x,t)\mathrm{d}x = 2Dt$$

此与 (9) 式相符 [使 t 等于 τ, τ 为量 $(\Delta x)^2$ 的时间距].

计算之. 按流体力学 (所谓 Stokes 定律), 一球形体 (半径 a) 在流体中的摩擦阻力为 $6\pi\mu a v_t$, μ 为黏性系数, 故

$$6\pi\mu a v_t = \frac{4}{3}\pi\alpha^3(\rho-\rho_0)g = \kappa F \qquad (10\text{-}15)$$

ρ, ρ_0 为粒子及流体的密度. 由 $v = \kappa F$ 式, 故得

$$\kappa = \frac{1}{6\pi\mu a} \qquad (10\text{-}16)$$

由 (14) 式, 即可得 N.

(ii)Perrin 的第二实验系以显微镜观察悬浮粒子在液体中垂直方向 (z 轴向上) 的分布. 此分布与大气中分子在高度的分布 (所谓 Laplace 定律) 相同. 设在高度 z 之压力为 p, 则

$$\mathrm{d}p = -\rho g \mathrm{d}z = -\frac{M}{V}g\mathrm{d}z$$

M 系大气之分子量, V 为克分子体积. 按理想气体方程式 $pV = RT$, 上式可积分为

$$p = p_0 \exp\left(-\frac{Mg}{RT}z\right)$$

或以密度 n 计, m 为分子质量,

$$n = n_0 \exp\left(-\frac{Ng}{RT}z\right) \qquad (10\text{-}17)$$

如应用此式于悬浮粒子, 则需将 mg 代以 $\left(1-\dfrac{\rho_0}{\rho}\right)mg$. 欲量粒子质量 m, 只需量粒子的半径, 而此半径则可由 v_t 之度量及 (15) 式得之.

Perrin 的实验中, 用不同大小的粒子, 其平均质量 m, 由 50×10^{-13} g 至 75×10^{-11} g, 液体的黏性系数 μ 由 0.01 至 1. 所得 N 之值, 由 5.5×10^{23} 至 8×10^{23}. 目前 N 最准确之值为 6.02×10^{23} (惟这不是以 Perrin 法测定的).

10.3 Langevin 的方法

Brownian 运动的理论, 从观点的不同, 可有许多 (深浅不同) 的数学形式. 爱因斯坦是从 "起伏理论"(fluctuation) 观点出发的. 此理论将于统计力学章中述之. 上述的乃系按 Fokker 及 Planck 二氏的方法. 下文将述 P. Langevin 1908 年的一个最简浅的方法.

设 X 代表粒子所变分子碰撞的力. 此力是否规则的. 粒子的运动方程式假设可写成下式:

$$m\ddot{x} = X - \eta\dot{x}, \quad \eta = 1/k \qquad (10\text{-}18)$$

η 为移动率 κ 的倒数, 由 (16) 式 Stokes 定律即得, $\eta = 6\pi\mu a$. 以 x 乘上式, 即得

$$\frac{1}{2}m\frac{\mathrm{d}^2}{\mathrm{d}t^2}x^2 - m\left(\frac{\mathrm{d}x}{\mathrm{d}t}\right)^2 = xX - \frac{\eta}{2}\frac{\mathrm{d}}{\mathrm{d}t}x^2 \tag{10-19}$$

兹以此式对极大数目的粒子作平均值. 由于 X 是完全无规则的, 故平均的 $\overline{xX} = 0$, 按能之等分配定律 (7-13),

$$\frac{1}{2}\overline{m\dot{x}^2} = \frac{1}{2}kT = \frac{RT}{2N}$$

使

$$\xi \equiv x^2 \tag{10-20}$$

故上方程式成

$$\left(\frac{1}{2}m\frac{\mathrm{d}^2}{\mathrm{d}t^2} + \frac{1}{2}\eta\frac{\mathrm{d}}{\mathrm{d}t}\right)\xi = \frac{RT}{N}$$

积分之,

$$\frac{\mathrm{d}}{\mathrm{d}t}\xi + \frac{\eta}{m}\xi = \frac{2RT}{Nm} \tag{10-21}$$

此方程式之解为

$$\xi = \xi_1 + \xi_2$$

ξ_1 乃

$$\frac{\mathrm{d}\xi}{\mathrm{d}t} + \frac{\eta}{m}\xi = 0$$

之解, ξ_2 乃 (21) 之一特解.

$$\xi_1 = Ae^{-\eta t/m} \tag{10-22}$$

$$\xi_2 = \frac{2RT}{N}\left(t - \frac{m}{\eta}\right) \tag{10-23}$$

兹估计 $\dfrac{m}{\eta} = \dfrac{2a^2\rho}{9\mu}$ 之值如下: 设 $a \simeq 10^{-4}\mathrm{cm}, \mu = 10^{-2}\mathrm{g/cm\ sec}, \rho \simeq 1\mathrm{g/cm}^3$. 则

$$\frac{m}{\eta} \simeq 10^{-6}\mathrm{s}$$

故如观察的时间间距 $\tau \gg 10^{-6}\mathrm{s}$, 则 (21) 式之解约为

$$\overline{(\Delta x)^2} = \xi \simeq \frac{2RT}{N}\tau \tag{10-24}$$

此即系 (14) 式也.

　　我们需注意的, 是 (18) 方程式, 系不可逆的; 此不可逆性, 乃系由基本假设而来的 ($-\eta\dot{x}$ 项). 摩擦阻力, 是不可逆的, 不如力学基本定律之可逆也.

第11章　Boltzmann 方程式之解: 输运系数

前第 8 章研讨 Boltzmann 方程式, 曾称其为气体运动学的基本方程式. 第 9 章定义热能, 动量及质量的输运系数. 本章将求 Boltzmann 方程式之解, 并由其导出各输运系数.

11.1　气体运动方程式

Boltzmann 方程式的 (8-15) 式将写成下式:

$$\left(\frac{\partial}{\partial t} + \boldsymbol{v} \cdot \frac{\partial}{\partial \boldsymbol{r}} + \boldsymbol{a} \cdot \frac{\partial}{\partial \boldsymbol{v}}\right) f(\boldsymbol{r}, \boldsymbol{v}, t) = \left(\frac{\partial f}{\partial t}\right)_{\text{coll.}} \tag{11-1}$$

$$\left(\frac{\partial f}{\partial t}\right)_{\text{coll.}} = \iint \mathrm{d}\Omega \sigma(|g|, \theta) |\boldsymbol{g}| (f'f_2' - ff_2)\mathrm{d}\boldsymbol{v}_2 \tag{11-1a}$$

系两个分子之相对速度, θ 系 $\boldsymbol{g}$ 的折射角, σ 系碰撞之截面, Ω 系固体角. f 的定义系如 (7-1) 式

$$n(\boldsymbol{r}, t) = \int f(\boldsymbol{r}, \boldsymbol{v}, t)\mathrm{d}\boldsymbol{v} \tag{11-2}$$

$n(\boldsymbol{r}, t)$ 系在 $\boldsymbol{r}$ 点 t 时的分子数密度.

设 Q 为一个分子的特性 (如动量, 动能等). 兹定义 Q 之平均值 (对分子速度的分布作平均)

$$\bar{Q}(\boldsymbol{r}, t) \equiv \frac{1}{n} \int fQ\mathrm{d}\boldsymbol{v} \tag{11-3}$$

及

$$\overline{\Delta Q}(\boldsymbol{r}, t) \equiv \int \left(\frac{\partial f}{\partial t}\right)_{\text{coll.}} Q\mathrm{d}\boldsymbol{v} \tag{11-4}$$

以 Q 乘 (1a) 式并作速度之积分. 即得

$$\frac{\partial}{\partial t}(n\bar{Q}) + \frac{\partial}{\partial \boldsymbol{r}} \cdot (n\overline{Q\boldsymbol{v}}) - n\left(\overline{\frac{\partial \bar{Q}}{\partial t}} + \overline{\boldsymbol{v} \cdot \frac{\partial Q}{\partial \boldsymbol{r}}} + \overline{\boldsymbol{a} \cdot \frac{\partial Q}{\partial \boldsymbol{v}}}\right) = n\Delta\bar{Q} \tag{11-5}$$

此称为 Maxwell-Enskog 之 "变的方程式".

兹定义平均速度 $\boldsymbol{u}(r, t)$ 及 "热速度" $\boldsymbol{U}$ (Chapman 称之为特异 peculiar 速度)

$$\boldsymbol{u}(r, t) \equiv \frac{1}{n} \int \boldsymbol{v}f\mathrm{d}\boldsymbol{v} \tag{11-6}$$

$$U(r, v, t) \equiv v - u(r, t) \tag{11-7}$$

及

$$\frac{D}{Dt} \equiv \frac{\partial}{\partial t} + u \cdot \frac{\partial}{\partial r} \tag{11-8}$$

又两张量乘积之定义为

$$T : S = \sum_{i,j} T_{ij} S_{ji} \quad (\equiv T_{ij} S_{ji})^* \tag{11-9}$$

则可证明 (5) 将成下式:

$$\frac{D}{Dt}(n\bar{Q}) + n\bar{Q}\frac{\partial}{\partial r} \cdot u + \frac{\partial}{\partial r} \cdot n\overline{QU}$$

$$-n\left[\overline{\frac{DQ}{Dt}} + \overline{U \cdot \frac{\partial O}{\partial r}} + \left(a - \frac{Du}{Dt}\right) \cdot \overline{\frac{\partial Q}{\partial U}} - \overline{\frac{\partial Q}{\partial U}U} : \frac{\partial}{\partial r}u\right] = n\Delta\bar{Q} \tag{11-10}$$

如 $f(r, v, t)$ 的变数换为 r, U, t, 则 (1) 式成

$$\frac{Df}{Dt} + U \cdot \frac{\partial f}{\partial r} + \left(a - \frac{Du}{Dt}\right) \cdot \frac{\partial f}{\partial U} - \frac{\partial f}{\partial U}U : \frac{\partial}{\partial r}u = \left(\frac{\partial f}{\partial t}\right)_{\text{coll.}} \tag{11-11}$$

兹计算 (4) 式之 $\Delta\bar{Q}$. 由 (1a) 式,

$$\Delta\bar{Q} = \iint Q(v)[f(v')f(v_2') - f(v)f(v_2)]\sigma\,|g|\,\mathrm{d}\Omega\mathrm{d}v_2\mathrm{d}v \tag{11-12}$$

以同 (8-18)~(8-21) 各步的方法, 可得

$$\Delta\bar{Q} = \frac{1}{2}\iint [Q(v) + Q(v_2)][f(v')f(v_2') - f(v)f(v_2)]\sigma\,|g|\,\mathrm{d}\Omega\mathrm{d}v_2\mathrm{d}v$$

又因 $v' + v_2'$ 的碰撞系 $v + v_2$ 碰撞的 "回复碰撞"(见 (8-8) 式前后), 上式对 $\mathrm{d}v\mathrm{d}v_2$ 的积分, 包括 $v' + v_2'$ 在内, 故

$$\iiint [Q(v') + Q(v_1')]f(v)f(v_2)\sigma\,|g|\,\mathrm{d}v_2'\mathrm{d}v'\mathrm{d}\Omega$$

$$= \iint [Q(v) + Q(v')]f(v')f(v_2')\sigma\,|g|\,\mathrm{d}v_2\mathrm{d}v\mathrm{d}\Omega$$

又 $\mathrm{d}v\mathrm{d}v_2 = \mathrm{d}v'\mathrm{d}v_2'$(8-5). 故

$$n\Delta\bar{Q} = \frac{1}{2}\iint [Q(v^1) + Q(v_2')$$
$$- Q(v)Q(v_2)]f(v)f(v_2)\sigma\,|g|\,\mathrm{d}v\mathrm{d}v_2\mathrm{d}\Omega \tag{11-13}$$

---

* 此处及下文均将采用下述符号: 凡一项中有两个指数重出现时, 即该项对该指数作 x, y, z 各值之和.

如 Q 乃 (8-32) 所谓 "碰撞不变值",

$$Q = 1, v_x, v_y, v_z, \quad v^2$$

则

$$n\Delta\bar{Q} = \int \left\{ \begin{matrix} 1 \\ \boldsymbol{v} \\ v^2 \end{matrix} \right\} \left(\frac{\partial f}{\partial t} \right)_{|\text{coll.}} \mathrm{d}\boldsymbol{v} = 0 \tag{11-14}$$

此三方程式乃谓分子之数, 分子之动量及动能, 在二分子撞碰时其值守恒也. 兹定义应力张量 $\boldsymbol{P}_{xy}$, 热通量 J, 分子平均热动能 ϵ

$$\boldsymbol{P}_{xy}(r,t) \equiv m \int U_x U_y f \mathrm{d}\boldsymbol{v} \tag{11-15}$$

$$J(\boldsymbol{r},t) \equiv \int \frac{1}{2} m U^2 \boldsymbol{U} f \mathrm{d}\boldsymbol{v} \tag{11-16}$$

$$\epsilon(\boldsymbol{r},t) \equiv \frac{1}{n} \int \frac{1}{2} m U^2 f \mathrm{d}\boldsymbol{v} \tag{11-17}$$

及 "温度" $T(\boldsymbol{r},t)$ 及 "应力率" (rate of stress) $\boldsymbol{D}_{ij}$

$$\frac{3}{2} kT(\boldsymbol{r},t) = \epsilon(\boldsymbol{r},t) \tag{11-18}$$

$$\boldsymbol{D}_{xy} \equiv \frac{1}{2} \left(\frac{\partial u_x}{\partial y} + \frac{\partial u_y}{\partial x} \right) = \boldsymbol{D}_{yx} \tag{11-19}$$

兹依次以 $Q = m, m\boldsymbol{U}, \frac{1}{2} m U^2$ 代入 (10) 式, 即得下列各方程式:

$$\frac{\partial \rho}{\partial t} + \mathrm{div}(\rho \boldsymbol{u}) = 0 \tag{11-20}$$

$$\frac{\partial}{\partial \boldsymbol{r}} \cdot \boldsymbol{P} - \rho \left(\boldsymbol{a} - \frac{D\boldsymbol{u}}{Dt} \right) = 0 \tag{11-21}$$

$$\frac{D}{Dt}(n\epsilon) + n\epsilon \mathrm{div}\boldsymbol{u} + \mathrm{div}\boldsymbol{J} + \boldsymbol{P} : \frac{\partial}{\partial \boldsymbol{r}} \boldsymbol{u} = 0 \tag{11-22}$$

$\rho = mn(\boldsymbol{r},t)$ 为密度.

(21) 式可写其分量式. 以 (18), (19) 式用于 (22) 式. 上三式乃成

$$\frac{\partial \rho}{\partial t} + \operatorname{div}(\rho \boldsymbol{u}) = 0^* \tag{11-20a}$$

$$\rho \left[\frac{\partial u_x}{\partial t} + (\boldsymbol{u} \cdot \nabla) u_x \right] = \rho a_x - \frac{\partial \boldsymbol{P}_{xj}}{\partial r_j}, x = x, y, z \tag{11-21a}$$

$$\frac{3n}{2} k \frac{DT}{Dt} = \operatorname{div} \boldsymbol{J} + \boldsymbol{P} : \boldsymbol{D} \tag{11-22a}$$

此五方程式谓为流体力学运动方程式. (20a) 系连续方程式, 表示物质之守恒; (21a) 系运动方程式. 最后一项作 $j = x, y, z$ 之和, 见前一脚注; (22a) 系热流方程式. 三方程式又称 "矩方程式", 因系 $\boldsymbol{v}$ 之零次, 一次, 二次方 $1, \boldsymbol{v}, \boldsymbol{v}^2$ 之矩也.

我们可注意上三式对时之反转 $t \to -t$ 皆系不变的. 我们虽用了 Boltzmann 的不可逆方程式 (1), 但由于 (14) 式之关系, 使引致不可逆之 $\left(\frac{\partial f}{\partial t} \right)_{\text{coll}}$. 未产生其影响.

(20a), (21a), (22a) 五个方程式, 有五个未知函数, $\rho(\boldsymbol{r}, t), u_x(\boldsymbol{r}, t), u_y(\boldsymbol{r}, t), u_z(\boldsymbol{r}, t), T(\boldsymbol{r}, t)$. 但式中之另九个函数 $\boldsymbol{P}_{xy}(\boldsymbol{r}, t), J_x(\boldsymbol{r}, t), J_y(\boldsymbol{r}, t), J_z(\boldsymbol{r}, t)$ 亦系未知函数. 故 (20a), (21a), (22a) 系不封闭的方程式系. 固然的我们可以 $Q = U_i U_j - \frac{1}{2} \bar{\delta}_{ij} U^2, i, j = x, y, z$, 及 $Q = \frac{1}{2} m U^2 U_j, j = x, y, z$, 代入 (10) 式而得 $\boldsymbol{P}_{xy}$ 及 J_j 之方程式. 但这方程式又含有其他更高的矩, 且由于不再有 (14) 式的关系, 故更有 $\left(\frac{\partial f}{\partial t} \right)_{\text{coll}}$. 所引入的项. 计算结果为: 使

$$\boldsymbol{P}_{ij}^0 = \boldsymbol{P}_{ij} - \frac{1}{3} \delta_{ij} (\boldsymbol{P}_{xx} + \boldsymbol{P}_{yy} + \boldsymbol{P}_{zz}) = \boldsymbol{P}_{ij} - p \delta_{ij}$$

$$p \equiv \frac{1}{3} (\boldsymbol{P}_{xx} + \boldsymbol{P}_{yy} + \boldsymbol{P}_{zz}) = \text{流体静力压}$$

$$\left(\boldsymbol{P}_{jk} \frac{\partial u_s}{\partial r_j} \right)^0 \equiv \frac{1}{2} \left(\boldsymbol{P}_{jk} \frac{\partial u_s}{\partial r_j} + \boldsymbol{P}_{js} \frac{\partial u_k}{\partial r_j} - \frac{2}{3} \delta_{kS} \boldsymbol{P}_{jk} \frac{\partial u_k}{\partial r_j} \right)$$

---

* 此处用下列结果:

$$Q = m \text{时}, \quad \overline{QU} = 0, \Delta Q = 0$$

$$Q = m\boldsymbol{U} \text{时}, Q = 0, \frac{\overline{D\boldsymbol{Q}}}{Dt} = 0, \frac{\overline{\partial Q}}{\partial U} \boldsymbol{U} = 0, \Delta Q = 0, n\overline{Q\boldsymbol{U}} = \rho \overline{\boldsymbol{U}\boldsymbol{U}} = P$$

$$Q = \frac{1}{2} mU^2 \text{时}, Q = \frac{1}{n} \int \frac{1}{2} mU^2 f \mathrm{d}\boldsymbol{v} = \frac{3}{2} kT = \text{每分子平均动能},$$

$$\Delta Q = 0, \quad n \frac{\overline{\partial Q}}{\partial U} \boldsymbol{U} = \rho \, \overline{\boldsymbol{U}\boldsymbol{U}} = \boldsymbol{P} \text{等}$$

则

$$\frac{D}{Dt}\boldsymbol{P}_{ks}^0 + \operatorname{div}\left[\overline{\rho U\left(U_k U_s - \frac{1}{3}\delta_{ks}U^2\right)}\right] + \boldsymbol{P}_{ks}^0\operatorname{div}\boldsymbol{u} + 2\sum_j\left(\boldsymbol{P}_{jk}\frac{\partial u_s}{\partial r_j}\right)^0$$

$$= \int m\left(U_k U_s - \frac{1}{3}\delta_{ks}U^2\right)\left(\frac{\partial f}{\partial t}\right)_{\text{coll.}}\mathrm{d}\boldsymbol{U}$$

$$\frac{D}{Dt}J_j + \operatorname{div}\left(\frac{1}{2}\overline{\rho U^2\boldsymbol{U}U_j}\right) + \frac{5}{2}p\frac{D}{Dt}u_j + \sum_S \boldsymbol{P}_{js}^0\frac{Du_s}{Dt}$$

$$+J_j\operatorname{div}\boldsymbol{u} + (\boldsymbol{J}\cdot\nabla)u_j + \rho\sum_{k,s}\overline{U_jU_kU_s}\nabla_s U_k$$

$$= \int\frac{1}{2}mU^2U_j\left(\frac{\partial f}{\partial t}\right)_{\text{coll.}}\mathrm{d}\boldsymbol{U} \tag{11-23}$$

这些方程式及 (20a, 21a, 22a) 方程式, 共有 $\rho, \boldsymbol{u}\,(u_x, u_y, u_z)\,, \epsilon$ 或 $T, \boldsymbol{P}_{xx}, \boldsymbol{P}_{xy}, \boldsymbol{P}_{xz},$ $\boldsymbol{P}_{yy}, \boldsymbol{P}_{yz}, \boldsymbol{P}_{zz}, J_x, J_y, J_z$ 十四个函数 (但有 $p = \frac{1}{3}\left(\boldsymbol{P}_{xx} + \boldsymbol{P}_{yy} + \boldsymbol{P}_{zz}\right) = nkT$ 一关系) 中有十三个独立函数. 但上方程式又出了 $U_xU_xU_y, U_xU_yU_z, U^2U_xU_y, \cdots$ 函数, 故仍是不封闭的系统.

(20a), (21a), (22a) 数式与上式 (23) 式有极显著的差异, 即前者由于 (14) 式的守恒关系, $n\,(\boldsymbol{r}, t)\,, u\,(\boldsymbol{r}, t)\,, T\,(\boldsymbol{r}, t)$ 函数在撞碰的改变缓慢; 而 (23) 等式的八个函数 $\boldsymbol{P}_{xy}, J_x$ 等, 因无守恒的关系, 故改变甚速. 按 Grad 氏的计算, 如分子间的相互作用为 $V \propto \frac{1}{r^5}$ (所谓 Maxwell 气体), $\boldsymbol{P}$ 与 $\boldsymbol{J}$ 与时间的关系为

$$\boldsymbol{P} \propto \exp\left(-\frac{4t}{t_1}\right), \quad \boldsymbol{J} \propto \exp\left(-\frac{2.7t}{t_1}\right) \tag{11-24}$$

t_1 为 $\dfrac{\lambda}{u}$ = 两撞碰间的时间 (见下文 (26) 式), 故经一二撞碰, $\boldsymbol{P}, \boldsymbol{J}$ 之值皆大变也.

上述 (20a), (21), (22), (23) 等矩之方程式, 构成一连锁的方程式系, 实际计算时, 只有于决定保留若干次的矩后, 将连锁切断之, 弃去更高之矩.

11.2 Boltzmann 方程式之解: Chapman, Enskog 法 *

Boltzmann 方程式, 系一在 6 维相空间的非线性积分微分方程式; 对时间 t 言, 系第一阶微分方程式. 这是一个开始值 (initial value) 问题. Chapman 及 Enskog (1911~1917 年) 的解法, 是不直接的去解 B 氏方程式, 而将 $f\,(\boldsymbol{r}, \boldsymbol{v}, t)$ 函数视为 (巨观的)$n\,(\boldsymbol{r}, t)\,, u\,(\boldsymbol{r}, t)\,, T\,(\boldsymbol{r}, t)$ 等函数的函数, 或写为

$$f\,(\boldsymbol{r}, \boldsymbol{v}, t) \rightarrow f\,(\boldsymbol{r}, \boldsymbol{v}\,|n, \boldsymbol{u}\,, T) \tag{11-25}$$

---

* 下文将简称为 C-E 法; Boltzmann 方程式为 B 氏方程式.

$n(\boldsymbol{r},t),u(\boldsymbol{r},t),T(\boldsymbol{r},t)$ 则由流体动力方程式 (20),(21),(22) 之解求之. 这些方程式,
系 3 维坐标空间的微分方程, 故较 B 氏方程式的 6 维空间为容易些.

　　上述的将 6 维度问题改为 3 维度问题, 不纯是为数学上的技巧, 而系有物理的
意义的. 按 B 氏方程式, $f(\boldsymbol{r},\boldsymbol{v},t)$ 之改变来由有三: (一) 因分子移动其位置 $\boldsymbol{r}$, 故
f 改变; (二) 因外力作用, 其速度 $\boldsymbol{v}$ 改变, 故 f 改变; (三) 当分子与其他分子撞碰,
其 $\boldsymbol{v}$ 改变. 前二者的改变率较慢, 后者较快. 如两个碰撞间之时间为 t_1, 我们可以
说 t_1 是 B 氏方程式中 f 函数的时钟单位. t_1 之值, 在通常压力及温度下,

$$t_1 \simeq \frac{\lambda}{\bar{c}} = \frac{\text{平均自由径}}{\text{平均速度}} \tag{11-26}$$

$$\simeq 10^{-9} \sim 10^{-8}\text{s} \tag{11-27}$$

此是极短的时间. 我们观察巨观的现象 [如一个容器内物体的趋近平衡态的过程,
热的传导等, 为巨观理论如 (20), (21), (22) 各方程式所描述的] 时, 对这样短时间
中的迁辽, 是既不易量亦不感兴趣的. 我们直接观察到的, 是巨观的变数 —— 如密
度 n, 平均速度 $\boldsymbol{u}$, 平均温度 T 等 —— 的趋向平衡的过程, 换言之, 是 $n,\boldsymbol{u},T$ 的变
更. 这些 $n,\boldsymbol{u},T$ 的变更, 是远较慢的, 他们的时钟单位 t_2, 可约略估计为

$$t_2 \simeq \frac{\text{巨观的距离}}{\text{声波速度}} \simeq \frac{1}{\bar{c}} \tag{11-28}$$

$$= 10^{-4}\text{s}$$

(25) 式的物理意义, 乃系以单位为 t_2 的时钟, 去量 $f(\boldsymbol{r},\boldsymbol{v},t)$ 的变更率.

　　C-E 法系假设气体虽未达平衡态, 但在每一小局部的体积 ΔV 中, 已离 "局部
的平衡" 不远. 所谓局部的平衡, 是指分子的速度分布, 有如 (8-38a) 式

$$f_{(0)}(\boldsymbol{r},\boldsymbol{U},t) = n(\boldsymbol{r},t)\left(\frac{m}{2\pi kT(\boldsymbol{r},t)}\right)^{3/2}\exp\left(-\frac{mU^2}{2kT(\boldsymbol{r},t)}\right) \tag{11-29}$$

此式与 (8-38a) 不同点, 是 n,T,U 仍是位置及时间的函数. C-E 假设 f 可展开

$$f = f_{(0)} + \xi f_{(1)} + \xi^2 f_{(2)} + \cdots \tag{11-30}$$

$$= f_{(0)}(1 + \xi\phi + \xi^2\psi + \cdots) \tag{11-30a}$$

ξ 系一参数, 表示 f 与局部平衡 f_0 之差距.(ξ 可看作一巨观变数如 n,T 等在一平均
自由径 λ 间距的改变 $\xi \simeq \lambda\dfrac{\nabla T}{T}$). 按此, 凡 $n,\boldsymbol{u},T$ 等的第一阶微分导数如 $\dfrac{\partial n}{\partial r},\dfrac{\partial T}{\partial r}$,皆
系第一阶的微小量, $\dfrac{\partial^2 n}{\partial r^2},\dfrac{\partial^2 T}{\partial r^2},\left(\dfrac{\partial n}{\partial r}\right)^2$ 等则皆系 ξ^2 阶的微值.

ξ^0: 以 (30) 式代入 B 氏方程式 (1), 取 ξ^0 阶, 即得

$$\iint d\Omega\sigma\,|\boldsymbol{g}|(f_{(0)}{}'f'_{(0)_2} - f_{(0)}f_{(0)_2})d\boldsymbol{v}_2 = 0 \tag{11-31}$$

此式之解即系 (29)(见第 8 章, (8-26), (8-38a) 式).

以 $f_{(0)}$ 代入 (15), (16), (17), (18) 式, 即得

$$\boldsymbol{P}_{xy(0)} = nkT\delta_{xy}$$

$$= p\delta_{xy}, \quad x,y = x,y,z \tag{11-32}$$

$$\boldsymbol{J}_{(0)} = 0 \tag{11-33}$$

由 (20a), (21a), (22a) 式, 得

$$\frac{\partial p}{\partial t} + \mathrm{div}(\rho\boldsymbol{u}) = 0 \tag{11-34}$$

$$\rho\left[\frac{\partial\boldsymbol{u}}{\partial t} + (\boldsymbol{u}\cdot\nabla)\,\boldsymbol{u}\right] = \rho\boldsymbol{a} - \nabla p \tag{11-35}$$

$$\frac{DT}{Dt} = -\frac{2T}{3}\mathrm{div}\boldsymbol{u}, \quad \text{或}\frac{D}{Dt}\left(\frac{n}{T^{3/2}}\right) = 0 \tag{11-36}$$

(34) 式系连续方程式; (35) 系 Euler 的无黏性流体运动式; 右方为作用于单位体积的外力 $\rho\boldsymbol{a}$ 及流体静力压 p 之梯度. (36) 式则系 $\dfrac{n}{T^{3/2}}$ 或 $\dfrac{1}{VT^{3/2}}$(在随着气体流动速度 $\boldsymbol{u}$ 运行的坐标中) 为一常数. 按第 2 章 (2-49),(2-50) 式及 $\gamma = C_p/C_V = \dfrac{5}{3}$ 之值, 在绝热情形下, $TV^{2/3} = $ 常数也. $\tag{11-37}$

我们可注意一点, 即在 ξ^0 阶, (34), (35), (36) 三方程对 $t \to -t$, 皆有不变性. 至下一 ξ^1 阶, 则不然矣 (见下 (64a) 式). ξ^1: 以 (30a) 式代入 (1), (2) 式, 取 ξ^1 阶之项, 即得 (在无外力情形下, $\boldsymbol{a} = 0$)

$$\left(\frac{\partial}{\partial t} + \boldsymbol{v}\cdot\frac{\partial}{\partial\boldsymbol{r}}\right)f_{(0)} = \iint d\Omega\sigma\,|g|\,d\boldsymbol{v}_2 f_{(0)}f_{(0)2}\left[\phi' + \phi'_2 - \phi - \phi_2\right] \tag{11-38}$$

此处的符号与 (8-12) 同, 即

$$\phi = \phi\,(\boldsymbol{r},\boldsymbol{v},t)\,, \phi' = \phi\,(\boldsymbol{r},\boldsymbol{v}',t)\,, \phi_2 = \phi\,(\boldsymbol{r}_2,\boldsymbol{v}_2,t)\,, \text{等} \tag{11-39}$$

用 (29) 式之 $f_{(0)}$, 即得

$$\left(\frac{\partial}{\partial t} + \boldsymbol{v}\cdot\frac{\partial}{\partial\boldsymbol{r}}\right)f_{(0)} = \left[\left(\frac{mU^2}{2kT} - \frac{5}{2}\right)\boldsymbol{U}\cdot\nabla\ln T\right.$$

$$\left. + \frac{m}{kT}\left(U_iU_j - \frac{1}{3}U^2\delta_{ij}\right)\boldsymbol{D}_{ij}\right]f_{(0)} \tag{11-40}$$

D_{ij} 见 (19) 式. 凡注 i(或 j) 在同一项中出现两次者, 皆作 $i = x, y, z$ 之和 (见 (9) 式脚注).

　　兹欲解 (38) 式, 求 ϕ 函数. 该式为一非均匀积分方程方. 此类方程式有解之条件, 乃其式中之非均匀部分需与均匀部分所成之方程式之解作 "正交", 即谓

$$I(\phi) \equiv \iint \mathrm{d}\Omega\sigma\,|g|\,\mathrm{d}\boldsymbol{v}_2 f_{(0)} f_{(0)2}\left(\phi' + \phi_2' - \phi - \phi_2\right) = 0 \tag{11-41}$$

之解需与 (40) 式正交. 但 (41) 之解, 显系

$$\phi = 1, \boldsymbol{v}, v^2 \tag{11-42}$$

上述的条件

$$\int \phi\left(\frac{\partial}{\partial t} + \boldsymbol{v} \cdot \frac{\partial}{\partial \boldsymbol{r}}\right) f_{(0)} \mathrm{d}\boldsymbol{v} = 0 \tag{11-43}$$

的满足, 可由 (14) 式关系证明 (以 (42) 代入 (43), 便获得 (20), (21), (22) 流体动力方程式). 故 (38) 式有解之存在.

　　为简化符号计, 兹定义

$$\boldsymbol{c} \equiv \left(\frac{m}{2kT}\right)^{\frac{1}{2}} \boldsymbol{U},\, F(g, \theta) \equiv |\boldsymbol{c} - \boldsymbol{c}_2| \frac{\sigma(g, \theta)}{\sigma_0}$$
$$\sigma_0 = 常数\ (面积) \tag{11-44}$$

ϑ 系两分子撞碰之散射角.

$$\sigma \mathrm{d}\Omega = \sigma(g, \vartheta) \sin\vartheta \mathrm{d}\theta \mathrm{d}\phi \tag{11-45}$$

则 (38), (40) 式成

$$n\sigma_0 I(\phi) = \frac{1}{T}\left(c^2 - \frac{5}{2}\right) \boldsymbol{c} \cdot \nabla T + 2\left(c_i c_j - \frac{1}{3}c^2\delta_{ij}\right) D_{ij} \tag{11-46}$$

$$I(\phi) = \frac{1}{\pi^{3/2}} \iint \mathrm{d}\Omega F(\boldsymbol{g}, \theta)\,\mathrm{d}c_2 \mathrm{e}^{-c_2^2}\left(\phi' + \phi_2' - \phi - \phi_2\right) \tag{11-46a}$$

此处之 D_{ij} 为

$$\boldsymbol{D}_{ij} = \frac{1}{2}\left(\frac{\partial w_j}{\partial x_i} + \frac{\partial w_i}{\partial x_i}\right), \quad w_i = \left(\frac{m}{2kT}\right)^{1/2} u_i \tag{11-47}$$

　　为解 (46), (46a) 积分方程式, 先考虑下本征值问题 (线性积分方程式)

$$I(\phi) = \zeta\phi \tag{11-48}$$

如 (46a) 之 $F(g, \vartheta)$ 与 $g = |v - v_2|$ 无关 *, 则 (48) 式之本征值及本征函数 (eigenvalues 及 eigenfunctions) 为

$$\phi_{nlm}(c, \vartheta, \varphi) = N_{nlm} c^l L_n^{l+\frac{1}{2}}(c^2) Y_{lm}(\vartheta, \varphi) \tag{11-49}$$

---

* Maxwell 计算 $V(r) \propto r^{-5}$ 作用定律的情形, 碰撞截面 σ(故 $F(g, \vartheta)$ 亦然) 与 g 无关.

$$L_n^\beta(s) = \sum_{s=0}^n \frac{\Gamma(n+\beta+1)}{S!(n-s)!\Gamma(s+\beta+1)}(-z)^s, \quad \text{(Sonine多项式)} \tag{11-50}$$

$$\zeta_{nl} = 2\pi \int_0^\pi \mathrm{d}\vartheta \sin\vartheta F(\theta)\left[\cos^{2n+1}\left(\frac{\vartheta}{2}\right)P_l\left(\cos\frac{\vartheta}{2}\right)\right.$$

$$\left. + \sin^{2n+1}\left(\frac{\vartheta}{2}\right)P_l\left(\sin\frac{\vartheta}{2}\right) - 1 - \delta_{n0}\delta_{l0}\right] \tag{11-51}$$

$$\int \phi_{nlm}\phi_{n'l'm'}^* \mathrm{e}^{-c^2}c^2 \mathrm{d}c\mathrm{d}\cos\vartheta\mathrm{d}\varphi = \delta_{nn'}\delta_{ll'}\delta_{mm'} \tag{11-52}$$

其 "最低" 数个本征值及本征函数, 见下表.

$n, l, m =$	$0, 0, 0$	$01m$ $m = 0, \pm1$	00	$11m$ $m = 0, \pm1$	$02m$ $m = 0, \pm1, \pm2$
ζ_{nl}	0	0	0	ζ_{11}	ζ_{02}
ϕ_{nlm}	1	c	$c^2 - \dfrac{3}{2}$	$c\left(\dfrac{5}{2} - c^2\right)$	$c_i c_j - \dfrac{1}{3}c^2\delta_{ij}$

表中 $(n, l, m) = (0, 0, 0), (0, 1, m), m = 0, \pm1(1, 0, 0)$ 五个 ζ 及 ϕ_{nlm}, 即前 (42) 式解. 最有趣者, 乃 ϕ_{11m}, ϕ_{02m} 两个函数正与 (46) 式右方两项相同. 故 (46), (46a) 方程式的准确解为

$$\phi(c) = \frac{1}{n\sigma_0}\left[\frac{1}{\zeta_{11}T}\left(c^2 - \frac{5}{2}\right)\boldsymbol{c}\cdot\nabla T + \frac{3}{\zeta_{02}}(c_i c_j - \frac{1}{3}c^2\delta_{ij})\boldsymbol{D}_{ij}\right]$$

$$+ a_1 + \boldsymbol{a}_2\cdot\boldsymbol{c} + a_3 c^2 \tag{11-54}$$

ζ_{11}, ζ_{02} 之值由 (51) 式为

$$\zeta_{11} = \frac{2}{3}\zeta_{02} = -\pi\int_0^\pi \mathrm{d}\vartheta \sin^4\theta F(\vartheta) \tag{11-55}$$

故视分子碰撞截面 σ 函数而定, 而此函数 σ 则视分子相互作用 $V(r_{12})$ 而定也. (55) 式中 a_1, a_2, a_3 五个常数, 可用下五个条件定之:

$$\int f_{(0)}\phi\mathrm{d}\boldsymbol{v} = \int f_{(0)}\phi\boldsymbol{v}\mathrm{d}\boldsymbol{v} = \int f_{(0)}\phi v^2\mathrm{d}\boldsymbol{v} = 0 \tag{11-56}$$

兹以 (54) 之 ϕ, 代入 (30a), 再以此 f 代入 (15), (16) 式, 则得

$$\boldsymbol{P}_{xy(1)} = -2\mu_0\left(\boldsymbol{D}_{xy} - \frac{1}{3}\boldsymbol{D}_{ss}\delta_{xy}\right), x, y \text{ 取 } x, y, z \text{ 之值} \tag{11-57}$$

$$\boldsymbol{J}_{(1)} = -\kappa_0\nabla T \tag{11-58}$$

$$\mu_0 = -\frac{m}{2\sigma_0\zeta_{02}}\left(\frac{2kT}{m}\right)^{1/2*} \tag{11-59}$$

$$\kappa_0 = -\frac{5k}{4\sigma_0\zeta_{11}}\left(\frac{2kT}{m}\right)^{1/2} \tag{11-60}$$

以 (58) 式与 (9c) 比, 得见此处之 κ_0, 即 (9-9c) 式的热传导系数. 以 (57) 式与 (9-16b) 比, 则得见此处之 μ_0, 即 (9-16b) 式的黏性系数.

由 (59), (60) 及 (56) 式, 即得

$$\frac{\mu_0}{\kappa_0} = \frac{15k}{4m} = \frac{5}{2}c_v \tag{11-61}$$

$$c_v = \frac{3k}{2m}, \quad 等体积比热$$

(参阅第 9 章 (9-18) 式)

兹以 (32), (33) 之 $\boldsymbol{P}_{(0)}, \boldsymbol{J}_{(0)}$ 及 (57), (58) 之 $\boldsymbol{P}_{(1)}, \boldsymbol{J}_{(1)}$ 代入 (20a), (2la) 各式, 即得下列流体动力方程式

$$\frac{\mathrm{D}n}{\mathrm{D}t} + n\,\mathrm{div}\boldsymbol{u} = 0 \tag{11-62}$$

$$\frac{\mathrm{D}\boldsymbol{u}}{\mathrm{D}t} = \boldsymbol{a} - \frac{1}{\rho}\frac{\partial}{\partial\boldsymbol{r}}\boldsymbol{P}, \boldsymbol{P}_{xy} = p\delta_{xy} - 2\mu\left(\boldsymbol{D}_{xy} - \frac{1}{3}\boldsymbol{D}_{ss}\delta_{xy}\right) \tag{11-63}$$

$$\frac{3kn}{2}\frac{\mathrm{D}T}{\mathrm{D}t} = -\mathrm{div}\boldsymbol{J} - \left(p\boldsymbol{D}_{ss} + \boldsymbol{P}_{xy(1)}\boldsymbol{D}_{xy}\right) \tag{11-64}$$

(62) 式与 (34) 式同, 系连续方程式.

$$\boldsymbol{D}_{ss} = \mathrm{div}\boldsymbol{u}, 3p = \boldsymbol{P}_{xx} + \boldsymbol{P}_{yy} + \boldsymbol{P}_{zz}, \tag{11-65}$$

为明晰见, 可写 (63) 式的 x 分量

$$\rho\frac{\mathrm{D}u_x}{\mathrm{D}t} = \rho a_x - \sum_{y=x}^{z}\frac{\partial}{\partial y}\left[p\delta_{xy} - 2\mu\left(\boldsymbol{D}_{xy} - \frac{1}{3}\boldsymbol{D}_{ss}\delta_{xy}\right)\right] \tag{11-63a}$$

与 (35) 式较, 则此处多出之含 μ 之项, 是代表黏性的影响. 此项亦正是 (9-26) 式之末项. 如流体是不可压缩者, 则 $\mathrm{div}\boldsymbol{u} = 0$,

$$2\mu\sum_{y=x}^{z}\frac{\partial}{\partial y}\left(\boldsymbol{D}_{xy} - \frac{1}{3}\boldsymbol{D}_{ss}\delta_{xy}\right) = \mu\nabla^2 u_x \tag{11-66}$$

因有此含有 μ 之项, (63a) 方程式是不可逆的, —— 如作 $t \to -t$, 则该方程式不复有不变性如 (35) 式矣. 此不可逆性的来源, 乃系 (38) 式的右方 "碰撞积分"! (63(称为 Navier-Stokes 方程式. (64) 式可用 (58) 式改写为

$$\frac{3}{2}kn\frac{\mathrm{D}T}{\mathrm{D}t} = \kappa\nabla^2 T - \left(p\boldsymbol{D}_{ss} + \boldsymbol{P}_{xy(1)}\boldsymbol{D}_{xy}\right) \tag{11-64a}$$

----

* 此处所得之导热系数 κ 及黏性系数 μ, 均系与密度 n 无关的. 从理论观点, B 氏方程式只有两个分子的碰撞, 故此结果, 正如所期. 从实验观点, 压力高至十数大气压, 此二系数仍与 n 无关. 参看第 12 章第 2 节末.

如用 (61) 式, 则此式成

$$\frac{DT}{Dt} = \frac{\kappa}{\rho c_v} \nabla^2 T - \frac{1}{\rho c_v} \left(p\boldsymbol{D}_{ss} + \boldsymbol{P}_{xy(1)} \boldsymbol{D}_{xy} \right) \tag{11-67}$$

右方首项即与 (9-12) 相同. 此式由于热传导一项, 亦系不可逆的. 其故与 (63) 式者同.

总结上述: 由 (62), (63), (64) 式, 求 $n(\boldsymbol{r}, t), \boldsymbol{u}(\boldsymbol{r}, t), T(\boldsymbol{r}, t)$ 之解. [该式中之 $\boldsymbol{J}_{(1)}$ 及 $\boldsymbol{P}_{xy(0)}, \boldsymbol{P}_{xy(1)}$ 皆系用已知的 $f_{(0)}$ 计算的, 盖在 (16), (17) 式中之 $f = f_{(0)} + f_{(0)}\phi$, 其中按 (54) 式只含有以 $f_{(0)}$ 计算得来的 ξ^0 阶 $n_{(0)}, u_{(0)}, T_{(0)}$ 也.] 由于 (63), (64) 式之不可逆性, 此二式将描述 $\boldsymbol{u}(\boldsymbol{r}, t), T(\boldsymbol{r}, t)$ 之趋近平衡态. ξ^2 :C-E 法自可推进至 ξ^2 阶.(38) 式将代以

$$\left(\frac{\partial}{\partial t} + \boldsymbol{v} \cdot \frac{\partial}{\partial \boldsymbol{r}} \right) f_{(1)}$$

$$= \iint \mathrm{d}\Omega\sigma \, |\boldsymbol{g}| \, \mathrm{d}\boldsymbol{v}_2 f_{(0)} f_{(0)2} \left[\phi' + \phi'_2 - \phi - \phi_2 \right] \tag{11-68}$$

$f_{(1)} = f_{(0)}, f_{(2)} = f_{(0)}\phi$, 见 (30a) 式. 以 (54) 式之 ϕ 代入 $f_{(1)} = f_{(0)}\phi$ 中, 则得一较 (45) 式远为复杂之积分方程式. 此项计算, 已由 Burnett 完成了.

由 B. 氏方程式不仅可导出流体动力方程式 (62), (63), (64), 且可从分子向作用 $V(r)$, 按理论计算导热系数后 κ 及黏性系数 μ 如 (59), (60) 式. *

11.3 Boltzmann 方程式——若干基本问题

上节讨论 B 氏理论, 已见其重要点：①提供平衡态之 Maxwell 分布定律及 Boltzmann 分布定律, ②提供流体方程式的理论根据, 这些方程式前此多多少少是半经验式的, ③提供热传导及黏性系数由分子相互作用导出的公式, ④原则上提供一个非平衡气体趋近平衡态的过程的理论计算方法, 如由任意之分子速度分布趋近 Maxwell 分布等.

但此外仍有许多问题, 是 B 氏理论所未顾及的, 现略举出几项. 这些问题的处理, 乃近 30 年来的新进展, 将于下一章讨论之.

11.3.1 高密度气体的问题

B 氏方程式中, 只考虑两个分子的撞碰. 惟在高密度时, 分子间的平均距离减小, 在 "碰撞" 的术语上. 我们可以说三个分子碰撞的机会渐增. 问题是如何的计

---

* (59), (60) 二式是由 (56) 式积分得来的. 在 $V(r) \propto r^{-5}$ 定律之外的 $V(r)$, 前述的 (46) 方程式不易解如 (48)~(53), 但 $\phi(c)$ 可以 (49) 之全集函数展开计算之.

算三个或四个分子的碰撞以修改补充 B 氏方程式. 这是一个实际有应用性的问题, 但更重要的是一个基本问题, 即如何可以处理一个 n 个分子的气体.

这个问题的解答, 不能求之于 B 氏方程式之内, 而需求之于较 B. 氏方程式更为基本的出发点. 这出发点, 系由力学中的 Liouville 方程式, 将于下章中述之.

11.3.2　起伏的问题

按 (8-24)H 定理, H 函数是永在减小, 换言之, H 是无起伏的. 这个结果自是来自 B. 氏方程式的碰撞积分的特殊形式. 但从气体的分子构造的观点言 (见本书后文统计力学章), 则由于分子的运动, H 函数 (或熵函数 S) 除在巨观上有不断减小 (S 增加) 特性外, 应有起伏 (fluctuations) 的现象.

这个问题极为重要. Boltzmann 的 H 定理, 曾有许多批评和疑问 (见第 8 章第 4 节). 在企图答复这些批评的讨论中, B 氏对 H 定理, 改取一几率性的观点, 以为 "碰撞积分" 并非绝对正确如力学的定律, 而仅系最大几率的情形. 按这观点, 则 H 函数不是绝对的永在减小, 而可有起伏的; H 定理只宜看作H**大体上**(巨观的) 的永远减小, 在微观上是有起伏的.

这个几率观点, 是对 "H 定理" 作物理的解释. 但按 H 的定义 (8-18) 或 (8-42), 如分布函数 f 所满足之方程式本身无起伏性, 则 H 无从显示起伏性的, 如欲得一有起伏性的 H 函数, 则 f 之方程式, 必需有起伏性——不规则的起伏性.

此问题由李述忠氏和作者于数年前解答了. 出发点亦系将于下章讨论之理论. 从一个 N 个分子的系及其所遵守之 Liouville 方程式开始, 可得一 (无限) 系列的联合方程式, 如作若干近似步骤, 并对二个分子之相关函数 (correlation) 的开始条件作某些假设 (等于零的假设), 则获 B 氏的方程式; 但如不作这假设而代以从统计观点上较合理的考虑, 则可获得一具有起伏项 (在时间 t 的变更是无规则的) 的 B 氏方程式, 由之即可得一有起伏的 H 函数. 李吴的文, 见于 1973 年之 International Journal of Theoretical Physics, 7, 267.

11.3.3　Boltzmann 方程式的基础

问题乃: 气体有 N 个分子. 在古典力学中, 此系之相, 为 N 个粒子之坐标及动量 $(q_1, \cdots, q_N, p_1, \cdots, p_N)$, 故相空间为 $6N$ 维 (所谓 Γ 空间). 此系的分布函数, 应是此 $6N$ 维空间之函数 $f(q_1, \cdots, q_N, p_1, \cdots, p_N, t)$. 兹 B 氏理论, 系讨论一个粒子在其 6 维空间 (所谓 μ 空间) 的分布函数 $f(r, v, t)$. 以一个粒子的函数来讨论 N 个粒子的问题, 诚是简易多了, 但根据何在呢?

此问题乃一极深极不显然的问题. 这问题的了解和答案, 可谓迟至 1946 年 Bogoliubov 始得澄清. 重要的关键, 乃系一个气体, 其本身的过程, 即有数个极不同的时间单位. 第 2 节讨论 Chapman 与 Enskog 解 B 氏方程式时, 曾指出有两极不同的时间单位, $t_1 \simeq 10^{-8}$s, $t_2 \simeq 10^{-4}$s(见 (27), (28) 式). 由于此二时间之存在, $f(\boldsymbol{r}, \boldsymbol{v}, t)$ 在时间上之变更, 有短期 (急速) 的, 其单位为 t_1; 有较长期 (缓慢) 的, 其单位为 t_2. 如我们注意点乃系一个系的缓慢过程 (趋近平衡态的过程), 则我们可以撇开有急速变更的 $f(\boldsymbol{r}, \boldsymbol{v}, t)$(6 维相空间) 而注意缓慢变更的 $n(\boldsymbol{r}, t), \boldsymbol{u}(\boldsymbol{r}, t), T(\boldsymbol{r}, t)$ 函数 (3- 维坐标空间), 而将 $f(\boldsymbol{r}, \boldsymbol{v}, t)$ 看作一个"函数的函数"$f(\boldsymbol{r}, \boldsymbol{v} \mid n(\boldsymbol{r}, t), \boldsymbol{u}(\boldsymbol{r}, t), T(\boldsymbol{r}, t))$.

兹取一 N 分子系. 设其分布函数为 $f(q_1, \cdots, q_N, p_1, \cdots, p_N, t)$. 设两个分子相互作用 $V(r_{12})$ 的效程 (如第 7 章第 2 节图中之 r_0), 为 r_0. 两个分子"碰撞"的时间 t_0 则是

$$t_0 \simeq \frac{r_0}{\bar{c}} = \frac{\text{作用 } V \text{ 之效程}}{\text{平均速度}}$$
$$\cong \frac{10^{-8}}{10^4} = 10^{-12}\text{s} \tag{11-69}$$

此时间又远短于 t_1, 在 t_0 中, 两个分子的动量作碰撞的变更, 因之 $f(q_1, \cdots, q_N, p_1, \cdots, p_N, t)$ 亦作变更. 如我们对在此极短时间的变迁, 不感兴趣, 而只注意在时间 t_1(平均自由时间) 内的变迁, 则可以不直接求 $f(q_1, \cdots, q_N, p_1, \cdots, p_N, t)$ 为 t 之函数, 而间接的求 $f(q_1, \cdots, q_N, p, \cdots, p_N, t)$ 在以 t_1 为单位的时钟的变迁. 我们将在下章中将得见 $f(\boldsymbol{q}_1, \boldsymbol{q}_2, \boldsymbol{p}_1, \boldsymbol{p}_2, t), f(\boldsymbol{q}_1, \boldsymbol{q}_2, \boldsymbol{p}_1, \boldsymbol{p}_2, t), f(\boldsymbol{q}_1, \boldsymbol{q}_2, \boldsymbol{q}_3, \boldsymbol{p}_1, \boldsymbol{p}_2, \boldsymbol{q}_3, t) \cdots$ 和 $f(\boldsymbol{q}_1, \boldsymbol{p}_1, t)$ 的基本不同处是前者的过程, 有以 t_0, t_1, t_2 为单位的变迁, 而 $f(\boldsymbol{q}_1, \boldsymbol{p}_1, t)$ 则在低密度情形下只有 t_1, t_2 为单位的变迁. 故如不考虑极快的变迁, 则以一个分子的 $f(\boldsymbol{q}_1, \boldsymbol{p}_1, t)$, 作为时钟标, 是最适宜的. 以 $f(\boldsymbol{q}, \boldsymbol{p}, t)$ 作为"时钟标", 将两个、三个、…… 分子的 $f(\boldsymbol{q}_1, \boldsymbol{q}_2, \boldsymbol{p}_1, \boldsymbol{p}_2, t), f(\boldsymbol{q}_1, \boldsymbol{q}_2, \boldsymbol{q}_3, t) \cdots$ 视为 $f(\boldsymbol{q}, \boldsymbol{p}, t)$ 的函数 (functional),

$$f(\boldsymbol{q}_1, \boldsymbol{q}_2, \boldsymbol{p}_1, \boldsymbol{p}_2, t) \to f(\boldsymbol{q}_1, \boldsymbol{q}_2, \boldsymbol{p}_1, \boldsymbol{p}_2 \mid f(\boldsymbol{q}, \boldsymbol{p}, t)) \tag{11-70}$$

亦犹以 $f(\boldsymbol{q}, \boldsymbol{p}, t)$ 视为 $n(\boldsymbol{r}, t), \boldsymbol{u}(\boldsymbol{r}, t), T(\boldsymbol{r}, t)$ 之函数然.

上述的考虑, 乃系 C.-E. 氏理论的基础, 亦 Bogoliubov 理论的出发点, 略见下章.

第 12 章 气体之运动——统计理论

12.1 Liouville 方程式及系综

上章末节提出 Boltzmann 方程式的基础的问题, 即谓以一个分子的分布函数处理 N 个分子问题的依据所在. 此外亦指出 B 氏方程式的较 "技术性" 的问题, 如该理论之不易引展到三个分子的撞碰和该方程式之不能显出起伏的特性等. 从这些观点, 故寻求一较普遍, 较基本性的理论, 实有必要. 1946 年, 一个新的观点, 同时的由几个物理学家各自独立的创展起来. 苏联的 N. N. Bogoliubov, 在英国的 M. Born 及 H. S. Green, 美国的 G. Kirkwood, 及法国的 J. Yvon, 皆从力学及统计力学的 Liouville 方程式为讨论一个 N 分子问题的出发点. Liouville 方程式是纯由力学的运动方程式得来的, 本身不含有特殊假设. 惟以用于气体的巨观 (平均) 的问题, 则尚需引入 "系综"(ensemble) 的观念. 这系综观念是 Boltzmann 首次引于统计力学的; Gibbs 的统计力学, 是以系综为出发点, 关于 Boltzmann 和 Gibbs 的统计力学的基础, 将于下文第 16、18 章述之. 本章将述以 Liouville 方程式及系综观念为出发点的理论——称为运动–统计气体理论*. 这可视为气体运动论的基本理论.

Liouville 方程式 (1838 年) 可由数不甚同的观点获得之. 下文将纯粹的由力学的正则变换理论导出之.

兹取一 N 个质点的系, 其正则坐标及动量为 $q_1, \cdots, q_{3N}, p_1, \cdots, p_{3N}$, 其 Hamiltonian 函数为

$$H(q_1, \cdots, q_{3N}, p_1, \cdots, p_{3N})$$

此系的运动方程式为下正则 (canonical) 方程式 **：

$$\dot{q}_k = \frac{\partial H}{\partial p_k}, \quad \dot{p}_k = -\frac{\partial H}{\partial q_k}, \quad k = 1, \cdots, 3N \tag{12-1}$$

设作一由 $q_1, \cdots, q_{3N}, p_1, \cdots, p_{3N}$ 至另一组的坐标及动量

$$Q_1, \cdots, Q_{3N}, \quad P_1, \cdots, P_{3N}$$

---

* Kinetic-Statistical theory of gases.

** 可参阅《古典动力学》乙部第 3、4 章.

之正则变换, 使第 (1) 式成

$$\dot{Q}_k = \frac{\partial K}{\partial P_k}, \quad \dot{P}_k = -\frac{\partial K}{\partial Q_k} \tag{12-2}$$

$K = K(Q_1, \cdots, Q_{3N}, P_1, \cdots, P_{3N})$ 函数. 由此正则变换之理论, 可证明任何一个在 $(q_k, p_k)^*$ 六维空间的体积, 经此变换, 其值不变,

$$\Delta Q_1 \Delta Q_2 \cdots \Delta Q_{3N} \Delta P_1 \cdots \Delta P_{3N} = \Delta q_1 \Delta q_2 \cdots \Delta q_{3N} \Delta p_1 \cdots \Delta p_{3N} \tag{12-3}$$

或

$$\int_V \cdots \int dQ_1 \cdots dQ_{3N} dP_1 \cdots dP_{3N} = \int_v \cdots \int dq_1 \cdots dq_{3N} dp_1 \cdots dp_{3N} \tag{12-3a}$$

右方积分之体积 v 系 (q_k, p_k) 空间之任意体积, 左右之体积 V 则系 v 中的点 $(p_1, \cdots, q_{3N}, p_1, \cdots, p_{3N})$ 经变换至 (Q_k, P_k) 空间之点所构成之体积.

按正则变换理论, 在一个系的运动中, 在 t 时的 (q_k, p_k) 值, 与在 t' 时的 (q'_k, p'_k) 值, 其关系为一正则变换. 换言之, 一个系的运动 (遵守 (1) 方程式), 可视一连续的正则变换的展开.

按此定理及第 (3a) 式, 得见在 (q_k, p_k) 空间之任意体积 $\Delta\Omega$, 于各点 (q_k, p_k) 按 (1) 式运行时, 其值不变. 此定理可以下式表之:

$$\frac{\partial(\Delta\Omega)}{\partial t} + \sum_k^{3N} \left(\dot{q}_k \frac{\partial}{\partial q_k} + \dot{p}_k \frac{\partial}{\partial p_k} \right) \Delta\Omega = 0 \tag{12-4}$$

$\Delta\Omega$ 之量不变, 但其几何形状可变. 上述皆系正则变换的结果, 无何假设参入的.

兹考虑一个密度函数 $\rho = \rho(q_1, \cdots, q_{3N}, p_1, \cdots, p_{3N}, t)$, 其意义为

$$\rho\Delta\Omega = 在 t 时在 \Delta\Omega 内之点数$$

如随着 (q_k, p_k) 点按第 (1) 式运行, 则 $\Delta\Omega$ 内的点数将守恒不变, 或

$$\frac{\partial}{\partial t}(\rho\Delta\Omega) + \sum_k^{3N} \left(\dot{q}_k \frac{\partial(\rho\Delta\Omega)}{\partial q_k} + \dot{p}_k \frac{\partial(\rho\Delta\Omega)}{\partial p_k} \right) = 0 \tag{12-5}$$

由于第 (4) 式, 故得

$$\frac{\partial\rho}{\partial t} + \sum_k \left(\dot{q}_k \frac{\partial\rho}{\partial q_k} + \dot{p}_k \frac{\partial\rho}{\partial p_k} \right) = 0 \tag{12-6}$$

用第 (1) 式, 此式可写为

$$\frac{\partial\rho}{\partial t} + \sum_k \left(\frac{\partial\rho}{\partial q_k} \frac{\partial H}{\partial p_k} - \frac{\partial\rho}{\partial p_k} \frac{\partial H}{\partial q_k} \right) = 0 \tag{12-6a}$$

---

* 下文将以 (q_k, p_k) 代表 $(q_1, \cdots, q_{3N}, p_1, \cdots, p_{3N})$.

或

$$\frac{\partial \rho}{\partial t} + (\rho, H) = 0 \tag{12-6b}$$

或

$$\frac{\partial \rho}{\partial t} = (H, \rho) \tag{12-6c}$$

(H, ρ) 为 Poisson 括弧式

$$(A, B) \equiv \sum \left(\frac{\partial A}{\partial q_k} \frac{\partial B}{\partial p_k} - \frac{\partial A}{\partial p_k} \frac{\partial B}{\partial q_k} \right) = -(B, A) \tag{12-7}$$

第 (6) 式称为 Liouville 方程式 *. 此式对时间变数 t 的反转, $t \to -t$, 有不变性.
Boltzmann(1868~1871 年) 应用之于气体.

上述的 Liouville 方程式, 是力学的结果. 毫无统计观念的元素. Boltzmann 引入系综的观念, 是统计元素的参入.

所谓系综, 系一纯粹想像的结构. 我们研究的对象, 原是一个系 (一个气体, 其体积为 V, 有 n 克分子的气, 如在平衡态, 则其温度、压力为 T, p). 但我们构想有极大数目的, 在巨观上相同的系 (即他们的 V, n, T, p 等皆相同). 我们作一个基本假设, 以这极大数目的系 —— 称为系综 —— 的平均情形, 为我们所研察的系的情形. (详见第 16 章及第 18 章).

一个系的 N 个分子的动力学态 (q_k, p_k), 在 $6N$ 维的 (q_k, p_k) 空间的表示是一个相 (phase) 点. 一个系综内的许多系, 在这空间的代表是许多的相点, 这些相点构成一个分布函数 $D(p_k, p_k, t)$. 每系的相点, 各按第 (1) 式运行. 按 Liouville 定理, 这分布函数, 遵守第 (6b)(或 (6c)) 式

$$\frac{\partial D}{\partial t} = (H, D)$$

D 可以下归一式定义之:

$$\int \cdots \int D(q_k, p_k, t) \, dq_1 \cdots dq_{3N} dp_1 \cdots dp_{3N} = 1 \tag{12-8}$$

此乃谓 $Ddq_1 \cdots dq_{3N} dp_1 \cdots dp_{3N}$ 系在系综中, 一个系的态在 (q_k, p_k) 与 $(q_k + dq_k, p_k + dp_k)$ 间者的几率. 按假定, 我们观察的系的某一物理量 Q 之值, 可由该量 Q 在一个系综的平均值计算之

$$\langle Q \rangle = \int \cdots \int Q D(q_k, p_k, t) \, dq_1 \cdots dq_{3N} dp_1 \cdots dp_{3N} \tag{12-9}$$

$\langle Q \rangle$ 显系 (D 中有 t) 时间 t 的函数. 在平衡状态. 则 $D = D(q_k, p_k)$, 与时间无关, 因之 $\langle Q \rangle$ 亦与 t 无关.

---

　　* 此方程式亦可视为代表一个不可压缩的流体的运动.

上述的理论, 以一个系综的 Q 的平均值, 认为一个系的 Q 之值, 而系综的分布函数则遵守 Liouville 方程式. 如是则问题的中心是如何的知道 D 函数, 及如何解一个 $6N$ 维空间的开始值 (initial value) 的偏微分方程式.

解 $6N$ 维空间的问题, 不仅是不可能, 不实际的 (因为我们无从知 N 个分子的坐标及动量之值); 我们对这样微观的研索, 实在亦无此兴趣. 我们所欲知的, 只是巨观的情形. 故我们的企图是从微观的方程式 (6c) 为出发点, 求气体非平衡态的理论. *

在下文作一般性的理论时, 我们将取一气体, 使其分子数 N 与体积 V 作比例的无穷增加, 但维持其有限的密度, 即

$$N, V \to \infty, \quad n = \frac{N}{V} = 有限 \tag{12-10}$$

这谓为热力学限极. 用此观念, 是为方便计, 不必顾虑气体边界的影响.

12.2 Bogoliubov, Born, Green, Kirkwood, Yvon 方程式系

兹取一 N 分子系, 其 Hamiltonian 函数为

$$H_N = \sum_i^N \left(\frac{1}{2m} p_i^2 + V(q_i) \right) + \sum_{1 \leqslant i < j}^N V_{ij} \tag{12-11}$$

$V(q_i)$ 系 i 分子在外力场的位能, V_{ij} 系两个分子的相作用能. 兹假定

$$V_{ij} = V_{ij}(|r_i - r_j|) \tag{12-12}$$

兹定义下列 $1, 2, \cdots, s$-粒子的分布函数 $F_1(\boldsymbol{q}_1, \boldsymbol{p}_1, t), F_2(\boldsymbol{q}_1, \boldsymbol{q}_2, \boldsymbol{p}_1, \boldsymbol{p}_2, t), \cdots,$ $F_s(\boldsymbol{q}_1, \cdots, \boldsymbol{q}_s, \boldsymbol{p}_1, \cdots, \boldsymbol{p}_s, t)$ 如下:

$$F_s(\boldsymbol{q}_1, \cdots, \boldsymbol{q}_s, \boldsymbol{p}_1, \cdots, \boldsymbol{p}_s, t) \equiv V^s \int \cdots \int D \mathrm{d}\boldsymbol{q}_{s+1} \cdots \mathrm{d}\boldsymbol{q}_N \mathrm{d}\boldsymbol{p}_{s+1} \cdots \mathrm{d}\boldsymbol{p}_N,$$
$$s = 1, 2, \cdots \tag{12-13}$$

F_s 之因次, 系 [动量]$^{-3s}$.**我们假设所有粒子 (分子) 皆相同, 故 F_s 对各粒子的调换是对称的, $F_s(\boldsymbol{q}_1, \boldsymbol{q}_2, \cdots, \boldsymbol{q}_s, \boldsymbol{p}_1, \boldsymbol{p}_2, \cdots, \boldsymbol{p}_s, t) = F_s(\boldsymbol{q}_2, \boldsymbol{q}_1, \cdots, \boldsymbol{q}_s, \boldsymbol{p}_2, \boldsymbol{p}_1, \cdots, \boldsymbol{p}_s, t)$.

---

* 系综的观念, 用于平衡态系, 较明晰合理. 系综的系, 皆可同与一巨大的热库作平衡态. 在非平衡态的系, 则系综的观念, 不如此的清晰了.

** 由 (8) 式, D 之因次为 [长 × 动量]$^{-3N}$. $F_1(q, p, t)$ 之因次为 [动量]$^{-3}$. 故 $F_1 \mathrm{d}p$ 系无因次的.

此处之 F_1, 与第 11 章 (11-3) 式中之 f 函数之关系为 $\tag{12-14}$

$$F_1 = \frac{V}{mN} f = \frac{1}{nm} f \tag{12-15}$$

兹以 $\mathrm{d}\boldsymbol{q}_{s+1}\cdots\mathrm{d}\boldsymbol{q}_N\mathrm{d}\boldsymbol{p}_{s+1}\cdots\mathrm{d}\boldsymbol{p}_N$ 乘第 (7) 式并对这些 $\boldsymbol{q},\boldsymbol{p}$ 作积分. (积分的领域, 乃如第 (4) 式下所述. 我们假设各分布函数在该领域的边界时皆等于零.) 经计算后即得下式:

$$\frac{\partial F_s}{\partial t} = (H_s, F_s) + \frac{N_s}{V} \int\!\!\int \mathrm{d}\boldsymbol{q}_{s+1}\mathrm{d}\boldsymbol{p}_{s+1} \left(\sum_{i=1}^{s} \phi_{i,s+1}, F_{s+1} \right)$$

$$s = 1, 2, 3, \cdots, N \tag{12-16}$$

此处 ( ) 系 Poisson 括弧式 (7),

$$H_s = \sum_{i=1}^{s} \left(\frac{1}{2m}p_i^2 + V(q_i) \right) + \sum_{1\leqslant i<j}^{s} \phi_{ij} \tag{12-17}$$

$$\phi_{ij} = \phi\left(|q_i - q_j|\right)$$

此系统的方程式, 称为 B-B-G-K-Y 系统. 整个系统, 是与 Liouville 方程式 (8) 相当. (16) 式对 $t \to -t$, 亦有不变性, 是 "可逆的", 亦如 (8) 然.

于 (16) 式中使 $s = 1$, 即得

$$\frac{\partial F_1}{\partial t} + \frac{\boldsymbol{p}_1}{m} \cdot \frac{\partial F_1}{\partial \boldsymbol{q}_1} - \frac{\partial V(q_1)}{\partial \boldsymbol{q}_1} \cdot \frac{\partial F_1}{\partial \boldsymbol{p}_1} = n \int\!\!\int \mathrm{d}\boldsymbol{q}_2\mathrm{d}\boldsymbol{p}_2 \frac{\partial \phi_{12}}{\partial \boldsymbol{q}_1} \cdot \frac{\partial F_2}{\partial \boldsymbol{p}_1} \tag{12-18}$$

此方程式与 Boltzmann 方程式相似, 惟此系一般性, 未含有任何 "碰撞" 假定的. 此式仍系可逆的, 与 B 氏方程式之不可逆的不同.

B-B-G-K-Y 系统的方程式 (16), 系连锁的; F_1 之方程式含有 F_2, F_2 的则有 F_3, 余类推, 故求 (16) 之解, 亦与 (6) 式同样困难. 欲解 (16), 我们需: (i) 觅一适当的参数 ξ, 将 F_s 展开, 作近似解; (ii) 将 (16) 的连锁切断, 俾得一有限数 $F_1, F_2, \cdots$ 的封闭系统; (iii) 引入某些开始条件.

12.2.1　参数 ξ 之选择

欲试寻适宜的参数, 宜先将 (16) 方程式, 以无因次 (dim ensionless) 的形式表出. 设长度皆以 r_0 为单位 (r_0 之意义及选择, 容后定之), 时间皆以

$$t_0 = \frac{r_0}{u}, \quad u = \left(\frac{kT}{m} \right)^{\frac{1}{2}} \tag{12-19}$$

为单位. 设 ϕ_0 为通常 (c.g.s) 单位的常数能量, 使

$$\phi\left(|q_i - q_j|\right) = \phi_0 U\left(|x_i - x_j|\right) \tag{12-20}$$

$U(x_i - x_j)$ 为一无因次的函数. 更定义无因次的 $F_1, F_2, \cdots$ 函数

$$\int F_N \left(\frac{r_0^3}{V} \right)^N (\mathrm{d}\boldsymbol{x}\mathrm{d}\boldsymbol{v})^N = 1$$

$$F_s = \int F_N \left(\frac{r_0^3}{V}\right)^{N-S} (\mathrm{d}\boldsymbol{x}\mathrm{d}\boldsymbol{v})^{N-s}$$

$$F_1 = \int F_N \left(\frac{r_0^3}{V}\right)^{N-1} (\mathrm{d}\boldsymbol{x}\mathrm{d}\boldsymbol{v})^{N-1} = \int F_2 \left(\frac{r_0^3}{V}\right) \mathrm{d}\boldsymbol{x}_2 \mathrm{d}\boldsymbol{v}_2 \qquad (12\text{-}21)$$

$$(\mathrm{d}\boldsymbol{x}\mathrm{d}\boldsymbol{v})^k = \mathrm{d}\boldsymbol{x}_1 \cdots \mathrm{d}\boldsymbol{x}_k \mathrm{d}\boldsymbol{v}_1 \cdots \mathrm{d}\boldsymbol{v}_k$$

速度 v 皆无因次的 (其单位为 (19) 之 u).

兹将 (16) 式中之 Poisson 号 ( ) 式明显写出, 定义下符号:

$$\bar{K}_s \equiv \sum_{i=1}^{s} v_i \cdot \nabla_i$$

$$\Theta_s \equiv \sum_{1 \leqslant i < j}^{s} \nabla_i U_{ij} \cdot \left(\frac{\partial}{\partial v_i} - \frac{\partial}{\partial v_j}\right), \quad s = 2, 3, \cdots \qquad (12\text{-}22)$$

$$\Theta_1 \equiv 0$$

$$L_s \equiv \sum_{i=1}^{s} \iint \mathrm{d}\boldsymbol{x}_i \mathrm{d}\boldsymbol{v}_i \nabla_i U_{ij} \cdot \frac{\partial}{\partial \boldsymbol{v}_i}, \quad j \equiv s+1$$

如是则 (16), (18) 式成 (使外力场 $V(q_i) = 0$)

$$\frac{\partial F_N}{\partial t} + \left(K_N - \frac{\phi_0}{kT}\Theta_N\right) F_N = 0 \qquad (12\text{-}23)$$

$$\frac{\partial F_s}{\partial t} + \left(K_s - \frac{\phi_0}{kT}\right)\Theta_s F_s = \frac{N-s}{N}\frac{\phi_0}{kT}nr_0^3 L_s F_{s+1} \qquad (12\text{-}24)$$

$$\frac{\partial F_1}{\partial t} + \boldsymbol{v}_1 \cdot \frac{\partial F_1}{\partial \boldsymbol{x}_1} = \frac{\phi_0}{kT}nr_0^3 L_1 F_2 \qquad (12\text{-}25)$$

12.2.2　气体

如 r_0 为分子相互作用之有效程 $r_0 \simeq 10^{-8}\mathrm{cm}$, 在通常密度下,

$$nr_0^3 \ll 1 \qquad (12\text{-}26)$$

在一般的气体, ϕ_0 约为 van der Waals 作用的值 (参阅第 7 章图 7.1 之 $V(r)$ 之最小值), ϕ_0 约为 kT. 由 (24), (25) 式, 显见 nr^3. 系一适宜的参数, 为展开 F_s 之用

$$\varepsilon = (nr_0^3) \ll 1 \qquad (12\text{-}26a)$$

(23) 式即 Liouville 方程式. (24) 式为 s 粒子的 F_s 的方程式, 其右方系 s 中之一粒子, 与 s 外之一粒子的 (碰撞) 相互外用. (25) 式系一个分子分布函数 F_1 的方程式. F_1 与 F_2, F_3 等有颇基本性的不同性. 此点甚为重要.

先以 (25) 式之 F_1 言. 如使密度 n 甚小, 则 F_1 之改变是由于分子的运动 $\boldsymbol{v} \cdot \dfrac{\partial F}{\partial \boldsymbol{r}}$ 一项, 是徐缓的. 右方 $L_1 F_2$ 一项则系由于两个分子撞碰而来的. 故 F_1 改变的时标, 是两撞碰间之时间. 此时间 t_1 为

$$t_1 = \frac{\text{平均自由径}}{\text{平均速度}} = \frac{\lambda}{\bar{c}} \tag{12-27}$$

在通常密度情形下

$$t_1 \simeq 10^{-8}\text{s} \tag{12-27a}$$

如取 (24) 式, $s \geqslant 2$, 则该式左方之 $\Theta_2 F_2$ 项, 有 $\dfrac{\partial U_{12}}{\partial \boldsymbol{x}_1}$·(见 (22) 式. U 可参看第 7 章第 2 节图), 当两个分子之距离约为他们相互作用之有效程 $r_0 \simeq 10^{-8}\text{cm}$ 时, U 之梯度甚大. 两个分子接近的时间 t_0,

$$t_0 \simeq \frac{r_0}{\bar{c}} \tag{12-28}$$
$$\simeq 10^{-12}\text{s} \tag{12-28a}$$

在此短时间中, $F_2, F_3, \cdots$ 的改变率 $\dfrac{\partial F_s}{\partial t}$ 甚大. 故 $F_s, s \geqslant 2$, 等函数有极快的改变, 其时间标为 t_0, 此等极快的改变, 虽使 (24) 式右方等于零 $(n \to 0)$ 时亦有之. 这是 $F_s, s \geqslant 2$, 和 F_1 的主要不同点.

由 (27) 及 (28), 可得 $\left(\text{用} \lambda = \dfrac{1}{\pi n r_0^2}\right)$

$$\frac{t_0}{t_1} = \frac{r_0}{\lambda} \cong n r_0^3 = \varepsilon \ll 1 \tag{12-29}$$

如我们不问在 10^{-12}s 内发生的变更, 而只注意较此为慢的变化 (当 F_1 作了些变更的时间), 则我们可以仿 Chapman Enskog 二氏解 Boltzmann 方程式的方法 (见第 11 章第 2 节 *), 将 F_s 视为 $F_1(t)$ 的函数

$$F_s\left(\boldsymbol{q}_1, \cdots, \boldsymbol{q}_s, \boldsymbol{p}_1, \cdots, \boldsymbol{p}_s, t\right)$$
$$\to F_s\left(\boldsymbol{q}_1, \cdots, \boldsymbol{q}_s, \boldsymbol{p}_1, \cdots, \boldsymbol{p}_s \mid F_1(t)\right) \tag{12-30}$$

(30) 式可以解释为以 $F_1(t)$ 的变更时间作为时钟, 于是将 $F_s, s \geqslant 2$, 时快速的变更 (其时标为 t_0,(28) 式) 均匀去不顾. 这个用 "函数之函数"(functional) 方法, 经 Bogoliubov 建立展开, 应用于 (25) 式 F_1 之解.

∗ (30) 式与 (11-25) 式相当

$$f(\boldsymbol{r}, \boldsymbol{v}, t) \to f(\boldsymbol{r}, \boldsymbol{v} \mid n(\boldsymbol{r}, t), \boldsymbol{u}(\boldsymbol{r}, t), T(\boldsymbol{r}, t))$$

在解 (25) 式之前, 除了将 $F_s, s \geqslant 2$, 及 (25) 右方对 ϵ 参数展开

$$\frac{\partial F_1}{\partial t} + \boldsymbol{v} \cdot \frac{\partial F_1}{\partial \boldsymbol{r}} = \sum_{\epsilon=0} \epsilon^n A_n(\boldsymbol{r}, \boldsymbol{v} | F_1(t))$$

$$(12\text{-}31)$$

$$F_s(\boldsymbol{r}, \boldsymbol{v}, t) = \sum_{\epsilon=0} \epsilon^n F_s^{(n)}(\boldsymbol{r}, \boldsymbol{v} | F_1(t))$$

外, 仍需对 "开始条件" 作些假设. 这些步骤, 都相当繁难, 不克详述. 读者可参阅文献 (见本册目录后的文献). 此处可指出的, 是下述的结果:

(i) Bogoliubov 由 (25) 式, 用 (30) 式方法, 加上 "开始条件"; "在很远的过去 $(t \to -\infty)$ 时, 分子间的相联 (correlation) (几) 等于零", 即获得一 Boltzmann 方程式 (11-1,1a) 的修正式 (由之, 作些微的近似, 即得 B 氏方程式);

(ii) 赵淳卓 (韩国物理学家) 与 G. E. Uhlenbeck 推展上法至 ϵ^2 阶 (即较 B 氏方程式的密度次一阶), 如是理论上可计算三个分子撞碰影响. 这项计算, 获得热传导系数及黏性系数的修正项 (即系 (3-59), (3-60) 式外, 另有与密度成比例的修正项

$$\mu = \mu_0 + n\mu_1$$

$$\kappa = \kappa_0 + n\kappa_1$$

$$(12\text{-}32)$$

$$\upsilon = n\upsilon_1$$

υ_1 为体积黏性系数 (bulk viscosity coeff.), μ 为切变 (shear) 黏性系数, κ 为热传导系数.

12.3 B-B-G-K-Y 方程式之解: 多时标方法

B-B-G-K-Y 方程式系 (16) 式, 或 (24) 式, 之一解法, 系第 (30) 式的法. 另一解法, 系用数个互相独立的时间 $t_0, t_1, t_2, \cdots$ 变数 (multiple-time scale). 此法亦源自 Bogoliubov, 但应用之于此问题者则为 Frieman 及 Sandri.

此法之出发点, 系气体本身具有几个极不同的时间特性, 如 (28), (27) 式的 t_0, t_1 外, 尚有巨观现象的时间 t_2(见 (11-28) 式, $t_2 \simeq 10^{-4} \sim 10^{-3}$s), 其比例为

$$t_0 : t_1 : t_2 = r_0 : \lambda : 1\text{cm}$$

一个气体内的过程 (撞碰), 其变化以此三个不同时标, (从巨观观点言) 各自独立的演变.

故兹引入数个独立的时间变数 $\tau_0, \tau_1, \tau_2, \cdots$, 其单位分别为 $t_0, t_1, t_2, \cdots$. 假设各单位的比例为

$$\frac{1}{t_0} : \frac{1}{t_1} : \frac{1}{t_2} : \cdots = 1 : \epsilon : \epsilon^2 : \cdots \tag{12-33}$$

故各变数有下关系:

$$\frac{\mathrm{d}\tau_1}{\mathrm{d}\tau_0} = \varepsilon, \quad \frac{\mathrm{d}\tau_2}{\mathrm{d}\tau_0} = \epsilon^2, \cdots \tag{12-34}$$

而系各自独立的 (因各 $\tau_0, \tau_1, \tau_2, \cdots$ 变数均无固定的始点的). 用此多时变数, 则 $\dfrac{\partial}{\partial t}$ 变为

$$\frac{\partial}{\partial t} = \frac{\partial}{\partial \tau_0} + \epsilon \frac{\partial}{\partial \tau_1} + \epsilon^2 \frac{\partial}{\partial \tau_2} + \cdots \tag{12-35}$$

兹假设任一函数 f, 以 ϵ 为参数展开 *

$$f = \sum_{k=0} \epsilon^k f^{(k)} \tag{12-36}$$

故

$$\frac{\partial f}{\partial t} \to \frac{\partial f^{(0)}}{\partial \tau_0} + \epsilon \left(\frac{\partial f^{(1)}}{\partial \tau_0} + \frac{\partial f^{(0)}}{\partial \tau_1} \right) + \epsilon^2 \left(\frac{\partial f^{(2)}}{\partial \tau_0} + \frac{\partial f^{(1)}}{\partial \tau_1} + \frac{\partial f^{(0)}}{\partial \tau_2} \right) \\ + \cdots \tag{12-37}$$

按 (36) 将 F_s 展开, 以之并 (37) 代入 (23), (24) 式, 即得

$$\epsilon_0 : \quad \frac{\partial F^{(0)}}{\partial \tau_0} = -\boldsymbol{v}_1 \cdot \frac{\partial F^{(0)}}{\partial \boldsymbol{x}_1} \tag{12-38}$$

$$\epsilon^1 : \quad \frac{\partial F^{(1)}}{\partial \tau_0} + \frac{\partial F^{(0)}}{\partial \tau_1} = -\boldsymbol{v}_1 \cdot \frac{\partial F^{(1)}}{\partial \boldsymbol{x}_1} \\ + \beta L_1(1,2) F_2^{(0)}(1,2) \tag{12-39}$$

$$\epsilon^2 : \quad \frac{\partial F^{(2)}}{\partial T_0} + \frac{\partial F^{(1)}}{\partial \tau_1} + \frac{\partial F^{(0)}}{\partial \tau_2} = -\boldsymbol{v}_1 \cdot \frac{\partial F^{(2)}}{\partial \boldsymbol{x}_1} \\ + \beta L_1(1,2) F_2^{(1)}(1,2) \tag{12-40}$$

$$\epsilon^0 : \quad \frac{\partial F_2^{(0)}}{\partial \tau_0} + \mathscr{H}_2 F_2^{(0)} = 0 \tag{12-41}$$

$$\epsilon^1 : \quad \frac{\partial F_2^{(1)}}{\partial \tau_0} + \mathscr{H}_2 F_2^{(1)} = -\frac{\partial F_2^{(0)}}{\partial \tau_1} \\ + \beta L_2(1,2,3) F_3^{(0)}(1,2,3) \tag{12-42}$$

* 下文为简单计, 凡 F_1 之注号 1 皆省去而写作 F.

$$\epsilon^0: \quad \frac{\partial F_3^{(0)}}{\partial \tau_0} + \mathcal{H}_3 F_3^{(0)} = 0 \tag{12-43}$$

$$\mathcal{H}_s = \sum_{i=1}^{s} \boldsymbol{v}_i \cdot \nabla_i - \beta \sum_{1 \leqslant i < j}^{s} \nabla_i U_{ij} \cdot \left(\frac{\partial}{\partial \boldsymbol{v}_i} - \frac{\partial}{\partial \boldsymbol{v}_j} \right) \tag{12-44}$$

$$\beta = \frac{\phi_0}{kT} \tag{12-45}$$

(38) 式之解为

$$F^{(0)}(\tau_0) = \mathrm{e}^{-(\boldsymbol{v}_1 \cdot \nabla_1)\tau_0} F^{(0)}(0) \tag{12-46}$$

$F^{(0)}(0)$ 为 $\tau_0 = 0$ 时 $F^{(0)}$ 之值. (41) 式之解为

$$F_2^{(0)}(\tau_0) = \mathrm{e}^{-\mathcal{H}_2 \tau_0} F_2^{(0)}(0) \tag{12-47}$$

如写 $F_2^{(0)}(1, 2)$ 成下形式 *

$$F_2^{(0)}(1, 2) = F_1^{(0)}(1) F_1^{(0)}(2) + G^{(0)}(1, 2) \tag{12-48}$$

并假设开始时两个粒子之关联函数 $G^{(0)}$ 等于零, 则由 (47) 式得

$$F_2^{(0)}(\tau_0) = \mathrm{e}^{-\mathcal{H}_2 \tau_0} F^{(0)}(1, \tau_0 = 0) F^{(0)}(2, \tau_0 = 0)$$

或由 (46) 式,

$$= \mathrm{e}^{-\mathcal{H}_2 \tau_0} \mathrm{e}^{(v_2 \cdot \Delta_2)\tau_0} F^{(0)}(1, \tau_0) F^{(0)}(2, \tau_0) \tag{12-49}$$

现以此代入 (39) 式, 即得

$$\frac{\partial F^{(1)}}{\partial \tau_0} + \frac{\partial F^{(0)}}{\partial \tau_1} = -v_1 \cdot \nabla_1 F^{(1)} + \beta L_1(1, 2) \mathrm{e}^{-\mathcal{H}_2 \tau_0} \prod_{i=1}^{2} \mathrm{e}^{(v_i \cdot \Delta_i)\tau_0} F^{(0)}(i, \tau_0) \tag{12-50}$$

如我们要求

$$\frac{\partial F(0)}{\partial \tau_1} = \beta L_1(1, 2) \lim_{\tau_0 \to \infty} \mathrm{e}^{-\mathcal{H}_2 \tau_0} \prod_{i=1}^{2} \lim_{\tau_0 \to \infty} \mathrm{e}^{(v_i \cdot \Delta_i)\tau_0} F^{(0)}(i, \tau_0) \tag{12-51}$$

则 (50) 式将在 $\tau_0 \to \infty$ 极限时, 成为

$$\frac{\partial F^{(1)}}{\partial \tau_0} + \boldsymbol{v}_1 \cdot \nabla_1 F^{(1)} \to 0 \tag{12-52}$$

---

* 如我们不先对 $G^{(0)}(1, 2)$ 加上任何限制, 则 (48) 式是永可成立的. 惟使 $\tau_0 = 0$ 时 $G^{(0)} = 0$, 则系一个外加的假定. 事实上, 由于此假设 (或选择) 的开始条件, 产生极重要的结果, 即所导出之 B 氏方程式, 是无起伏项的. 如不作 $G^{10}(\tau_0 = 0) = 0$ 的假设, 则可得起伏项. 此点于第 11 章 11.3.2 节中曾提及.

换言之, 其解之极限为

$$F^{(1)}(\tau_0) \to \mathrm{e}^{-(v \cdot \Delta)\tau_0} F^{(1)} \quad (\tau_0 = 0) \tag{12-53}$$

此解无所谓 "徐缓行为"(secular behavior) 的困难 *. (49) 式是避免此困难的保证, 故我们取 (51) 及 (38) 式之和, 即得

$$\left(\frac{\partial}{\partial \tau_0} + \varepsilon \frac{\partial}{\partial \tau_1} + \boldsymbol{v}_1 \cdot \nabla_1 \right) F^{(0)}$$

$$= \varepsilon \beta L_1(1,2) \lim_{\tau_0 \to \infty} \mathrm{e}^{-\mathscr{H}_2 \tau_0} \prod_{i=1}^{2} \lim_{\tau_0 \to \infty} \mathrm{e}^{(v_i \cdot \Delta_i)\tau_0} F^{(0)}(i, \tau_0) \tag{12-54}$$

再回至 (35) 式, 则成下式:

$$\left(\frac{\partial}{\partial t} + \boldsymbol{v}_1 \cdot \nabla_1 \right) F^{(0)} = 同上式 \tag{12-55}$$

经较繁的分析及计算, (由上无因次的 F, t, v, x 等变换回通常单位), (54) 式右方可证明即 B 氏方程式的碰撞积分, 换言之, (55) 式即系 B 氏方程式.

12.4　游离体的运动方程式

本章第 1 节的理论, 由 Liouville 方程式出发, 是一般性的, 自可应用于中和气体或游离体 (plasma). 此二者的不同点, 乃系质点间的相互作用 $V(r_{12})$. 两个中和分子间的 V, 系短距程之 van der Waals 力, (见第 7 章第 2 节之图), 且强度亦小 (距程约为 10^{-8}cm, 其吸力随 r_{12}^{-6} 而减小, V 之最低值约为分子在室温度下之动能 kT). 游离子间的作用, 乃系 Coulomb $\dfrac{4\pi e^2}{r_{12}}$ 作用 (所谓长距程作用). 但由于此作用定律的不同, 使气体及游离体的现象及其理论亦大异.

在气体, 有下列的特性长度:

(1) 分子的 "直径"a, 所谓 "直径", 乃约略为两个分子能作的最近距离 r_0, 此亦即第 7 章第 2 节图中 $V(r_{12})$ 成极强的排斥力的距离. 由于 V 的吸引部分的急剧减小 ($V \propto r^{-6}$), 故 V 之效程甚短. 两个分子因作用 V 而引致的相联作用, 其有效的距离亦约为 r_0. 故

"分子直径"$a \simeq$"V 的效程"$r_0 \simeq$"相联距离"

$$\simeq 3 \times 10^{-8}\mathrm{cm} \tag{12-56}$$

---

* 所谓徐缓行为, 系指当时间无穷长时, 某性质亦无穷增续增加之谓. 如无 (51) 式的关系, 则 (50) 式之解, 将有徐缓行为, 是我们所不欢迎而求避免的.

(2) 分子间的平均距离 d. 如分子数密度 (单位体积内之分子数) 为 n, 则 $d = \dfrac{1}{\sqrt[3]{n}}$. 此数值在室温度及大气压力下为

$$d \simeq 3 \times 10^{-7}\mathrm{cm}. \tag{12-57}$$

(3) 平均自由径 λ, $\lambda \cong \dfrac{1}{nr_0^2} = 4 \times 15^{-5}\mathrm{cm}. \tag{12-58}$

由第 11 章 (11-69) 及 (11-26), 已见由于 r_0, λ 的悬殊, 故气体中有两个自然的时间单位 (见 (29) 式)

$$t_0 = \frac{r_0}{\bar{c}}, \quad t_1 = \frac{\lambda}{\bar{c}}$$

$$\frac{t_0}{t_1} = \frac{r_0}{\lambda} = nr_0^3 = \left(\frac{r_0}{d}\right)^3 \ll 1 \tag{12-59}$$

在游离体中, 其特性长度则为:

(1) 所谓 Landau 长度 a_{L}, 乃两带电荷 e 的离子在热运动时所作的最近距离. 如 kT 为 1eV, 则 $a_{\mathrm{L}} \simeq 1.4 \times 10^{-7}\mathrm{cm}. \tag{12-60}$

(2) 游离子间的平均距离 $d = \dfrac{1}{3\sqrt{n}}. \tag{12-61}$

(3) Debye-Hückel 长度 r_{D}. 此 r_{D} 可视为带电质点间的相联距离, 其方程式为 *

$$r_{\mathrm{D}} = \left(\frac{kT}{4\pi ne^2}\right)^{1/2} \tag{12-62}$$

(4) 平均自由径 λ

$$\lambda = \frac{1}{na_{\mathrm{L}}^2 \ln \Lambda}, \quad \Lambda = \frac{r_{\mathrm{D}}}{a_{\mathrm{L}}} \tag{12-63}$$

由于 Coulomb 作用系长程的 (Coulomb 作用的碰撞截面 σ 是无穷大的, 故 $\lambda = \dfrac{1}{n\sigma}$ 式不能定义一有意义之平均自由径), 故采 (63) 式为 λ 之定义. $\ln \Lambda$ 乃系考虑到由于 (66) 式的 "遮蔽" 作用, 两个电荷间的相用不是 $\dfrac{e^2}{r_{12}}$, 而是 $\dfrac{e^2}{r_{12}} \exp\left(-\dfrac{r_{12}}{r_{\mathrm{D}}}\right)$.

---

* 设有一游离体, 其正、负电离子作热的平衡分布. 取任一正电荷为坐标中心. 使在 r 点之电位为 $V(r)$. 按 Boltzmann 之分布定律, 在 r 点之正、负电荷密度

$$n_+(r) = n_0 \exp\left(-\frac{eV(r)}{kT}\right), \quad n_-(r) = n_0 \exp\left(\frac{eV(r)}{kT}\right) \tag{12-64}$$

按 Poisson 方程式, V 符合下方程式:

$$\nabla^2 V(r) = -4\pi(n_+(r) - n_-(r))e \tag{12-65}$$

如 $\dfrac{eV}{kT} \ll 1$(热平衡), 则此方程式之接近解为

$$V(r) = \frac{e}{r} \exp\left(-\frac{r}{r_{\mathrm{D}}}\right) \tag{12-66}$$

(66) 式之意义系: 由于电荷的热平衡分布, 在一正电荷的周围, 负电荷的密度 $n_-(r)$ 微大于 $n_+(r)$, 结果系该正电荷为这些电荷屏蔽, 使电位成 (66) 式. 故 r_D 乃表示电荷间的相联的长度.

d, r_D 之值, 皆视 n 而定. 下表略示在 $kT = 1\text{eV}$, n 等于各值时之约值 $a_L = 1.4 \times 10^{-7}\text{cm}$.

$$
\begin{array}{llllll}
n = & 10^8 & 10^{10} & 10^{12} & 10^{14} & /\text{cm}^3 \\
d = & 2.5 \times 10^{-3} & 5 \times 10^{-4} & 10^{-4} & 2 \times 10^{-5} & \text{cm} \\
r_D = & 10^{-1} & 10^{-2} & 10^{-3} & 10^{-4} & \text{cm}
\end{array}
\tag{12-67}
$$

由 (61), (62), (63) 和 (67), 得见

$$
\frac{a_L}{r_D} = \frac{1}{4\pi n r_D^3} \ll 1, \quad \frac{4\pi r_D}{\lambda} = \frac{1}{4\pi n r_D^3} \ln(4\pi n r_D^3) \ll 1, \quad d \ll r_D
\tag{12-68}
$$

总合上述, 气体与游离体的最基本分别, 乃 "相联长度", 见下比照:

气体: $a \simeq r_0 \ll d \ll \lambda$ $\qquad\qquad\qquad\qquad\qquad\qquad\qquad$ (12-69)

游离体: $a_L \ll d \ll r_D \ll \lambda$ $\qquad\qquad\qquad\qquad\qquad\qquad$ (12-70)

在气体, 关联长度 $r_0 \ll$ 分子平均距离; 在电游体, 则关联长度 $r_D \gg$ 质点平均距离.

在电离体中, 特性的长度厥为 r_D. 由 r_D 可定义一时间

$$
\begin{aligned}
T_0 &= \frac{r_D}{\sqrt{\frac{m}{kT}}} = \sqrt{\frac{m}{4\pi n e^2}}, \quad m = \text{电子质量} \\
&= \frac{1}{\omega}
\end{aligned}
\tag{12-71}
$$

$\omega = \sqrt{\dfrac{4\pi n e^2}{m}}$ 乃系该电离体之振动频率, 故 T_0 即系其周期. T_0 之约值为

$$
n = 10^8, \quad 10^{10}, \quad 10^{12}, \quad 10^{14}/\text{cm}^3
\tag{12-72}
$$

$$
T_0 \cong 2 \times 10^{-9}, \quad 2 \times 10^{-10}, \quad 2 \times 10^{-11}, \quad 2 \times 10^{-12} \quad \text{s}
$$

兹试应用 B-B-G-K-Y 方程式 (24), (25) 于游离子问题. 如以 r_D 为长度单位 (即使 (24), (25) 式中之 $r_0 = r_D$). (20) 式现为

$$
\frac{4\pi e^2}{r} = \frac{4\pi e^2}{x r_D} = \phi_0 \frac{1}{x}, \quad \phi_0 = \frac{4\pi e^2}{r_D}
$$

$$
\equiv \frac{\phi_0}{kT} = \frac{4\pi e^2}{r_D kT} = \frac{1}{n r_D^3} \ll 1
\tag{12-73}
$$

$$
\frac{\phi_0}{kT} n r_D^3 = 1
$$

故 (25), (24) 式乃成

$$
\frac{\partial F_1}{\partial t} + \boldsymbol{v}_1 \cdot \frac{\partial F_1}{\partial \boldsymbol{x}_1} = L_1 F_2
\tag{12-74}
$$

游离体

$$\frac{\partial F_s}{\partial t} + (K_s - \epsilon\Theta_s)F_s = L_sF_{s+1}, \quad s \geqslant 2, 3, \cdots \tag{12-75}$$

此连锁系统之方程式之解, 亦可应用上节之多时标法. 但在解这些式之前, 我们宜注意到 (74), (75) 式与 (25), (24) 式的差别. 如使 $\beta \equiv \dfrac{\phi_e}{kT}$(见 (43) 式下), 则 (25), (24) 式为

$$\frac{\partial F_1}{\partial t} + \boldsymbol{v}_1 \cdot \frac{\partial F_1}{\partial \boldsymbol{x}_1} = \epsilon\beta L_1F_2 \tag{12-76}$$

气体

$$\frac{\partial F_s}{\partial t} + (K_s - \beta\Theta_s)F_s = \epsilon\beta L_sF_{s+1} \tag{12-77}$$

β 非一小的值, 而 ϵ 乃一小的值 $\epsilon \ll 1$. 如作 ϵ 之极数, 原见气体之 (76), (77) 式与游离体之 (74), (75) 式不同. 气体之 "小" 项 ϵ, 系在分子间的 "碰撞" 积分 L_1, L_s, (24) 式之 $\epsilon = nr_0^3$, 系代表分子因相互作 $V(r_{12})$ 而有的 "相联作用". 在游离体, 则此 "碰撞" 不是小的项, 关联因 $V(r_{12})$ 的长效程而成为重要 $(nr_{\mathrm{D}}^3 \gg 1)$, 故作展开的参数 ϵ, 非 nr_{D}^3 而系 $\epsilon = \dfrac{1}{nr_{\mathrm{D}}^3} \ll 1$ 如 (73) 式.

兹将 (74), (75) 式作 (26)~(31) 式的展开 (此时 (34) 式之 τ_0, 乃代以 (71) 式之 $T_0; \tau_1, \tau_2, \cdots$ 则代以形式上之 $T_1, T_2, \cdots, T_1$ 可取为游离子速度变为 Maxwell 分布的弛缓时间. 此时间远长于 T_0. (74), (75) 式成 *($F_1^{(0)}$ 简写为 $F^{(0)}$)

---

* 通常 F_s 不作 (36) 式展开, 而作所谓 Cluster 展开如下:

$$F_2(1,2) = F_1(1)F_1(2) + G(1,2),$$

$$F_3(1,2,3) = F_1(1)F_1(2)F_1(3) + F_1(1)G(2,3) + F_1(2)G(3,1)$$

$$+ F_1(3)G(1,2) + g(1,2,3) \tag{12-82}$$

......

又作一假设, 即

$$\frac{G(1,2)}{F_1(1)F_1(2)} = O(\epsilon), \quad \frac{g(1,2,3)}{F_1(1)F_1(2)F_1(3)} = O(\epsilon^2) \tag{12-83}$$

以 (82), 代入 (74), (75) 式, 即得

$$\frac{\partial F^{(0)}}{\partial \tau_0} + \mathscr{H}^0 F^{(0)} = 0 \tag{12-84}$$

$$\frac{\partial F^{(1)}}{\partial \tau_0} + \mathscr{H}^0 F^{(1)} = -\frac{\partial F^{(0)}}{\partial \tau_1} - \mathscr{H}^1 F^{(0)} + LG^{(1)} \tag{12-85}$$

$$\frac{\partial G^{(1)}}{\partial \tau_0} + K_2 G^{(1)} = \Theta_2 F^{(0)} F^{(0)} + (\Gamma^0 + M^0)G^{(1)} \tag{12-86}$$

......

$$\mathscr{H}^0 = \boldsymbol{v}_1 \cdot \nabla_1 - \iint \mathrm{d}\boldsymbol{x}_2 \mathrm{d}\boldsymbol{v}_2 F^{(0)}(2)\nabla_1 U \cdot \frac{\partial}{\partial \boldsymbol{v}_1}, \quad U \equiv U_{12},$$

$$\mathscr{H}^{(1)} = -\iint \mathrm{d}\boldsymbol{x}_2 \mathrm{d}\boldsymbol{v}_2 F^{(1)}(2)\nabla_1 U \cdot \frac{\partial}{\partial \boldsymbol{v}_1}$$

$$\frac{\partial F^{(0)}}{\partial \tau_0} = -\boldsymbol{v}_1 \cdot \frac{\partial F^{(0)}}{\partial \boldsymbol{x}_1} + L_1 F_2^{(0)} \tag{12-78}$$

$$\frac{\partial F^{(1)}}{\partial \tau_0} + \frac{\partial F^{(0)}}{\partial \tau_1} = -\boldsymbol{v}_1 \cdot \frac{\partial F^{(1)}}{\partial \boldsymbol{x}_1} + L_1 F_2^{(1)} \tag{12-79}$$

$$\cdots\cdots$$

$$\frac{\partial F_s^{(0)}}{\partial \tau_0} + K_s F_s^{(0)} = L_s F_{s+1}{}^{(0)} \tag{12-80}$$

$$\frac{\partial F_s^{(1)}}{\partial \tau_0} + K_s F_s^{(1)} = -\frac{\partial F_s^{(0)}}{\partial \tau_1} + \Theta_s F_s^{(0)} + L_s F_{s+1}{}^{(1)} \tag{12-81}$$

以此与 (38), (39), (41), (42) 比, 可见其不同处.

$$\Theta_2 = \nabla_1 U \cdot \frac{\partial}{\partial \boldsymbol{v}_1} + \nabla_2 U \cdot \frac{\partial}{\partial \boldsymbol{v}_2} \tag{12-87}$$

$$L = \iint \mathrm{d}\boldsymbol{x}_2 \mathrm{d}\boldsymbol{v}_2 \nabla_1 U \cdot \frac{\partial}{\partial \boldsymbol{v}_1}$$

$$M^0 = \iint \mathrm{d}\boldsymbol{x}_3 \mathrm{d}\boldsymbol{v}_3 F^{(0)}(3) \left\{ \nabla_1 U_{13} \cdot \frac{\partial}{\partial \boldsymbol{v}_1} + \nabla_2 U_{23} \cdot \frac{\partial}{\partial \boldsymbol{v}_2} \right\}$$

$$\Gamma^0 G^{(1)}(1,2) = \iint \mathrm{d}\boldsymbol{x}_3 \mathrm{d}\boldsymbol{v}_3 \left\{ \nabla_1 U_{13} \cdot \frac{\partial}{\partial \boldsymbol{v}_1} F^{(0)}(1) G^{(1)}(2,3) \right.$$

$$\left. + \nabla_2 U_{23} - \frac{\partial}{\partial \boldsymbol{v}_2} F^{(0)}(2) G^{(1)}(1,3) \right\}$$

(84), (85)$\cdots$ 式之解, 法与前 (38)~(52) 同. 在 ϵ^0 阶, (84) 式成

$$\left(\frac{\partial}{\partial t} + \boldsymbol{v}_1 \cdot \frac{\partial}{\partial \boldsymbol{x}_1} \right) F^{(0)}(\boldsymbol{x}, \boldsymbol{v}, t)$$

$$= \iint \mathrm{d}\boldsymbol{x}_2 \mathrm{d}\boldsymbol{v}_2 F^{(0)}(\boldsymbol{x}_2, \boldsymbol{v}_2, t) \frac{\partial U_{12}}{\partial \boldsymbol{x}_1} \cdot \frac{\partial F^{(0)}(\boldsymbol{x}, \boldsymbol{v}, t)}{\partial \boldsymbol{v}_1} \tag{12-88}$$

此称为 Vlasov 方程式。此乃一非线性积分-微分方程式, 未知有准确之解法, 但我们可得下列的一般性结论:

(1)(88) 式中的右方, 可写成

$$\frac{\partial V(1)}{\partial \boldsymbol{x}_1} \cdot \frac{\partial F^{(0)}(1)}{\partial \boldsymbol{v}_1}$$

$$= \left\{ \frac{\partial}{\partial \boldsymbol{x}_1} \iint \mathrm{d}\boldsymbol{x}_2 \mathrm{d}\boldsymbol{v}_2 F^{(0)}(\boldsymbol{x}_2, \boldsymbol{v}_2, t) U(\boldsymbol{x}_1 - \boldsymbol{x}_2) \right\} \cdot \frac{\partial F^{(0)}(1)}{\partial \boldsymbol{v}_1} \tag{12-89}$$

如 $U(\boldsymbol{x}_1 - \boldsymbol{x}_2)$ 系 "中心力" $U(|\boldsymbol{x}_1 - \boldsymbol{x}_2|)$, 如 Coulomb$U = \dfrac{1}{r_{12}}$, 又如 $F^{(0)}$ 系均匀的, 则由于对称, $V(1) = 0$. 在此情形下, (88) 之 $F^{(0)}$, 无论其速度分布为何, 永无趋近平衡 Maxwell 分布的可能.

(2) 如将 (88) 式对速度 $\boldsymbol{v}_1$ 积分, 如 $F^{(0)}$ 在 $\boldsymbol{v}$ 空间是各向等性的, 则由 (89) 式可显见其对 $\boldsymbol{v}_1$ 之积分等于零, 而 (88) 式成

$$\frac{\partial}{\partial t} \int F^{(0)}(\boldsymbol{x}, \boldsymbol{v}, t) \mathrm{d}\boldsymbol{v}_1 = 0$$

故 $F^{(0)}$ 在空间之分布, 永无趋近均匀分布之可能。

(3) (88) 式系可逆的 (即在 $t \to -t$ 时, 其形式不变), 故不能描述该系任何趋近平衡的不可逆现象. 此点亦可由 H 定理见之. 以 (86) 计算 $\dfrac{\mathrm{d}H}{\mathrm{d}t}$, 则得 $\dfrac{\mathrm{d}H}{\mathrm{d}t} = 0$. 但此并非指该系已达平衡, 而系第 8 章 (8-48) 定理的一特例而已.

Vlasov 方程式 (88), 虽不适宜于不可逆程之描述, 但在讨论 "极短时间" 的现象, 如游离体之振荡 (plasma oseillations) 等, 仍可应用. 通常解 (88) 式之法, 乃系作线性化之接近法, 使

$$F^{(0)}(\boldsymbol{x}, \boldsymbol{v}, t) = F_0(\boldsymbol{v}) + f(\boldsymbol{x}, \boldsymbol{v}, t)$$
$$|f| \ll |F_0| \tag{12-90}$$

$F_0(v)$ 乃平衡 (Maxwell) 分布, 故 (88) 式简化为一线性式

$$\left(\frac{\partial}{\partial t} + \boldsymbol{v}_1 \cdot \frac{\partial}{\partial \boldsymbol{x}_1} \right) f(\boldsymbol{x}, \boldsymbol{v}, t)$$
$$= \frac{\partial F_0}{\partial \boldsymbol{v}_1} \cdot \iint \mathrm{d}\boldsymbol{x}_2 \mathrm{d}\boldsymbol{v}_2 f(\boldsymbol{x}_2, \boldsymbol{v}_2, t) \frac{\partial U_{12}}{\partial \boldsymbol{x}_1} \tag{12-91}$$

由此式, Landau(1946 年) 研讨游离体密度 $n(\boldsymbol{x}, t)$ 趋近均匀分布的问题, 引入所谓 Landau damping 的观念. 兹不述及.

在 ϵ^1 阶, 则需解 (85) 及 (86) 式. 在一般情形下, 此问题极繁杂, 只当密度是均匀 (速度分布则任意的) 情形下, 曾获致一所谓 "运动方程式"(Balescu, Lenarrd, Guernsey, 1960 年). 此式亦系非线性的, 只在线性化情形下曾有一实际的计算。凡此皆非本书范围内所能申述的.

第 13 章   不可逆热力学引论

　　第 9 章从气体运动学的观点, 论几个不可逆的现象, 如热之传导, 黏性流体运动, 气体扩散等. 不可逆过程, 在热力学中为主题之一, 惟古典热力学讨论者多系平衡态的现象, 关于非平衡现象, 热力学只有第二定律中熵之增加一点. 将热力学扩展到不可逆现象的若干问题, 则系仅近 40 余年事. 本章将略述这些新发展.

13.1   熵之产生, 热传导

　　为解释若干新引入的观念, 莫若举一简单的例. 在第 3 章我们曾见一个孤立的气体的自由膨胀时, 其熵增加. 熵的产生处是整个气体, 我们无从说气体某局部体积 $\Delta V(x, y, z)$ 产生若干熵. 这是因为在自由膨胀中的气体的态, 和热力平衡态差得太远了.

　　兹取两个温度为 $T, T + \Delta T$ 的热库, 连以一细丝, 俾热由 $T + \Delta T$ 库经丝导至 T 库. 在稳定状态时, 设每秒由丝传导之热为 ΔQ, 则 $T + \Delta T$ 库的熵的减少及 T 库的熵的增加为

$$\frac{\Delta Q}{T + \Delta T}, \quad \frac{\Delta Q}{T}$$

故两个库的熵, 共增加为

$$\Delta S = \Delta Q \left(\frac{1}{T} - \frac{1}{T + \Delta T} \right) > 0 \tag{13-1}$$

这个熵增加 (或产生), 是来自热在导体的传导. 我们可以视导热体为熵的产生处. 上式的熵的产生 (率), 永是正号的, 即熵永是增加的.

　　上式可以用传导体的特性 (导热系数) 及温度梯度等写成一较确定的形式. 兹先取一均匀且各方向相等的物体. 使其温度 T 为坐标的函数 $T(x, y, z)$. 设 $u(x, y, z, t)$ 为每单位质量的内能, $J(x, y, z, t)$ 为热通量 (每秒经过单位垂直面积之能). 能之守恒定律为

$$\rho \frac{\partial u}{\partial t} + \operatorname{div} \boldsymbol{J} = 0, \quad \rho = \text{质量密度} \tag{13-2}$$

按 (9-9c) 或 (11-58) 式之 Fourier 定律,

$$\boldsymbol{J} = -\kappa \nabla T, \quad \kappa = \text{导热系数} \tag{13-3}$$

按热力学第一第二定律, u 与熵之关系为

$$T\mathrm{d}S = \mathrm{d}u + P\mathrm{d}V$$

如物体的热膨胀忽略不计, 则

$$\mathrm{d}u = T\mathrm{d}S \tag{13-4}$$

以 (4) 式代入 (2) 式, 即得

$$\rho\frac{\partial S}{\partial t} + \mathrm{div}\left(\frac{\boldsymbol{J}}{T}\right) = -\frac{1}{T^2}(\boldsymbol{J}\cdot\nabla T) \tag{13-5}$$

兹将 $\boldsymbol{J}/T$ 定义为 "熵通量"(flux)$\mathscr{S}$

$$\mathscr{S} \equiv \frac{\boldsymbol{J}}{T}. \tag{13-6}$$

又 (5) 式之右方, 按 Fourier 定律 (3)(κ 永是 $\geqslant 0$ 的),

$$\theta \equiv -\frac{1}{T^2}(\boldsymbol{J}\cdot\nabla T) = \frac{\kappa}{T^2}(\nabla T)^2 \tag{13-7}$$

$$\geqslant 0 \tag{13-7a}$$

(5) 式可写为

$$\rho\frac{\partial S}{\partial t} + \mathrm{div}\mathscr{S} = \theta \tag{13-8}$$

如对一体积 v 积分 (v 之边界面为 σ),

$$\rho\frac{\partial}{\partial t}\iiint_v S\mathrm{d}v + \iint_\sigma \mathscr{S}\cdot\mathrm{d}\sigma = \iiint_v \theta\mathrm{d}v \tag{13-9}$$

(8) 或 (9) 式的意义, 乃甚显明. 在某点 (x, y, z), 由于热传导, 每单位体积之熵之产生率 θ, 一部使该处的熵增加, 一部则以熵通量外流.

(8) 式对 $t \to -t$ 运作是无 "不变性" 的, 故是一不可逆的方程式。此式可视为热力学第二定律之微分式.

兹次考虑一物体, 其性质是各向异性的, 故导热系数 κ 非一纯量而系一张量 $\kappa_{ij}, i, j = x, y, z$, 换言之, 第 (3) 式需代以

$$
\begin{aligned}
J_1 &= -\kappa_{11}\frac{\partial T}{\partial x_1} - \kappa_{12}\frac{\partial T}{\partial x_2} - \kappa_{13}\frac{\partial T}{\partial x_3} \\
J_2 &= -\kappa_{21}\frac{\partial T}{\partial x_1} - \kappa_{22}\frac{\partial T}{\partial x_2} - \kappa_{23}\frac{\partial T}{\partial x_3} \\
J_3 &= -\kappa_{31}\frac{\partial T}{\partial x_1} - \kappa_{32}\frac{\partial T}{\partial x_2} - \kappa_{33}\frac{\partial T}{\partial x_3}
\end{aligned}
\tag{13-10}
$$

(7) 式则成

$$\theta = -\frac{1}{T^2} \sum_i J_i \frac{\partial T}{\partial x_i} \tag{13-11a}$$

$$\theta = \frac{1}{T^2} \sum_{i,j} k_{ij} \frac{\partial T}{\partial x_i} \frac{\partial T}{\partial x_j} \geqslant 0 \tag{13-11}$$

使 θ 永 $\geqslant 0$, 则 κ_{xy} 务需为 "非负确定的" (即无论 $\frac{\partial T}{\partial x}$ 等梯度是何值, $\sum \kappa_{xy} \frac{\partial T}{\partial x} \frac{\partial T}{\partial y}$ 永不是负值的).

(10) 式中之系数张量 κ, 务需 (假定) 为对称的

$$\kappa_{xy} = \kappa_{yx} \tag{13-12}$$

(10) 式乃系谓在 x 向的温度梯度, 不仅引致 $-x$ 向的热流 J_x, 亦引致 $-y, -z$ 向的热流 J_y, J_z.

上述之导热现象及其 (半经验半理论的) 数学表示式, 是颇显浅的, 但这只是许多不可逆现象的一个特别简单的例子. 在较复杂的情形下, (10) 式中之 $\frac{\partial T}{\partial x}, \frac{\partial T}{\partial y}, \frac{\partial T}{\partial z}$ 可以是不同物理量的梯, 如 $\frac{\partial T}{\partial x}$ 系温度之梯度, $\frac{\partial T}{\partial y}$ 则系 $\frac{\partial n}{\partial y}$ 密度之梯度, J_x 系热流, J_y 则系质量流等, 于是 (10) 式乃代表热之传导和气体扩散两过程. 兹先就热传导及扩散两现象略述之.

第 9 章已述及热传导及扩散的 "现象性" 定律

$$\text{热流 } J = -\kappa \nabla T \quad \text{(9-9c)} \tag{13-13}$$

$$\text{质量流 } N = -D \nabla n \quad \text{(9-23)} \tag{13-14}$$

惟此二现象并非各自独立的, 早在 1872~1873 年, Dufour 曾发现当两不同气体互对扩散时 (即有浓度之梯度), 即产生一温度之梯度因而引致热之传导. 此谓之 Dufour 效应. 又于 1893~1894 年, Soret 发现一反转的现象, 即当有温度梯度 (引致热传导) 时, 却产生一浓度梯度因而引致扩散 (质量流). 故 (13), (14) 式乃有下式:

$$\text{热流 } J = \underset{\text{(Fourier)}}{-\kappa \nabla T} + \underset{\text{(Dufour)}}{\beta \nabla n} \tag{13-15}$$

$$\text{质量流 } N = \underset{\text{(Soret)}}{+\alpha \nabla T} - \underset{\text{(Fick)}}{D \nabla n} \tag{13-16}$$

Soret 效应系所谓热扩散 (见第 9 章第 4 节末). Dufour 效应系所谓热泻流 (thermal effusion). 此两效应, 代表热传导与扩散两过程的关连作用. (15), (16) 式与 (10) 式甚类似. (12) 式的对称关系, 可由实验获得, 但亦系气体运动论的结果 (包含于 (11-59) 式). (14), (15) 式中之 α, β 两系数, (当所有各量皆以适当单位表示时), 亦符下

关系 *

$$\alpha = \beta \tag{13-17}$$

此所谓 "互易关系"(reciprocity relations), 系 1931 年 L.Onsager 所建立的, 旋即成为 "不可逆热力学" 之重要原理.

下节将述互相关联的过程的另一现象 —— 热电现象.

13.2 热 电 现 象

13.2.1 Peltier 效应

1834 年 Peltier 发现下一现象: 设 A, B 为两金属体, 接连如图 13.1 所示, 其温度均匀恒等. 兹由 A 至 B, 通一电流, 则接连处或吸收热, 或放热 (视 A, B 两金属, 及电流方向而定). 实验结果乃此热 Q, 称为 Peltier 热, 与经过接连处之电量成比例, 或此热之吸收或放出率, 与电流 I 成正比,

$$Q = \Pi_{AB}q, \quad q\text{电荷} \tag{13-18}$$

$$\frac{\mathrm{d}Q}{\mathrm{d}t} = \Pi_{AB}I \tag{13-18a}$$

Π_{AB} 称为 Peltier 系数. 如电流由 A 至 B 时系吸收热, 则 Π_{AB} 定义为正号, 此现象系可逆的, 因将电流方向反转, 则原为吸收热的变为放热. Π_{AB} 系温度 T 之函数.

13.2.2 Thomson 效应

与此现象有密切关系的是所谓 Thomson 效应, 为 W. Thomson(Lord Kelvin) 于 1854 年所发现的. 当一电流流经一均匀导体, 导体同时有一温度梯度时, 则导体由周围吸收热, 此热谓 Thomson 热,

$$Q = \sigma_A q\mathrm{d}T \tag{13-19}$$

q 为经过之电荷, 或吸收热率与电流成比例:

$$\frac{\mathrm{d}Q}{\mathrm{d}t} = \sigma_A I\mathrm{d}T \tag{13-19a}$$

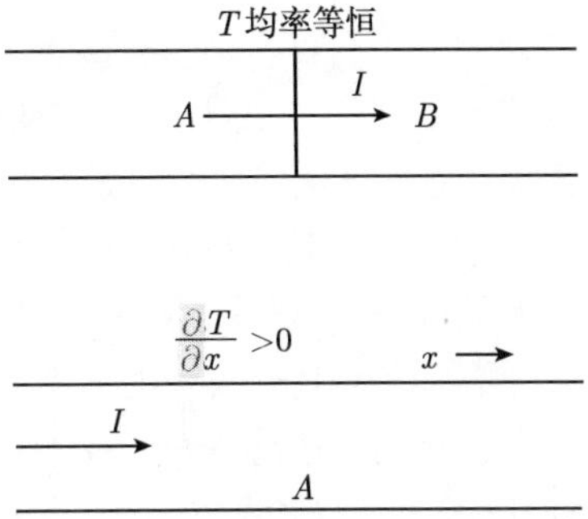

图 13.1

$\sigma_A = \sigma_A(T)$ 称为 Thomson 系数, 视物质而异, 系 T 之函数. 其符号之定义, 乃如电流方向与梯度 $\dfrac{\mathrm{d}T}{\mathrm{d}x} > 0$ 相同时系吸收热, 则 σ_A 认作正号 (通常 σ_A 之值约系数

---

* 见本章 (46), (47) 及 (58) 式, 及第 4 节

10^{-6}V / (°)). 此现象亦系可逆的. 如将电流之方向反转, 则原系吸收热的变为放出热.

13.2.3   Seebeck 效应

此外更有 Seebeck 现象 (1822 年发现), 系两不同金属接成一电路如图 13.2 所示. 如两接连的温度不同, 则有一热电动势 (themalemf) 产生, $\mathscr{E}_{AB}$*. 此 $\mathscr{E}_{AB}$ 视两金属 A, B 而异. 由实验知此 $\mathscr{E}_{AB}$ 系如下式:

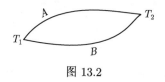

图 13.2

$$\mathscr{E}_{AB} = \mathscr{E}_A(T_2) - \mathscr{E}_A(T_1)$$
$$- \mathscr{E}_B(T_2) - \mathscr{E}_B(T_1) \qquad (13\text{-}20)$$

$\mathscr{E}_A$ 系 T 之函数, 视金属 A 而定. 由 (13-20) 式, 如三种不同金属连接, 则关系为

$$\mathscr{E}_{AC}(T_1, T_3) = \mathscr{E}_{AB}(T_1, T_2) + \mathscr{E}_{BC}(T_2, T_3) \qquad (13\text{-}21)$$

通常两金属 A, B 之 $\mathscr{E}_{AB}(T_1, T_2)$, 如 $T_2 - T_1$ 为数百度 ℃, $\mathscr{E}_{AB}$ 之值约为 $10^{-2} \sim 10^{-1}$V. 惟由 (21)、(23) 式, 可连接 n 个成所谓热组 thermal pile, 其总 e. m. f 自系一对 $A - B$ 之 n 倍. 上述三个热电效应, 是有密切关系的. Peltier 效应及 Thomson 效应是可逆的, 惟每一效应皆与些不可逆效应有不可分的关系. 如两效应皆有热传

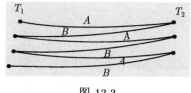

图 13.3

导及电阻产生 (所谓 Joule 热) 热的不可逆过程随之而来. 一个正确的理论, 务需考虑一切可逆的及不可逆的过程在内的. 早在 1854 年 Thomson 研讨这些热电现象, 他将不可逆的过程 (如热传导及 Joule 热等) 略去, 而只应用热力学于可逆的部分. 这当然是不对的, 但他理论的结果, 都为许多精确的实验所证实, 诚是不甚可解的情形. 一直到了 1928 年, Sommerfeld 应用量子统计力学于金属中的自由电子, 可以计算上三效应的系数, 证实了 Thomson 的结果. 惟仍候 1931 年 Onsager 建立了所谓 "互易关系" 及不可逆热力学后, 这个问题才获清晰的了解. 目前已了解 Thomson 理论虽 (不应) 忽略去 "不可逆部分" 而仍获得正确的结果之故. 兹先述 Thomson 之理论.

13.2.4   Seebeck 效应与 Peltier 效应

取 A, B 两金属连成之热偶如图 13.2. 因 Peltier 效应系可逆的, 故此热偶实系

---

* Peltier 系救 Π_{AB} 及 Seebeck 效应之 $\mathscr{E}_{AB}$, 皆系 "电位差" 之因次. Thomson 系数 σ_A 则系 [电位差/温度]=[伏/度] 之因次.

一 "热机器"(热引擎), 每当电荷 q 通过电路时, 由 T_1 吸收热 $\Pi_1 q$ 而在 T_2 放出热 $\Pi_2 q$(此 Π 系指 AB 之 Π_{AB}. 兹略去 AB 注). 按 Carnot 定理

$$\frac{\Pi_1}{T_1} = \frac{\Pi_2}{T_2}(\Pi_1 \equiv \Pi_{AB}(T_1)\text{意}) \tag{13-22}$$

按第一定律, 由 Seebeck 效应所生之能 $q\mathscr{E}_{AB}(T_1, T_2)$, 务需来自热偶的周围 $(\Pi_1 - \Pi_2)q$. 故

$$\mathscr{E}(T_1, T_2) = \Pi_1 - \Pi_2 = \Pi(T_1) - \Pi(T_2) \tag{13-23}$$

$$= \frac{\Pi(T_2)}{T_2}(T_1 - T_2) \tag{13-24}$$

此线性式谓如固定 T_2, 则 $\mathscr{E}(T_1, T_2)$ 系与 $T_1 - T_2$ 成正比. 惟此结论与实验的结果不符, 使 $T_1 - T_2 = T(T_2 = $ 固定值), 则经验的

$$\mathscr{E}(T, T_2) = a_1 T + a_2 T^2 + a_3 T^3 + \cdots, a_i = \text{常数} \tag{13-25}$$

13.2.5 Peltier 效应, Thomson 效应与 Seebeck 效应

为方便计, 使图 13.2 之 $T_1 = T, T_2 = T + \Delta T$, 故 (将 AB 注略去) Π_1, Π_2 可写为 $\Pi, \Pi + \Delta\Pi$. 故每当电荷 q 经过线路时,

$$(\Pi + \Delta\Pi)q = \text{在} T + \Delta T \text{连接点吸收之热}$$

$$\Pi q = \text{在 } T \text{ 连接点排出之热}$$

$$\sigma_A \Delta T q = \text{金属 } A \text{ 由周围吸收之热}$$

$$\sigma_B \Delta T q = \text{金属 } B \text{ 向周围排出之热}$$

按第一定律,

$$\Delta\mathscr{E}q = (\Pi + \Delta\Pi)q - \Pi q + (\sigma_A - \sigma_B)q\Delta T \tag{13-26a}$$

或

$$\frac{\mathrm{d}\mathscr{E}_{AB}}{\mathrm{d}T} = \frac{\mathrm{d}\Pi_{AB}}{\mathrm{d}T} + (\sigma_A - \sigma_B) \tag{13-26b}$$

$$\mathscr{E}_{AB}(T_1, T_2) = \Pi_{AB}(T_1) - \Pi_{AB}(T_2) + \int_{T_2}^{T_1}(\sigma_A - \sigma_B)\mathrm{d}T \tag{13-26c}$$

此式与 (23) 式较, 则多增了有 Thomson 热的积分项.

兹 Thomson 应用第二定律于可逆部分而忽略去不可逆部分 (如热传导及 Joule 热). 相当于 (26a) 能方程式之熵方程式为

$$\frac{\Pi + \Delta\Pi}{T_1 + \Delta T} - \frac{\Pi}{T} + \frac{\sigma_A \mathrm{d}T}{T + \frac{1}{2}\Delta T} - \frac{\sigma_B \mathrm{d}T}{T + \frac{1}{2}\Delta T} = 0 \tag{13-27}$$

$T + \dfrac{1}{2}\Delta T$ 乃 A, B 金属吸收及排出 Thomson 热的平均温度. 由此即得

$$\frac{\mathrm{d}\Pi_{AB}}{\mathrm{d}T} = \frac{\Pi_{AB}}{T} - (\sigma_A - \sigma_B) \tag{13-27a}$$

以此代入 (26b) 式, 即得下列所谓 Thomson 第一关系:

$$\frac{\mathrm{d}\mathscr{E}_{AB}}{\mathrm{d}T} = \frac{\Pi_{AB}}{T} \tag{13-28}$$

以此再微分, 复用 (27a), 即得所谓 Thomson 第二关系

$$\frac{\mathrm{d}^2\mathscr{E}_{AB}}{\mathrm{d}T^2} = -\frac{\sigma_A - \sigma_B}{T} \tag{13-29}$$

由经验结果之 (25) 式, 可得 $\dfrac{\mathrm{d}\mathscr{E}_{AB}}{\mathrm{d}T}$ 及 $\dfrac{\mathrm{d}^2\mathscr{E}_{AB}}{\mathrm{d}T^2}$. 以此与 (28), (29) 式右方的 Π_{AB}, $(\sigma_A - \sigma_B)$ 实验比较, 完全吻合. 故 (28) 及 (29) 两式的正确性, 是已证实的. 惟我们已知道这理论略去了不可逆的部分, 不可能是正确的 (事实上可逆和不可逆的过程, 是不能分开的). 故问题是如何正确地处理这些热电现象.

在 (18) 式中, Π_{AB} 系两个金属连接时的特性. 但我们可引入 Π_A, Π_B 的观念 *

$$\Pi_{AB} = \Pi_B - \Pi_A \tag{13-30}$$

如将接触电势 $\dfrac{\mu_0}{e}$ (见下文 (50) 式) 包括在内, 则 (18a) 式可写成下式 (热流由 A 至 B)

$$\frac{\mathrm{d}Q}{\mathrm{d}t} = \left\{ \left(\Pi_B + \frac{\mu_{0_B}}{e} \right) - \left(\Pi_B + \frac{\mu_{0_A}}{e} \right) \right\} I \tag{13-31}$$

又 (20) 式之热电动势 $\mathscr{E}_{AB}$ (因次为伏), 可表以下式:

$$\mathscr{E}_{AB}(T_1, T_2) = \mathscr{E}_A(T_1, T_2) - \mathscr{E}_B(T_1, T_2) \tag{13-32}$$

各 $\mathscr{E}_{AB}$, $\mathscr{E}_A \mathscr{E}_B$ 显系与 $T_1 - T_2$ 差有关, 故如 $T_1 - T_2 = \Delta T$, 则上式可写作

$$\frac{\partial \mathscr{E}_{AB}}{\partial T}\Delta T = \left(\frac{\partial \mathscr{E}_A}{\partial T} - \frac{\partial \mathscr{E}_B}{\partial T} \right)\Delta T \tag{13-33}$$

兹定义热电场 E_A, E_B (因次为 V / cm)

$$E_{AB} = E_A - E_B \tag{13-34}$$

亦即

$$E_{AB} \equiv \frac{\partial \mathscr{E}_{AB}}{\partial T}\nabla T, \quad E_A \equiv \frac{\partial \mathscr{E}_A}{\partial T}\nabla T, \quad E_B \equiv \frac{\partial \mathscr{E}_B}{\partial T}\nabla T \tag{13-35}$$

---

* $\Pi_{AB}, \mathscr{E}_{AB}$ 乃实验可直接量得的. (30), (33) 式之 Π_A, Π_B, $\mathscr{E}_A$, $\mathscr{E}_B$, 则系由 "形式" 的定义来的. 但由金属之电子理论, Π, ϵ 均可计算的.

又定义 "绝对热电功率" ϵ(absolute thermoelectric power, 其因次为 [伏/度])

$$\epsilon_A \equiv -\frac{\partial \mathscr{E}_A}{\partial T}, \quad \epsilon_B \equiv -\frac{\partial \mathscr{E}_B}{\partial T} \tag{13-36}$$

故热电场 E_A 乃为

$$E_A = -\epsilon_A \nabla T \tag{13-37}$$

此 ϵ 乃 Seebeck 效应之系数.

按 (36), 则所谓 Thomson 第一关系 (28) 式可写成

$$\Pi_{AB} = T\epsilon_{AB}, \quad \Pi_A = T\epsilon_A \tag{13-38}$$

而 Thomson 关系 (27a), 则可写成

$$\frac{\mathrm{d}\Pi_{AB}}{\mathrm{d}T} = \epsilon_{AB} - (\sigma_A - \sigma_B), \quad -\frac{\mathrm{d}\Pi_A}{\mathrm{d}T} = -\epsilon_A - \sigma_A \tag{13-39}$$

13.3　不可逆热力学——热电现象

兹取一金属, 其温度为 $T(x,y,z)$, 其梯度为 ∇T, 其电位为 $\Phi(x,y,z)$, 电场 $E = -\nabla\Phi$, 电流密度为 I, 其热通量为 J. 设电流乃系由电子构成的.

使$N = $ Avogadro数(6.02×10^{23}),

$F = $ Faraday常数 $= Ne = 96487$ Coulomb

$M = $ 分子量, $\rho = $ 密度 (单位体积之质量)

$\mu = $ 化学势, $\mu_0 = \dfrac{\mu}{N}$ 每电子的化学势

$u, s = $ 单位质量之内能、熵

$(E \cdot I) = $ Joule 热, 每秒每单位体积之热

本章第 (2) 式之能守恒关系兹乃成 *

$$\rho\frac{\partial u}{\partial t} + \mathrm{div}J = (E \cdot I) - \Phi\,\mathrm{div}I \tag{13-40}$$

按第 4 章 (4-96) 式, 熵之方程式为 (体积之变 $\mathrm{d}V = 0$)

$$T\mathrm{d}S = \mathrm{d}U - (\mu - F\Phi)\mathrm{d}n$$

---

* $(E \cdot I) - \Phi\mathrm{div}I = -\mathrm{div}(\Phi I)$, 故 (40) 可写为

$$\rho\frac{\partial u}{\partial t} + \mathrm{div}J + \mathrm{div}(\Phi I) = 0$$

所以写成 (40) 式形式者, 盖为 (42) 式预留地步也. 参看 (54) 式及脚注.

或
$$MT\mathrm{d}s = M\mathrm{d}u - (\mu - F\Phi)\mathrm{d}n \tag{13-41}$$

如金属每原子有 n 个电子, 则每克之电子数为 $\dfrac{Nn}{M}$. 每单位体积之电荷乃 $\dfrac{-eNn}{M}\rho = -\dfrac{\rho F}{M}n$.

电之连续方程式乃为
$$-\frac{\rho}{M}F\frac{\partial n}{\partial t} + \mathrm{div}\boldsymbol{I} = 0 \tag{13-42}$$

以此式之 $\dfrac{\partial n}{\partial t}$ 代入 (41) 式, 即得
$$T\rho\frac{\partial s}{\partial t} = \rho\frac{\partial u}{\partial t} + \left(\Phi - \frac{\mu_0}{e}\right)\mathrm{div}\boldsymbol{I} \tag{13-43}$$

由此式及 (40) 式, 即得
$$T\rho\frac{\partial s}{\partial t} = -\mathrm{div}\boldsymbol{J} + (\boldsymbol{E}\cdot\boldsymbol{I}) - \frac{\mu_0}{e}\mathrm{div}\boldsymbol{I} \tag{13-44a}$$

此式可重写成下式:
$$\rho\frac{\partial s}{\partial t} + \mathrm{div}\left(\frac{\boldsymbol{J}}{T} + \frac{\mu_0}{e}\frac{\boldsymbol{I}}{T}\right) = \frac{1}{T}\boldsymbol{J}\cdot\left(-\frac{1}{T}\nabla T\right)$$
$$+ \frac{1}{T}\boldsymbol{I}\cdot\left(\boldsymbol{E} + T\nabla(\frac{\mu_0}{eT})\right) \tag{13-44}$$

此方程式乃系 (5) 式 (只有导热) 推广至同时有导热 (热通量) 及导电的现象. 故我们可知 (6) 式定义熵之通量为
$$\mathscr{S} = \frac{1}{T}\left(\boldsymbol{J} + \frac{\mu_0}{e}\boldsymbol{I}\right) \tag{13-45}$$

而 (44) 右方两项乃 (7) 式之熵产生率 θ 也.
$$\theta = -\frac{1}{T^2}(\boldsymbol{J}\cdot\nabla T) + \frac{1}{T}\boldsymbol{I}\cdot\left(\boldsymbol{E} + T\nabla\left(\frac{\mu_0}{eT}\right)\right) \tag{13-46}$$

按照 (3) 或 (10) 与 (7) 式的关系, 我们可假设 $\boldsymbol{J}, \boldsymbol{I}$ 与 θ 的关系为
$$\boldsymbol{J} = -\alpha\left(\frac{1}{T}\nabla T\right) + \beta\left(\boldsymbol{E} + T\nabla\left(\frac{\mu_0}{eT}\right)\right) \tag{13-47a}$$
$$\boldsymbol{I} = -\gamma\left(\frac{1}{T}\nabla T\right) + \delta\left(\boldsymbol{E} + T\nabla\left(\frac{\mu_0}{eT}\right)\right) \tag{13-47b}$$

由此二式, 即得
$$\boldsymbol{J} = -\left(\alpha - \frac{\beta\gamma}{\delta}\right)\frac{\nabla T}{T} + \frac{\beta}{\delta}\boldsymbol{I} \tag{13-48}$$

$$\boldsymbol{E} = \frac{1}{\delta}\boldsymbol{I} + \left(\frac{\gamma}{\delta} + \frac{\mu_0}{e}\right)\frac{\nabla T}{T} - \nabla\left(\frac{\mu_0}{e}\right) \tag{13-49}$$

按上述的经验结果 (Fourier 式 (3), Peltier 效应 (31) 式, Seebeck 效应 (37) 式, 接触电势见下文 (52) 式), 我们应用以下关系:

$$\boldsymbol{J} = -\kappa\nabla T - \left(\Pi + \frac{\mu_0}{e}\right)\boldsymbol{I} \tag{13-50}$$

$$\boldsymbol{E} = \frac{1}{\sigma}\boldsymbol{I} - \epsilon\nabla T - \nabla\left(\frac{\mu_0}{e}\right) \tag{13-51}$$

σ 系导电系数, $\boldsymbol{E} = \frac{1}{\sigma}\boldsymbol{I}$ 即 Ohm 氏定律. $\nabla(\frac{\mu_0}{e})$ 项之意义可如下见之. 使 $\boldsymbol{I} = 0, \nabla T = 0$. 取一线段 $\mathrm{d}s$ 穿过 A, B 两金属间之接连边界面. 由 (51) 式,

$$\int_A^B \boldsymbol{E}\cdot\mathrm{d}\boldsymbol{s} = -\int_A^B \nabla\left(\frac{\mu_0}{e}\right)\cdot\mathrm{d}\boldsymbol{s},$$

因 $\boldsymbol{E} = -\nabla\Phi$, 故

$$\Phi(A) - \Phi(B) = \frac{1}{e}(\mu_0(A) - \mu_0(B)) \tag{13-52}$$

故 $\frac{1}{e}[\mu_0(A) - \mu_0(B)]$ 乃两金属之接触电势 *.

兹以 (50), (51) 式与 (48), (49) 式比较, 即可得下关系:

$$\delta = \sigma, \quad \beta = -\sigma\left(\Pi + \frac{\mu_0}{e}\right), \quad \gamma = -\sigma\left(\epsilon T + \frac{\mu_0}{e}\right) \tag{13-53}$$

上述理论, 可得更清晰的了解. 将 (50), (51) 式代入 (40) 式的能守恒方程式, 即得 **

$$\rho\frac{\partial u}{\partial t} = \mathrm{div}(\kappa\nabla T) + \left(\frac{\partial\Pi}{\partial T} - \epsilon\right)(\boldsymbol{I}\cdot\nabla T) + \frac{1}{\sigma}I^2$$
$$+ \left(\Pi + \frac{\mu_0}{e} - \Phi\right)\mathrm{div}\boldsymbol{I} \tag{13-54}$$

右方第一项显系由热传导的热增加, 第三项系 Joule 热. 第二项, 显系 (19a) 式之 Thomson 热, 因

$$\sigma = \frac{\partial\Pi}{\partial T} - \epsilon \tag{13-55}$$

此正系 Thomson 的第二关系 (39) 式也.

又将 (50), (51) 代入 (44) 之熵方程式, 即得 (用 (50), (45) 式)

$$\rho\frac{\partial s}{\partial t} + \mathrm{div}\mathscr{S} = \frac{1}{T^2}\left\{\kappa\left(\nabla T\right)^2 + (\Pi - T\epsilon)\boldsymbol{I}\cdot\nabla T + \frac{1}{\sigma}TI^2\right\} \tag{13-56}$$

---

* $\nabla\left(\frac{\mu_0}{e}\right)$ 不仅于两金属接触处重要, 即在一金属的极不均匀处即有之.

** 用 (51) 式, 后三项可并写为 $\mathrm{div}\left\{\left(\Pi + \frac{\mu_0}{e} - \Phi\right)\boldsymbol{I}\right\}$ 但由 (54) 式的形式, 则当电流 $\boldsymbol{I}$ 是稳定电流时, $\mathrm{div}\boldsymbol{I} = 0$, 则显出 $\frac{1}{\sigma}I^2$ 项, 较易解释也, 此与 (40) 式同是故.

右方系熵之产生率. 此是应永 $\geqslant 0$ 的, 故我们应加下条件:

$$\Pi - T\epsilon = 0 \tag{13-57}$$

而此乃 Thomson 的第一关系式 (38) 也. 此式显示 Peltier,Seebeck 及 Thomson 三热电现象是密切关联的.

由 (57) 式及 (53) 式, 即得

$$\beta = \gamma = -\sigma\left(\Pi + \frac{\mu_0}{e}\right) \tag{13-58}$$

熵之产生率由 (56) 式及 (57) 式, 即得

$$\theta = \frac{1}{T^2}\left\{\kappa(\nabla T)^2 + \frac{1}{\sigma}TI^2\right\} \tag{13-59}$$

以 (48) 与 (50) 式比, 即得

$$\alpha - \frac{\beta^2}{\sigma} = \kappa T$$

$$\frac{\alpha}{T} = \kappa + \frac{\sigma}{T}\left(\Pi + \frac{\mu_0}{e}\right)^2 \tag{13-60}$$

故 (46), (47) 式之 $\alpha, \beta, \gamma, \delta$ 皆由 (53), (60) 式示为导电系数 σ, 导热系数 κ, 及 Peltier 系数 Π(或绝对热电功率 ϵ), 及 (每电子的) 化学势 μ_0 之函数.

13.4　Onsager 互易关系

总结上节的结果, 设定义所谓 "一般化力" $\boldsymbol{X}_i$ 及通量 $\boldsymbol{J}_i$

$$\begin{aligned}
&\boldsymbol{X}_1 \equiv -\frac{1}{T}\nabla T, \quad \boldsymbol{X}_2 = -\nabla\phi + T\nabla\left(\frac{\mu_0}{eT}\right) \\
&\boldsymbol{J}_1 \equiv \boldsymbol{J}, \quad \boldsymbol{J}_2 \equiv \boldsymbol{I} \\
&L_{11} \equiv \alpha, \quad L_{12} \equiv \beta, \quad L_{21} \equiv \gamma, \quad L_{22} \equiv \delta
\end{aligned} \tag{13-61}$$

则 (46), (47) 式可写成

$$\boldsymbol{J}_i = \sum_j L_{ij}\boldsymbol{X}_j \tag{13-62}$$

而熵方程式 (44) 乃成

$$\rho\frac{\partial s}{\partial t} + \operatorname{div}\mathscr{S} = \frac{1}{T}\sum_i \boldsymbol{J}_i\boldsymbol{X}_i \tag{13-63a}$$

$$= \frac{1}{T}\sum_{i,j} L_{ij}\boldsymbol{X}_i\boldsymbol{X}_j \tag{13-63b}$$

右方即*熵之产生率* θ(见 (11a),(11) 式)

$$\theta = \frac{1}{T} \sum_i \boldsymbol{J}_i \boldsymbol{X}_i = \frac{1}{T} \sum_{i,j} L_{ij} \boldsymbol{X}_i \boldsymbol{X}_j \tag{13-64}$$

由上节之理论, 我们已获下列的结果:

$$L_{11} = \kappa + \frac{\sigma}{T}\left(\varPi + \frac{\mu_0}{e}\right)^2, \quad 见 (60) 式$$

$$L_{12} = L_{21} = -\sigma\left(\varPi + \frac{\mu_0}{e}\right), \quad 见 (58) 式 \tag{13-65}$$

$$L_{22} = \sigma, \quad 见 (53) 式$$

$$\theta = \frac{1}{T^2}\left\{k(\nabla T)^2 + \frac{1}{\sigma}TI^2\right\} \geqslant 0, \quad 见 (59) 式$$

我们特应注意的, 乃 L 矩阵之对称性,

$$L_{12} = L_{21} \tag{13-66}$$

及*熵之产生率* θ 永是正号的

$$\theta \geqslant 0 \tag{13-67}$$

故只当 $\nabla T = 0, I = 0$ 时 (热力平衡时), 熵不增加. (67) 乃热力学第二定律的结果.

(66) 式的对称性, 系 (57) 关系的结果 (见 (53) 式). (57) 式 (亦即 (38) 式) 可由两个观点获得: 一是由 Thomson 的理论, 将不可逆的过程忽略不计而得 (28) 或 (38) 式. 一是由熵之增加式 (56) 导出的. 前者的理论是不正确的, 而其结果仍是对的, 乃因 (66) 对称性有基本的正确性, 因而 (57) 式是必须正确的.

上节所讨论之热电现象, 乃系一个特例而已. 如一个系有多种的变数, 有多种的通量 J_i(flux) 及其共轭的 "力" X_i(X_i 与 J_i 间之关系, 为 J_iX_i 的因次为功率), 二者间有线性关系如 (62), 则 (66) 对称关系可推广为 *

$$L_{ij} = L_{ji} \tag{13-68}$$

此关系之一般性, 系 L.Onsager 于 1931 年所提出的, 现称为互易关系, 其证明则系根据物理学中一基本原理——所谓 "微观的可逆性原理", 由 Casimir 所阐明. ** 如有磁场存在, 则上式应代以

$$L_{ij} = -L_{ij} \tag{13-69}$$

---

* 如热电现象外, 更有扩散现象并存, 则 $J_i =$ 电流, 热电量及质量流, $X_i =$ 电场, 温度梯度, 及浓度密度 (见 (14), (15) 式).

** Onsager 之理论及互易关系之证明, 需用统计力学的观念, 兹不述及.

第 14 章　几率, Markov 过程与不可逆性

第 8 章第 3 节曾示 Boltzmann 对两个分子撞碰的几率所作之假设, 导致他的方程式之不可逆性, 且由此乃导致 H-定理. 第 10 章第 1 节曾示由于几率的 (X-1) 假设, 可以导出 Fokker-Planck(不可逆的) 方程式. 本章将对几率和不可逆性的关系, 作更一般性, 更深入的研讨. 我们将讨论无规过程 (random processes), 起伏 (fluctuations), Markov 过程, 主方程式 (Master Equation), 不可逆性等问题.

14.1　Markov 过程

我们首需对些观念作定义.

14.1.1　无规过程

如一个过程系以一几率分布函数定义的, 称为无规 (random) 过程. 例如某性质 A 在时间 t 之值为 a 与 $a + da$ 之间的几率, 系一函数 $W(a \cdot t)da$ 则此几率随时变易.

$W_1(a; t)da =$ 性质 A 在 t 时有 a 与 $a+da$ 间之值的几率, $W_2(a_1 t_1; a_2 t_2)da_1 da_2 =$ 性质 A 之值, 在 t_1 时在 a_1 与 $a_1 + da_1$ 间, 且在 t_2 时在 a_2 与 $a_2 + da_2$ 间之几率, 余类推. (14-1)

由上二定义, 即得

$$W_1(a_1 t_1) = \int W_2(a_1 t_1; a_2 t_2)da_2 \tag{14-2}$$

积分乃对所有的 a 值.

14.1.2　稳定无规过程

如上式之几率 $W_1, W_2, \cdots$ 等皆对时间 t 之平移 (translation) 有不变性, 则过程称为稳定无规 (stationary random) 过程, 即

$$W_1(a_1 t) \text{与 } t \text{ 无关, 故} \quad W_1 = W_1(a_1)$$
$$W_2(a_1 t_1; a_2 t_2) \text{只系} t_2 - t_1 \equiv t \text{之函数, 故} \tag{14-3}$$
$$= W_2(a_1; a_2 t)$$

14.1.3 Gauss 稳定无规过程

如 $W_1, W_2, \cdots$ 有下述性质, 则称为 Gaussian.

$$W_1(a) \propto \exp\left(-\frac{1}{2}a^2\right),$$

$$W_2(a_1; a_2 t) \propto \exp\left(-\frac{1}{2}a_1^2 - a_1 a_2 - \frac{1}{2}a_2^2\right) \tag{14-4}$$

$$\cdots$$

$$\int W_1(a)\mathrm{d}a = 1$$

$$\int W_2(a_1; a_2 t)\mathrm{d}a_1 \mathrm{d}a_2 = 1, \cdots \tag{14-5}$$

14.1.4 有条件的几率

"有条件的几率 (conditional probability)" 的定义如下:

$$\begin{aligned} P_2(a_1 t_1 \,|\, a_2 t_2)\mathrm{d}a_2 = &\ \text{性质 } A \text{ 在 } t_2 \text{ 时之值在 } a_2 \text{ 与} a_2 + \mathrm{d}a_2 \\ &\ \text{之间的几率, 如已知其前在 } t_1 \text{ 时之值确为} \\ &\ a_1, (t_1 < t_2) \end{aligned} \tag{14-6}$$

$$\begin{aligned} P_3(a_1 t_1; a_2 t_2 \,|\, a_3 t_3)\mathrm{d}a_3 = &\ \text{性质 } A \text{ 在 } t_3 \text{ 时之值在 } a_3 \\ &\ \text{与 } a_3 + \mathrm{d}a_3 \text{ 之间的几率, 如已知其前在} \\ &\ t_2 \text{ 时之值确为 } a_2, \text{ 更前在 } t_1 \text{ 时之值确} \\ &\ \text{为} a_1, (t_1 < t_2 < t_3) \end{aligned} \tag{14-7}$$

余类推.

由上定义, 可得下关系:

$$W_2(a_1 t_1; a_2 t_2) = W_1(a_1 t_1) P_2(a_1 t_1 \,|\, a_2 t_2) \tag{14-8}$$

$$W_3(a_1 t_1; a_2 t_2; a_3 t_3) = W_2(a_1 t_1; a_2 t_2) P_3(a_1 t_1; a_2 t_2 \,|\, a_3 t_3) \tag{14-9}$$

余类推.

14.1.5 Markov 过程

满足下关系的过程, 称为 Markovian

$$P_2(a_2 t_2 \,|\, a_3 t_3) = P_3(a_1 t_1; a_2 t_2 \,|\, a_3 t_3) \tag{14-10}$$

此式系谓 t_1 时的情形, 对 t_3 时的几率 $(t_1 < t_3)$ 无影响, 如已知在 t_1 与 t_3 之间的 t_2 时的值为 a_2; 换言之, 如已确知在 t_2 时之情形, 则在 t_2 之前的一切, 皆抹掉了.

14.1.6　稳定 Markov 过程

如第 (6), (7)··· 式中之几率 $P_2, P_3, \cdots$ 对时间之平移有不变性, 例如

$$P_2(at \,|a_2 t + s) = P_2(a \,|a_2 s) \tag{14-11}$$

则谓为稳定 Markov 过程 (stationary Markov).

由类似第 (2) 式的关系

$$W_2(a_1 t_1; a_2 t_2) = \int W_3(a_1 t_1; a_j t_j; a_2 t_2) \mathrm{d}a_j, t_1 < t_j < t_2 \tag{14-12}$$

用第 (9), (10), (3) 各式, 可得

$$W_2(a_1 t_1; a_2 t_2) = \int W_2(a_1 t_1; a_j t_j) P_3(a_1 t_1; a_j t_j \,|a_2 t_2) \mathrm{d}a_j$$

$$= \int W_2(a_1 t_1; a_j t_j) P_2(a_j t_j \,|a_2 t_2) \mathrm{d}a_j$$

$$W_2(a_1; a_2 t) = \int W_2(a_1; a_j t - s) P_2(a_j t - s \,|a_2 t) \mathrm{d}a_j$$

用第 (11) 式, 即得

$$W_2(a_1; a_2 t) = \int W_2(a_1; a \quad t - s) P_2(a \,|a_2 s) \mathrm{d}a \tag{14-13}$$

式中 s, 可在 $0 \leqslant s \leqslant t$ 范围内之任何值. 此式称为 Smoluchowki 关系 (或 "定律").

由此式, 当 $s = t$, 即得

$$W_2(a_1; a_2 t) = W_1(a_1) P_2(a_1 \,|a_2 t) \tag{14-14}$$

或

$$W_2(a_1 t; a_2 t + \Delta t) = W_1(a_1 t) P_2(a_1 t \,|a_2 t + \Delta t) \tag{14-15}$$

[第 (14), (15) 式亦可直接由第 (8) 式得之]. 此式谓如 A 在 (任何时 t 之值为 a_1 之几率为 $W_1(a_1 t)$), 则在 $t + \Delta t$ 时 ($\Delta t > 0$) 其值为 a_2 之几率 W_2 乃为 $W_1'(a_1 t) P_2(a_1 t \,|a_2 t + \Delta t)$. 故 $P_2(a_1 t \,|a_2 t + \Delta t) = P_2(a_1 \,|a_2 \Delta t)$ 之意义, 系在 Δt 时间中由 a_1 变迁为 a_2 的 "变迁几率" (transition probability).

此观念及第 (13) 式, 甚为重要. 第 10 章第 (10-1), (10-1a) 式, 即包含第 (15) 式之意. 由第 (13) 式, 即可得所谓主方程式 (见第 3、第 4 节).

14.2 起伏散逸关系, Brownian 运动

上节所述之 Markov 过程之一例, 即第 10 章所述之 Brownian 运动. 一在流体中悬浮之粒子, 不断地受流体的分子的撞碰. 这些撞碰分子的方向, 速度及频度, 皆可视为无规 (random) 的. 这些撞碰. 产生一无规起伏的力 F. 第 10 章第 (10-19) 式, 乃按 Langevin 理论之运动方程式. 兹写作下式:

$$m\frac{\mathrm{d}u}{\mathrm{d}t} = -\frac{1}{\kappa}u + F(t) \tag{14-16}$$

式中 $u = u(t)$ 系速度, $\frac{1}{\kappa}$ 系阻力系数, $F(t)$ 系假设为稳定且 Gaussian 无规力. 下文我们将更证明 $F(t)$ 实系 Markovian 的.

因 $F(t)$ 系无规的, 故如作一 "系综" 的平均 (系综观念, 见第 12 章第 1 节). 有下述的性质:

$$\langle F(t)\rangle = 0 \tag{14-17}$$

$$\langle F(t_1)F(t_2)\rangle = D\delta(t_1 - t_2) \tag{14-18}$$

D 系一常数, δ 系 Dirac 之 δ 函数 (见《电磁学》第 2 章第 2 节). 第 (16) 方程式系线性的, 故 u, 亦如 F, 系稳定 Gaussian 的.

第 (16) 式积分为

$$u(t) = \exp\left(-\frac{t}{m\kappa}\right)\left[u_0 + \frac{1}{m}\int_0^t F(s)\exp\left(-\frac{s}{m\kappa}\right)\mathrm{d}s\right] \tag{14-19}$$

u_0 系 $t = 0$ 时 u 之值. 取 (19) 式之系综平均, 即得

$$\langle u(t)\rangle = u_0\exp\left(-\frac{t}{m\kappa}\right) \tag{14-20}$$

$$\langle u^2(t)\rangle = \exp\left(-\frac{2t}{m\kappa}\right)$$
$$\times\left[u_0^2 + \frac{1}{m^2}\int_0^t\int_0^t\langle F(s)F(s')\rangle\exp\left(-\frac{s+s'}{m\kappa}\right)\mathrm{d}s\mathrm{d}s'\right]$$
$$= u_0^2\exp\left(-\frac{2t}{m\kappa}\right) + \frac{D\kappa}{m}(1 - \mathrm{e}^{-2t/m\kappa}) \tag{14-21}$$

按第 (6) 式 P_2 之定义, 我们有下关系:

$$\langle u(t)\rangle = \int uP_2(u_0|ut)\mathrm{d}u \tag{14-22}$$

$$\langle u^2(t)\rangle = \int u^2 P_2(u_0\,|ut)\mathrm{d}u \tag{14-23}$$

以此与 (20), (21) 式比较, 即得

$$P_2(u_0\,|ut) = \frac{1}{\sqrt{2\pi\sigma^2\xi}} \exp\left\{-\frac{(u-u_0\eta)^2}{2\sigma^2\xi}\right\} \tag{14-24}$$

$$\sigma^2 = \frac{D\kappa}{m}, \quad \eta = \exp\left(-\frac{t}{m\kappa}\right), \quad \xi = 1 - \eta^2$$

由 (24), 即得

$$\lim_{t\to\infty} P_2(u_0\,|ut) = \frac{1}{\sqrt{2\pi\sigma^2}} \exp\left(-\frac{mu^2}{2Dk}\right) \tag{14-25}$$

此式与开始时之 u_0 值无关, 盖粒子经许多撞碰后, 其始值 u_0 之影响应消失也. 故我们应得下关系

$$\lim_{t\to\infty} P_2(u_0\,|ut) = W_1(u) \tag{14-26}$$

由上式, 即得几率

$$W_1(u) = \left(\frac{m}{2\pi D_\kappa}\right)^{1/2} \exp\left(-\frac{mu^2}{2D_\kappa}\right) \tag{14-27}$$

兹假设 Brownian 粒子, 亦如气体的分子, 遵守 Maxwell 分子分布定律.

$$W_1(u) = \left(\frac{m}{2\pi kT}\right)^{1/2} \exp\left(-\frac{mu^2}{2kT}\right) \tag{14-28}$$

故得

$$D = \frac{kT}{\kappa} \tag{14-29}$$

此乃定了第 (18) 式中的常数 D.

$$\langle F(t_1)F(t_2)\rangle = \frac{kT}{\kappa}\delta(t_1 - t_2) \tag{14-30}$$

此式左方表示 $F(t)$ 之起伏 (fluctuations), 右方之 $\frac{1}{\kappa}$ 系来自阻力 (摩擦力). 按力学 (及热力学), 凡摩擦则导致散逸 (dissipation). (30) 联系起伏与散逸, 故称为起伏–散逸定理 (fluctuation-dissipation theorem).

上述以 Langevin 方程式 (16) 为例所得之 (30) 式结果, 见 Uhlenbeck 与 Ornstein 论文 (美国 Physical Review 36, 823, (1930)).

第 (24) 式之 P_2, 可证明系下方程式 (开始条件为 $P_2(u,0) = \delta(u-u_0)$):

$$\frac{\partial P_2}{\partial t} = \frac{1}{m\kappa}\frac{\partial(uP_2)}{\partial u} + \frac{D}{m^2}\frac{\partial^2 P_2}{\partial u^2} + \cdots \tag{14-31}$$

之解. 此乃系 Fokker-Planck 方程式可与 (10-7) 比较. (10-7) 系在坐标空间, (31) 式则系在速度空间.

兹可证明第 (16) 式 Langevin 方程式确是 Markov 过程. 由 $W_1(u_0)$ 及第 (24) 式之 $P_2(u_0 | ut)$, 可按第 (8) 式计算 W_2. 如是计算所得之 $W_2(u_0; ut)$, 可证明其满足第 (13) 式之 Smoluchowski 关系.

总结本节: 以 Brownian 运动为例, 由分子撞碰产生的力, 有完全无规的起伏, 其起伏间的相关 (correlation), 则产生一阻力. 此阻力之系数 $\dfrac{1}{\kappa}$, 与这相关有直接的关系 (见第 (30) 式). 此阻力导致散逸 (耗散), 使运动方程式成不可逆的. 故无规的起伏, 导致散逸, 及不可逆性.

第 (30) 式之 "起伏–散逸定理", 有更较一般性的应用, 不限于 Brownian 运动的.

14.3 几率与时间的矢向——不可逆性

上节由满足 Markov 过程定义的起伏, 证明了起伏-散逸定理, 证明起伏引致过程的不可逆性方程式.

下文将直接地从 Markov 过程, 导出一般性的不可逆方程式, 即所谓主方程式.

为便于叙述计, 兹以 $i, j, k, \cdots$ 表一个系统的态. 使 $w_k(t)$ 为在 t 时其态为 k 的几率. 使 $P_2(kt | jt + \Delta t), \Delta t > 0$, 为第 (6) 式之 "有条件的几率", 即当已知在 t 时态为 k, 其在 $t + \Delta t$ 时态为 j 的几率. 如该系统的过程系 Markov 的, 则按第 (13) 式 Smoluckowski 关系,

$$W_2(k\ t; j\quad t + \Delta t) = w_k(t) P_2(k\ t | j \quad t + \Delta t) \tag{14-32}$$

按第 (2) 式, 在 $t + \Delta t$ 时态为 j 的几率为

$$w_j(t + \Delta t) = \int W_2(kt; j \quad t + \Delta t) \mathrm{d}k$$

为方便计, 我们假设态 $i, j, k, \cdots$ 系非连续的, 故上式积分将以一和代之

$$w_j(t + \Delta t) = \sum_k W_2(k\ t; j \quad t + \Delta t)$$
$$= \sum_k w_k(t) P_2(kt | j \quad t + \Delta t) \tag{14-33}$$

为简便计, $P_2(kt | j \quad t + \Delta t)$ 可代以简单的符号 A_{kj}, 故上式成

$$w_j(t + \Delta t) = \sum_k w_k(t) A_{kj} \tag{14-34}$$

A_{kj} 之意义, 乃在 t 与 $t + \Delta t$ 时间中, 态由 k 变迁为 j 的几率 (见第 (15) 式下). 上式谓在 $t + \Delta t$ 时之 j 态, 可来自 t 时的各态 k. 由 w_j 等的几率意义及上述的 A_{kj} 意义, 故可得下列的关系:

$$\sum_k w_k(t) = 1 \tag{14-35}$$

$$\sum_k w_k(t + \Delta t) = 1 \tag{14-36}$$

$$\sum_j A_{kj} = 1 \tag{14-37}$$

$$\sum_k A_{kj} = 1 \tag{14-38}$$

$$0 \leqslant A_{kj} \leqslant 1 \tag{14-39}$$

第 (37) 式乃系谓在 Δt 时间中, 由 k 态跃迁至所有的态 j 之几率之和等于 1. 第 (38) 式乃系谓在 Δt 时间中, 由所有的态 k 跃迁至态 j 之几率之和等于 1. 第 (38) 式乃系谓在 Δt 时间中, 由所有的态 k 跃迁至态 j 之几率之和等于 1. 第 (39) 式则谓跃迁几率 A_{jk}, 每一 A_{jk} 必需正值且小于 (或最多等于)1.

兹定义 $S(t)$, $S(t + \Delta t)$ 函数如下:

$$S(t) \equiv -\sum_i w_i(t) \ln w_i(t) \tag{14-40}$$

$$S(t + \Delta t) \equiv -\sum_i w_i(t + \Delta t) \ln w_i(t + \Delta t) \tag{14-41}$$

按 Gibbs 之不等式, 如 x, y 为两任意正值数, $x, y \geqslant 0$,

$$y \int_1^{x,y} \ln \xi \mathrm{d}\xi = x(\ln x - \ln y) + y - x \geqslant 0 \tag{14-42}$$

故由 (40), (41), 可得

$$
\begin{aligned}
S(t + \Delta t) - S(t) &= \sum_i w_i(t) \ln w_i(t) - \sum_i w_i(t + \Delta t) \ln w_i(t + \Delta t) \\
&= \sum_i w_i(t) \ln w_i(t) - \sum_{i,k} A_{ik} w_k(t) \ln w_i(t + \Delta t) \\
&\geqslant \sum_i w_i(t) \ln w_i(t) - \sum_{i,k} A_{ik} \{ w_k(t) \ln w_k(t) \\
&\quad - (w_k(t) - w_i(t + \Delta t)) \} \\
&\geqslant 0
\end{aligned}
\tag{14-43}
$$

按 (34) 及 (38) 式,

第 (43) 式谓 $S(t)$ 与时 t 增加.

如以第 (40) 式之 S, 与第 8 章 (8-16) 式之 H 函数比较 以第 (43) 式与 (8-23)H 定理对照, 更由 (8-43) 式 H 函数与熵 S 的关系, 我们可视第 (43) 式为热力学第二定律

$$\frac{\Delta S}{\Delta t} \geqslant 0 \tag{14-44}$$

现我们可证明第 (34) 式的关系, 乃不可逆的. 兹假设第 (34) 式的系列代数方程式有反解, 换言之, 有 A^{-1} 之存在, 使

$$w_k(t) = \sum_j A_{kj}^{-1} w_j(t + \Delta t) \tag{14-45}$$

此 A^{-1} 符合下矩阵方程式:

$$A^{-1}A = E, \quad E = \text{单位矩阵} \tag{14-46}$$

亦即

$$\sum_j A_{kj}^{-1} A_{jk} = 1 \tag{14-47}$$

$$\sum_j A_{kj}^{-1} A_{ji} = 0, \quad \text{如} \quad k \neq i \tag{14-48}$$

由 (47) 式及第 (38) 式, 可见 A_{kj}^{-1} 不能所有皆小于一. 由 (48) 式及第 (39) 式, 可见不能所有的 A_{kj}^{-1} 皆 $\geqslant 0$. 换言之, A_{kj}^{-1} 不能满足如 (39) 式的条件, 盖 *

$$0 \nleqslant A_{kj}^{-1} \nleqslant 1 \tag{14-49}$$

也. 故 (45) 式中之 A_{kj}^{-1} 是没有几率意义的, 换言之, 我们可以由 t 时的几率, 预计 $t + \Delta t$ 时的几率, 如 (34) 式, 但由 $t + \Delta t$ 的几率, 倒计 t 时的几率如 (45) 式, 则是无几率的意义的. 由此即证明第 (34) 式的几率性假设关系, 是附带有不可逆性的.

在此我们宜指出以下两点:

(i) 第 (2) 式的性质, 与第 10 章第 (1), (1a) 式的性质是相同的. 前者系在 t 与 $t + \Delta t$ 时间中, 一个系统的态的几率 $w_k(t)$ 与 $w_j(t + \Delta t)$ 间之关系. 后者则系在 t

---

* 由 (45) 式及 (49) 式, 我们已不能用 (42) 和 (43) 式的方法, 获得

$$S(t) - S(t + \Delta t) \geqslant 0$$

之关系. 此证明将留给读者. 见作者与 Rivier 氏一文, Helv. Phys. Acta, 34, 661(1961).

与 $t + \Delta t$ 时间中, 一个粒点位置 x_1 的几率 $f(x_1, t)$ 与位在 x 点几率 $f(x, t + \Delta t)$ 间之关系. 前者之 A_{jk}, 与后者之 $\phi(x - x_1)$, 皆系在 Δt 时间中的跃迁几率.

$$w_j(t + \Delta t) = \sum_k A_{jk} w_k(t) \tag{14-50}$$

及

$$f(x, t + \Delta\tau) = \phi(x - x_1, \Delta\tau) f(x, t)$$

可称为 Smoluchowski 假定. 此关系不能由动力学或任何基本理论导出的, 其本身系一假定的性质.

（ii）在应用 (50) 式的假定时, 我们隐含了一个假定, 即所考虑的现象, 有下述的性质: 在任何时间 t, 该系统的变迁, 只视该系统在该时 t 的态而定, 与该系统在 t 时前之经历完全无关, 换言之, 该系统对其过去经历, 毫不复记忆, 此与一个受动力学定律支配的系统完全不同. 这样的系统, 即 (10) 式的 Markov 系统; 第 (50) 式关系描述的过程 (态的跃迁), 称为 Markov 过程.

从基本原则的观点言, 一个物理系统的过程 (如气体的趋近平衡态的过程), 是受动力学定律支配的, 而力学的运动方程式是有确定性, 连续性的. 一个气体的分子的运动态, 由过去的态决定目前的态, 目前的态决定将来. 这样的系统, 基本的没有几率观念的参入, 更不是 Markov 系统. 但如我们不能, 亦不愿, 对 10^{23} 个分子的运动作微观的计算, 而只作一 "可能性" 的描述, 则可采取的方法之一, 是引入几率的观念. 由于气体分子碰撞数目之大及碰撞情形的无限可能性, 故气体分子的态, 跃变极频繁且几成 "无规则" 情形. 在此情形下, 我们乃作 Markov 的假定. 我们在下节中将见 Boltzmann 方程式中的撞碰积分, 其 "撞碰数假设"(见 (8-11) 式), 即此 Markov 假定的一特例.

14.4　"主方程式"

由 (34) 式, 可得 (用 (38) 式)

$$w_j(t + \Delta t) - w_j(t) = \sum_k A_{jk} w_k(t) - (\sum_k A_{kj}) w_j(t) \tag{14-51}$$

兹定义 $a_{jk} \equiv A_{jk}/\Delta\tau$ 为由态 k 跃迁至态 j 每单位时间之几率

$$a_{jk} = \frac{A_{jk}}{\Delta\tau} \tag{14-52}$$

故 (51) 式可写成

$$\frac{\Delta w_j(t)}{\Delta t} = \sum_k [a_{jk} w_k(t) - a_{kj} w_j(t)] \tag{14-53}$$

此式称为 "主方程式 (master equation)". 此式有下列的性质:

(i) 此式对时间 t 的反转 $t \to -t$, 是不可逆的. 此点的理由, 详见上节 (45)~(49) 式之讨论. (53) 式如使 t 变换成 $-t$, 则无意义了.

(ii) (53) 式乃系谓 $W_j(t)$ 的增加率, 系由于所有态 k 跃迁至态 j 的率, 减去由态 j 跃迁至所有态 k 的率. 故按此式, 则平衡态的必要及充足条件为

$$\sum_k a_{jk} w_k = \sum_k a_{kj} w_j \tag{14-54}$$

此式与平昔统计力学中所谓 "详细均衡原则"(principle of detailed balancing) 不同. 按该原则, 一个系统之平衡的必要及充足条件, 系每一个 (微观) 过程的率, 皆与其逆程之率相等, 如以 (54) 式的符号表示, 则

$$a_{jk} w_k = a_{kj} w_j \tag{14-55}$$

此乃谓 k 态跃迁至 j 态之率, 与 j 态跃迁至 k 态之率相等, 两过程相抵而平衡. 按 (54) 式, 则 (55) 只系充足条件而非必要条件. 此点极为重要.

(iii) (53) 式表面是线性方程式, 实则系一极为一般性的方程式, 非必系线性的. 式中之跃迁几率 a_{jk}, 可以系各个 w_k 等的函数, 如是则 (53) 式乃一非线性方程式. 该式的确实形式, 当视每一系统及我们对 a_{jk} 所作之理论而定.

(iv) Boltzmann 方程式 "碰撞数假定"[见第 8 章 (8-15), (8-15a) 式] 为

$$\left(\frac{\partial f(\boldsymbol{v}_1, t)}{\partial t} \right)_{\text{coll.}} = \iint \mathrm{d}\Omega a^2 |\boldsymbol{v}_1 - \boldsymbol{v}_2| \mathrm{d}\boldsymbol{v}_2 \{ f(\boldsymbol{v}'_1) f(\boldsymbol{v}'_2) - f(\boldsymbol{v}_1) f(\boldsymbol{v}_2) \} \tag{14-56}$$

兹引入

$$a(\boldsymbol{v}'_1, \boldsymbol{v}'_2) = \int a^2 \mathrm{d}\Omega |\boldsymbol{v}_1 - \boldsymbol{v}_2| f(\boldsymbol{v}'_2), \quad |\boldsymbol{v}_1 - \boldsymbol{v}_2| = |\boldsymbol{v}'_1 - \boldsymbol{v}'_2|$$

$$a(\boldsymbol{v}_2, \boldsymbol{v}_1) = \int a^2 \mathrm{d}\Omega |\boldsymbol{v}_1 - \boldsymbol{v}_2| f(\boldsymbol{v}_2), \tag{14-57}$$

则 (56) 式成

$$\left(\frac{\partial f(\boldsymbol{v}_1, t)}{\partial t} \right)_{\text{coll.}} = \int \mathrm{d}\boldsymbol{v}_2 \{ a(\boldsymbol{v}'_1, \boldsymbol{v}'_2) f(\boldsymbol{v}'_1) - a(\boldsymbol{v}_2, \boldsymbol{v}_2) f(\boldsymbol{v}_1) \} \tag{14-58}$$

此式正系主方程式 (53) 之式也. 由 (57) 式得见 $f(\boldsymbol{v}, t)$ 跃迁几率 $a(\boldsymbol{v}'_1, \boldsymbol{v}'_2), a(\boldsymbol{v}_2, \boldsymbol{v}_1)$ [相当于 (53) 式中之 a_{jk} 及 a_{kj}] 系由自与另一分子碰撞, 故与 $f(\boldsymbol{v}'_2), f(\boldsymbol{v}_2)$ 成正比. 故 (58) 式乃一非线性式.

(v) 由 (40) 式及 (53) 式, 即得

$$\frac{\mathrm{d}S}{\mathrm{d}t} = -\sum_i (1 + \ln w_i) \sum_k (a_{ik} w_k - a_{ki} w_i)$$

又 (37), (38) 式,

$$
\begin{aligned}
&= -\left\{ \sum_{i,k} a_{ik} w_k \ln w_i - \sum_i w_i \ln w_i \right\} \\
&= -\left\{ \sum_i w_i(t+\Delta t) \ln w_i(t) - \sum_i w_i(t) \ln w_i(t) \right\}
\end{aligned}
\tag{14-59}
$$

用 (42) 不等式, 可得

$$
W_i(t+\Delta t) \ln w_i(t) \leqslant w_i(t+\Delta t) \ln w_i(t+\Delta t) + w_i(t) - w_i(t+\Delta t)
$$

故

$$
\frac{\mathrm{d}S}{\mathrm{d}t} \geqslant -\sum_i \left\{ w_i(t+\Delta t) \ln w_i(t+\Delta t) - w_i(t) \ln w_i(t) \right\}
$$

按 (43) 式, 右方系正号的, 故复得 (44) 式

$$
\frac{\mathrm{d}S}{\mathrm{d}t} \geqslant 0
\tag{14-60}
$$

习　　题

1. 设 (35) 式中之态 k, 系连续的. 故 (59) 式乃成

$$
\frac{\mathrm{d}S}{\mathrm{d}t} = \int w(\xi) \ln(\xi) \mathrm{d}\xi - \int w'(\xi) w(\xi) \mathrm{d}\xi
$$

试用变分法 [不用不等式 (42)] 证明 (60) 式.

第三部分　统 计 力 学

本册第一部分的热力学, 系以第一、第二两个定律为基础所建立的理论, 讨论在热力平衡态的物质的性质. 这两个定律的来源, 是归纳自经验, 其最后的依据仍是人们的经验, 然在热力学中, 这两定律可视为公理性的. 故古典热力学是一部正确 (exact) 的科学.

本册第二部分气体运动理论, 则系从分子观点出发, 由大数目的分子的平均性质求巨观的性质. 分子的运动系遵守力学; 几率的或统计的观念则由分布函数及系综等观念引入. 所谓近代的气体运动论, 其主要成分即此, 故可称为气体之运动–统计理论. 见第 12 章.

下数章则将述研讨物质巨观性质之另一法 —— 统计力学. 物质之原子性质 (分子间的相互作用) 将考虑在内. 其与气体运动论的不同处, 乃力学的主要部分, 将代以几率的观念及基本假设. 统计力学的最早的贡献, 是使热力学第二定律获得一新的解释 —— 基于几率观点的解释. 其在实际问题的应用, 范围超出古典热力学甚大.

第15章　几率引论

15.1　几率观念

前数章中, 我们已屡次用到几率的观念. 现将在本章中略述几率的运算和简单的应用.

几率的观念, 可能是源自赌博的. 最浅显的几率问题是掷骰子. 但由初浅的观念, 几率已成为一部数学的理论. 在几率理论中, 首即需要一个 "几率" 的定义. 从不同的观点, 几率有二种的定义. 一是

(i) 统计性的定义. 如有 n 个事项 (event), 其中 n_A 个是属于 A 性的, 我们不知各事项发生的规律, 只能定义 A 事项发生的几率 w_A 为当 n 数极大时 $\dfrac{n_A}{n}$ 之值,

$$\lim_{n\to\infty} \frac{n_A}{n} \equiv w_A \tag{15-1}$$

例如我们掷一粒结构特性不明 (可能不对称等) 的骰子, 则出现 A 面的几率 w_A, 是掷许多次 n, 按上式计算 n_A/n. 这个定义, 是统计性的, 是所谓 "事后的" (a posterior), 是根据一基本假定, 即是 (1) 式的限极之存在是也. 另一定义是

(ii) "先机的"(a priori) 定义. 例如一粒骰子, 其结构已确知为对称的, 则每面出现的几率 g_A 为 $\dfrac{1}{6}$. 由此即可计算其他的出现几率. 譬如问掷出 A 面、B 面、C 面中任何一面的几率, 则

$$w = \frac{g_A + g_B + g_C}{\sum g_A} \left(= \frac{1}{2}\right) \tag{15-2}$$

此定义是根据于先机的几率 g_A 的存在.

在物理学中, (我们不是发展几率的数学理论), 我们只需用几率计算的最基本定律: 即是

(i) 如两事项 A, B 是各独立无关的, 则 A, B 同时*出现的几率, 乃各事项出现的几率 w_A, w_B 之乘积

$$w_{AB} = w_A w_B \tag{15-3}$$

(ii) 如求 $A, B, C, \cdots$ 中任一事项出现的几率, 则此乃 $w_A, w_B, \cdots$ 之和

---

* 此处所谓 "同时", 不是指时间上同时言. 譬以掷骰子为例. 掷两粒骰子 (可以同时, 可以先后分掷), 其一为 A 面, 其他亦为 A 面之几率为 $w_A w_A = \left(\dfrac{1}{6}\right)^2$.

$$w_{A,B,C,\cdots} = \sum_A w_A \tag{15-4}$$

此亦即 (2) 式也.

15.2　几率, 平均值

我们先考虑两个在数学上相同的几率问题. 一是掷一个构造特殊的铜币, 甲面出现的先机的几率为 p, 乙面出现的事先几率为 $q, p + q = 1$. 问题是, 如掷 N 次, 甲面出现 m 次的几率; 乙面出现 $n = N - m$ 次的几率若干?

另一问题是所谓 "无规行走"(random walk) 问题. (见本章习题 1.) 一醉汉在一 (东西向) 直街行走, 每一步作一停顿, 重新开始, 其向东行的几率为 p, 西行的为 $q, p + q = 1$. 问在 N 步后, 其向东行 m 步, 向西行 $n = N - m$ 步之几率为若干.

因每一事项 (掷铜币, 或行走) 皆各独立的, 故按 (3) 式, 一连串事项 (几率 p 的 m 次, 几率 q 的 n 次) 之几率为

$$p^m q^n = p^m (1 - p)^{N-m} \tag{15-5}$$

按代数, N 事项 (或物) 分为 m 与 $N - m$ 两组的排列法为

$$\frac{N!}{m!(N-m)!} \equiv \binom{N}{m} \tag{15-6}$$

故按 (4) 式, (5) 之几率应作 $\binom{N}{m}$ 次之和, 亦即

$$W_m = \binom{N}{m} p^m q^n \tag{15-7}$$

此式适系下列二项式展开时的系数:

$$
\begin{aligned}
(q + px)^N =& q^N + Nq^{N-1}px + \frac{N(N-1)}{1.2} 9^{N-2}(px)^2 \\
& + \cdots + \frac{N!}{(N-m)!m!} q^{N-m}(px)^m + \cdots \\
=& \sum_{m=0}^{N} \binom{N}{m} (px)^m q^{N-m}
\end{aligned}
\tag{15-8}
$$

故 $(q + px)^N$ 称为 W_m 之产生函数 (generating function). 因

$$(q + p)^N = 1^N = 1$$

故得

$$\sum_{m=0}^{N} W_m = \sum_{m=0}^{N} \binom{N}{m} p^m q^{N-m} = 1 \tag{15-9}$$

此正是 W_m 应有的特性也.

由 (7) 式, 即得几率为 p 的事项出现 m 次之平均值

$$\overline{m} = \sum_{m=0}^{N} m W_m \tag{15-10}$$

欲计算右方, 将 (8) 式对 x 微分后使 $x = 1$,

$$Np = \sum_{m=0}^{N} m \binom{N}{m} p^m q^{N-m} = \sum_{m=0}^{N} m W_m$$

故

$$\overline{m} = Np \tag{15-11}$$

同法, 将 (8) 式作二次微分后使 $x = 1$, 即得 m^2 之平均值

$$\overline{m^2} = N(N-1)p^2 + Np$$
$$= \overline{m}^2 + Npq \tag{15-12}$$

由 (11) 即得 $m - n = m - (N - n)$ 之平均值

$$\overline{m - n} = N(p - q) = N(2p - 1) \tag{15-13}$$

由 (12) 即得

$$\sigma^2 \equiv \overline{(m - \overline{m})^2} = \overline{m^2} - \overline{m}^2$$
$$= Npq = Np(1 - p) \tag{15-14}$$

σ^2 称为 "分散"(dispersion), σ 则称为 "标准差"(standard deviation).

由 (14) 及 (11) 式, "相对差" $\dfrac{\sigma}{\overline{m}}$ 为

$$\frac{\sigma}{\overline{m}} = \sqrt{\frac{q}{Np}} = \sqrt{\frac{1 - p}{Np}} \tag{15-15}$$

如 $p \ll 1$, 则得下所谓 Laplace 公式

$$\sigma^2 \cong Np = \overline{m}, \qquad \frac{\sigma}{\overline{m}} \cong \frac{1}{\sqrt{\overline{m}}} \tag{15-16}$$

由 (7) 式, 可得

$$\ln W_m = \ln N! - \ln m! - \ln(N - m)!$$
$$+ m \ln p + (N - m) \ln q \tag{15-17}$$

兹用 Stirling 之近似式*

$$\ln N! = \left(N + \frac{1}{2}\right)\ln N - N + \frac{1}{2}\ln 2\pi + \frac{1}{12N} - O\left(\frac{1}{N^3}\right) \tag{15-18}$$

(17) 式即成

$$-\ln W_m \cong \frac{1}{2}\ln\frac{2\pi m(N-m)}{N} + m\ln\frac{m}{Np} + (N-m)\ln\frac{N-m}{Nq} \tag{15-22}$$

兹定义

$$x \equiv \frac{m - \overline{m}}{\sqrt{N}} \tag{15-23}$$

由 (11), 即得

$$m = Np\left(1 + \frac{x}{p\sqrt{N}}\right), \quad N - m = Nq\left(1 - \frac{x}{q\sqrt{N}}\right) \tag{15-24}$$

以此代入 (22) 式, 即得

$$-\ln W_m \simeq \frac{1}{2}\ln 2\pi Npq + \frac{1}{2}\ln\left(1 + \frac{x}{p\sqrt{N}}\right) + \frac{1}{2}\ln\left(1 - \frac{x}{q\sqrt{N}}\right)$$

---

* 由 Γ 函数之定义

$$\Gamma(n+1) = \int_0^\infty e^{-x}x^n\mathrm{d}x, \quad n > -1 \tag{15-19}$$

使

$$f(n,x) = -x + n\ln x \tag{15-20}$$

此 f 函数之最高值在 $f' = 0$ 处 $\left(f' \equiv \dfrac{\mathrm{d}f}{\mathrm{d}x}, f'' \equiv \dfrac{\mathrm{d}^2 f}{\mathrm{d}x^2}, \cdots\right)$

$$f' = -1 + \frac{n}{x} = 0, \quad x = n$$

$$(f)_{x=n} = -n + n\ln n$$

$$(f'')_{x=n} = -\frac{1}{n}, \quad (f''')_{x=n} = \frac{2}{n^2}, \quad \cdots$$

将 $f(n,x)$ 在 $x = n$ 点展开, 即得

$$f(x) = -n + n\ln n - \frac{1}{2n}(x-n)^2 + \frac{1}{3n^2}(x-n)^3 + \cdots$$

由 (20), (19), 可见

$$\Gamma(n+1) = \int_0^\infty e^{f(n,x)}\mathrm{d}x$$

以上式代入此式, 即得

$$\Gamma(n+1) = e^{-n+n\ln n}\int_0^\infty e^{-\frac{(x-n)}{\Delta n}}\left\{1 + \frac{1}{3n^2}(x-n)^3\cdots\right\}\mathrm{d}x$$

$$n! = e^{-n}n^n\int_{-n}^\infty e^{-\frac{e}{2n}}\{1 + \cdots\}\mathrm{d}\xi \tag{15-21}$$

$$n! \cong e^{-n}n^n\sqrt{2\pi n}, \quad n \gg 1$$

由此即得 (18).

$$+Np\left(1+\frac{x}{p\sqrt{N}}\right)\ln\left(1+\frac{x}{p\sqrt{N}}\right)+Nq\left(1-\frac{x}{q\sqrt{N}}\right)\ln\left(1-\frac{x}{q\sqrt{N}}\right)$$

将此式展开, 至 x 之二次方, 取 $N\to\infty$ 之极限, 即得

$$\lim_{N\to\infty}\ln W_m=-\frac{1}{2}\ln 2\pi Npq-\frac{x^2}{2pq}$$

$$\lim_{N\to\infty}W_m=\frac{1}{\sqrt{2\pi Npq}}\mathrm{e}^{-\frac{(m-m)^2}{2npq}}\tag{15-25a}$$

$$W_m=\frac{1}{\sqrt{2\pi}\sigma}\exp\left(-\frac{(m-\overline{m})^2}{2\sigma^2}\right)\quad\text{(用 (14) 式)}\tag{15-25}$$

此称为 Gaussian 分布, 或正则分布. W_m 最高值乃当

$$m=\overline{m}$$

15.3   连续变数之几率

上述之几率, 其变数 m 系个别的整数. 兹将几率的定义, 扩展至连续的变数. 设变数 x 在 x 与 $x+\mathrm{d}x$ 间的几率为

$$W(x)\mathrm{d}x$$

则此 $W(x)$ 之性质为其归一性 (9) 及平均值式 (10)

$$\int W(x)\mathrm{d}x=1\tag{15-26}$$

$$\int f(x)W(x)\mathrm{d}x=\overline{f}\tag{15-27}$$

此处积分之极限, 系视 x 之范围而定的.

按此, 如视 (23) 式之 m 为连续变数, 则 x 亦系连续变数, (25a) 式即成

$$W(x)\mathrm{d}x=\frac{1}{\sqrt{2\pi pq}}\exp\left(-\frac{x^2}{2pq}\right)\mathrm{d}x\tag{15-28}$$

由 (26) 即得

$$\int_{-\infty}^{\infty}W(x)\mathrm{d}x=1$$

$$\int_{-\infty}^{\infty}x^2W(x)\mathrm{d}x=pq=\frac{\sigma^2}{N}\tag{15-29}$$

后一式正系 (23) 式 x 之定义及 (14) 式之结果也. 在此积分中, 其上下极限之可以作 $\pm\infty$ 者, 盖 $|x|$ 极大时, 对积分无何贡献也.

为易于明了见, 兹仍以无规行走问题为例. 该醉汉每步的长度 x_i 长短不等 (x_i 可正可负, 正值向东, 负值向西), 每次抬步时其 x(长度及正负号) 系一几率 $W(x)$. 使 X 为 N 步后距开始点之距离, 即

$$X = \sum_{i=1}^{N} x_i$$

取两方的平均值

$$\overline{X} = \overline{\sum x_i} = \sum \overline{x}_i$$

因

$$\overline{x}_i = \int x_i W(x)\mathrm{d}x, \quad i = 1, 2, \cdots N \tag{15-30}$$

故 $\overline{x}_i = \overline{x}_j$,

$$\overline{X} = N\overline{x} \tag{15-31}$$

$$(\Delta X)^2 \equiv (X - \overline{X})^2 = \left(\sum_i (x_i - \overline{x}_i) \right)^2 \equiv \left(\sum_i \Delta x_i \right) \left(\sum_j \Delta x_j \right)$$

$$= \sum_i (\Delta x_i)^2 + \sum_{i \neq j} \Delta x_i \Delta x_j$$

取两方之平均值, 因

$$\overline{\Delta x_i \Delta x_j} = \overline{\Delta x_i} \overline{\Delta x_j} = 0, \quad \overline{x_i - \overline{x}_i} = \overline{x}_i - \overline{x}_i = 0 \tag{15-32}$$

又因 $\overline{(\Delta x_i)^2} = \overline{(\Delta x_j)^2}$, 故由 (32) 式即得

$$\overline{(\Delta X)^2} = N\overline{(\Delta x)^2} \tag{15-33}$$

由此式及 (31a), 相对差 (见 (15) 式) 的关系为

$$\frac{\sqrt{\overline{(\Delta X)^2}}}{\overline{X}} = \frac{1}{\sqrt{N}} \frac{\sqrt{\overline{(\Delta x)^2}}}{\overline{x}}, \quad 如 x \neq 0 \tag{15-34}$$

此乃谓 N 数愈大则相对差愈小.

我们取另一较复杂的问题. 设第 i 步走到 x_i 与 $x_i + \mathrm{d}x_i$ 的几率为 $W(x_i)\mathrm{d}x_i$. 因每一步皆系独立与另一步无关的, 故第一步走到 $x_1, x_1 + \mathrm{d}x_1$ 间, 第二步到 $x_2, x_2 + \mathrm{d}x_2$ 间, $\cdots\cdots$, 之几率为

$$W(x_1)W(x_2) \cdots W(x_N)\mathrm{d}x_1 \cdots \mathrm{d}x_N \tag{15-35}$$

问题系: 在 N 步后,

$$X = \sum_{i=1}^{N} x_i$$

在

$$X \text{ 及 } X + \mathrm{d}X$$

间之几率为何? 此几率 $P(X)\mathrm{d}X$ 系

$$P(X)\mathrm{d}X = \int \cdots \int \prod_{i=1}^{N} W(x_i)\mathrm{d}x_i \tag{15-36}$$

每 $\mathrm{d}x_i$ 积分极限, 只受下一限制:

$$X < \sum_{i=1}^{N} x_i < X + \mathrm{d}X \tag{15-37}$$

类 (36) 式的积分, 附有如 (37) 的条件的, 可借 Dirac 之 δ 函数运算之. 如将 (36) 代以

$$P(X)\mathrm{d}X = \int \cdots \int \prod_{i=1}^{N} W(x_i)\delta\left(X - \sum_{j=1}^{N} x_j\right)\mathrm{d}x_i \tag{15-38}$$

则 $\sum x_j \neq X$ 时, $\delta(X - \sum x_j) = 0$, 当 $\sum x_j = X$ 时, 此积分即回至 (36) 式, 无须在积分之极限中考虑 (37) 式也. δ 函数之表示式甚多. 兹取下式:

$$\delta\left(X - \sum_{j=1}^{N} x_j\right) = \frac{1}{2\pi} \int_{-\infty}^{\infty} \mathrm{d}k \exp(-\mathrm{i}k(X - \sum x_j)) \tag{15-39}$$

以此代入 (38) 式, 即得

$$P(X) = \frac{1}{2\pi} \int_{-\infty}^{\infty} \mathrm{d}k \mathrm{e}^{-\mathrm{i}kX} \left\{ \int_{-\infty}^{\infty} W(x)\mathrm{e}^{\mathrm{i}kx}\mathrm{d}x \right\}^{N} \tag{15-40}$$

此系一般性的结果, 包括第 2 节为其特例, 见本章习题 7.

15.4 中心极限定理

上节用连续几率观念, 获得 (40) 式的一般性结果. 本节将当 N 值极大时情形简化之. 兹考虑下 Fourier 积分:

$$Q(k) \equiv \int_{-\infty}^{\infty} W(x)\mathrm{e}^{\mathrm{i}kx}\mathrm{d}x \tag{15-41}$$

如 $W(x)$ 之 x 范围是有限的 (例如 (28) 式), 则当 k 值大时, 由于 e^{ikx} 的周期变易, $Q(k)$ 之值甚小. 尤其在 (40) 积分中有 $Q(k)$ 之 N 次方, N 值极大时, Q^N 在 k 增大时急剧低降. 故我们宜代 Q^N 以 k 值小时之近似函数.

始将 e^{ikx} 展开

$$e^{ikx} = 1 + ikx - \frac{1}{2}(kx)^2 + \frac{1}{6}(kx)^3 \cdots$$

由 (27) 式, 得

$$Q(k) = 1 + ik\overline{x} - \frac{1}{2}k^2\overline{x^2} + \frac{1}{6}k^3\overline{x^3} \cdots \tag{15-42}$$

$\overline{x}$ 见 (30) 式. 兹使

$$\overline{(\Delta x)^2} \equiv \overline{(x - \overline{x})^2} = \overline{x^2} - \overline{x}^2 \tag{15-43}$$

由 (42) 式, 可得

$$\ln Q^N \cong N \ln \left\{ 1 + ik\overline{x} - \frac{1}{2}k^2\overline{x^2} \cdots \right\}$$

$$= N \left\{ ik\overline{x} - \frac{1}{2}\overline{(\Delta x)^2}k^2 \cdots \right\} \tag{15-44}$$

故得

$$Q^N(k) \simeq e^{iNkx - \frac{1}{2}N\overline{(\Delta x)^2}k^2} \tag{15-45}$$

以上代入 (40) 式, 即得

$$P(X) = \frac{1}{2\pi} \int_{-\infty}^{\infty} dk e^{i(Nx - X)k - \frac{1}{2}N\overline{(\Delta x)^2}k^2}$$

$$= \frac{1}{\sqrt{2\pi\sigma^2}} \exp \left(-\frac{(X - N\overline{x})^2}{2\sigma^2} \right)^* \tag{15-46}$$

$$\sigma^2 \equiv \overline{N(\Delta x)^2} (见 (29), (23), (14)式) \tag{15-47}$$

故 $P(X)$ 仍系 Gaussian 分布, 一如 (25) 式 (28) 式的结果. (46) 式极为重要, 盖按此, 无论 (35) 式中之几率 $W(x)$ 为何形式, 只需遵守 (35) 式条件 (每步皆系独立的), 则其结果永是 Gaussian 分布律.

此乃所谓中心极限定理 (central limit theorem) 的内容也.

---

* 按

$$\int_{-\infty}^{\infty} dx e^{-ax^2 + bx} = \exp \left(\frac{b^2}{4a} \right) \int_{-\infty}^{\infty} dy e^{-ay^2}, \quad y = x - \frac{b}{2a}$$

$$= \exp \left(\frac{b^2}{4a} \right) \sqrt{\frac{\pi}{a}}$$

15.5 起伏现象——几率计算之简单应用

上节的结果, 可即应用于下述数问题.

15.5.1 气体密度起伏

设气体之体积为 V, 分子数为 N. 兹取一体积 $v\left(\dfrac{v}{V} \ll 1\right)$. 任一个分子在 v 内之几率 p 为

$$p = \frac{v}{V}, \quad q = 1 - p$$

v 内有 m 个分子之几率 W_m 为

$$W_m = \frac{N!}{m!(N-m)!} p^m q^{N-m}$$

m 之平均值为

$$\overline{m} = Np, \quad \overline{N-m} = Nq$$

所谓起伏, 乃 m 与 $\overline{m}$ 之差, 使 ξ 代表此起伏,

$$\xi = m - \overline{m} = m - Np \tag{15-48}$$

按 (25a) 式, 起伏 ξ 大于某一值 ξ_0 之几率乃 ($|\xi| \geqslant |\xi_0|$)

$$P = \frac{2}{\sqrt{2\pi Npq}} \int_{\xi_0}^{\infty} \exp\left(-\frac{\xi^2}{2Npq}\right) \mathrm{d}\xi \tag{15-49}$$

设 $V = 1\mathrm{cm}^3$, $N = 2.7 \times 10^{19}$, $v = 10^{-3}\mathrm{cm}^3$, $\overline{m} = 2.7 \times 10^{16}$, $p = 10^{-3}$, 问起伏 ξ 大于 $\xi_0 = 10^{-3}\overline{m}$ 之几率为何. 按上式,

$$P_1 = \sqrt{\frac{2}{\pi}} \int_{x_0}^{\infty} \mathrm{e}^{-\frac{x^2}{2}} \mathrm{d}x = \Phi(x_0), \quad x_0 = \sqrt{2.7 \times 10^5}$$

$$= \sqrt{\frac{2}{\pi}} \frac{1}{x_0} \exp\left(-\frac{x_0^2}{2}\right)\left(1 - \frac{1}{x_0^2} \cdots\right)$$

$$\ll 1$$

$$\sigma_1 = \sqrt{Npq} \simeq 1.64 \times 10^8$$

$$\frac{\sigma_1}{\overline{m}} = \frac{1}{1.64} \times 10^{-8} \text{或} \simeq 10^{-6}\%$$

如 $v = 10^{-8}\mathrm{cm}^3$, $p = 10^{-8}$, $\overline{m} = 2.7 \times 10^{11}$, $\xi_0 = 10^{-3}\overline{m}$, 则几率 P_2

$$x_0 \simeq 5 \times 10^2, P_2 \gg P_1, \quad \sigma_2 \simeq 5 \times 10^5, \frac{\sigma_2}{\overline{m}} \simeq 2 \times 10^{-6}$$

故体积 v 或 $\overline{m}$ 愈小, 则起伏愈大. 按 (14), (11) 式,

$$\left(\frac{\sigma}{\overline{m}}\right)^2 = \frac{1-P}{\overline{m}} \simeq \frac{1}{\overline{m}} \tag{15-50}$$

按 Smoluchowski(1908 年) 的理论, 如系真实气体, 则

$$\left(\frac{\sigma}{\overline{m}}\right)^2 = -\frac{RT}{\overline{m}v^2\left(\dfrac{\partial P}{\partial V}\right)} \tag{15-50a}$$

如系理想气体, 则此式即与 (50) 同.

15.5.2　折光率与密度起伏

空气对光之散射, 是由于空气密度起伏所引致之折光率 μ 的变易, μ 与空气密度 ρ 之关系, 可视为

$$\mu = 1 + \alpha\rho, \quad \alpha\rho = 0.00029 \tag{15-51}$$

故

$$\frac{\Delta\mu}{\mu} \cong \alpha\Delta\rho = 0.00029\frac{\Delta\rho}{\rho} \tag{15-51a}$$

取红色光波长 $\simeq 6000\text{Å}$ 大小之体积, $V = (6000\text{Å})^3 = 2 \times 10^{-13}\text{cm}^3$, 故

$$\overline{m} \cong 2.7 \times 10^{19} \times 2 \times 10^{-13}$$

$$\sigma = \sqrt{Npq} = \sqrt{\overline{m}} \simeq 2.3 \times 10^3$$

故相对的密度起伏为

$$\frac{\Delta\rho}{\rho} = \frac{\sigma}{\overline{m}} \simeq 4 \times 10^{-4} \tag{15-51b}$$

$$\frac{\Delta\mu}{\mu} \simeq 1.2 \times 10^{-7} \tag{15-51c}$$

如取蓝色光 4500Å, 则 m 约小上者二倍, 故 $\dfrac{\Delta\mu}{\mu}$ 较上大二倍. 按 Lord Rayleigh, 天空之蓝色乃由于波长 λ 短之光所受之散射较红色光为多之故. 夕阳之红色, 亦因由空气将蓝色光散射去较多之故.

由 (50) 式, 当一气体 (见 van der Waals 方程式, 第 4 章第 4 节等温线图) 在临界点时,

$$\left(\frac{\partial P}{\partial V}\right)_T = 0 \tag{15-52}$$

故 $\left(\dfrac{\sigma}{m}\right)^2$ 之值极大, 气体 (实际上此时气态与液态不能分别之) 呈混浊不透光现象 (opalescence).

15.5.3　原子核之 α 衰变

原子核的衰变, 是纯几率性的. 兹以 Rutherford 氏所作之 α 衰变观察结果, 为上节之例证.

在 326min 内 (以 $\frac{1}{8}$min 为一观察时间段), 共得 10097 粒 α. 时间段之数为 $8 \times 326 = 2608$. 故每时间段之平均 α 粒数为 $\overline{m} = \frac{10097}{2608} = 3.87$ 按 Laplace 式 (16),
$$\sigma^2 \cong Np = \overline{m} = 3.87$$

观察的结果如表 15.1 所示.

表 15.1

每时间段有 α 粒	0	1	2	3	4	5	6	7	8	9	10	11	12	13	14
时间段之数	57	203	383	525	532	408	273	139	45	27	10	4	0	1	1

按此计算
$$\sigma^2 = \frac{57(0 - 3.87)^2 + 203(1 - 3.87)^2 + 383(2 - 3.83)^2 + \cdots}{2608}$$
$$= 3.70$$

此值与 (16) 式之 3.87 式甚合 (实则 Laplace 式适用于 $Np = \overline{m}$ 不过小 (近于 −7) 时. 此实验结果应用 Poisson 式, 见习题 5).

15.5.4　Shot 效应

物体放射出电子, 亦遵守几率性的定率. 设于一长时间 T 中放出电子总数为 N, 于一短时间段 t 中放射出数为 n, 故起伏为 $n - \frac{N}{T}t = n - \overline{m}$ 由 (16) 式,

$$\sigma = \sqrt{Npq} = \sqrt{N\frac{t}{T}\left(1 - \frac{t}{T}\right)} \simeq \sqrt{\overline{m}}, \quad \frac{\sigma}{m} \frac{1}{\sqrt{\dfrac{Nt}{T}}}$$

Rejewsky(1931 年) 以实验量电流之起伏. $T = 30$min, $N = 1272$ 电子. 以 $t=2$, 6, 10, 20 分作时间段. 表 15.2 显示实验之 $\frac{\sigma}{m}$ 与上式计算结果甚合.

表 15.2

	$t = 2$	6	10	20
$1/\sqrt{Nt/T}$ 观察值	0.179	0.061	0.042	0.019
$1/\sqrt{Nt/T}$ 计算值	0.109	0.063	0.048	0.034

习　　题

1. 无规行走 (random walk) 问题.

设有一醉汉, 在一东西向的直街上行走, 每行一步 (间距为 L), 即作一停顿而重新起行, 其向东的几率为 p, 向西的几率为 $q = 1 - p$. 问经 N 步后, 其与原起点之距离 D 为若干. 注: 设在 N 步中, 向东走 m 步, 向西 $N - m$ 步. 证明平均距离

$$\overline{D} = N(2p - 1)L = N(p - q)L$$

又证明

$$\overline{D^2} = N[4pq + N(p - q)^2]L^2$$

$$\sigma_D^2 = 4NpqL^2$$

2. 如上题之 $p = q = \dfrac{1}{2}$, 证明在许多步 $(N \gg 1)$ 后, 该人所行经的路共长平均为

$$0.798\sqrt{N}L$$

注: 用 (28) 式.

3. 由 (28) 式, $p = q = \dfrac{1}{2}$, 证, 或求:

(1) $\overline{x^2} = \dfrac{N}{4}$;

(2) $x_{\frac{1}{2}}$ 使 $\displaystyle\int_{-x_{\frac{1}{2}}}^{x_{\frac{1}{2}}} W(x)\mathrm{d}x = \dfrac{1}{2}$;

(3) $|x| = \sqrt{\dfrac{N}{2\pi}} = 0.399\sqrt{N}$;

(4) $2\displaystyle\int_0^{|x|} W(x)\mathrm{d}x = 0.579\sqrt{N}$;

(5) $2\displaystyle\int_0^{\sqrt{x^2}} W(x)\mathrm{d}x = 0.683\sqrt{N}$.

4. Laplace 式之 Gauss 分布.

在第一题无规行走题中, 设 $p = q = \dfrac{1}{2}, D = mL - (N - m)L$, 使 $x \equiv \dfrac{D}{2L}$, 故 $m = \dfrac{N}{2} + x, N - m = \dfrac{N}{2} - x$, 设 $N =$ 偶数.

证明

$$\binom{N}{m} \simeq \frac{N!}{\left(\dfrac{N}{2}!\right)^2} \mathrm{e}^{-\frac{2x^2}{N}} = \frac{N!}{\left(\dfrac{N}{2}!\right)^2} \mathrm{e}^{-\frac{D^4}{2NL^2}}, \quad N \gg x$$

5. Poisson 分布.

由 (6), (7) 及 (11) 式, 即得

$$W_m = \frac{N!}{m!(N - m)!} \left(\frac{\overline{m}}{N}\right)^m \left(1 - \frac{\overline{m}}{N}\right)^{N-m}$$

如 $N \to \infty$ 同时 $p \to 0$ 使 $m = Np =$ 常数, 证明

$$W_m = \frac{\overline{m}^m \mathrm{e}^{-m}}{m!}$$

6. 证明 W_m 有最高值

$$(W)_{\max} = \sqrt{\frac{1}{2\pi Npq}}$$

注: 用 (18) 式, 但不同 (28) 式.

7. 用第 3 节 (38)~(40) 式法, 作第 1 题之无规行走问题, 求 (6) 式之 W_m.

注: 按第 1 题, $W(x) = p\delta(x - L) + q\delta(x + L)$. 计算 (41) 式中之

$$\int_{-\infty}^{\infty} W(x)e^{ikx}dx, \text{ 及 } P(X)$$

8. 设无规行走问题中之 $W(x)$((35)~(41) 各式) 为

$$W(x) = \frac{1}{\sqrt{2\pi\sigma^2}} \exp\left\{ -\frac{(x - b)^2}{2\sigma^2} \right\}$$

计算 $\overline{X}$ 及 $\overline{(X - \overline{X})^2}$.

9. 设无规行走 (36) 式中之几率 W, 每步皆不同, 换言之, (36) 式系

$$W_1(x_1)W_2(x_2) \cdots W_N(x_N)dx_1dx_2 \cdots dx_N$$

证明 (46) 式之 $P(X)$, 只需作下列之改变:

$$N\overline{x} \to \sum_{i=1}^{N} \overline{x}_i, \quad \sigma^2 \to \overline{(\Delta X)^2}$$

第16章　统计力学——Maxwell-Boltzmann 理论

古典热力学由第一和第二定律出发,建立一部范围甚广的处理物质平衡态现象的完整理论,略见第 1 至第 5 章. 唯热力学不能解答下列的问题:

(1) 热力学的定律 —— 第二定律的 "物理解释" 如何?

(2) 任取一个物理系统,如何的求其热力函数 (熵, 或内能等)?

为热力学定律求一物理 (力学的) 解释 (换言之,根据空间、时间、质量、动量、能等基本观念),我们的方法是引入若干参数,可以描述一个系统的巨观的 (平均的) 特性的. 这里需要作些新的基本假定 (postulate). 如所引入的参数 (函数) 所遵守的数学方程式,与热力学的函数所遵守的相同,则我们认这些参数为热力学函数的统计性的热力学函数. 这是统计力学 (及统计热力学) 的基本精神.

统计力学,不是如古典热力学的由两个定律建立成的简单系统. 早期的 "统计力学",是多来自 Maxwell 及 Boltzmann 所创立的所谓 "组合分析的"(combinatorial) 的理论. 这个形式的统计力学,着重分子在空间及速度空间 (或相空间) 的分布的几率. 其主要基本假定,是认为分布的几率最大的情形,相当于物理系统的热力平衡态. 由这假定,便立刻可获得平衡的条件,如分子速度分布定律等. 同属于这一类 (combinatorial) 理论的,是 Darwin 与 Fowler(1922 年) 的方法. 这理论和 Boltzmann 的不同点,是 Darwin - Fower 不以最可能 (几率最大) 的情形为平衡态,而系计算一物理量对各分布情形的平均值作为该物理量在平衡态之值. 由于这假定的不同,其数学的计算法亦不同. 但在基本观念上,二者是相同的.

另一不同的统计力学,是 Gibbs(约在 1870~1890 年) 所创立的,这里的基本观念,是所谓 "系综"(ensemble) 观念, (详见后文第 17 章, 略见第 12 章首段),基本的鉴定,是一物理量在一个系综上的平均值,等于该物理量在平衡态的值. 关于系综的选择,则需另作些鉴定. 这部统计力学,或则用所谓 "各态历经假说"(ergodic hypothesis),或则基于 "等相体积的先机的几率相等" 的假定.

近代统计力学则采 "公理式" 的观点,采选某系综为基本假定,使统计力学成一演绎性的系统.

由于量子论及量子力学的发展,统计力学需作若干的修正补充,而成所谓量子统计力学. 此于极低温度及质量小的如电子,尤为重要. 本章将述Maxwell-Boltzmann 之统计力学.

16.1 分子密度之分布

第 8 章第 2 节末曾由 $H-$ 定理求得分子在空间及速度空间之分布定律. 我们只知在平衡态时, 如无外力场, 则分子在空间之分布是均匀的, 但我们不知起伏的大小. 本节将计算分子在空间分布之起伏.

设气体之体积为 V, 分子数为 N. 将 V 分为 s 个小室 $\omega = \dfrac{V}{s}$. $\omega \ll V$, 唯每 ω 中仍有极大数目之分子. 兹将 N 分子分布在 $\omega_1, \omega_2, \omega_3, \cdots$ 室, 在 ω_1 中有 n_1 分子, ω_2 有 $n_2, \cdots$

$$\sum_{i=1}^{s} n_i = N \tag{16-1}$$

按代数, 将 N 分作 $n_1, n_2, n_3, \cdots$ 数之分配法, 其数为

$$\frac{N!}{n_1! n_2! n_3! \cdots n_s!} \tag{16-2}$$

这些个分配的几率为

$$W_{(n)} \equiv W_{n_1, n_2, \cdots} = \frac{N!}{\prod_i n_i!} \left(\frac{1}{s}\right)^{n_1 + n_2 + \cdots} = \frac{N!}{\prod_i n_i!} \left(\frac{1}{s}\right)^{N} \tag{16-3}$$

所有各可能的 $n_1, n_2, n_3, \cdots$ 分配 (即 $n_{1s}, n_3, n_2, \cdots$ 各有所有符合 (1) 条件的数) 之总几率为*

$$\sum_{n_1 + n_2 + \cdots = 1} W_{n_1, n_2, \cdots} = \sum_{n_1 + n_2 + \cdots} \frac{N!}{\prod_i n_i!} \left(\frac{1}{s}\right)^{N} = 1 \tag{16-4}$$

兹用 Stirling 接近式 (15-l8), 或 (15-21), 即得**

$$\ln W_{(n)} = \frac{s}{2} \ln s - \frac{s-1}{2} \ln 2\pi N - \sum_{i=1}^{s} \left(n_i + \frac{1}{2}\right) \ln \frac{s n_i}{N} \tag{16-5}$$

---

*用 $\left(\dfrac{1}{s} + \dfrac{1}{s} + \cdots\right)^{N} = 1^N = 1$ 见 (1) 式之推广.

$$** \ln W_{(n)} = \frac{1}{2} \ln 2\pi + \left(N + \frac{1}{2}\right) \ln N - N - \sum_i \left\{\frac{1}{2} \ln 2\pi + \left(n_i + \frac{1}{2}\right) \ln n_i - n_i\right\} - N \ln s$$

$$= -\frac{(s-1)}{2} \ln 2\pi + \left(N + \frac{1}{2}\right) \ln N - \sum \left(n_i + \frac{1}{2}\right) \ln \frac{s n_i}{N} + \sum \left(n_i + \frac{1}{2}\right) \ln \frac{s}{N}$$

$$- N \ln s = (5) \text{ 式如上.}$$

使

$$k_{(n)} \equiv \frac{1}{N} \sum_{i=1}^{s} \left(n_1 + \frac{1}{2}\right) \ln \frac{sn_i}{N} \tag{16-6}$$

故 $W_{(n)}$ 可写成

$$W_{(n)} = s^{\frac{s}{2}} (2\pi N)^{-\frac{s-1}{2}} e^{-NK_{(n)}} \tag{16-7}$$

$W_{(n)}$ 之最高值, 相当于 $K_{(n)}$ 之 $\delta K_{(n)} = 0$ 值:

$$\delta K_{(n)} = \frac{1}{N} \sum_{i=1}^{s} \left(\ln \frac{sn_i}{N} + 1 + \frac{1}{2n_i}\right) \delta n_i = 0 \tag{16-8}$$

此处之 δn_i, 需遵守 (1) 式

$$\sum_{i=1}^{s} \delta n_i = 0 \tag{16-9}$$

用 Lagrange 乘数法, 即得

$$\ln \frac{sn_i}{N} + 1 + \frac{1}{2n_i} = \text{常数} \tag{16-10}$$

此式只有当每 n_i 皆等于一常数时可满足, 而由 (1) 式, 必为

$$n_i = \frac{N}{s}, \quad i = 1, 2, \cdots s \tag{16-11}$$

由 (11) 式, 此时

$$K_{(n)} = 0 \tag{16-12}$$

(11) 式乃密度均匀的情形. 在 $K_{(n)} = 0$ 邻近处, $K_{(n)}$ 之值可由 $\delta K_{(n)}$ 变分得之

$$K_{(n)} = \delta_2 K_{(n)} + \delta_3 K_{(n)} + \cdots$$

$$NK_{(n)} = \frac{N}{s} \left\{ \frac{1}{2} \sum_i \left(\frac{s\delta n_i}{N}\right)^2 - \frac{1}{6} \sum_i \left(\frac{s\delta n_i}{N}\right)^3 + \frac{1}{12} \sum_i \cdots \right\} \tag{16-13}$$

由此可知当密度均匀时, $K_{(n)} = 0$ 系一最低值 *. 如 $\delta n_i \leqslant \frac{N}{s}$, 则 (13) 各项值皆约

同阶, $NK_{(n)}$ 将略如 $\frac{N}{s}$, 是一大值, 故按 (7) 式, $P_{(n)}$ 将急剧减小. 换言之, 均匀密度的几率, 远大于不均匀的密度分布也

　　兹计算起伏 δn_i. 使 (13) 式中之 δn_i 代以 x_i

$$n_i = \frac{N}{s} + \delta n_i \tag{16-14}$$

---

　　* 由 (7) 式, $K_{(n)}$ 之最低值, 乃几率 $P_{(n)}$ 之最高值. 参看本节末, 又下节末 (30) 式下文, 以见 K 与 Boltzmann$H$ 函数之关系.

$$\delta n_i \equiv x_i, \sum_i^s x_i = 0 \tag{16-15}$$

只取 (13) 式之首项并写

$$NK_{(n)} \equiv y = \frac{s}{2N} \sum_i^s x_i^2 \tag{16-16}$$

任取一 y 值 y_0. 所有 $(x_1, x_2, \cdots)$ 点, 使 y 之值小于 y_0 者, 皆在 s 维度空间半径为

$$r_0 = \left(\frac{2Ny_0}{s} \right)^{1/2} \tag{16-17}$$

之球内. 唯 $(x_1, x_2, \cdots)$ 务需满足 (15) 式, 即 $(x_1, x_2, \cdots, x_s)$ 需在下 $(s-1)$ 维度平面内

$$x_1 + x_2 + \cdots + x_s = 0 \tag{16-18}$$

此平面的法线之方向余弦为 $\frac{1}{\sqrt{s}}, \frac{1}{\sqrt{s}}, \cdots, \frac{1}{\sqrt{s}}$ $\left(因 \sum_{s=1}^s \left(\frac{1}{\sqrt{s}} \right)^2 = 1 也 \right)$. 在此平面内, x_i 各为整数之 $(x_1, x_2, \cdots, x_s)$ 点, 每单位面积有 $\frac{1}{\sqrt{s}}$ 点. 设 A 为 (17) 球在 (18) 平面所圈画之面积. 则此面积 A 内之 $(x_1, x_2, \cdots, x_s)$ 点数显系 $\frac{1}{\sqrt{s}}A$. A 系 $(s-1)$ 维度的圆面的面积, 圆面之半径为 r_0(17), (因 (18) 平面经过坐标中心). 故

$$A = \frac{\pi^{\frac{1}{2}(s-1)}}{\Gamma\left(\frac{s+1}{2} \right)} r_0^{s-1}$$

故在此面上之点数为 $\frac{1}{\sqrt{s}}A$. 在 y_0 与 $y_0 + \mathrm{d}y$ 间, 此数为

$$\frac{\pi^{\frac{1}{2}(s-1)}}{\Gamma\left(\frac{s+1}{2} \right)} N s^{-\frac{3}{2}} (s-1) \left(\frac{2Ny_0}{s} \right)^{\frac{1}{2}(s-3)} \mathrm{d}y$$

乘此以 (7) 之 $W_{(n)}$, 即得 $(x_1, x_2, \cdots x_3)$ 对 $NK_{(n)}$ 至 $NK_{(n)} + \mathrm{d}(NK_{(n)})$ 之提供值,

$$\frac{1}{\Gamma\left(\frac{s-1}{2} \right)} \mathrm{e}^{-y} y^{\frac{1}{2}(s-3)} \mathrm{d}y$$

故 $y = NK_{(3)}$ 之平均值乃

$$\overline{NK_{(n)}} = \frac{1}{\Gamma\left(\frac{s-1}{2} \right)} \int_0^\infty \mathrm{e}^{-y} y^{\frac{1}{2}(s-3)} y \mathrm{d}y$$

(积分的上限可用 ∞ 者, 盖由于 e^{-y}, y 值大时无大重要也)

$$\overline{NK_{(n)}} = \frac{s}{2N} \sum_i^s \overline{(\delta n_i)^2} = \frac{1}{2}(s-1) \tag{16-19}$$

(当 $N \to \infty$ 时, 此式右方仍系有限的, 故 $K(n) = 0$, 与 (12) 符.) 由 (19), (16) 式, 可得

$$\sum_i^s \overline{(\delta n_i)^2} = \frac{N}{s}(s-1), \quad \overline{(\delta n_i)^2} = \frac{N(s-1)}{s^2} \tag{16-20}$$

气体密度 ρ 的起伏 $\delta\rho$, 可由此计算之

$$\frac{\delta\rho}{\rho} = \frac{s\delta n}{N}$$

由 (20),

$$\overline{\left(\frac{\delta\rho}{\rho}\right)^2} = \left(\frac{s}{N}\right)^2 \overline{\delta n^2} = \frac{s-1}{N} \tag{16-21}$$

此结果与 (15-50a) 式相符.

本节系直接的计算 $(\delta n)^2$, 其结果自应与第 1, 2 节的相符.

由第 (7) 式及 (19) 式, 得见分配几率当分布不均匀时, 由均匀分布之最高值

$$W_{(n)} \simeq \left(\frac{s}{2\pi N}\right)^{s/2}$$

急剧降落为

$$W_{(n)} \simeq \left(\frac{s}{2\pi N}\right)^{s/2} e^{-s/2}$$

可见均匀分布几率之大.

16.2   速度的分布问题——几率与熵

这问题的理论与上节密度之分布问题相同, 只需将空间代以速度空间, 将速度空间分作 s 个室 $w_1, \omega_2, \omega_3, \cdots, \omega_s$, 分子速度在 ω_i 室者之数为 n_i. 除此意义之改变外, (6), (7) 皆仍旧.

兹求 $K_{(n)}$ 之最低值时, 除 (9) 式条件外, 更有能量守恒的条件. 如 ω_i 室的能为 ϵ_i, 则条件为

$$\sum n_i = N, \quad \sum \delta n_i = 0 \tag{16-22}$$

$$\sum n_i \epsilon_i = E = 常数, \quad \sum \epsilon_i \delta n_i = 0 \tag{16-23}$$

用 Lagrange 乘数法, (10) 式将改为*

$$\ln\frac{sn_i}{N} + 1 + \lambda + \beta\epsilon_i = 0, \quad i = 1, \cdots, s \tag{16-24}$$

此式之解为

$$n_i = A\frac{N}{s}\mathrm{e}^{-\beta\xi_i} \tag{16-25}$$

如 ϵ_i 系分子的动能, 则

$$n_i = A\frac{N}{s}\mathrm{e}^{-\frac{\beta m}{2}v_i^2} \tag{16-26}$$

此即 Maxwell 速度分布定律也.

如使 $\omega = \mathrm{d}u\mathrm{d}v\mathrm{d}w$(见本章末第 7 习题)

$$s\omega = \Omega = \text{速度空间体积}$$
$$f = \text{分布函数}, \quad \int f(v)\delta v = 1$$
$$n_i = Nf\mathrm{d}u\mathrm{d}v\mathrm{d}w$$

$$\frac{sn_i}{N} = sf\mathrm{d}u\mathrm{d}v\mathrm{d}w = \Omega f \tag{16-27}$$

则 (6) 式可写成

$$K = \iiint f\ln(\Omega f)\,\mathrm{d}u\mathrm{d}v\mathrm{d}w$$
$$= \iiint f\ln f\mathrm{d}u\mathrm{d}v\mathrm{d}w + \ln\Omega \tag{16-28}$$

以此式与第八章 (8-16) 式比较, 得见 K 与 H 函数只差一个常数而已

$$K = H_0 + \text{常数} \tag{16-29}$$

由第 (7) 式, 几率 W 与 K 之关系, 故得

$$W = s^{-s/2}(2\pi N)^{-\frac{s-1}{2}}\mathrm{e}^{-NK}$$
$$= s^{-s/2}(2\pi N)^{-\frac{s-1}{2}}\mathrm{e}^{-NH_0} \tag{16-30}$$

或

$$\ln W = -NH_0 + \text{常数} \tag{16-31}$$

又按 (8-43) 式, $S_0 = -kH_0 +$ 常数, $S = NS_0$ 等, 故 (31) 式可写为

$$S = k\ln W + \text{常数} \tag{16-32}$$

---

* (6) 式中之 $\left(n_i + \dfrac{1}{2}\right)$, 可代以 n_i, 因 $n_i \gg \dfrac{1}{2}$ 也.

由此可知 K 之最低值, 相当于 W 之最高值, 亦即 S 之最高值. 换言之, 热力学中谓熵增加, 由此统计的观点, 相当于分配几率之增加.

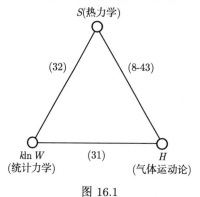

图 16.1

按此, 第二定律便有一个几率性的解释. 自然现象之趋于熵之增加方向, 乃系物态趋于分子分布最可能 (几率最大) 的态.

上述的结果 (31), (32) 式, 及第 8 章 (8-43) 式的关系, 可以图 16.1 表示之热力学的熵 S, 气体运动论的 H 函数, 及统计力学的几率 W, 三者有上述的关系. 第 (32) 式为 Boltzmann 统计力学的基础. Boltzmann 氏之墓碑, 即刻有 (32) 式.

上述截至 (26) 为止所有的结果, 皆系由几率的考虑得来的, 无若何多的力学观念, 更与热力学的观念无关. 如欲使这些几率性 (或称统计性) 的考虑和结果, 有热力学的意义, 则我们务需作些 "认定"(identification) 的假设, 如上 (29) 式, (31) 式, (32) 式等. 此数关系之外, 最重要的是在几率的考虑中, 引入温度的观念.

16.3 "最可能态": μ 空间法

上两节分别考虑分子在空间及在速度空间之分布问题. 同法可应用于 6 维度之相空间 (称为 μ 空间, 以示一个分子之相空间之意). Boltzmann 假设一气体成一孤立系统 (与外围无热或力学的作用), 且气体分子间无相互作用 (即分子无撞碰). 设分子数为 N, μ 相空间体积为 Ω. 假想此 Ω 分为 ν 个室 (cell), 每室体积为 ω, 故

$$\nu\omega = \Omega, \quad \omega \ll \Omega \tag{16-33}$$

将 N 分子分布于各室, 使 ω_1 有 n_1 个, ω_2 有 n_2 个, $\cdots$. ω_i 之分子各有其能 ϵ_i. 故分子之分布及条件如下:

$$1 \ll n_i \ll N \tag{16-34}$$

设室 ω_i 的先机几率为 g_i,

$$\sum_{i=1}^{\nu} g_i = 1 \tag{16-35}$$

将 N 个分子分布于各室, 使 ω_1 有 n_1 个, ω_2 有 n_2 个等, 其几率为

$$W_{(n)} = \frac{N!}{\prod n_i!} g_1^{n_1} g_2^{n_2} \cdots \tag{16-36}$$

此处 (n) 代表 $(n_1, n_2, \cdots)$, g_i 可以即是

$$g_i = \frac{\omega_i}{\Omega}$$

但可有其他可能的 "权重".

(36) 式系 $(g_1 + g_2 + \cdots g_\mu)^N$ 展开式之一项也. 由此式, 故

$$\sum_{n_1, n_2} W_{n_1.n_2.} = 1 \tag{16-37}$$

此处之和, 乃系所有满足 (22) 式 $\sum n_i = N$ 式条件之分配 $n_1 + n_2 \cdots + n_\mu$ 也. Boltzmann 的理论, 是 (36) 式的最高值 (几率最大的分布), 相当于气体的平衡态. 故现乃求 W 之最高值, 附有 $n_1, n_2, \cdots$ 所需满足之条件 (22), (23).

由 (36) 式及 Stirling 近似式 (15-21)$(N \gg 1)$

$$\ln N! = N \ln N - N$$

即得

$$\delta \ln W = \sum_i (-\ln n_i + \ln g_i) \delta n_i \tag{16-38}$$

由 (22), (23) 式之变分, 乘以 Lagrange 乘数 $\alpha, -\beta$, 与上式合并, 即得

$$\sum_i \left(\ln \frac{g_i}{n_i} + \alpha - \beta \epsilon_i \right) \delta n_i = 0$$

故

$$n_i = g_i e^{\alpha - \beta \epsilon_i} \tag{16-39}$$

兹定义 "分配函数"(partition function)Z

$$Z \equiv \sum_i g_i e^{-\beta \epsilon_i} \tag{16-40}$$

由 (22), (39), 即得

$$N = e^\alpha Z \tag{16-41}$$

$$n_i = \frac{N}{Z} g_i e^{-\beta \epsilon_i} = -\frac{N}{\beta} \frac{\partial \ln Z}{\partial \epsilon_i} \tag{16-42}$$

及平均能

$$\bar{\epsilon} = \frac{E}{N}, \quad \bar{\epsilon} = \frac{1}{N} \sum n_i \epsilon_i = \frac{1}{Z} \sum g_i \epsilon_i e^{-\beta \epsilon_i}$$

$$= -\frac{\partial \ln Z}{\partial \beta} \tag{16-43}$$

由 (42) 式, 如

$$\epsilon_i = U(r_i) + \frac{1}{2} m v_i^2, \tag{16-44}$$

则

$$n_i = \frac{N}{Z} g_i \exp\left\{ -\beta U(r_i) - \frac{1}{2}\beta m v_i^2 \right\} \tag{16-45}$$

此亦即第 8 章 (8-37) 式之 Boltzmann 分布定律也.

以 (42) 式之 n_i 代入 (36) 式, 则最高值之 W 乃

$$\ln W_{\max} = N \ln Z + \beta E \tag{16-46}$$

此结果与 (33) 式之 ω 大小无关. 此点将于本节末详论之.

由 (45) 式, 得见几率 W 最高的 $n_1, n_2, n_3, \cdots$ 分布, 与由 H 定理的平衡态的相同 (见第 8 章 (8-37) 式). 故截至此为止, 我们的结果是: 由 "碰撞法" (H 定理等) 与由上文之 "统计法", 可获得相同之平衡态分布!*

次一问题, 乃系 W "最高值" 近邻的分布情形. 此问题与第 1 节 (8)~(13) 式的相同. 以 (39) 式代入 (36) 式, 即得

$$\ln W = N \ln N - \sum n_i \ln \frac{n_i}{g_i} \tag{16-47}$$

使 $\overline{n}_i$ 代表 (42) 式 (最高几率的分布) 之 n_i 值, 使

$$n_i = \overline{n}_i + \delta n_i$$

在 $\overline{n}_i$ 近邻 (按第 (13) 式法)

$$\ln W = -\frac{1}{2}\sum_i \overline{n}_i \left(\frac{\delta n_i}{n_i}\right)^2 + \frac{1}{6}\sum \overline{n}_i \left(\frac{\delta n_i}{n_i}\right)^3 + \cdots + 常数$$

以同于第 1 节之论证, 可得结论如下: W 之最高值系一极高尖性的最高值, 当 $n_1, n_2, n_3, \cdots$ 略异于 $\overline{n}_1, \overline{n}_2, \overline{n}_3, \cdots$ 时, W 之值急剧低减. 换言之, (42) 式的分布 $\overline{n}_1, \overline{n}_2, \overline{n}_3, \cdots$ 几乎占了所有分布的全部. 故以此最可能 (the most probable) 分布认作气体平衡态, 是很 "合理" 的.

上文 (39)~(46) 式中的常数 β, 其意义可如下见之. 设将 (33) 式中之 ω, 代以 $d\omega$,

$$d\omega \rightarrow dx\,dy\,dz\,du\,dv\,dw \tag{16-48}$$

设气体无外力场, 故 ϵ 与坐标无关而只系速度 (u, v, w) 的函数. 设 $n = $ 单位体积之分子数. (45) 式可写为

$$dn = An e^{-\beta\epsilon} du\,dv\,dw, \quad A = 常数 \tag{16-49}$$

---

* 截至此为止, 本章纯用组合代数, 仍未用热力学的观念 (如温度), 故尚待与热力学作沟通, 见下文 (51) 式.

$$\epsilon = \frac{1}{2}m(u^2 + v^2 + w^2)$$

将此对 u, v, w 积分, 可得

$$n = An \int\!\!\!\int_{-\infty}^{\infty} dvdw \left[ue^{-\beta\epsilon}\right]_{-\infty}^{\infty} - An \int\!\!\!\int\!\!\!\int_{-\infty}^{\infty} u(-\beta m u)e^{-\beta\epsilon} dudvdw \tag{16-50}$$

由 (49), 每秒碰撞 (与 x 轴垂直的) 面积 dS 的分子, 其速度为 u 者的数目为

$$AnudSdu \int\!\!\!\int_{-\infty}^{\infty} e^{-\beta\epsilon} dvdw$$

这些分子对 dS 之压力 p 为

$$pdS = AndS \int\!\!\!\int_{-\infty}^{\infty} dvdw \int^{\infty} du(2mu)ue^{-\beta E}$$

以此与 (50) 式比较, 即见

$$\beta p = n$$

截至此止, 我们只作了几率的和力学的计算. 兹乃引入热力学的观念. 按气体运动论, $p = nkT$. 故

$$\beta = \frac{1}{kT} \tag{16-51}$$

以此代入 (42) 式, 即得 Boltzmann 分布律 (平衡态)

$$\bar{n}_i = \frac{n}{Z} g_i \exp\left(-\frac{U(i)}{kT} - \frac{mv_i^2}{2kT}\right) \tag{16-52}$$

$$Z = \sum_i g_i \exp\left(-\frac{U(i)}{kT} - \frac{mv_i^2}{2kT}\right) \tag{16-53}$$

总结上述 "μ 空间法" 之要点如下:

(1) 此法隐含一个假设, 即分子间无相互作用的, 盖必如是, 始能将 N 个分子, 分布于 (一个分子的)6 维相空间.

(2) 在第 (3) 及第 (36) 式的计算中, 隐含一个假设, 即一个分子分配入一个室 ω 的几率, 是与 ω 之大小成正比的. 此假定是谓每相等体积的 ω, 其先机的几率相等.

(3) 在上述理论中, 其最后结果是和所取的 ω 室的大小无关的. 我们只要求 ω 不能太小, 俾 ω 中仍可容大数目的分子 (俾可用 Stirling 的近似式 (18)). 但在量子力学, 因为 "不准确原则", 坐标 q 和其共轭动量 p 不可能知道得较下述不等式的限制为准 $\Delta q \Delta p \geqslant \dfrac{h}{4\pi}$, 故相空间的体积单位不能小于 h^3. 但这单位之确为

h^3 而非 $\left(\dfrac{h}{2\pi}\right)^3$ 或其他 $(ah)^3$, 则似系宜为经验的结果 (见第 4 章第 3 节 (4-63) 式 Sackur-Tetrode 方程式中之化学常数 i).

(4) 如我们暂不问量子力学和量子统计, 而仍研讨上述的 Boltzmann 统计力学 (或称为古典统计), 则问题是相空间 ω 室的大小, 是否无影响.

此问题的答案, 幸而是: Boltzmann 理论的结果是与 ω 的大小无关的. 证明如下:

设先将 μ 相空间分作微小的 ω 室, 又设在邻近的许多 ω 间, 能 E 之值相差无几. 故现将 κ 个小 ω 合并为一大室. 使这些大室的分子数为 $N_1, N_2, N_3, \cdots$, 其平均能为 $\overline{E}_i$

$$N_i = n_{i1} + n_{i2} + n_{i3} \cdots \tag{16-54}$$

(此处之 $n_{i1}, n_{i2}, \cdots$ 即 (35) 式中之 n_i, N_i 即 (35) 之 N)

$$\sum N_i = N, \quad \sum N_i \overline{E}_i = E \tag{16-55}$$

N_i 个分子分布于 $n_{i1}, n_{i2}, n_{i3}, \cdots$ 的排列数为

$$\frac{N_i!}{\prod\limits_j n_{ij}!} \tag{16-56}$$

将 N 个分子分布为 $N_1, N_2, N_3 \cdots$ 大室, "几率" 乃

$$W' = \frac{N!}{\prod\limits_i N_i!} \sum_{(n)} \frac{N_1!}{\prod\limits_j n_{1j}!} \quad \frac{N_2!}{\prod n_{2j}!} \quad \frac{N_3!}{\prod n_{3j}!} \quad \cdots \tag{16-57}$$

此处之和 $\sum\limits_{(n)}$, 系 (54) 式中各 $n_{i1}, n_{i2}, \cdots, n_{k1}, n_{k2}, n_{k3}, \cdots$ 分配之和. (57) 式可写为

$$W' = \frac{N!}{\prod\limits_i N_i!} \prod_j \sum_{(n)} \frac{N_j!}{\prod\limits_k n_{jk}!} \tag{16-57a}$$

按二项式定理,

$$\sum_{(n)} \frac{N_j!}{\prod\limits_k n_{jk}!} = (1 + 1 + \cdots + 1)^{N_j} = \kappa^{N_j}$$

故由 (57a),

$$W' = \frac{N!}{\prod\limits_i N_i!} \kappa^N \tag{16-57b}$$

此处之 N_i, 皆系大数, 故可用 Stirling 近似式. 兹求 W' 之最大值, 附有 (55) 的两条件. 其结果为

$$N_i = e^{\alpha - \beta E_i}, \quad i = 1, 2, \cdots, \kappa \tag{16-58}$$

故由 (57a),

$$\ln W'_{\max} = N \ln(\kappa N) + \alpha N + \beta E$$

$$\sum N_i = N = \mathrm{e}^\alpha \sum_i \mathrm{e}^{-\beta E_i}$$

故如定义分配函数 (见 (40) 式)

$$Z \equiv \kappa \sum_i \mathrm{e}^{-\beta E_i} \tag{16-59}$$

则

$$\kappa N = \mathrm{e}^\alpha Z$$

而

$$\ln W'_{\max} = N \ln Z + \beta E \tag{16-60}$$

兹以此式与 (46) 式比较. 因此处之 "大室" 乃 κ 个 ω 室合成, 故 (59) 式之 Z, 实与 (40) 式之 $Z(g_i = 1)$ 相等. 故 (60) 式实与 (46) 式相同

$$\ln W'_{\max} = \ln W_{\max} \tag{16-61}$$

由此可见 (60) 式结果, 与 κ 数无关, 亦即谓 Boltzmann 的结果, 与 "室" ω 之大小无关.

(5) ⟨ 现将本节结果应用于几个例题.⟩

例 兹有一系的谐振子, 其能为

$$\epsilon_j = \left(j + \frac{1}{2} \right) h\nu, \quad j = 0, 1, 2, \cdots \tag{16-62}$$

其先机的几率 $g_j = 1$. 由 (40) 式,

$$Z = \sum g_j \exp(-j\beta h\nu) \exp\left(-\frac{1}{2} \beta h\nu \right) = \frac{\mathrm{e}^{-\frac{1}{2}\beta h\nu}}{1 - \mathrm{e}^{-\beta h\nu}} \tag{16-63}$$

由 (43) 式, 此系之平均能 $N\bar{\epsilon}$ 为

$$N\bar{\epsilon} = \overline{E} = N \left\{ \frac{h\nu}{2} + \frac{h\nu}{\mathrm{e}^{\beta h\nu} - 1} \right\} \tag{16-64}$$

在高温度时 $\beta = \dfrac{1}{kT} \to 0$, 此式成

$$\overline{E} \to N \left(kT + \frac{h\nu}{2} \right) \simeq NkT \tag{16-65}$$

(62), (63) 式系量子力学的结果. (64), (65) 式中之 $\dfrac{h\nu}{2}$ 项, 称为 "零点能", 即系当 $T \to 0\mathrm{K}$ 时, 该系仍有 $N\dfrac{h\nu}{2}$ 之能之意.

设考虑黑体辐射能之分布问题. 如辐射能系视为一系的谐振子, 其能态乃系 (62) 式而略去 $\frac{1}{2}$ 项. 则在平衡态时辐射能密度 (频率在 ν 与 $\nu + d\nu$ 之间的每单位体积之能)*

$$\overline{E}_\nu d\nu = \left(\frac{8\pi\nu^2}{c^3}\right) d\nu \frac{h\nu}{e^{\beta h\nu} - 1}, \quad \beta = \frac{1}{kT} \tag{16-66}$$

此乃黑体辐射之 Planck 公式也. 我们宜注意的是: 此公式系热力平衡的结果, 与原子吸收或放出之是否连续问题是无关的.

(66) 式中, 如使 $\beta h\nu = \dfrac{h\nu}{kT} \to 0$, 则得

$$\overline{E}_\nu d\nu = \left(\frac{8\pi\nu^2}{c^3}\right) d\nu \cdot kT \tag{16-67}$$

此式乃系 Rayleigh-Jeans 定律, 由能之等分配定律得来的. 如何可获得 (66) 式, 将于下文第 19 章第 1 节述之.

16.4　Maxwell-Boltzmann 统计力学 —— Γ 空间法 及 Ergodic 假定

截至此为止, 我们用 6 维度相空间 (所谓 μ 空间) 计算 N 个质点的问题 (见上节及第 7 章).

上节的理论有一基本假定, 即分子间无相互作用是也 (上节 (1) 段). 为免去此限制, 俾能考虑及分子间之相互作用, 则需用 $6N$ 维度的相空间 (N 个分子之坐标及动量空间, 故称 Γ 空间, Γ 乃气体 gas 首字母 G 之意). 一个有 N 分子的气, 在 Γ 空间的表示是一个点 $P(q_1, q_2, \cdots, q_N, p_1, p_2, \cdots, p_N)$*. 这个气体的分子的运动, 遵守 Hamilton 的正则方程式

$$\dot{q}_k = \frac{\partial H}{\partial p_k}, \quad \dot{p}_k = -\frac{\partial H}{\partial q_k}, \quad k = 1, 2, \cdots, N \tag{16-68}$$

$$H = H(q_1, \cdots, q_N, p_1, \cdots p_N) \tag{16-69}$$

此相点 P 的轨道 G 可如下定之. (68) 式可写成下式:

$$\frac{dq_1}{\dfrac{\partial H}{\partial p_1}} = \frac{dq_2}{\dfrac{\partial H}{\partial p_2}} = \cdots = -\frac{dp_1}{\dfrac{\partial H}{\partial q_1}} = -\frac{dp_2}{\dfrac{\partial H}{\partial q_2}}$$

$$= -\frac{dp_N}{\dfrac{\partial H}{\partial q_N}} = dt \tag{16-70}$$

---

* q_k, p_k 皆系三维的向量. 故 (68) 系 $6N$ 个方程式.

故在每点, G 的方向是完全确定的. 由于 H 函数务需系 q_k, p_k 等的单值函数, 故在每一点, G 的方向亦是完全的唯一的决定的, 换言之, G 线永不自行交叉的.

(68) 方程式有 $6N$ 个首次积分. 最显然的是能的守恒, 其他的, 一般言之是无简单的物理意义的, 如

$$\phi_1(p_k, q_k) = E, \quad E = 能 = 常数$$
$$\phi_i(p_k, q_k) = c_i, \quad c_i = 常数, \quad i = 2, 3, \cdots, 6N - 1 \tag{16-71}$$
$$\phi_{6N}(p_k, q_k) = c_{6N} + t, \quad c_{6N} = 常数$$

(此处及下文之 (p_p, q_k), 均代表 $(p_1, \cdots, p_N, q_1, \cdots, q_N)$. $\mathrm{d}p_k \mathrm{d}q_k$ 则代表 $\mathrm{d}p_1, \cdots, \mathrm{d}p_N$ $\mathrm{d}q_1, \cdots, \mathrm{d}q_N$.) 相点 P 之轨道 G 乃系上式首 $6N-1$ 个面 $\phi_i =$ 常数 (每个面系 $6N-1$ 维度的面) 的交叉线. 最后 $\phi_{6N} = c_{6N} + t$ 一式中, 每一 t 值为一面, 由不同 t 的各面与 G 线的交叉, 即可得在不同 t 时相点 P 在 G 线之位置.

由上述, 可知 G 轨自然永系在 $\phi_1 = E$ 面内 (或, 面上). 这个面称为 "能面"(energy surface). 如我们取 $\phi_1 = E$ 及 $\phi_1 = E + \Delta E$ 两个能面, 使 $\Delta E = $ 小值, 则这两能面构成所谓 "能壳"(energy shell). 能壳的体积 $6N$ 维度的. 兹以 $\Delta \varOmega$ 表能壳的体积素.

设一系的开始态为 $P_1(q_k, p_k)$, $t = t_1$. 其 G 轨将永不终止的在能面上运行, 永不自行交叉. 另一开始态为 $P_2(q_k, p_k)$, $t = t_2$, 的 G 轨, 亦永不止的同此能面上运行, 亦永不自行交叉.

Boltzmann(1868~1871 年) 引入下述的假设: 上述的 P_1 的 G 轨, 予以 (无限) 长的时间, 将经过能面所有的相点 (或, 每一个点). 这假定称为 ergodic 假定. ergodic 系由 $\epsilon\rho\gamma o\nu$ 能, 乃 $\sigma\delta\delta s$, 径, 二字而来的. Maxwell(1878) 亦引用相似的 "径之连续性"(continuity of path) 假定.

此 "能径假定"(ergodic hypothesis) 经些大数学家的研究, 结论是 (一般情形下) 不能成立的. 但 Poincaré能证明所谓能径定理, 谓 G 轨, 如予以甚够长时间, 将可无限的接近能面中任意一个相点 (注意: 此与 "经过能面中任意一相点" 大不同). 但如按这能径假定, 则有得下列的结果:

(i) 所有同一总能 E 而不同开始条件的运动, 其相点皆在同一个 G 轨. 他们的不同处, 只系他们经过一点 (q_k, p_k) 的时间 t 有先后而已. 见第 (71) 式 $\phi_{6N}(q_k, p_k) = c_{6N} + t$.

(ii) 一个相的函数 $f(q_k, p_k)$, 对一运动作一 (无限) 长时间的平均, 其值于所有同能 E 的系皆相等. 这是因为按 (i), 所有这些系, 皆是同一的 G 轨也.

我们是求一个系的平衡态的性质. 按热力学第零定律, 一个系经极长的时间后, 必成平衡态. 故欲求某量 Q 之平衡态值, 只需求 Q 的长时间平均值. 欲求 Q 的

长时间平均值, 我们将引入 "稳定密度"(stationary density) 和系综 (ensemble) 的观念.

设一个密度函数 ρ_0 系 (71) 式首 $6N-1$ 个首次积分的函数

$$\rho_0(q_k, p_k) = F(\phi_1, \phi_2, \cdots, \phi_{6N-1}) \tag{16-72}$$

故 $\rho_0 = \rho_0(q_k, p_k)$. 按 Liouville 方程式 (12-6c)

$$\frac{\partial \rho_0}{\partial t} = (H, \rho_0) \tag{16-73}$$

故得

$$\begin{aligned}
\frac{\partial \rho_0}{\partial t} &= \sum_k^{} \sum_i^{6N-1} \left(\frac{\partial H}{\partial q_k} \frac{\partial F}{\partial \phi_i} \frac{\partial \phi_i}{\partial p_k} - \frac{\partial H}{\partial p_k} \frac{\partial F}{\partial \phi_i} \frac{\partial \phi_i}{\partial q_k} \right) \\
&= \sum_i^{6N-1} (H, \phi_i) \frac{\partial F}{\partial \phi_i}
\end{aligned} \tag{16-74}$$

按力学, H 与任意一首次积分的 Poisson 括弧式皆等于零. 反之, 如 $(H, \psi) = 0$, 则 ϕ 必为一首次积分 *. 故

$$\frac{\partial \rho_0}{\partial t} = 0 \tag{16-75}$$

故如以 (72) 式构成之 ρ_0, 在 Γ 相空间之一 (任意) 固定点 (q_k, p_k), 其值不随时而变. 这样的密度, 称为稳定密度.

(iii) 按能径假定, G 轨完全在能面上. 故在 ergodic 系, 唯一的稳定密度, 只系 "能之守桓" 的首次积分 (见 (71) 式)

$$\rho_0(q_k, p_k) = F(\phi_1) \tag{16-76}$$

密度可归一化之

$$\int \cdots \int \rho_0(q_k, p_k) \mathrm{d}q_k \mathrm{d}p_k = 1 \tag{16-77}$$

(iv) 设 $f(q_k, p_k)$ 为一物理量. 其长时间之平均值为

$$\overline{f} = \lim_{T \to \infty} \frac{1}{T} \int_t^{t+T} f(q_k, p_k) \mathrm{d}t \tag{16-78}$$

按热力学第零定律 (见第 1 章第 2 节及第 21 章第 1 节末, Uhlenbeck 氏的观点), 一个孤立系, 经长时后, 必趋入热力平衡态. 故 (78) 式的长时间之平均值, 必为平衡态之值

$$\overline{f} = f \text{ 之平衡态值} \tag{16-79}$$

---

* 参阅《古典动力学》乙部第 4 章第 5 节.

此是 Boltzmann 的理论的假定之一. 至此, 问题乃系如何计算 (78) 式的 $\bar{f}$. 这可以说是统计力学的开端.

Boltzmann(1868 年) 引入系综的观念 *. 所谓系综, 乃系一集极大 (无限) 数的系, 同在一个共同的热力平衡态. 每系的相, 在 Γ 空间代以一个点; 代表热力平衡的系综的相点的分布. 是一个与时间 (非显明函数) 直接无关的一个密度 —— 即稳定密度. $f(g_k, p_k)$ 在这个系综的平均值为

$$\langle f \rangle = \int \cdots \int f(q_k, p_k) \rho_0(q_k, p_k) \mathrm{d}q_k \mathrm{d}p_k \tag{16-80}$$

(v) Boltzmann 及 Maxwell(1879 年 **, Maxwell 氏卒于是年) 按能径 (ergodic) 假定, 证明 f 的长时间平均 $\bar{f}$ 等于 f 的稳定系综的平均, 换言之, 以 (78), (80) 之符号,

$$\bar{f} = \langle f \rangle \tag{16-81}$$

证明如下:

因 $\langle f \rangle$ 与时间无关, 故其长时间的平均, 亦即其本值

$$\overline{\langle f \rangle} = \langle f \rangle \tag{16-82}$$

因取时间的平均值与取系综的平均值两个运作, 系各独立的, 故次序可颠倒之

$$\overline{\langle f \rangle} = \langle \bar{f} \rangle \tag{16-83}$$

故由 (82), 即得

$$\langle f \rangle = \langle \bar{f} \rangle \tag{16-84}$$

按能径假定, 凡同能 E 的运动, 皆是同一 G 轨. 故系综中各系皆是在同一 G 轨, 故各系的长时间平均值皆相等, 即

$$\langle \bar{f} \rangle = \bar{f} \tag{16-85}$$

由 (84), (85), 即得 (81) 式.

按此结果, 欲求 $f(q_k, p_k)$ 的平衡态值, 只需计算 $f(q_k, p_k)$ 在一个稳定系综 (密度函数为稳定密度的) 的平均值.

(81) 式的证明, 可按 Boltzmann 的理论如下: 兹取 Γ 中 (能面中) 一体积 $\Delta\Omega$, 按 Liouville 定理, 在任二时 t_1, t_2, $\Delta\Omega$ 之形式 $\Delta\Omega_1$, $\Delta\Omega_2$ 不同而体积不变. 设一 G 轨由 t_1 至 t_2 如图 16.2 所示.

---

* 参阅上文第 12 章第 1 节.
** 统计力学 (statistical mechanics) 一名, 首次见于 Maxwell 1879 年的一论文.

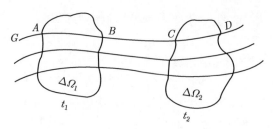

图 16.2

G 点在 AC 间之时间, 与其在 BD 间的相等. 故其在 AB 间的时间 Δt_1 , 与其在 CD 间的时间 Δt_2 相等. 经极长时间 T, G 线经过 $\Delta\Omega_1, \Delta\Omega_2$ 无数次, 每一轨道 G, 皆有上关系, $\Delta t_1 = \Delta t_2$, 故如使 $\Delta t(\Delta\Omega), \Delta t(\Delta\Omega_2)$ 表示 G 点在 $\Delta\Omega_1$,$\Delta\Omega_2$ 内的时间, 则

$$\lim_{T\to\infty} \frac{\Delta t(\Delta\Omega_1)}{T} = \lim_{T\to\infty} \frac{\Delta t(\Delta\Omega_2)}{T} \tag{16-86}$$

同理, 取另一 $\Delta\Omega_3$, 可得

$$\lim_{T\to\infty} \frac{\Delta t(\Delta\Omega_2)}{T} = \lim_{T\to\infty} \frac{\Delta t(\Delta\Omega_3)}{T}$$

故

$$\lim_{T\to\infty} \frac{\Delta t(\Delta\Omega_2 + \Delta\Omega_3)}{T} = 2 \lim_{T\to\infty} \frac{\Delta t(\Delta\Omega_1)}{T} \tag{16-87}$$

换言之, G 点在 $\Delta\Omega$ 中之时间, 与 $\Delta\Omega$ 大小成正比,

$$\lim_{T\to\infty} \frac{\Delta t}{T} = \frac{\Delta\Omega}{\Omega} \tag{16-88}$$

由此即可得 "长时间平均 = 系综平均" 的结论如 (81). 此证有赖 "G 点经过能面的每一点" 的假定, 亦如 (81) 的证也.

上述的乃 Boltzmann-Maxwell 的统计力学的基本假设及其基础. 可惜的乃 ergodic 假定, 已为数学家证明是不成立的. 故望以这假定为基础建立一演绎性的统计力学, 是不可能的. 下章将述另一统计力学 —— 所谓系综理论, 脱离了 ergodic 假定而另作假定.

16.5　统计力学与不可逆过程

第 3 节 Boltzmann 的理论, 系视各分子在 μ 空间之最可能分布, 相当于气体之平衡态. 我们知此分布几率最高值, 是一极窄极高的分布. 相当于此几率最高值的分布数, 几占了整个 μ 空间体积的全部. 我们现看 μ 空间与 Γ 空间的关系.

由 (36) 式, 在 $\omega_1, \omega_2, \omega_3, \cdots$ 室有 $n_1, n_2, n_3, \cdots$ 个分子的几率为

$$W_{n_1, n_2, \cdots} = \frac{N!}{\prod_i n_i!} \left(\frac{\omega}{\Omega}\right)^N \tag{16-89}$$

在 Γ 空间, 每一相点, 相当于在 μ 空间的一个别分布. 但 μ 空间的上述分布 (84), 则在 Γ 空间占了一体积

$$W_{n_1, n_2, \cdots} \Omega^N = \frac{N!}{\prod n_i!} \left(\frac{\omega}{\Omega}\right)^N \Omega^N \tag{16-90}$$

此乃因 $W_{n_1, n_2, \cdots}$ 系该分布的几率, 亦即系该分布占据相空间总体积之分数也. 几率 W 最高值之分布 $\bar{n}_1, \bar{n}_2, \bar{n}_3, \cdots$ (45), 占了 μ 空间的绝大部分; 这些分布在 Γ 空间, 亦占了绝大部分的体积如 (90) 式. 故这绝大部分之 Γ 空间, 是相当于 Boltzmann 理论中视为平衡态的分布.

按 (88) 式, 一个系统的相点, 无论其开始态是如何, 其 G 轨将历经 Γ 各点, 其在 "相当于平衡态" 的绝大领域所费的时间, 远较在相当于非平衡态的极微小部分所费为大. 如是我们乃可以了解一个系统 "趋入平衡态" 之故. G 线偶过后者 (非平衡态) 的微小部分时, 则相当于起伏现象.

在此理论中, 一系统的趋入平衡态, 是几率性的. 按此观点, 则热力学第二定律可得一几率性的解释或意义, 而非一绝对性的定律.

16.6 几率与热力学

第 2, 3, 4 节由几率的观点, 获得若干结果, 显示可与热力学相沟通的. 由 (30)~(32) 式, 可略窥几率与 H 函数及熵 S 之关系. 由 (51) 式, 可使由几率计算所引入的一个函数 β, 与热力学的温度观念相联系. 本节将由几率观念所得的结果, 予以热力学的意义.

按 Boltzmann 之理论, (42) 式乃平衡态的分布. 兹写 (39) 式如下:

$$n_i = N \nu g_i e^{\beta \psi} e^{-\beta \epsilon_i} * \tag{16-91}$$

$$e^{\beta \phi} \equiv Z^{-1} \tag{16-92}$$

$$Z = \sum_i \nu g_i e^{-\beta \epsilon_i} \tag{16-93}$$

兹定义

$$\Psi \equiv N\psi = -\frac{N}{\beta} \ln Z, \quad \gamma \equiv e^{-\beta} \tag{16-94}$$

故 (46) 式成

$$E \equiv N\bar{\epsilon} = N\gamma \frac{\partial \ln Z}{\partial \gamma} \tag{16-95}$$

---

* 此分布称为正则分布 (canonical distribution). 在 Maxwell-Boltzmann 理论, 此分布可由 "最可能分布" 得来. 在下章 Darwin-Fowler 理论, 亦得同一分布, 见 (17-28).

(46) 式成

$$\ln W = \beta(E - \Psi) \tag{16-96}$$

$$= \beta E + N \ln Z \tag{16-97}$$

设 Z 系 γ 及若干参数 ξ_i 的函数. 此系统所做之功 δA 为

$$\delta A = -\sum_i n_i \left(\sum_\lambda \frac{\partial \epsilon_i}{\partial \xi_\lambda} \delta \xi_\lambda \right) = -\frac{N}{Z} \sum_i \nu g_i \gamma^\epsilon \quad \sum_\lambda \frac{\partial \epsilon_i}{\partial \xi_\lambda} \delta \xi_\lambda$$

由

$$\frac{\partial \ln Z}{\delta \xi_\lambda} = \frac{1}{Z}(-\beta) \sum_i \nu g_i \gamma^{\epsilon_i} \frac{\partial \epsilon_i}{\partial \epsilon_\lambda}$$

故

$$\delta A = \frac{N}{\beta} \sum_\lambda \frac{\partial \ln Z}{\partial \xi_\lambda} \delta \xi_\lambda \tag{16-98}$$

由 (98) 及 (96) 式, 即得 $\ln W$ 的最高值

$$\delta \ln W_m = \beta(\mathrm{d}E + \delta A) \tag{16-99}$$

以此式与热力学第一, 第二定律比较

$$\delta Q = \mathrm{d}E + \delta A, \quad \mathrm{d}S = \frac{\delta Q}{T} \tag{16-100}$$

故我们可 "鉴定" 热力学之熵 S 为

$$S = \frac{1}{\beta T} \ln W_m + 常数^* \tag{16-101a}$$

$$= \frac{E}{T} + Nk \ln Z + 常数 \,(用(97)) \tag{16-101}$$

$$\Psi = E - \frac{1}{\beta} \ln W \tag{16-102}$$

$$= E - TS + 常数 \tag{16-102a}$$

由热力学, Helmholtz 自由能 F 有下列关系:

$$F = E - TS, \quad p = -\left(\frac{\partial F}{\partial V}\right)_T$$

以 (102a) 与此比较, 故我们可鉴定 Ψ 与 F 之关系

$$F = \Psi + 常数$$

----

* 由 (99), (100), 得 $\mathrm{d}S \equiv \mathrm{d}(k \ln W) \left(用 \beta = \frac{1}{kT}\right)$. 故 (101a) 式之常数, 有选定之可能. 如取 $S = k \ln W - k \ln N!$, 即得下文 (107) 式.

$$= -\frac{N}{\beta}\ln Z + 常数 \tag{16-103}$$

$$p = \frac{N}{\beta}\left(\frac{\partial \ln Z}{\partial V}\right)_T \tag{16-104}$$

由此即可得物态方程式.

为鉴定此统计力学之 β 参数与热力学之关系, 兹取一理想气体. ϵ_i 只系动能. 设如 (33), μ 相空间体积 Ω 分为 ν 个室, 每室之体积为 ω, $\nu\omega = \Omega$ 故

$$\epsilon_i = \frac{1}{2m}p_i^2, \quad g_i = \frac{\mathrm{d}x\mathrm{d}y\mathrm{d}z\mathrm{d}p_x\mathrm{d}p_y\mathrm{d}p_z}{\nu\omega} \tag{16-105}$$

$$Z = \sum_i \nu g_i \mathrm{e}^{-\beta\epsilon_i} \to \frac{1}{\omega}\int\cdots\int \mathrm{e}^{-\beta\epsilon_i}\mathrm{d}x\cdots\mathrm{d}p_z \tag{16-106}$$

$$= \frac{V}{\omega}\left(\frac{2\pi m}{\beta}\right)^{3/2}, \quad V = 体积 \tag{16-107}$$

由 (96) 及 (104) 式, 即得

$$\bar{\epsilon} = \frac{3}{2\beta}, \quad p = \frac{N}{\beta V} \tag{16-108}$$

以此二式与气体运动论 (亦用了热力学的结果) 比较

$$\bar{\epsilon} = \frac{3}{2}kT^*, \quad p = \frac{1}{V}NkT \tag{16-109}$$

故得 (51) 式

$$\beta = \frac{1}{kT}$$

总结上结果: $n_1, n_2, n_3, \cdots$ 分布之几率为 (47) 式

$$\ln W = N\ln N - \sum n_i \ln \frac{n_i}{g_i}$$

兹定义

$$Z \equiv \sum \nu g_i \mathrm{e}^{-\beta\epsilon_i}$$

则几率最高值 (最可能) 的分布乃 (91) 式

$$n_i = \frac{N}{Z}\nu g_i \mathrm{e}^{-\beta\epsilon_i}$$

此分布乃认为平衡态的分布. 由此, 可得热力学的函数与此理论之关系, 如 (95), (101a), (103), (104) 等,

$$E = -N\frac{\partial \ln Z}{\partial \beta}$$

---

*此式乃系 "能的等分配" 定律 (第 7 章第 1 节) 在自由质点特例的证明.

$$S = k \ln W + 常数$$
$$= \frac{E}{T} + Nk \ln Z + 常数 \quad [用 (97) 式]$$
$$F = -NkT \ln Z + 常数$$
$$p = NkT \left(\frac{\partial \ln Z}{\partial V} \right)_T$$

在 (107) 式中尚有一未确定之 ω. 此 ω 不能由古典力学或热力学确定之, 而必需用量子观念. ω 的因次乃 [长度 × 动量]³. 量子常数 (Planck)——h 的因次系 [长度 × 动量], 这使人猜想作下尝试

$$\omega = h^3 \tag{16-110}$$

早在 1911 年, Sackur, 及 1912 年, Tetrode, 即作 $\omega = h^3$ 之假设, 因而得一单元气体之熵 (见第 4 章 (4-64a) 式)

$$S = \frac{E}{T} + Nk \ln \left\{ \frac{V}{N} \left(\frac{2\pi m k T}{h^2} \right)^{3/2} \right\} + Nk \tag{16-111}$$

此式用于饱和蒸汽压与温度之关系时, 获得实验之证实.

唯 (111) 式与由 (107) 代入上 (101) 式所得之

$$S = \frac{E}{T} + Nk \ln \left\{ V \left(\frac{2\pi m k T}{h^2} \right)^{3/2} \right\} + 常数 \tag{16-112}$$

则较 (111) 式少了一项: $-Nk \ln N$.

兹应用 (112) 式之 S 于两个气体以扩散混合的熵的增加的问题 (见第 3 章第 9 节). 设有 A, B 两气体, 其分子质量 m, 分子数 N, 温度 T, 体积 V 均相同. 两气隔离而并列, 如图 16.3.

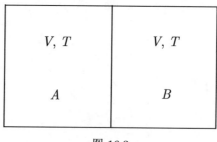

图 16.3

按 (112) 式, 两气体之熵为

$$S_A = S_B = \frac{3}{2} Nk + Nk \ln \left\{ V \left(\frac{2\pi m k T}{h^2} \right)^{3/2} \right\} \tag{16-114}$$

兹将两气体间之隔板抽出, 两气互相扩散混合而重入平衡态. 此系之熵 S_{A+B} 按 (112) 式系

$$S_{A+B} = \frac{3}{2}(2N)k + (2N)k\ln\left\{(2V)\left(\frac{2\pi mkT}{h^2}\right)^{3/2}\right\}$$
$$= S_A + S_B + 2Nk\ln 2 \qquad (16\text{-}115)$$

换言之, 由于扩散混合, 熵增加 $2Nk\ln 2$

　　然如 A, B 原系同一气体, 则隔板之抽出与否, 与该系的物理态无影响. 故熵之增加如 (115) 式, 是不可解的. 此乃所谓 Gibbs 佯谬 (paradox), 见第 3 章第 9 节.

　　然如将 (36) 式 W 之定义, 改为

$$W_{(n)} = \prod_i \frac{1}{n_i!} \prod_j g_j^{n_j} \qquad (16\text{-}116)$$

亦即较 (36) 少了 $N!$ 乘因数, 则凡上述各式之 $\ln W$, 均应改为 $\ln\dfrac{W}{N!}$; $\ln W$ 均应代以

$$\ln W - (N\ln N - N) \qquad (16\text{-}116a)$$

如是则 (112) 式乃成

$$S = \frac{E}{T} + Nk\ln\left\{\frac{V}{N}\left(\frac{2\pi mkT}{h^2}\right)^{3/2}\right\} + Nk + \text{常数} \qquad (16\text{-}117)$$

与 Sackur-Tetrode(111) 式相同.

　　兹应用此式于气体扩散混合的问题. 按 (117) 式, 则 (114) 变为

$$S_A = S_B = \frac{3}{2}Nk + Nk\ln\left\{\frac{V}{N}\left(\frac{2\pi mkT}{h^2}\right)^{3/2}\right\} + Nk \qquad (16\text{-}118)$$

$$S_{A+B} = \frac{3}{2}2Nk + (2N)k\ln\left\{\frac{2V}{2N}\left(\frac{2\pi mkT}{h^2}\right)^{3/2}\right\} + (2N)k \qquad (16\text{-}119)$$

故

$$S_{A+B} = S_A + S_B \qquad (16\text{-}120)$$

不复有 Gibbs 佯谬如 (115) 式矣.

　　由上可见用 (116) 式的 W 定义, 可得具有外延量性质之熵函数 (117)(见第 (120) 式结果). 如用 (36) 式的 W 的定义, 则其熵 (112) 式无此外延量性质矣.

　　用 (116) 式之 W, 及 (117) 式之 S, 诚可消去 Gibbs 佯谬矣. 但 A, B 两不同气体混合之熵之增加 (115) 又将如何? 欲了解此问题, 我们务需进一步的了解 A, B 混合之熵为何增加.

试想 (113) 图中之 A, B 两气已混合了. 现插入一有选择透滤性的隔板, 使 A 气分子可由右透至左, 而 B 分子可由左透至右, 逆流都不可能的. 如确能觅得有此特性的透滤板, 则两气将可分离如 (113) 图. 但这样的滤板, 是属于所谓 "Maxwell 小鬼"(demons) 一类的 *, 引致熵之低降, 是违反热力学第二定律的. 熵之低降, 是分离的气体, (A 分子只限于室之一半, B 只限于室其他之半) 的秩序 (order) 增高. (115) 的熵之增加, 是代表此.

如 A, B 是同一气体, 则用特性透滤板或 "小鬼", 皆无意义了, 自然无所谓秩序增高或熵之低降了.

16.7　总　　结

Maxwell-Boltzmann 统计力学的要点, 可综述如下:

16.7.1　几率观念与热力学观念的关系

(a) 分子在 6 维 μ 相空的分布几率 W, 按代数之组合法计算之. 几率的最高值, 代表分布的最可能安排情形. 此最高值成一极高极狭窄的分布. Boltzmann 假定此最可能的 (几率最高的) 分布, 相当于分子在热平衡态的分布.

从 $6N$ 维 Γ 相空间的观点, 则在 μ 空间最可能分布, 相当于 Γ 空间之极端大部分的区域. 换言之, 一个系的相所能及的 Γ 空间 (如由于总能的限制等) 的绝大部分, 是相当 W 的最高值的分布, 亦即相当于热平衡态的分布.

(b) W 最高值, 或 $\ln W$. 有和热力学函数相似的性质, 故可作

$$S = k \ln W + 常数$$

的认定. 按此, 热力学第二定律可获得一个几率性的解释, 如热力学中不可逆过程之熵增加 $\Delta S > 0$, 乃相当于过程是使分布趋向更可能的分布.

这几率的解释, 使第二定律由热力学中的绝对性成为几率性. 分子的数目愈大, 则上述的 $\ln W$ 最高值最峯愈尖高愈狭窄, 结果愈接近第二定律的绝对性. 反之, 如分子数不大, 则起伏现象愈显著. Brownian 运动是一例也.

16.7.2　统计力学的力学部分

(a) 一个 N 分子的系的运动态, 在 $6N$ 维的 Γ 空间系一 G 轨 (其方程式即该系的正则运动方程式). 此 G 轨永不自交叉的继续延展.

---

* 设图 16.3 中 A, B 是同一气体, 在隔板开一小门, 以小鬼守之, 使小鬼只许高速的分子由右至左, 低速的由左至右. 如是则原是均匀的温度, 将成左方热而右方冷. 这便可利用温度之差而作功. 这是违背热力学第二定律的.

由于热力学第零定律, 一个系终将趋入平衡态. 故一个量 $f(q_k, p_k)$ 的平衡态值, 等于 $f(q_k, p_k)$ 的 (无限) 长时间的平均值.

(b) 为求此长时间平均值, Boltzmann, Maxwell 引入所谓能径 (ergodic) 假定, 谓 G 轨将终于经过 Γ 空间任何一个点 (如予以够长的时间). 如接受此假定, 则所有同一总能 E 的运动, 皆同是一个 G 轨; $f(g_k, p_k)$ 对所有同 E 的连动的长时间平均值均相同; G 轨在 Γ 空间的任一体积素 $\Delta\Omega$ 中的时间, 和 $\Delta\Omega$ 的大小成正比例; Γ 相空间的密度 $\rho(q_k, p_k)$ 之满足 $\dfrac{\partial\rho}{\partial t} = 0$ 者 (所谓稳定密度), 必是 "能的首次积分" 的函数; 由这些特性, 可得下结果: $f(q_k, p_k)$ 之长时间平均值, 等于 f 在一稳定密度的 Γ 空间平均值 $\langle f \rangle$

$$\overline{f} = \langle f \rangle \tag{16-121}$$

(c) 为 $\langle f \rangle$ 得一物理意义, Boltzmann 引入系综的观念. 热平衡态的系, 它的代表是一个平衡态的系综, 它的密度是一个稳定密度.

按此, 则 $f(q_k, p_k)$ 的平衡态值, 可以一个稳定系综的平均计算之.

但能径 (ergodic) 假定, 经数学家的研究, 是不能成立的. 故 (121) 只能以一个假定视之.

习　　题

1. 兹有一系三维度谐振子, 每谐振子之能为

$$\epsilon_j = \left(j + \frac{3}{2}\right)h\nu, \quad j = 0, 1, 2, \cdots$$

求此系之平均能 $N\bar{\epsilon}$

2. 由分配函数 Z (见 (40) 式), 证明

$$\overline{(\Delta\epsilon)^2} = \overline{(\epsilon - \bar{\epsilon})^2} = \frac{\mathrm{d}}{\mathrm{d}\beta}\left(\frac{Z'}{Z}\right), \quad Z' = \frac{\mathrm{d}Z}{\mathrm{d}\beta}$$

$$= -\frac{\mathrm{d}\bar{\epsilon}}{\mathrm{d}\beta}, \quad \beta = \frac{1}{kT}$$

并求理想气体之 $\overline{(\Delta\epsilon)^2}$.

3. 按 "能均匀分配" 原则, 兹假设辐射能 (每自由度) 为 $\bar{\epsilon}_1 = kT$ 又按 Wien 的黑体辐射短波极限的定律, $\bar{\epsilon}_2 = u_0 e^{-\beta\epsilon_0}$. 兹假设 $-\dfrac{\mathrm{d}\bar{\epsilon}}{\mathrm{d}\beta} = -\dfrac{\mathrm{d}}{\mathrm{d}\beta}(\bar{\epsilon}_1 + \bar{\epsilon}_2) = \bar{\epsilon}^2 + \epsilon_0\bar{\epsilon}, \beta = \dfrac{1}{kT}$, 证明

$$\bar{\epsilon} = \frac{\epsilon_0}{e^{\beta\epsilon_0} - 1}$$

由此求 Planck 之辐射能公式.

4. 由 (1) 式, 使每室 ω 之体积 $\omega = \mathrm{d}x\mathrm{d}y\mathrm{d}z$, 分子数密度 $\rho(x, y, z)$, 平均密度 $\rho_0 = \dfrac{N}{V}$, 故

$$n_i = \rho(x, y, z)\mathrm{d}x\mathrm{d}y\mathrm{d}z, \quad s\omega = V$$

$$\frac{sn_i}{N} = \frac{s\rho \mathrm{d}x\mathrm{d}y\mathrm{d}z}{N} = \frac{s\mathrm{d}x\mathrm{d}y\mathrm{d}z}{V} \quad \frac{\rho}{\rho_0} = \frac{\rho}{\rho_0}$$

故 (6) 可写为

$$K = \frac{1}{V} \iiint \frac{\rho_0}{\rho} \ln\left(\frac{\rho}{\rho_0}\right) \mathrm{d}x\mathrm{d}y\mathrm{d}z$$

试证明 K 之最低值为

$$\rho(x, y, z) = \text{常数} = \rho_0$$

第17章 Darwin 及 Fowler 平均值法

上章之 Boltzmann 统计力学, 其基本假定系: 热力平衡态相当于最可能的分布 $n_i = \dfrac{N}{Z}\mu g_i \mathrm{e}^{-\beta\epsilon_i}, \beta = \dfrac{1}{kT}, Z = \sum \mu g_i \mathrm{e}^{-\beta\epsilon_i}$. 在计算中, 曾用 Stirling 的近似式 $n! = \sqrt{2\pi n}\left(\dfrac{n}{\mathrm{e}}\right)^n$.

Darwin 与 Fowler(1922 年) 亦用组合代数法计算分布几率 W, 唯不取 W 之最高值, 而计算任何物理量的平均值. 此法可避免用 Stirling 近似式, 且可用极有效的所谓 saddle point(马鞍) 计算法. 虽其所得结果与 Boltzmann 法无异, 然亦宜一述, 俾得见另一观点及数学方法.

17.1 平　均　值

设有 N 个分子, 每分子有能态 ϵ_i, 其先机的几率 g_i

$$\epsilon_0, \epsilon_1, \epsilon_2, \epsilon_3, \cdots \tag{17-1}$$

$$g_0, g_1, g_2, g_3, \cdots \tag{17-2}$$

使在 ϵ_i 态之分子数为 n_i,

$$n_0, n_1, n_2, n_3, \cdots \tag{17-3}$$

此分布之几率为

$$W_{(n)} = \frac{N!}{\prod\limits_j n_j!} \prod g_j^{n_j} \tag{17-4}$$

(3) 式之分布, 自受下二限制:

$$\sum_j n_j = N \tag{17-5}$$

$$\sum_j n_j \epsilon_j = E, \text{系之总能} \tag{17-6}$$

凡同时满足 (5), (6) 二条件的分布 $n_0, n_1, n_2, \cdots$, 下文将以 (n) 注之, 如 $(4) W_{(n)}$. 如无第 (6) 式之条件, 则因下式:

$$(g_0 + g_1 + g_2 + \cdots)^N = \sum_{n_0, n_1, \cdots} \frac{N!}{\prod\limits_j n_j!} \prod g_j^{n_j} \tag{17-7}$$

故

$$W = \frac{N!}{\prod n_j!} \prod g_j^{n_j} \tag{17-8}$$

$$\sum_{n_0, n_1, \cdots} W = (g_0 + g_1 + g_2 + \cdots)^N \tag{17-9}$$

在此三式中之和, 皆系对所有满足 $\sum n_j = N$ 的 $n_0, n_1, n_2, \cdots$ 分布. 惟因有 (6) 式之限制, (7)~(9) 式皆不能用. 兹定义 Z 函数

$$Z^N \equiv (g_0 z^{\epsilon_0} + g_1 z^{\epsilon_1} + \cdots)^N = \sum_{n_0, n_1, \cdots} \frac{N!}{\prod_j n_j!} \prod g_j^{k_j} z^{\sum x_j \epsilon_j} \tag{17-10}$$

在此式中之和, 乃所有满足第 (5) 式之 $n_0, n_1, n_2, \cdots$.

如分布满足 (6) 式, 则只需在右方觅出 z^E 的一项, 其系数即系 $\sum_{(n)} W_{(n)}$,

$$Z^N = \left(\sum_{(n)} W_{(n)} \right) z^E + 其他 z^{\sum n_j \epsilon_j} 之项 \tag{17-11}$$

换言之, (4) 式之和 $\sum_{(n)}$, 乃系在 Z^N 展开后之 z^E 项之系数.

在此理论中, 我们不求 $W_{(n)}$ 之最高值, 而计算平均值. 如求 n_r 之平均值,

$$\bar{n}_r = \frac{\sum_{(n)} n_r W_{(n)}}{\sum_{(n)} W_{(n)}} \tag{17-12}$$

对每一能态 ϵ_r, n_r 可有任何符合 (5), (6) 条件之数值. 对每一 n_r 值, $W_{(n)}$ 可有任 $n_0, n_1, \cdots, n_{r-1}, n_{r+1}, \cdots$ 符合 (5), (6) 条件之值. Darwin-Fowler 理论, 乃系以 (12) 式的平均值为该系的热力平衡态值.

按复变函数理论中的 Cauchy 积分定理, 如 z 系一复变数, 则

$$\frac{1}{2\pi i} \oint_C z^n dz = \begin{cases} 1, & 当 n = -1 \\ 0, & 当 n = 其他整数 \end{cases} \tag{17-13}$$

此积分乃沿一在收敛圈内的封闭线.

兹择取一甚小的能单位, 使 $\sum n_j \epsilon_j = E$ 系一整数. 由式 (11)

$$\frac{1}{2\pi i} \oint \left(\sum_{(n)} W_{(n)} \right) \frac{dz}{z} = \frac{1}{2\pi i} \oint \frac{Z^N}{z^{E+1}} dz \tag{17-14}$$

用 (13) 定理, 即得

$$\sum_{(n)} W_{(n)} = \frac{1}{2\pi i} \oint \frac{Z^N}{z^{E+1}} dz \tag{17-14a}$$

为计算 (12) 式之 $\bar{n}_r$, 兹得见

$$\sum_{(n)} \bar{n}_r W_{(n)} = N \sum_{(n)} \frac{(N-1)!}{n_0! n_1! \cdots n_{r-1}! (n_r - 1)! n_{r+1}! \cdots} \prod g_i^{n_j} \tag{17-15}$$

兹定义数 m_j 如下:

$$m_0 = n_0, m_1 = n_1, \cdots, m_r = n_r, m_{r+1} = n_{r+1}, \cdots \tag{17-16}$$

故 (5), (6) 式乃成

$$\sum m_j = N - 1, \quad \sum m_j \epsilon_j = E - \epsilon_r \tag{17-17}$$

而 (15) 式乃成

$$\sum_{(n)} n_r W_{(n)} = N g_r \sum_{(m)} \frac{(N-1)!}{\prod_j m_j!} \prod g_j^{m_j} \tag{17-18}$$

同 (14) 式法, 即得

$$\sum_{(n)} n_r W_{(n)} = N g_r \frac{1}{2\pi i} \oint \frac{Z^N - 1}{z^{E - \epsilon_r + 1}} dz \tag{17-19}$$

$$\bar{n}_r = N \frac{\oint \left(\frac{g_r z^{\epsilon_r}}{Z} \right) \frac{Z^N}{z^{E+1}} dz}{\oint \frac{Z^N}{z^{E+1}} dz} \tag{17-20}$$

(i) 为计算这些积分, 兹考虑 $Z/z^{(E/N)}$ 函数之性质.

$$\phi(z) \equiv \frac{Z}{z^{(E/N)}} = \frac{\sum g_j z^{\epsilon j}}{z^{(\sum n_i \epsilon j / N)}} = \frac{\sum g_j z^{\epsilon j}}{z^{\bar{\epsilon}}}, \quad \bar{\epsilon} \equiv \frac{E}{N} \tag{17-21}$$

$$= \sum_{j=0}^{m} \frac{g_j}{z^{\bar{\epsilon} - \epsilon j}} + \sum_{i=m+1}^{\infty} g_j z^{\epsilon j - \bar{\epsilon}}$$

$$\bar{\epsilon} - \epsilon_j > 0, \quad \text{如} 0 \leqslant j \leqslant m$$

$$\epsilon_j - \bar{\epsilon} > 0, \quad \text{如} m < j$$

兹写 (21) 为下式:

$$\phi(z) = \sum_{j=0}^{m} \frac{g_j}{z^{k_j}} + \sum_{j=m+1}^{\infty} g_j z^{l_j} \tag{17-22}$$

$$k_j, l_j, g_j > 0$$

由此式, 得见

$$\phi(0) \to +\infty, \phi(1) = \sum g_j = \infty \tag{17-22a}$$

故 $\phi(z)$ 在 z 之实数轴 $z = 0$ 与 $z = 1$ 两点之间有一最低值, 由 (21) 式,

$$\frac{\mathrm{d}\phi}{\mathrm{d}z} = \frac{1}{z^{\epsilon-1}} \left(z\frac{\mathrm{d}Z}{\mathrm{d}z} - \bar{\epsilon}Z \right), \quad \bar{\epsilon} \equiv \frac{E}{N}$$
$$= 0 \tag{17-23}$$

兹使 $\phi(z)$ 之最低值之点为 $z = \zeta$, $\left(\dfrac{\mathrm{d}\phi}{\mathrm{d}z}\right)_\zeta = 0$. ζ 乃由下式定之:

$$N\bar{\epsilon} = E = \left(Nz\frac{\mathrm{d}\ln Z}{\mathrm{d}z} \right)_\zeta = \left(N\zeta\frac{\mathrm{d}\ln Z}{\mathrm{d}z} \right)_\zeta \tag{17-24}$$

(ii) 次考虑 $|\phi(z)|^N$ 函数在复数 z 面之 $z = \zeta$ 圆上之性质, 使

$$z = \zeta \mathrm{e}^{\mathrm{i}\theta} \tag{17-25}$$

故

$$|Z(z)|^N = \left| \sum_j g_j \zeta^{\epsilon_j} \mathrm{e}^{\mathrm{i}\epsilon_j\theta} \right|^N \tag{17-26}$$

$Z(z)$ 之绝对值为

$$|Z(z)| = \left\{ \sum_j g_j{}^2 \zeta^{2\epsilon_j} + \sum_{j,k} g_j g_k \zeta^{\epsilon_j + \epsilon_k} \cos(\epsilon_j - \epsilon_k)\theta \right\} \tag{17-27}$$

由此式, 可见 $|Z|$ 在 $z = \zeta\mathrm{e}^{\mathrm{i}\theta}$ 圆上之最大值, 乃当 $\theta = 0$(除非在所有的 j, k 时, 均得 $(\epsilon_j - \epsilon_k)\theta = 2n\pi$). 故 $|Z|^N$ 在 $\theta = 0$ 有一极大的最高峰.

综 (i), (ii) 的结果, 故 $|\phi(z)|^N$ 在 z 面的实数轴之 $z = \zeta$ 点为一最低值, 惟沿 $z = \zeta\mathrm{e}^{\mathrm{i}\theta}$ 圆上, 在该点 ($\theta = 0$) 为一最高值. 此点成所谓 "马鞍点".

故计算 (20) 式 $\bar{n}_r$ 时, 积分线可取 $z = \zeta\mathrm{e}^{\mathrm{i}\theta}$ 圆, 如是即得近似值

$$\bar{n}_r \cong N\left(\frac{g_r \zeta^{\epsilon_r}}{Z(\zeta)} \right)^* \tag{17-28}$$

由此式, 可得

$$\sum_r \bar{n}_r \cong N\frac{\sum_r g_2 \zeta^{\epsilon_r}}{Z(\zeta)} = N \tag{17-29}$$

---

* 如使 $\zeta = \mathrm{e}^{-\beta}, \beta = \dfrac{1}{kT}$, 则 (28) 式正与 Boltzmann 的分布 (16-45), (16-86) 完全相同!

而此正是应得之结果, 故可视为一复证也.

兹可计算 (14a) 式之 $\sum\limits_{(n)} W_{(n)}$, 由 (21), (25) 式

$$\sum_{(n)} W_{(n)} = \frac{1}{2\pi i} \oint \frac{Z^N}{z^{E+1}} dz = \frac{1}{2\pi i} \oint \frac{\phi(z)^N}{z} dz, \quad z = \zeta e^{i\theta} \tag{17-30}$$

由

$$\begin{aligned}
\ln \phi^N &= N \left\{ \ln \phi(\zeta) + (z - \zeta) \left.\frac{d \ln \phi}{dz}\right)_\zeta + \frac{(z - \zeta)^2}{2} \left.\frac{d^2 \ln \phi}{dz^2}\right)_\zeta + \cdots \right\} z - \zeta \cong i\theta\zeta \\
&= N \left\{ \ln \phi(\zeta) + 0 + \frac{1}{2}(i\theta\zeta)^2 \left.\left(\frac{d^2\phi}{dz^2}\frac{1}{\phi}\right)\right)_\zeta + \cdots \right\}
\end{aligned}$$

故

$$\phi^N(z) = \phi^N(\zeta) \exp \left\{ -\frac{N\zeta^2\theta^2}{2} \frac{1}{\phi(\zeta)} \left.\frac{d^2\phi}{dz^2}\right)_\zeta \right\}$$

以上代入 (30) 式, 即得

$$\sum_{(n)} W_{(n)} = \frac{Z^N(\zeta)\zeta^{-E}}{\sqrt{2\pi N\zeta^2 \frac{1}{\phi(\zeta)} \left.\frac{d^2\phi}{dz^2}\right)_\zeta}} \tag{17-31}$$

17.2 Darwin-Fowler 法与热力学

至此我们务需将此理论与热力学联系起来. 最简单的鉴定 ζ 法, 系取一理想气体, 只有动能

$$g_i = \frac{dx_i dy_i dz_i dp_{xi} dp_{yi} dp_{zi}}{h^3} (见 (16\text{-}105), 此处 g_i 代了 \nu g_i)$$

$$\begin{aligned}
Z &\to \frac{1}{h^3} \int \cdots \int Z^{\frac{1}{2m}(Px^2 + Py^2 + Pz^2)} dx dy dz dp_x dp_y dp_z \\
&= \frac{V}{h^3} \iint e^{-\frac{p^2}{2m}\ln \frac{1}{\zeta}} dp_x dp_y dp_z \\
&= \frac{V}{h^3} \left(\frac{2\pi m}{\ln \frac{1}{\zeta}} \right)^{3/2} \tag{17-32}
\end{aligned}$$

由 (24) 式,

$$E = \frac{3}{2} N \frac{1}{\ln \frac{1}{\zeta}} \tag{17-33}$$

以此与气体运动论之 $E = \dfrac{3}{2}NkT$ 比, 故

$$\zeta = \mathrm{e}^{-\frac{1}{kT}} \tag{17-34}$$

以此代入第 (10) 式之 Z,

$$Z = \sum g_j \mathrm{e}^{-\epsilon_j/kT}$$

此乃分配函数也 (见 (16-40) 式). $\tag{17-35}$

　　Darwin-Fowler 法与热力学的关系, 可建立如下. 我们将证明定义如下式的 S_D 函数

$$S_\mathrm{D} \equiv k \ln \left(\frac{\sum W}{N!} \right)^* \tag{17-36}$$

具有热力学的熵的性质, 满足下关系:

$$T\mathrm{d}S_\mathrm{D} = \mathrm{d}E + \delta A$$

　　(i) 我们首先证明

$$S_\mathrm{D} = k \ln \frac{Z^N}{N!\zeta^E} + \text{常数} \tag{17-37}$$

以 (31) 式代入 (36) 式, 即得

$$S_\mathrm{D} = k \ln \frac{Z^N}{N!\zeta^E} + \frac{1}{2}k \ln \frac{\phi}{2\pi N \zeta^2 \phi''}$$

由 (21) 式 $\phi = \dfrac{Z}{\zeta^{E/N}}$, 即得

$$\ln \frac{\phi}{2\pi N \zeta^2 \phi''} = \ln Z - \frac{E}{N}\ln \zeta - \ln(2\pi N) + \left(\frac{E}{N} - 2 \right)\ln \zeta$$

$$- \ln \left(Z'' - \frac{2E}{N\zeta}Z' + \frac{E}{N}\left(\frac{E}{N} + 1 \right)\frac{1}{\zeta^2}Z \right)$$

由 (24) 式,

$$Z' = \bar{\epsilon}\frac{Z}{\zeta}, \quad Z'' = (\overline{\epsilon^2} - \bar{\epsilon})\frac{Z}{\zeta^2}$$

故

$$\ln \frac{\phi}{2\pi N \zeta^2 \phi''} = -\ln(2\pi N) - \ln(\overline{\epsilon^2} - \bar{\epsilon}^2) = \text{常数}$$

---

* (36) 式与第 16 章 (16-101a) 式相当, 如将 (101a) 之 W 除以 $N!$, 如 (16-116) 式, 则得

$$S_\mathrm{Boltzmann} = k \ln \frac{W_m}{N!} + \text{常数} \tag{16-39}$$

故得 (37) 式.

由 (23) 式, 已见 $\dfrac{Z^N}{\zeta^E}$ 在 $z = \zeta$ 点有一最低值. 兹

$$\frac{\partial S_{\mathrm{D}}}{\delta \zeta} = 0 = k\left[\frac{N}{Z}\frac{\mathrm{d}Z}{\mathrm{d}\zeta} - E\frac{1}{\zeta}\right]$$

$$E = N\zeta\frac{\mathrm{d}\ln Z}{\mathrm{d}\zeta}, \quad 复得 (24) 式 \tag{17-38}$$

由前 (23) 和 (24) 式, 已知 ϕ 在 Z 之实数轴上之 $z = \zeta$ 点为一最低点, 故 S_{D} 在 $z = \zeta$ 点是最低值. 此处我们务勿将此与 "熵在平衡态时为最高值" 混而为一. (38) 式的微分, 并非如 Boltzmann 理论中将分布 $n_1, n_2, n_3, \cdots$ 变分而求 $\ln W$ 之最高值. 我们已见 (34) 式 $\zeta = \mathrm{e}^{-\frac{1}{kT}}$, 故 (38) 所示之 S 最低值, 与 $n_1, n_2, n_3, \cdots$ 分布改变是无关的.

(ii) 兹假设 ϵ_j 系若干参数 $\xi_1, \xi_2, \cdots$ 的函数 (见 (16-98) 式). 故由 (38) 式, 即得

$$\mathrm{d}E = N\left[\frac{\partial \ln Z}{\partial \zeta}\mathrm{d}\zeta + \zeta\frac{\partial^2 \ln Z}{\partial \zeta^2}\mathrm{d}\zeta\right] + N\zeta\sum_\lambda\frac{\partial^2 \ln Z}{\partial \zeta \partial \xi_\lambda}\mathrm{d}\xi_\lambda \tag{17-40}$$

此系所做之功为 (用 (28) 式)

$$\delta A = \sum_i \overline{n}_i\left(\sum_\lambda -\frac{\partial \epsilon_i}{\partial \xi_\lambda}\mathrm{d}\xi_\lambda\right) = -\sum_i \frac{Ng_i\zeta^{\epsilon_i}}{Z(\zeta)}\sum_\lambda\frac{\partial \epsilon_i}{\partial \xi_\lambda}\mathrm{d}\xi_\lambda \tag{17-41}$$

由

$$\frac{\partial \ln Z}{\partial \xi_\lambda} = \frac{1}{Z}\frac{\partial \ln Z}{\partial \xi_\lambda} = \frac{1}{Z}\sum_i g_i\zeta^{\epsilon_i}\ln\zeta\frac{\partial \epsilon_i}{\partial \xi_\lambda}$$

故

$$\delta A = -\frac{N}{\ln\zeta}\sum_\lambda\frac{\partial \ln Z}{\partial \xi_\lambda}\mathrm{d}\xi_\lambda \tag{17-42}$$

由 (37) 及 (38) 式,

$$S_{\mathrm{D}} = k\left[N\ln Z - N\zeta\ln\zeta\frac{\partial \ln Z}{\partial n} - \ln N!\right]$$

故

$$\begin{aligned}
\mathrm{d}S_{\mathrm{D}} = &k\left[-N\ln\zeta\frac{\partial \ln Z}{\partial \zeta} - N\zeta\ln\xi\frac{\partial^2 \ln Z}{\partial \zeta^2}\right]\mathrm{d}\zeta \\
&+ k\sum_\lambda\left\{N\frac{\partial \ln Z}{\partial \xi_\lambda} - N\zeta\ln\zeta\frac{\partial^2 Z}{\partial \zeta \partial \xi_\lambda}\right\}\mathrm{d}\xi_\lambda
\end{aligned} \tag{17-43}$$

以此式与 (40), (42) 比较, 即得

$$-\frac{1}{k\ln\zeta}\mathrm{d}S_\mathrm{D} = \mathrm{d}E + \delta A \tag{17-44}$$

由 (34), 即成

$$T\mathrm{d}S_\mathrm{D} = \mathrm{d}E + \delta A \tag{17-45}$$

以此与第一、第二定律比, 我们可作 $S_\mathrm{D} =$ 热力学之 S 鉴定

$$S_\mathrm{D} = S \tag{17-46}$$

理想气体之 S_D, 按 (37) 式及 (32) 式, 即得

$$S_\mathrm{D} = \frac{E}{T} + kN\ln\left[\frac{V}{Nh^3}(2\pi mkT)^{3/2}\right] + 常数(kN) \tag{17-47}$$

此式与 Boltzmann 法所得 (16-117) 相同.

如视体积 V 为上述的参数 ξ, 则

$$T\mathrm{d}S_\mathrm{D} = \mathrm{d}E - \frac{E}{T}\mathrm{d}T + \frac{3}{2}kTV\mathrm{d}T + kN\frac{T}{V}\mathrm{d}V$$
$$= \mathrm{d}E + P\mathrm{d}V, \quad (因 pV = NkT)$$

(iii) 兹求两个在不同温度的平衡态的系, 经热接触重新建立平衡态后的熵的变易.

设两个系的熵为

$$S_A(\zeta_A) = k\left[N_A\ln Z_A(\zeta_A) - E_A\ln\zeta_A - \ln N_A!\right]$$
$$S_B(\zeta_B) = k\left[N_B\ln Z_B(\zeta_B) - E_B\ln\zeta_B - \ln N_B!\right] \tag{17-48}$$

两个系重新建立平衡态后, 其温度设为 ζ_C

$$\sum W = \frac{Z_A^{NA}(\zeta_C)Z_B^{NB}(\zeta_c)}{\zeta_c^E}, \quad E = E_A + E_B$$
$$S_{A+B} = k\left[N_A\ln Z_A(\zeta_C) + N_B\ln Z_B(\zeta_C) - (E_A + E_B)\ln\zeta_C\right.$$
$$\left. - \ln N_A! - \ln N_B!\right]$$
$$= S_A(\zeta_C) + S_B(\zeta_C) \tag{17-49}$$

由 (39) 式及 (48), 我们知 $S_A(\zeta_A)$, $S_B(\zeta_B)$ 系最低值, 故

$$S_A(\zeta_A) < S_A(\zeta_C), \quad S_B(\zeta_B) < S_B(\zeta_C) \tag{17-50}$$

故由此及 (49), 即见

$$S_{A+B}(\zeta_C) > S_A(\zeta_A) + S_B(\zeta_B)$$

故两系经热传导而重新成立平衡态时, 其熵必增加.

总结本章: Darwin-Fowler 的平均值法, 因不用 Stirling 近似式, 故避掉了 Maxwell-Boltzmann 的最可能分布法的一个技术上的小问题. 二法所得的结果相同; 其不能应用于分子间有相互作用的气体 (系统) 的限制亦相同.

Darwin-Fowler 法的应用, 可参读下文第 20 章第 2 节.

习　　题

1. 试计算总能之平均值

$$\overline{E} = \frac{\sum\limits_{(n)} W_{(n)}(\sum\limits_i n_i \epsilon_i)}{\sum\limits_{(n)} W_{(n)}}$$

$$= N\zeta \frac{\mathrm{d}\ln Z}{\mathrm{d}z}\bigg|_\zeta$$

(故 $\overline{E} = E$, 为一复证).

注: 由 (11) 式, 得 $2\dfrac{\mathrm{d}Z^N}{\mathrm{d}z} = \sum\limits_{(n)} W_{(n)} E z^E$. 用同 (20) 式以下法即得上结果.

2. 由 (28) 式, 求分子速度分布定律.

注: 用 (33) 式结果.

第18章 统计力学——系综理论

第16章第4节述Maxwell与Boltzmann的统计力学的基本观念及假定. 为便于讨论下文之系综(ensemble)理论见, 兹先综列Maxwell-Boltzmann理论的要点如下:

(i) 一个有 N 质点的系, 它的动力学的态 (q_k, p_k), 在 $6N$ 维度的 Γ 相空间是一个相点 (q_k, p_k), 此相点按力学的运动方程式

$$\dot{q}_k = \frac{\partial H}{\partial p_k}, \quad \dot{p}_k = -\frac{\partial H}{\partial q_k} \tag{18-1}$$

运行, 其轨道 G 线继续的在 Γ 空间中的能面 $\phi_1(q_k, p_k) = E = $ 常数内运行, 永不自行相交. 故 G 经过的点, 与时俱增.

(ii) 按 (一个后来证明为不可成立的) 所谓 ergodic 假定, 这 G 线将经过能面的每一个点.

(iii) 按这假定, 则所有同此能 E 的运动 (即系同 E 而开始态不同的运动), 皆同在一 G 线上; 各运动只是在不同时刻, 先后经过某一个点而已.

(iv) 按这假定, G 线在能面的一体积 $\Delta\Omega$ 中的时间 Δt(经过一长时间的平均)是与 $\Delta\Omega$ 成正比的.

(v) 按上一列的结果, 如将一个相的函数 $f(q_k, p_k)$, (代表一个物理量) 随着该系的运动, 作一长时间的平均, 便等于在 Γ 相空间 (能面) 作平均.

(vi) 上述的都是力学的考虑. 兹乃作一与热力学关联的基本假设: 一个系的热力平衡态, 相当于一个在 Γ 空间与 t 不变的相的分布. 按此, 任何一个物理量在平衡态之值, 即等于该物理量在 Γ 空间 (能面) 的平均值.

(vii) 又按动力学, 一个稳定的 (密度) 分布 —— 不随时 t 而变的 ——, 务必系运动方程式 (1) 的首次积分的函数 (见 (16-72) 式). 这函数是任意的. 惟如作了 ergodic 假定, 则稳定密度 $\rho_0(q_k, p_k)$, 务必系能 E 积分 $\phi_1(q_k, p_t) = E$ 的函数

$$\rho_0(q_k, p_k) = F(E) \tag{18-2}$$

(见 (16-76) 式). 这函数 F 的形式, 是任意的.

(viii)Maxwell 和 Boltzmann 都引入系综 (ensemble) 的观念. 按这观念. 一个分布 $\rho_0(q_k, p_k)$ 乃系一个系综里的系的相的分布.

(ix) 按 ergodic 假定, 则可以证明 $f(q_k, p_k)$ 的长时间平均值 $\bar{f}$, 等于 $f(q_k, p_k)$ 在一个稳定系综 (有稳定密度的系综) 的平均值 $\langle f \rangle$.

(x) 故总合上一列的假定及推论, 一个物理量 $f(q_k, p_k)$ 在热力平衡态之值, 可由系综的平均值得之 (简写 q_k, p_k 为 q, p)

$$\langle f \rangle = \int \cdots \int f(q, p) \rho_0(q, p) \mathrm{d}q_1 \cdots \mathrm{d}q_N \mathrm{d}p_1 \cdots \mathrm{d}p_N \tag{18-3}$$

(xi) 由 Boltzmann 的最可能分布法的结果, 相当于热平衡态的最高几率分布, 占了 μ 空间的绝大部分. 从 Γ 空间的观点, 则相当于平衡态的 G 相点, 占了 Γ 空间 (能面) 的绝大部分.

由此则一个物理系统, 无论其开始态为何, 均趋入平衡态, 是很可了解的.

上述的 Maxwell-Boltzmann 统计力学, 其结果略如前两章所述: 由统计力学可得若干的数学函数, 具有热力学的函数如熵等的特性, 故可将统计力学的函数, "鉴定"(identify) 为热力学的函数. 如是, 热力学的函数如 S 及第二定律, 均从一个新的 (几率的, 或统计的) 观点, 获得新的解释.

这个统计力学的最弱一点, 乃其根据 ergodic 假定, 而此假定, 按数学家的研究, 是不能成立的. 故有另行建立一个不赖此假定的统计力学之必要.

18.1 Gibbs 之系综理论

由上文 (vii), 稳定的密度 $\rho_0(q_k, p_k)$ 务必为运动方程式 (1) 之首次积分 $\phi_i(q_k, p_k) = C_i$, $C_1 = E$, $i = 1, 2, \cdots, 6N-1$, 之函数. 如作 ergodic 假定, 则 ρ_0 必需为能 $E = \phi_1(q_k, p_k)$ 积分的函数, 如 (2) 式.

兹我们不再作 ergodic 假定, 而以 (2) 式本身为一假定. 但 (2) 式之函数 $F(E)$, 仍是可任意选取的. 由于我们可作不同的假设, 我们可有不同的系综.

18.1.1 微正则系综 (microcanonical ensemble)

设我们所研究的一个系 (譬如, 一个气体), 其分子的数 N 及总能量 E, 皆是已确知的. 为求一物理量 f(f 是相 $q_k, p_k, k = 1, 2, \cdots, N$, 的函数) 在这个系平衡态的平均值 $\langle f \rangle$, 我们构想一个系综如下: 系综中所有的系之分子数皆相同, 其能量亦皆相同, 皆在 E 与 $E + \Delta E$ 之间, ΔE 之值甚小. 这个系综各个系的分子数皆同是 N

$$N_\nu = N, \quad \nu = 1, 2, \cdots \tag{18-4}$$

此系综的密度为

$$\rho = \begin{cases} \text{常数}, & \text{当} E \leqslant E \leqslant E + \Delta E \\ 0, & \text{当} E \text{在能壳之外} \end{cases} \tag{18-5}$$

f 之平均值乃

$$\langle f \rangle = \int_\Omega f(q, p) \rho \mathrm{d}\Omega \tag{18-6}$$

Ω 乃能壳的 $6N$ 维度体积. ρ 需满足其归一化条件

$$\int_\Omega \rho \mathrm{d}\Omega = 1 \tag{18-7}$$

按 (6) 式, $\ln\rho$ 之平均值

$$\sigma \equiv \langle \ln\rho \rangle = \int \rho \ln\rho \, \mathrm{d}\Omega \tag{18-8}$$

我们可证明下定理: 使 σ 有最小值之 $\rho(q,p)$, 系 $\rho = $ 常数. 这变分问题

$$\delta \int \rho \ln\rho \, \mathrm{d}\Omega = 0 \tag{18-9}$$

附有 (7) 条件的解答为

$$\int (1 + \ln\rho - \lambda)\delta\rho \, \mathrm{d}\Omega = 0, \quad \lambda = 常数$$

$$\ln\rho = 常数. \quad \mathrm{q\cdot e\cdot d} \tag{18-10}$$

由第二阶变分

$$\delta_2 \int \rho \ln\rho \, \mathrm{d}\Omega = \int \frac{1}{\rho}(\delta\rho)^2 \mathrm{d}\Omega$$
$$> 0$$

故知

$$\int \rho \ln\rho \, \mathrm{d}\Omega \text{系最小值}^* \tag{18-11}$$

---

* 此定理之证明, 在文献中皆甚冗长, 兹述之作参考. 使

$$\rho(q_k, p_k) \equiv \rho_0 \mathrm{e}^f, \quad \rho_0 = 常数 \tag{18-11A}$$
$$f = f(q_k, p_k)$$

并使 ρ, ρ_0 满足下条件:

$$\int \rho \, \mathrm{d}\Omega = 1, \quad \int \rho_0 \, \mathrm{d}\Omega = 1 \tag{18-11B}$$

因 $\rho_0 = $ 常数, 故由 (11B), 即得

$$\int (1 + \ln\rho_0)(\rho_0 - \rho) \mathrm{d}\Omega = 0 \tag{18-11C}$$

使

$$\sigma \equiv \int \rho \ln\rho \, \mathrm{d}\Omega, \quad \sigma_0 \equiv \int \rho_0 \ln\rho_0 \, \mathrm{d}\Omega \tag{18-11D}$$

由 (11A) 式即得

$$\sigma - \sigma_0 = \int \left[\rho_0 \mathrm{e}^f (f + \ln\rho_0) - \rho_0 \ln\rho_0 \right] \mathrm{d}\Omega$$

以此式与 (11C) 相加, 简化之即得

$$\sigma - \sigma_0 = \int \left[f\mathrm{e}^f - \mathrm{e}^f + 1 \right] \mathrm{d}\Omega \tag{18-11E}$$

兹用下将证明的所谓 Gibbs 不等式:

$$F(x) \equiv x\mathrm{e}^x - \mathrm{e}^x + 1 \geqslant 0, \quad x = 任何值 \tag{18-11F}$$

故

$$\sigma - \sigma_0 \geqslant 0$$

此即 (11) 式结果也. (11F) 不等式之证明如下: 由

$$\int_1^y \ln y \, \mathrm{d}y = y\ln y - y + 1 \tag{18-11G}$$

使 $y = \mathrm{e}^x$ 即得 (11F), 由 (11F),

$$\frac{\partial F}{\mathrm{d}x} = x\mathrm{e}^x, \quad \frac{\mathrm{d}^2 F}{\mathrm{d}x^2} = (1+x)\mathrm{e}^x$$

故 $x = 0$ 时, F 为最小值.

(如作 $\delta E \to 0$ 之极限, 则能壳成一能面, 亦即 Boltzmann 理论中 (用 ergodic 假定)G 轨所在之面).

18.1.2 正则系综 (canonical ensemble, 亦称 macrocanonical ensemble)

Gibbs 之另一选择, 乃系将 (5) 对 ρ 的限于能壳内条件, 代以对平均能量限于某一已知值 $<E>$ 的要求,

$$\langle E \rangle = \int E \rho \mathrm{d}\Omega \tag{18-12}$$

我们将证明下定理.

满足 (12) 及归一条件

$$\int \rho \mathrm{d}\Omega = 1$$

而使

$$\sigma \equiv \int \rho \ln \rho \, \mathrm{d}\Omega \tag{18-13}$$

为最低值之 ρ, 系*

$$\rho = \mathrm{e}^{\beta(\phi - E)} \delta(N_\nu - N), \tag{18-14a}$$

$$\rho, \phi = 常数$$

用 Lagrange 乘数 β 及 λ, 作 σ 之变分

$$\delta \int (\rho \ln \rho + \beta E \rho - \lambda \rho) \mathrm{d}\Omega = 0$$

即得

$$\rho = \mathrm{e}^{\lambda - 1 - \beta E} \quad \text{q.e.d.} \tag{18-14}$$

第二阶变分 $\delta_2 \sigma > 0$, 故 σ 系最低值.

此正则系综 (亦称巨观正则系统) 可视为一个微正则系综的一构成部分. 一个隔绝的系, 其能量是固定的, 故可以微正则系综表之. 惟此系的各部分, 可以彼此交换能, 则不能以微系综表之. 在热力平衡态时, 各部分可以此正则系综表之. 此点之证明如下.

---

* 由 (14a) 式, 即得

$$\mathrm{e}^{\beta\phi} \int \mathrm{e}^{-\beta E} \mathrm{d}\Omega = 1 \tag{18-15}$$

由 (12) 式,

$$\langle E \rangle = \frac{\int E \mathrm{e}^{-\phi E} \mathrm{d}\Omega}{\int \mathrm{e}^{-\beta E} \mathrm{d}\Omega} \tag{18-16}$$

设一隔绝系, 其分子间可作能之交换. 使各部分之能为 E_k, 此系之总能为一常数 E,

$$\sum_k E_k = E \tag{18-17}$$

各部分之 $\rho_k(E_k)$ 与总 ρ 有下关系:

$$\prod_k \rho_k(E_k) = \rho(E) \tag{18-18}$$

如各 E_k 改变而 E 及 $\rho(E)$ 不变, 则用 Lagrange 乘数法,

$$\delta \ln \prod_k \rho_k = \sum_k \delta \ln \rho_k$$

$$\sum_k \left(\frac{1}{\rho_k} \frac{\mathrm{d}\rho_k}{\mathrm{d}E_k} + \beta \right) \delta E_k = 0$$

$$\rho_k = C_k \mathrm{e}^{-\beta E_k} \tag{18-19}$$

按 (14a), 可见一隔绝系的各构成部分, 其分布系正则系综.

18.1.3　大正则系综 (grand canonical ensemble)

微正则系综系确知一个物理系统的分子数 N 及其能量 E 情形时, 用以计算其平均值的. 在实际的物理问题中, 我们很少确知一个系综的总能量的; 我们通常只知道它的温度, 或平均能量. 正则系统便系放宽了微正则系综的对能量的确切限定如第 (5) 式, 而只指定系统的平均能量, 如第 (12) 式.

更一般性的系, 是既不确知它的分子数 N, 也不确知其能量 E, 而只知 N 与 E 之平均值. 譬如我们想象一个物理系, 不仅与一个贮热库接触可以交换能量, 且与一个 "贮物库" 接触, 可以交换分子, 甚至系统中有化学反应, 分子的数可以改变的. 为代表这样一个系统, 故有所谓 "大正则系综". 我们先考虑没有化学反应, 且只有一种分子的系统.

一个有 N 个分子的系 k, 其相及相空间体积素为

$$q_1, q_2, \cdots, q_{N_k}, p_1, p_2, \cdots, p_{N_k} \tag{18-20}$$

$$\mathrm{d}\Omega_{N_k} = \prod_k^{N_k} \mathrm{d}q_k \mathrm{d}p_k$$

在此系 k 中, 在 $\mathrm{d}\Omega_{N_k}$ 中之分子数为

$$D(N_k, q, p)\mathrm{d}\Omega_{N_k} \tag{18-21}$$

整个系综的分子总数 N 为

$$N = \sum_{N_k} \int D(N_k, q, p) \mathrm{d}\Omega_{N_k} \tag{18-22}$$

兹定义此系综之几率 ρ

$$\rho(N_k, q, p) = \frac{D(N_k, q, p)}{N} \tag{18-23}$$

故 ρ 满足下归一化关系:

$$\sum_{N_k}^{\infty} \int \rho(N_k, q, p) \mathrm{d}\Omega_{N_k} = 1^* \tag{18-24}$$

按 ρ 之定义, 一个相函数 (代表一物理量)$f(N_\nu, q, p)$ 之平均值乃

$$\langle f \rangle = \sum_{N_k} \int f(N_k, q, p) \rho(N_k, q, p) \mathrm{d}\Omega_{N_k} \tag{18-25}$$

故在此系综中, 分子数平均值 N 及 E 平均值 E 为

$$\sum_{N_k} \int N_k \rho(N_k, q, p) \mathrm{d}\Omega_{N_k} = \langle N \rangle \tag{18-26}$$

$$\sum_{N_k} \int E_\rho(N_h, q, p) \mathrm{d}\Omega_{N_k} = \langle E \rangle \tag{18-27}$$

兹可证明下定理: 使

$$\sigma \equiv \langle \ln \rho \rangle = \sum_{N_k} \int \rho \ln \rho \mathrm{d}\Omega_{N_k} \tag{18-28}$$

有最小值且满足 (24), (26), (27) 条件之 ρ 乃

$$\rho = \mathrm{e}^{-k + \nu N_k - \beta E} \tag{18-29}$$

证明如下: 乘 (24) 以 λ, (26) 以 ν, (27) 以 β, 与 (28) 作和, 此变分问题乃成

$$\delta \sum_{N_k} \int \{\rho \ln \rho - \lambda \rho - \mu N_k \rho + \beta E \rho\} \mathrm{d}\Omega_{N_k} = 0$$

由此即得 (29) 式 (写 $\lambda - 1$ 为 $-K$).

上述之系综, 尚可作进一步之一般化. 设考虑一个物理系统, 有不同的分子多种 A, B, C, $\cdots$, 其数为 N_A, N_B, N_C, $\cdots$, 其能量为 E_A, E_B, E_C, $\cdots$. 兹使

---

* 一个大正则系综, 并非代表一个分子数确定为 N 的系, 而系代表在平衡态温度 T, 体积 V 的系. V 内的分子数 N_k 可能由零至很大的值 (∞). (23) 之 ρ 乃此几率, 此几率见 (29) 式.

$$N_A + N_B + N_C + \cdots = N \tag{18-30}$$

$$\mathrm{d}\Omega = \mathrm{d}q_1 \mathrm{d}q_2 \cdots \mathrm{d}q_N \mathrm{d}p_1 \mathrm{d}p_2 \cdots \mathrm{d}p_N$$

$$q, p \equiv q_1, q_2, \cdots, q_N, p_1, p_2, \cdots, p_N$$

$$\rho = \rho(N_A, N_B \cdots ; q, p)$$

在写出 ρ 之归一条件及一个相的函数的平衡态平均值之前, 我们务需对 "相" 的意义作一细察.

如 N_A 个 A 分子系完全相同的 (无从辨别的), 则将此 N_A 个分子互调, 可得 $N_A!$ 个排列. 同理 N_B 个 B 分子, 有 $N_B!$ 个排列. 故 $N_A N_B N_C \cdots$ 个分子, 有 $N_A! N_B! N_C! \cdots = \prod\limits_A N_A!$ 个排列. 每一个排列, 相当于 Γ 相空间 (q, p) 一个相点.

因这 $\prod\limits_A N_A!$ 个排列, 只是完全不可辨别的分子的互调而来, 我们将采取一个观点, 视这些排列只是同一的相. 这样计算法的相, 称为 "类相"(Gibbs 引入 generic phase 一名词).

另一观点, 是将 $\prod\limits_A N_A!$ 个排列, 视为 $\prod\limits_A N_A!$ 个不同的相. 这样计算的相, 称为 "特相"(Gibbs 引入 specific phase 一名词). 由这两个相的定义, 即见 "类相" 的一个相, 是由 $\prod\limits_A N_A!$ 个特相构成.

设 Γ 空间的体积即以 Ω 代表. 我们定义在 "类相" 观点的密度 ρ 为

$$\sum_{N_A, N_B, \cdots} \frac{1}{\prod\limits_A N_A!} \int_Q \rho \mathrm{d}\Omega = 1 \tag{18-31}$$

此处之和, 乃系每个 $N_A, N_B, N_C, \cdots$, 皆由 1 至 ∞ 之和. 所有 $N_A, N_B, \cdots$, 及总能 E, 皆不确知, 而只知其平均值

$$\sum_{N_A, N_B, \cdots} \frac{1}{\prod\limits_C N_C!} \int_Q N_A \rho \mathrm{d}\Omega = \langle N_A \rangle, \quad A = A, B, C, \cdots \tag{18-32}$$

$$\sum_{N_A, N_B, \cdots} \frac{1}{\prod\limits_C N_C!} \int_Q E \rho \mathrm{d}\Omega = \langle E \rangle \tag{18-33}$$

兹我们欲求 ρ, 使 $\ln \rho$ 之平均值有最小值

$$\langle \ln \rho \rangle = \sum_{N_A, N_B, \cdots} \frac{1}{\prod N!} \int_Q \rho \ln \rho \mathrm{d}\Omega = \text{最小值} \tag{18-34}$$

使此积分有最小值而附有 (31), (32), (33) 条件的变分问题, 可以同 (29) 式的法解之. 乘 (31) 以 λ, (32) 以 $\nu_A, \nu_B, \cdots$, (33) 以 β, 作这些之和及变分, 即得 $(K = 1 - \lambda)$

$$\rho = \exp\left\{-K + \sum_A \nu_A N_A - \beta E\right\} \tag{18-35}$$

$K, \nu_A, \nu_B, \cdots, \beta$ 皆系 Lagrange 乘数.

以此代入 (31), 即得

$$e^K = \sum_{N_A, N_B, \cdots} \frac{e^{\sum \nu_A N_A}}{\prod\limits_A N_A!} \int_\Omega e^{-\beta E} d\Omega \tag{18-36}$$

同 (32), (33) 式, 一个相函数 $f = f(N_A, N_B, \cdots, q, p)$(代表一物理量) 之平衡态平均值乃

$$\langle f \rangle = \sum_{N_A, N_B, \cdots} \frac{e^{-K + \sum \nu_A N_A}}{\prod\limits_A N_A!} \int_\Omega f e^{-\beta E} d\Omega \tag{18-37}$$

(36) 式可视作 $A, B, \cdots$ 正则系综之分配函数

$$\frac{1}{\prod\limits_A N_A!} \int_\Omega e^{-\beta E} d\Omega \tag{18-38}$$

乘以权重因素

$$e^{\sum \nu_A N_A} \tag{18-38a}$$

之和. 此所以称 "大正则系综" 也.

现以 $f = \ln\rho$ 代入 (37) 式, 由 (35) 式, 即得

$$\langle \ln\rho \rangle = -K + \sum_A \nu_A \langle N_A \rangle - \beta \langle E \rangle \tag{18-39}$$

设系统之能 E, 系若干参数 ξ_λ 的函数, 故该系统所做之功 δA 为

$$\delta A = \sum_\lambda X_\lambda \delta\xi_\lambda = -\sum_\lambda \frac{\partial E}{\partial \xi_\lambda} \delta\xi_\lambda$$

按 (37) 式, 其平均值为

$$\langle \delta A \rangle = \sum_{N_A, N_B, \cdots} \frac{e^{-K + \sum \nu_A N_A}}{\prod\limits_A N_A!} \sum_\lambda \int \left(-\frac{\partial E}{\partial \xi_\lambda}\right) e^{-\beta E} d\Omega \delta\xi_\lambda \tag{18-40}$$

将 K 对 $\nu_A, \nu_B \cdots, \beta, \xi_1, \xi_2, \cdots$ 等作变分, 由 (36) 式及 (32), (33), (40), 即得

$$\delta K = \sum_A \langle N_A \rangle \delta\nu_A - \langle E \rangle \delta\beta + \beta \langle \delta A \rangle \tag{18-41}$$

此式可写为

$$\delta\left(K - \sum_A \nu_A \langle N_A \rangle + \beta \langle E \rangle\right) = -\sum_A \nu_A \delta \langle N_A \rangle$$
$$+ \beta(\delta \langle E \rangle + \langle \delta A \rangle) \tag{18-42}$$

或, 由 (39),

$$-\delta \langle \ln \rho \rangle = -\sum_A \nu_A \delta \langle N_A \rangle + \beta(\delta \langle E \rangle + \langle \delta A \rangle) \tag{18-43}$$

以上皆纯系统计力学大正则系综的定义的结果, 尚未与热力学有鉴定的关系. 此当在下文第 5 节论之.

18.2　系综理论, 热力学熵定律及气体运动论之 H 定理

上节所述择取 (在不同要求情形下) 的三种系综 (三个 ρ 函数), 有一共同的特性, 即是使

$$\sigma \equiv \int \rho \ln \rho \, d\Omega = 最小值 \quad (见(9), (13), (28)) \tag{18-44}$$

骤观之, 此式与 Boltzmann 之 H 函数及 H 定理甚相似

$$H = \iint f \ln f \, dq dp, \quad \frac{dH}{dt} \leqslant 0 \tag{18-45}$$

但我们务需记忆在上 σ 式中的 ρ, 乃系隐定密度 (或几率), 故 σ 与时间无关, 亦即

$$\frac{d\sigma}{dt} = 0$$

换言之, 各系综皆系代表平衡态的, 非如气体运动论中之 f 分布函数之代表任意态也.

如我们暂撇离开平衡态的限制, 而仍以 (8)(或 (13), (28)) 式为 σ 在任意状态 (非平衡) 之定义, 则我们可问此 σ 是否满足如 (45) 式的关系

$$\frac{d\rho}{dt} \leqslant 0? \tag{18-46}$$

这问题是：由系综 (相空间之分布) 观念, 是否可为热力学第二定律 (熵永在增加) 获得了解?

Gibbs 对此问题之观点, 基本上与第 16 章 (平衡态的相在 Γ 空间之分布, 占 Γ 空间的绝大部分) 的相同, 但加以若干补充. 为先获些 Gibbs 的理论的大意, 我们可以一简明的比喻为例. 设滴一点墨汁 (由悬浮的小粒子构成的, 如中国墨, 而非化学溶液) 于一盆清水. 过若干时后, 各粒子扩散于整盆. 所谓平衡态, 乃谓在巨观的

观察下, 墨粒子的分布是均匀的. 惟在微观观点, 则不是均匀的. 第二定律乃系指墨汁粒子的分布, 是趋向于 (巨观的) 均匀分布. 现我们的 ρ, 乃系相空间的分布. 故我们的希望可以将 ρ 的趋向使 $\sigma \equiv \int \rho \ln \rho \mathrm{d}\Omega$ 成最小值, 为第二定律熵的增加的统计力学的诠释.

为分别上述的微观的墨粒密度和巨观的密度, Gibbs 引入所谓 "粗粒的" 的观念 (coarse-graining). 兹在 Γ 相空间一点 $k(q_j, q_j)$, 取一小体积 $\Delta \Omega_k$. $\Delta \Omega_k$ 的大小, 可以通常观察所能达到的极限微小度为则. 则粗粒的 ρ, 定义为

$$\overline{\rho}(k) = \frac{1}{\Delta \Omega_k} \int \rho \mathrm{d}\Omega \tag{18-47}$$

积分的范围为 $\Delta \Omega_k$. $\overline{\rho}(k)$ 乃在 $k(q_j, p_j)$ 点的粗粒的密度.

由上定义, 即得归一条件

$$\int \overline{\rho} \mathrm{d}\Omega = 1 \tag{18-48}$$

兹定义粗粒的 σ

$$\overline{\sigma} \equiv \int \overline{\rho} \ln \overline{\rho} \mathrm{d}\Omega \tag{18-49}$$

我们可证明 *

$$\int \overline{\rho} \ln \overline{\rho} \mathrm{d}\Omega = \int \rho \ln \overline{\rho} \mathrm{d}\Omega \tag{18-50}$$

兹可证明下一定理.

如 F 为一函数, 满足下条件:

$$F \geqslant 0, \quad \int F \mathrm{d}\Omega = 1 \tag{18-52}$$

则当 $F = \rho$ 时,

$$\int \rho \ln F \mathrm{d}\Omega 有最高值 \tag{18-53}$$

证明如下: 用 Lagrange 乘因法, 变分问题乃

$$\delta \int (\rho \ln F - \lambda F) \, \mathrm{d}\Omega = 0$$

---

* 取一般的 $F(\overline{\rho})$. 使 x 代 p_k, q_k,

$$\int \overline{\rho}(x) F(\overline{\rho}(x)) \mathrm{d}\Omega(x) = \int \mathrm{d}\Omega(x) F(\overline{\rho}(x)) \frac{1}{\Delta \Omega(x)} \int \rho(x') \mathrm{d}\Omega(x')$$

$$= \int \mathrm{d}\Omega(x') \rho(x') F(\overline{\rho}(x'))$$

$$= \int \rho(x) F(\overline{\rho}(x)) \mathrm{d}\Omega(x) \tag{18-51}$$

其解为

$$F = \frac{1}{\lambda}\rho \quad (\text{由 (7) 及 (52), 故} \lambda = 1)$$

又由第二阶变分,

$$\delta_2 \int \rho \ln F \mathrm{d}\Omega = -\int \frac{1}{F}\rho(\delta F)^2 \mathrm{d}\Omega < 0$$

故 σ 是最高值.

按 (53) 定理, 由 (50) 式, 即得

$$\int \rho \ln \overline{\rho}\mathrm{d}\Omega \leqslant \int \rho \ln \rho \mathrm{d}\Omega \tag{18-54}$$

上文指出 (44) 式定义之 σ 系一与时不变之常数, 系因 ρ 系稳定密度之故. 但 (49) 式定义之 $\overline{\sigma}$, 其粗粒密度 $\overline{\rho}$ 无须系稳定密度, 则问题是 $\overline{\sigma}$ 能否遵守下式的关系:

$$\frac{\mathrm{d}\overline{\sigma}}{\mathrm{d}t} \leqslant 0? \tag{18-55}$$

此问题即上述的 "墨水扩散" 例子的数学形式.

Tolman(1935) 试答此问题. 他的论据如下. 设在 $t = t_1$ 时, 密度有下述的分布:

$$\rho(t_1) = \begin{cases} \overline{\rho}(t_1) = \text{常数}, & \text{于} \Delta\Omega \text{内} \\ 0, & \text{于} \Delta\Omega \text{外} \end{cases} \tag{18-56}$$

在 $t_2 > t_1$ 时, 由于相点之运动, ρ 不再限于 $\Delta\Omega$ 中,

$$\rho(t_2) \neq \overline{\rho}(t_2) \tag{18-57}$$

兹计算

$$\overline{\sigma}(t_2) - \overline{\sigma}(t_1) = \int \overline{\rho}(t_2) \ln \overline{\rho}(t_2)\mathrm{d}\Omega - \int \overline{\rho}(t_1) \ln \overline{\rho}(t_1)\mathrm{d}\Omega$$

按 (50), (56)

$$= \int \rho(t_2) \ln \overline{\rho}(t_2)\mathrm{d}\Omega - \int \rho(t_1) \ln \overline{\rho}(t_1)\mathrm{d}\Omega$$

按 Liouville 定理, 或 (8-59),

$$= \int \rho(t_2) \ln \overline{\rho}(t_2)\mathrm{d}\Omega - \int \rho(t_2) \ln \overline{\rho}(t_2)\mathrm{d}\Omega$$

按 (54) 式,

$$\leqslant 0 \quad \text{q.e.d.} \tag{18-58}$$

此乃系证明粗粒的 $\overline{\sigma}$, 由 t_1 时开始, 到 t_2 时确为低落. (等号只于 $\overline{\rho} = \rho$ 时适用). 但 Tolman 所能证明的止于此.

由于开始态 $t = t_1$ 之 $\rho(t_1)$ 系特殊的 (56) 式, 故始能证 (58) 式. 惟由 t_2 开始, 则无从证明

$$\overline{\sigma}(t_3) - \overline{\sigma}(t_2) \leqslant 0 \qquad (18\text{-}59)$$

换言之, 我们无从证明 $\overline{\sigma}$ 之单向继续低降; 故 (55) 式之正面答案是无法建立的. 此点曾由作者 (1968 年) 指出*.

总结本节: 系综的统计力学, 是处理平衡态的理论, 其本身不包含时间的观念 (ρ 系 E 的函数, 故必系稳定函数, 与时间无关的). 我们无理由求他解答由非平衡态趋入平衡态的过程速率问题. 但大致的了解, 则略如 Gibbs 的墨水粒子之扩散例子所提示, 虽引入粗粒的观念, 亦不能证 (55) 式也.

18.3　微正则系综与热力学

由第 (5) 式, 微正则系综之密度乃一常数

$$\rho = \text{常数}, \quad E_0 \leqslant E \leqslant E_0 + \Delta E \qquad (18\text{-}60)$$

兹使 $\Omega =$ 此能壳的体积

$$\Omega = \int_{E_0}^{E_0 + \Delta E} \mathrm{d}\Omega, \quad \Omega = \Omega(E, E_0) \qquad (18\text{-}61)$$

故

$$\rho\Omega = 1 \qquad (18\text{-}62)$$

使

$$\frac{\partial \Omega}{\partial E} \equiv \mathrm{e}^{\phi} \qquad (18\text{-}63)$$

设 $\xi_\lambda, \lambda = 1, 2, \cdots,$ 为若干参数, E_0 系这些参数之函数,

$$E_0 = E_0(\xi_\lambda), \quad E = E(\xi_\lambda) \qquad (18\text{-}64)$$

故 Ω 亦由 E_0 而系 ξ_λ 之函数

$$\Omega = \Omega(E, \xi_\lambda) \qquad (18\text{-}65)$$

使 X_λ 为相当于 ξ_λ 之 "力"

$$X_\lambda = -\frac{\partial E}{\partial \xi_\lambda} \qquad (18\text{-}66)$$

---

* 见 Intern'l J. Theo. Phys. 2, 325(1969) 一文.

由 (65) 式, (见 (1-11)),

$$\left(\frac{\partial \Omega}{\partial \xi_\lambda}\right)_E = -\left(\frac{\partial \Omega}{\partial E}\right)_\xi \left(\frac{\partial E}{\partial \xi}\right)_\Omega$$

$$= e^\phi X_\lambda$$

故

$$\delta \Omega = \left(\frac{\partial \Omega}{\partial E}\right)_\xi \delta E + \sum_\lambda \left(\frac{\partial \Omega}{\partial \xi_\lambda}\right) \delta \xi_\lambda$$

$$= e^\phi (\delta E + \sum_\lambda X_\lambda \delta \xi_\lambda)$$

或

$$\delta \ln \Omega = \frac{\delta E + \delta A}{e^{-\phi} \Omega} \tag{18-67}$$

以此与热力学第二定律比

$$\delta S = \frac{\delta E + \delta A}{T} \tag{18-68}$$

我们可作 F 的鉴定

$$e^{-\phi} \Omega = kT, \quad S = k \ln \Omega + 常数 \tag{18-69}$$

18.4 正则系综与热力学

18.4.1 平衡态系

由 (15) 式 (以 Θ 代 $\frac{1}{\beta}$, 以 $H(q,p)$ 代 E), 即得

$$e^{-\frac{\phi}{\Theta}} = \int e^{-H/\Theta} d\Omega \tag{18-70}$$

$$\rho = \exp\left(\frac{\phi - H}{\Theta}\right), \quad \ln \rho = \frac{\phi - H}{\Theta} \tag{18-71}$$

H 乃系古典力学中的 Hamiltonian 函数.

兹假设 H 系若干外在参数 ξ_λ 之函数. 由 (70), 即得

$$e^{-\phi/\Theta}\left(-\frac{\delta \phi}{\Theta} + \frac{\phi}{\Theta^2}\delta \Theta\right) = \frac{\delta \Theta}{\Theta} \int H e^{-H/\Theta} d\Omega - \frac{1}{\Theta} \sum_\lambda \delta \xi_\lambda \int \frac{\partial H}{\partial \xi_\lambda} e^{-H/\Theta} d\Omega$$

或

$$\delta \phi = \frac{\phi - \langle H \rangle}{\Theta} \delta \Theta + \sum_\lambda \langle \frac{\partial H}{\partial \xi_\lambda} \rangle \delta \xi_\lambda \tag{18-72}$$

$$\langle H \rangle = \mathrm{e}^{\phi/\Theta} \int H \mathrm{e}^{-H/\Theta} \mathrm{d}\Omega, \quad \langle \frac{\partial H}{\partial \xi_\lambda} \rangle = \mathrm{e}^{\phi/\Theta} \int \frac{\partial H}{\partial \xi_\lambda} \mathrm{e}^{-H/\Theta} \mathrm{d}\Omega \qquad (18\text{-}73)$$

$$\langle -\frac{\partial H}{\partial \xi_\lambda} \rangle = \langle X_\lambda \rangle = \text{ 相当于} \xi_\lambda \text{ 之力} \qquad (18\text{-}73\mathrm{a})$$

由 (71) 式, 取其平均值 (见 (73)),

$$\phi - \langle H \rangle = \Theta \langle \ln \rho \rangle \qquad (18\text{-}74)$$

故

$$\delta\phi - \delta\langle H \rangle = \langle \ln \rho \rangle \delta\Theta + \Theta\delta\langle \ln \rho \rangle \qquad (18\text{-}75)$$

由 (72) 及此式,

$$-\Theta\delta\langle \ln \rho \rangle = \delta\langle H \rangle + \delta\langle A \rangle \qquad (18\text{-}76)$$

$$\delta\langle A \rangle = \sum_\lambda \langle X_\lambda \rangle \delta\xi^\tau, \qquad (18\text{-}77)$$

$\delta\langle A \rangle$ 系此系所做之功的平均值.

兹以此式与热力学第二定律第一定律比较

$$T\mathrm{d}S = \mathrm{d}E + \delta A \qquad (18\text{-}78)$$

我们可作鉴定如下:

$$S = -k\langle \ln \rho \rangle, \quad kT = \Theta \qquad (18\text{-}79)$$

由 (13) 式, 已证明 $\langle \ln \rho \rangle = \int \rho \ln \rho \mathrm{d}\Omega$ 系最小值, 故 $-\langle \ln \rho \rangle$ 系最大值, 以之与平衡态之熵 S 作鉴定, 是至适宜的.

由 (72) 及 (74), 再用 (79), 即得

$$\delta\phi = \langle \ln \rho \rangle \delta\Theta - \delta A$$
$$= -S\delta T - \delta A \qquad (18\text{-}80)$$

以此与 Helmholtz 自由能 F 式比

$$\delta F = -S\mathrm{d}T - \delta A \qquad (18\text{-}81)$$

故 ϕ 可鉴定为 F

$$\phi = F + \text{ 常数} \qquad (18\text{-}82)$$

---

* 下文凡外延量如 ϕ, E, 皆宜乘以 N, 此乃因 ρ 乃用 (19) 式的归一化也, 见 (16-88) 式, 我们取 $N\phi$.

由 (70) 式, 即得*

$$\phi = -kT \ln \int e^{-H/kT} d\Omega \tag{18-83}$$

兹取 (82) 式之常数如下

$$e^{\phi/kT} = \frac{1}{N!h^{3N}} e^{F/kT} \tag{18-86}$$

故由 (71) 式,

$$\rho = \frac{1}{N!h^{3N}} \exp\left(\frac{F-H}{kT}\right) \tag{18-87}$$

兹定义 "分配函数" Z

$$Z \equiv \frac{1}{N!} \int e^{-E/kT} \frac{d\Omega}{h^{3N}} \tag{18-88}$$

如是则 (73) 式成

$$\langle H \rangle = \langle E \rangle = -\frac{\partial \ln Z}{\partial \left(\frac{1}{kT}\right)} \tag{18-89}$$

$$\langle X_\lambda \rangle = kT\frac{\partial \ln Z}{\partial \xi_\lambda} = -\frac{\partial \phi}{\partial \xi_\lambda} \tag{18-90}$$

如 ξ 系体积 V, 则 X 系压力 p, (90) 式即成

$$\langle p \rangle = kT\frac{\partial \ln Z}{\partial V} = -\left(\frac{\partial \phi}{\partial V}\right)_T \tag{18-91}$$

此式至为重要. 由一个系的 Hamiltonian(能) 函数, 应可按 (89) 计算 Z, 由 (91) 即可得物态方程式. 此乃纯热力学所不能及的 (与第 16 章 (16-104) 式比较).

兹试计算动能的平均值. 使 K 代表一个系的动能. K 系动量 p_k 之二次均匀函数, 按 Euler 定理

$$K = \frac{1}{2}\sum_k p_k \frac{\partial K}{\partial p_k} = \frac{1}{2}\sum_k p\frac{\partial H}{\partial p_k} \tag{18-92}$$

以此代入类 (73) 式之平均值式, 即得

$$\langle K \rangle = N\frac{1}{2}3kT \tag{18-93}$$

此式乃能之等分配定则也.

---

*此式可与 (16-103) 比,

$$F = -NkT \ln Z_{\mathrm{B}} + 常数 \tag{18-84}$$

可得此处之积分与 Boltzmann 分配函数 Z_{B} 之关系如下

$$\int e^{-H/kT} d\Omega \leftrightarrow Z_{\mathrm{B}} = \sum g_i \nu e^{-E_i/kT} \tag{18-85}$$

由 (79), (83), (88), S 可写为

$$S = k \left[\frac{\overline{E}}{kT} + \ln Z + 常数 \right] \tag{18-94}$$

此式与 (16-101) 相当.

以理想气体为例, 由 (88), (94), (93), (91)

$$Z = \frac{1}{N!} V^N \left(\frac{2\pi mkT}{h^2} \right)^{\frac{3N}{2}}, \quad V = 气的体积 \tag{18-95a}$$

$$S = \frac{3}{2} Nk + kN \ln \left\{ \frac{V}{N} \left(\frac{2\pi mkT}{h^2} \right)^{\frac{3}{2}} \right\} + 常数 \tag{18-95b}$$

$$\langle E \rangle = \frac{3}{2} NkT \tag{18-95c}$$

$$\langle P \rangle = \frac{NkT}{V} \tag{18-95d}$$

18.4.2 两个系之合并

正则系综的重要性, 18.1.2 节段末已见其一. 兹更有下列特性, 可以数个定理表示之.

定理一 如有两个 Θ 相等 (即 kT 相等) 的正则系 A, B, 将两个系 A 与 B 并而成一个系 $A + B$, 则此 $A + B$ 系统, 亦系一正则系综*.

并合前

$$\rho_A = \exp\left(\frac{\Psi_A - E_A}{\Theta} \right), \quad \rho_B = \exp\left(\frac{\Psi_B - E_B}{\Theta} \right) \tag{18-96}$$

并合后

$$\rho_{AB} = \exp\left(\frac{\Psi_{AB} - E_{AB}}{\Theta} \right) \tag{18-97}$$

因

$$\rho_{AB} = \rho_A \rho_B, \Psi_{AB} = \Psi_A + \Psi_B, E_{AB} = E_A + E_B. \tag{18-97a}$$

定理二 如两 Θ 不相等 ($\Theta_A > \Theta_B$) 之正则系综并合, 则结果为一不稳定的系综,

并合前 (开始时)A, B 系各自独立的, 故

$$\rho_{AB}^{(0)} = \rho_A^{(0)} \rho_B^{(0)}, \quad \mathrm{d}\Omega_{AB} = \mathrm{d}\Omega_A \mathrm{d}\Omega_B \tag{18-98}$$

---

* 所谓将两系综并而为一之意, 可以图说明之

系综 A: Ⓐ, Ⓐ, Ⓐ$\cdots$

系综 B: Ⓑ, Ⓑ, Ⓑ$\cdots$

系综 $A + B$: Ⓐ+Ⓑ Ⓐ+Ⓑ Ⓐ+Ⓑ $\cdots$

此定理乃指 A, B 不生化学反应情形而言.

兹使

$$\sigma \equiv \ln \rho \tag{18-99}$$

故

$$\sigma_{AB}(0) = \sigma_A(0) + \sigma_B(0) \tag{18-100}$$

其平均值为

$$\langle \sigma_{AB}(0) \rangle = \langle \sigma_A(0) \rangle + \langle \sigma_B(0) \rangle \tag{18-101}$$

合并后而在重新建立平衡态前, Θ_A 与 Θ_B 不相等, 故

$$\rho_{AB}(t) \neq \rho_A(t)\rho_B(t) \tag{18-102}$$

$$\sigma_{AB}(t) \neq \sigma_A(t) + \sigma_B(t) \tag{18-102a}$$

取平均值

$$\langle \sigma_{AB} \rangle - \langle \sigma_A \rangle - \langle \sigma_B \rangle \equiv \int (\sigma_{AB} - \sigma_A - \sigma_B) \mathrm{e}^{\sigma_{AB}} \mathrm{d}\Omega_{AB} \tag{18-103}$$

因有下关系:

$$\int \mathrm{e}^{\sigma_A} \mathrm{d}\Omega_A = \int \mathrm{e}^{\sigma_B} \mathrm{d}\Omega_B = 1 \tag{18-104}$$

$$\int \mathrm{e}^{\sigma_{AB}} \mathrm{d}\Omega_A = \mathrm{e}^{\sigma_B}, \qquad \int \mathrm{e}^{\sigma_{AB}} \mathrm{d}\Omega_B = \mathrm{e}^{\sigma_A},$$

故可得下恒等式:

$$\int \left\{ (\sigma_{AB} - \sigma_A - \sigma_B - 1)\mathrm{e}^{\sigma_{AB} - \sigma_A - \sigma_B} + 1 \right\} \mathrm{e}^{\sigma_A + \sigma_B} \mathrm{d}\Omega_{AB}$$

$$\equiv \int (\sigma_{AB} - \sigma_A - \sigma_B)\mathrm{e}^{\sigma_{AB}} \mathrm{d}\Omega_{AB} \tag{18-105}$$

左方如使 $x \equiv \sigma_{AB} - \sigma_A - \sigma_B$, 可写成下式:

$$\int (x\mathrm{e}^x - \mathrm{e}^x + 1)\mathrm{e}^{\sigma_A + \sigma_B} \mathrm{d}\Omega_{AB} \tag{18-106}$$

按 Gibbs 之不等式 (11F), $x\mathrm{e}^x - \mathrm{e}^x + 1 \geqslant 0$, 故 (105) 式的右值方永是正的,

$$\langle \sigma_{AB}(t) \rangle \geqslant \langle \sigma_A(t) \rangle + \langle \sigma_B(t) \rangle \tag{18-107}$$

在开始时, A, B 之温度 Θ_A, Θ_B 不相等, 故系统 $A + B$ 系一极不平衡态. 故 Gibbs 以为 (按 (79) 之鉴定)

$$\langle \sigma_{AB}(0) \rangle > \langle \sigma_{AB}(t) \rangle \tag{18-108}$$

或按 (100), (107)

$$\langle \sigma_A(0) \rangle + \langle \sigma_B(0) \rangle > \langle \sigma_A(t) \rangle + \langle \sigma_B(t) \rangle \tag{18-109}$$

兹我们可证明下定理：

定理三 使一正则系综之 ρ 为

$$\rho, \quad \sigma \equiv \ln \rho = \frac{\psi - E}{\Theta} \tag{18-110}$$

另一系综的分布 ρ 则系非稳定密度 ρ'

$$\rho', \quad \sigma' \equiv \ln \rho' = \frac{\psi - E}{\Theta} + \Delta\sigma \tag{18-111}$$

则

$$\langle \sigma' + \frac{E}{\Theta} \rangle - \langle \sigma + \frac{E}{\Theta} \rangle \geqslant 0 \tag{18-112}$$

证明如下. 由 (110, 111),

$$\begin{aligned}
\langle \sigma' + \frac{E}{\Theta} \rangle - \langle \sigma + \frac{E}{\Theta} \rangle &= \int \left\{ \left(\frac{\psi}{\Theta} + \Delta\sigma \right) e^{\sigma'} - \frac{\psi}{\Theta} e^{\sigma} \right\} \mathrm{d}\Omega \\
&= \int \Delta\sigma e^{\sigma'} \mathrm{d}\Omega \\
&= \int \left\{ \Delta\sigma e^{\Delta\sigma} + 1 - e^{\Delta\sigma} \right\} e^{\sigma} \mathrm{d}\Omega \\
&\geqslant 0 \text{按 (11F) 不等式.} \qquad\qquad \text{q.e.d.}
\end{aligned}$$

现在可证下一结论：

定理四 如系统 A 之温度 Θ_A, 高于系统 B 之 Θ_B, 则将两个系统并合时, 热由 A 传至 B.

证明如下. 将 A, B 合并 (如定理二所述), 但不俟其达到新平衡态, 又将其分离, 使又得两个非平衡态之系综 (非正则系综). 兹作两非平衡系综之平均值

$$\langle \sigma_A'' \rangle, \quad \langle E_A'' \rangle, \quad \langle \sigma_B'' \rangle, \quad \langle E_B'' \rangle$$

按 (109) 式,

$$\langle \sigma_A(0) \rangle + \langle \sigma_B(0) \rangle \geqslant \langle \sigma_A'' \rangle + \langle \sigma_B'' \rangle \tag{18-113}$$

按 (112) 定理,

$$\begin{aligned}
\langle \sigma_A'' \rangle + \langle \frac{E_A''}{\Theta_A} \rangle &\geqslant \langle \sigma_A(0) \rangle + \langle \frac{E_A(0)}{\Theta_A} \rangle \\
\langle \sigma_B'' \rangle + \langle \frac{E_B''}{\Theta_B} \rangle &\geqslant \langle \sigma_B(0) \rangle + \langle \frac{E_B(0)}{\Theta_B} \rangle
\end{aligned} \tag{18-114}$$

由此三式, 即得

$$\langle \frac{E_A''}{\Theta_A} \rangle + \langle \frac{E_B''}{\Theta_B} \rangle \geqslant \langle \frac{E_A(0)}{\Theta_A} \rangle + \langle \frac{E_B(0)}{\Theta_B} \rangle \tag{18-115a}$$

或写为

$$\frac{\langle E_A'' \rangle - \langle E_A(0) \rangle}{\Theta_A} + \frac{\langle E_B'' \rangle - \langle E_B(0) \rangle}{\Theta_B} \geqslant 0 \tag{18-115}$$

按能之守恒,

$$\langle \Delta E_A \rangle \equiv \langle E_A'' \rangle - \langle E_A(0) \rangle = -(\langle E_B'' \rangle - \langle E_B(0) \rangle)$$

故 (115) 式成

$$\frac{\langle \Delta E_A \rangle}{\Theta_A} - \frac{\langle \Delta E_A \rangle}{\Theta_B} \geqslant 0 \tag{18-116}$$

因按假定 $\Theta_A > \Theta_B$, 故

$$\langle \Delta E_A \rangle \leqslant 0 \tag{18-117}$$

故热由 A 传至 B.

热由高温度之系统传至低温度之系统, 自是经验已知的. 惟现由正则系综理论得此结果, 可使系综理论与热力学的关系, 得以确立.

18.4.3 起伏

为方便计, 兹将 (70), (73) 式写如下式:

$$Q(\beta) \equiv \int e^{-\beta H} d\Omega, \quad Q(\beta) = e^{-\beta \phi}, \quad \beta = \frac{1}{\Theta} = \frac{1}{kT}$$
$$\langle H \rangle = \langle E \rangle = \frac{1}{Q} \int H e^{-\beta H} d\Omega \tag{18-118}$$

故得

$$\frac{\partial Q}{\partial \beta} = - \int H e^{-\beta H} d\Omega = -Q \langle E \rangle$$
$$\frac{\partial^2 Q}{\partial \beta^2} = \int H^2 e^{-\beta H} d\Omega = -Q \langle E^2 \rangle \tag{18-119}$$
$$= -Q \frac{\partial}{\partial \beta} \langle E \rangle + Q(\langle E \rangle)^2$$

使

$$\Delta \equiv \langle (E - \langle E \rangle)^2 \rangle = \langle E^2 \rangle - (\langle E \rangle)^2$$
$$= -\frac{\partial}{\partial \beta} \langle E \rangle = \Theta^2 \frac{\partial}{\partial \Theta} \langle E \rangle \tag{18-120}$$
$$\alpha \equiv \sqrt{\frac{\Delta}{(\langle E \rangle)^2}} = \frac{\Theta}{\langle E \rangle} \sqrt{\frac{\partial \langle E \rangle}{\partial \Theta}}$$

上数式系一般的结果.

兹以理想气体为例. 由 (93) 式,

$$\langle E \rangle = \frac{3}{2} N \Theta, \quad \alpha = \sqrt{\frac{2}{3N}} \tag{18-121}$$

故 N 甚大 (10^{23}) 时, α 甚小.

由 (118) 式, 即得 ($V = $ 气体体积)

$$\mathrm{e}^{-\beta\phi} = V^N(2\pi m\Theta)^{3N/2} \tag{18-122}$$

兹计算其能在 E 与 $E + \mathrm{d}E$ 间之分子数 ΔN_E, 此数为

$$\frac{\Delta N_E}{N} = \int_E^{E+\Delta E} \mathrm{e}^{\beta(\phi-H)}\mathrm{d}\Omega$$

$$= \int_E^{E+\Delta E} \mathrm{e}^{\beta(\phi-H)}\frac{\partial\Omega}{\partial E}\mathrm{d}E \tag{18-123}$$

由

$$\frac{\partial\Omega}{\partial E} = \frac{1}{\Gamma\left(\dfrac{3N}{2}\right)}V^N(2\pi m)^{3N/2}E^{\frac{3N}{2}-1*} \tag{18-124}$$

故

$$\frac{\Delta N_E}{N} = \frac{1}{\Theta\Gamma\left(\dfrac{3N}{2}\right)}\int_E^{E+\Delta E}\mathrm{e}^{-\beta E}\left(\frac{E}{\Theta}\right)^{\frac{3N}{2}-1}\mathrm{d}E$$

$$= \frac{1}{\Theta\Gamma\left(\dfrac{3N}{2}\right)}\mathrm{e}^{-\beta E}\left(\frac{E}{\Theta}\right)^{\frac{3N}{2}-1}\Delta E \tag{18-126}$$

$\dfrac{\Delta N_E}{N\Delta E}$ 的最高值系当

$$\frac{\mathrm{d}}{\mathrm{d}E}\left(\frac{\Delta N_E}{N\Delta E}\right) = 0$$

$*$ 兹求 (124) 式. 气体之总能为 $E = \dfrac{1}{2m}\sum p^2 \equiv a^2$ 之相体积 Ω_E 为

$$\Omega_E = V^N\int\cdots\int\prod_{i=1}^{3N}\mathrm{d}p_i = V^N E^{\frac{3N}{2}}\int\cdots\int\prod_{i=1}^{3N}\mathrm{d}\left(\frac{p}{a}\right) \equiv V^N E^{\frac{3N}{2}}\omega$$

故

$$\frac{\partial\Omega}{\partial E} = \frac{3N}{2}E^{\frac{3N}{2}-1}\omega V^N \tag{18-125}$$

由归一式

$$1 = \int_\Omega \mathrm{e}^{\beta(\phi-H)}\mathrm{d}\Omega = \int_0^E \mathrm{e}^{\beta(\phi-H)}\frac{\partial\Omega}{\partial E}\mathrm{d}E$$

由 (122) 式及 $\dfrac{\partial\Omega}{\partial E}$ 式 (125), 即得

$$\frac{3N}{2}\omega = \frac{(2\pi m)^{\frac{3N}{2}}}{\Gamma\left(\dfrac{3N}{2}\right)} \tag{18-125a}$$

以此代入 (125) 式即得 (124).

时, 或

$$\langle E \rangle = \left(\frac{3N}{2} - 1 \right) \Theta \simeq \frac{3}{2} NkT \tag{18-127}$$

此即能之均匀分配原则的结果.

由 (126) 式, 可计算能系平均值 $\langle E \rangle$, 与能系 $0.99\langle E \rangle$ 的分子数的比例

$$\frac{\Delta N(E = \langle E \rangle)}{\Delta N(E = 0.99\langle E \rangle)} \cong \exp(7.5 \times 10^{-5}N) \tag{18-128}$$

如 $N \cong 2.7 \times 10^{19}$, 则此例为 $e^2 \times 10^{15}$. 同法亦可得 $\Delta N(E = \langle E \rangle)$ 与 $\Delta N\left(E = \frac{101}{100} \langle E \rangle \right)$ 的比例. 由这些数值, 得知其动能与平均值差百分之一的分子数极少.

18.5　大正则系综

18.5.1　热力函数

由热力学第二定律 (见第 4 章 (4-96) 式), 熵 S, 内能 U, 功 A, 化学位 μ 等函数之关系为

$$dS = \frac{1}{T}dU + \frac{\delta A}{T} - \frac{1}{T}\sum_i \mu_i \delta n_i \tag{18-129}$$

以此与 (42) 式对照, 我们可作下列的鉴定:

$$\langle E \rangle = U, \quad \nu_i = \frac{\mu_i}{kT,} \quad \langle N_A \rangle = n_A \tag{18-130}$$

$$k\left(K - \sum \nu_A \langle N_A \rangle + \frac{1}{kT}\langle E \rangle \right) = S \tag{18-131}$$

由 (43) 式更得下关系:

$$S = -k\langle \ln \rho \rangle \tag{18-132}$$

由 (38),

$$= -k \sum_{N_A, N_B, \cdots} \frac{e^{-K + \sum \nu_A N_A}}{\prod\limits_A N_A!} \int \ln \rho e^{-\beta E} d\Omega \tag{18-133}$$

按 (44), (45) 式, 我们可鉴定 $\langle \ln \rho \rangle$ 为 Boltzmann 之 H 函数

$$H = \sum_{N_A, N_B, \cdots} \frac{1}{\prod\limits_A N_A!} \int \rho \ln \rho d\Omega + 常数 \tag{18-134}$$

按 (34), (35) 式, 如 ρ 为

$$\rho = e^{-K + \sum_A \nu_A N_A - \beta E} \tag{18-135}$$

则 $\langle \ln \rho \rangle$ 为最低值. 按 (132) 式, 则 S 为最高值, 与熵之意义相符.

由 (131) 及 (130) 式中之 $\mu = \nu kT$, 可得

$$K = \frac{ST + \sum \mu_A N_A - E}{kT} \tag{18-136}$$

由此式或 (131) 式, 可见 K 乃系一外延性, 无因次之量.

按第 4 章 (4-89) 式, Gibbs 热力势 G 为

$$G = \sum_A \mu_A \langle N_A \rangle \tag{18-137}$$

又按第 3 章 (3-70) 式,

$$G = U - TS + pV \tag{18-138}$$

故 (136) 式可写成

$$K = \frac{pV}{kT} \tag{18-139}$$

18.5.2 起伏

由 (36) 式

$$e^K = \sum_{N_A, N_B, \cdots} \prod_A \frac{e^{\sum \nu_A N_A}}{N_A!} \int e^{-\beta H} \mathrm{d}\Omega \tag{18-140}$$

即得

$$\langle E \rangle \equiv \langle H \rangle = -\frac{\partial K}{\partial \beta} \tag{18-141}$$

$$\langle N_A \rangle = \frac{\partial K}{\partial \nu_A} \tag{18-142}$$

$$-\frac{\partial}{\partial \beta} \langle E \rangle = \frac{\partial^2 K}{\partial \beta^2} = \langle E^2 \rangle - (\langle E \rangle)^2 = \langle (E - \langle E \rangle)^2 \rangle \tag{18-143}$$

$$\frac{\partial}{\partial \nu_A} \langle N_A \rangle = \frac{\partial^2 K}{\partial \nu_A^2} = \langle N_A^2 \rangle - (\langle N_A \rangle)^2 = \langle (N_A - \langle N_A \rangle)^2 \rangle \tag{18-144}$$

由 (140), 作对参数 ξ_λ 之微分,

$$\sum_{N_A, N_B, \cdots} \prod_A \frac{e^{\sum \nu_A N_A}}{N_A!} \int e^{-K - \beta H} \left\{ -\frac{\partial K}{\partial \xi_\lambda} - \beta \frac{\partial H}{\partial \xi_\lambda} \right\} \mathrm{d}\Omega = 0 \tag{18-145}$$

再微分之, 即得

$$\sum_{N_A, N_B, \cdots} \prod_A \frac{e^{\sum \nu_A N_A}}{N_A!} \int e^{-K - \beta H} \left\{ \left(-\frac{\partial K}{\partial \xi_\lambda} - \beta \frac{\partial H}{\partial \xi_\lambda} \right)^2 \right.$$

$$-\left(\frac{\partial^2 K}{\partial \xi_\lambda^2} + \beta \frac{\partial^2 H}{\partial \xi_\lambda^2}\right)\right\} \mathrm{d}\Omega = 0 \tag{18-146}$$

如 (66) 式,

$$X_\lambda = -\frac{\partial E}{\partial \zeta_\lambda} \tag{18-147}$$

故由 (145) 式即得

$$\frac{1}{\beta}\frac{\partial K}{\partial \zeta_\lambda} = \langle X_\lambda \rangle \tag{18-148}$$

以此代入 (146) 式, 即得

$$\frac{1}{\beta}\frac{\partial^2}{\partial \zeta_\lambda^2}\langle E\rangle + \frac{1}{\beta^2}\frac{\partial^2 K}{\partial \zeta_\lambda^2} = \left\langle (X_\lambda - \langle X_\lambda\rangle)^2\right\rangle \tag{18-149}$$

由 (143), (141) 即得

$$\frac{\left\langle (E - \langle E\rangle)^2\right\rangle}{(\langle E\rangle)^2} \propto \frac{1}{N} \tag{18-150}$$

由 (148), (149), 及 (136)K 之外延性, 可见

$$\frac{\left\langle (X_\lambda - \langle X_\lambda\rangle)^2\right\rangle}{(\langle X_\lambda\rangle)^2} \propto \frac{1}{N} \tag{18-151}$$

由 (144), 则

$$\frac{\left\langle (N_A - \langle N_A\rangle)^2\right\rangle}{(\langle N_A\rangle)^2} \propto \frac{1}{N_A} \tag{18-152}$$

这些结果, 与由正则系综法所得 (119)~(121) 式相当.

兹以理想气体 (只有一种的分子的) 为例. 分子间无相互作用, 故 ($V=$ 气体之体积)

$$\mathrm{e}^K = \sum_{N=0}^{\infty}\frac{1}{N!}\mathrm{e}^{\nu N}V^N\left\{\int_{-\infty}^{\infty}\exp\left(-\frac{p^2}{2mkT}\right)\mathrm{d}p\right\}^{3N} \tag{18-153}$$

$$= \sum_{N=0}^{\infty}\frac{1}{N!}\left\{\mathrm{e}^\nu V(2\pi mkT)^{3/2}\right\}^N \tag{18-153a}$$

$$= \exp\left\{\mathrm{e}^\nu V(2\pi mkT)^{3/2}\right\} \tag{18-153b}$$

$$K = \mathrm{e}^\nu V(2\pi mkT)^{3/2} \tag{18-154}$$

按 (141), (142),

$$\langle N\rangle = \frac{\partial K}{\partial \nu} = K, \quad \langle E\rangle = \frac{3}{2}KkT \tag{18-155}$$

故
$$\langle E \rangle = \frac{3}{2} \langle N \rangle \, kT \tag{18-156}$$

由 (139), 即得气体方程式
$$pV = \langle N \rangle \, kT \tag{18-157}$$

按 (144), (155),
$$\langle (N - \langle N \rangle)^2 \rangle = \frac{\partial K}{\partial \nu} = K = \langle N \rangle$$

或
$$\frac{\langle (N - \langle N \rangle)^2 \rangle}{(\langle N \rangle)^2} = \frac{1}{\langle N \rangle} \tag{18-158}$$

按 (143), (154), (156),
$$\langle (E - \langle E \rangle)^2 \rangle = \frac{15}{4} \langle N \rangle \, (kT)^2$$
$$\frac{\langle (E - \langle E \rangle)^2 \rangle}{(\langle E \rangle)^2} = \frac{5}{3 \langle N \rangle} \tag{18-159}$$

此与 (150), (152) 相符.

18.5.3　Gibbs 之佯谬

设取理想气体. 由 (131) 式, 熵为
$$S = k \left(K - \nu \langle N \rangle + \frac{1}{kT} \langle E \rangle \right) \tag{18-160}$$

由 (154), (155) 式,
$$\nu = -\ln \left\{ \frac{V}{\langle N \rangle} (2\pi mkT)^{3/2} \right\}$$

更由 (160) 式, 即得 (如 (95b) 式, 加入 h 的乘因子)
$$S = k \langle N \rangle \left[\frac{5}{2} + \ln \left\{ \frac{V}{\langle N \rangle} \left(\frac{2\pi mkT}{h^2} \right)^{3/2} \right\} \right] + 常数 \tag{18-161}$$

此与第 16 章 (16-117) 式同, 用此式之熵, 则无佯谬矣. 我们宜注意的, 是我们是用 (31) 或 (135) 式的 "类相" ρ, 故 (153) 式的分母有 $N!$.

18.6　Maxwell-Boltzmann, Darwin-Fowler,Gibbs 三种统计力学

前第 16 章述 Maxwell-Boltzmann 之统计力学, 第 17 章述 Darwin-Fowler 之统计力学, 本章述 Gibbs 之统计力学. 兹将三种理论, 作简表总结如下.

Maxwell-Boltzmann	Darwin-Fowler	Gibbs
基本假定为 ergodic 假定. 按此, 乃可以相空间的平均, 计算长时间的平均	同右	基本假定为等相空间体积之先机几率相等.
μ 相空间的排列分布计算是代数的组合法	同右	用 Γ 相空间
μ 相分为室, 室不能过小, 盖需用 Stirling 近似式	不用 Stirling 近似式, 故室之大小可无须限制	不需室的观念
一个系统的平衡态之代表, 乃系其 μ 相之最可能分布	一个系统的平衡态之代表, 乃其 μ 相之平均分布	一个系统的平衡态之代表, 乃一个正则系综
只适用于分子间无相互作用之系统	同左	适用于分子间有相互作用之系统. 分配函数为
分配函数为 $Z = \sum g_i \mathrm{e}^{-\beta\epsilon_i}$	分配函数为 $Z(\beta) = \sum \omega_i \mathrm{e}^{-\beta\epsilon_i}$	$Z = \mathrm{e}^{-\beta\phi\Gamma}\mathrm{e}^{-\beta\epsilon}\mathrm{d}\Omega$
限于隔绝系统, 即分子数 N 及总能量皆已确定的系统	同左	微正则系综亦同此限制. 惟大正则及系综, 则可应用于与热库物库接触之系统

在相同之情形下, 由三种统计力学所得的结果皆相同. 三种方法, 经若干推广, 均可用于量子统计力学.

习　　题

1. 由微正则系综方法, 证明 virial 定理

$$2\sum_{\kappa} T_{\kappa} = -\sum_{\Gamma} q_{\kappa}\dot{p}_{\kappa}$$

(见第 7 章第 3 节), 注: 以微系综法计算 $\sum_{\kappa} \dfrac{\mathrm{d}}{\mathrm{d}t}(q_{\kappa}p_{\kappa})$ 之平均值.

2. 以微正则系综方法, 证明一个一维度简谐振子之平均位能等于总能之半

$$\overline{\frac{k}{2}q^2} = \frac{1}{2}E_0$$

3. 由 (135), (153a), (154), (155), 试得一个气体, 其平衡态之温度为 T, 其在体积为 V 内有 N 个分子之几率为下列 Poisson 分布:

$$\frac{(\langle N \rangle)^N \mathrm{e}^{-\langle N \rangle}}{N!}$$

4. 证明大正则系综的自由能 F 及 Gibbs 热力势 G 为

$$F = \sum \mu_A \langle N_A \rangle - kTK, \mu_A = kT\nu_A$$

$$G = \sum \mu_A \langle N_A \rangle - kTK + PV$$

$$= \sum \mu_A \langle N_A \rangle$$

5. 由 (70), (73), 证明

$$\langle (X_\lambda - \langle \overline{X}_\lambda \rangle)(E - \langle \overline{E} \rangle) \rangle = \frac{\partial^2 \phi}{\partial \zeta_\lambda \partial \beta}$$

及

$$\frac{\langle (X_\lambda - \langle X_\lambda \rangle)(E_- \langle \overline{E} \rangle) \rangle}{\langle \overline{X}_\lambda \rangle \langle \overline{E} \rangle} \propto \frac{1}{N}$$

6. 应用所谓 "马鞍点" 法 (又称 "最陡降落" 法 (method of steepest descent), 导出 Stirling 近似式.

注: 用 Γ 函数之定义

$$\Gamma(n+1) = \int_0^\infty e^{-x} x^n dx, \quad n > -1$$

7. 爱因斯坦的方法:

如将 Boltzmann 的

$$S = k \ln W$$

式写作

$$W = e^{S/\kappa}$$

则当 S 为若干参数之已知函数时, 可以此式计算几率 W.

设想一系统分为若干部分, 每部分仍大致可构成一巨观的小系统. 兹试求各部分之能量之起伏 $\langle (\Delta E_i)^2 \rangle$,

$$\langle (\Delta E_i)^2 \rangle = kT^2 C_V$$

注: 由

$$S = S(0) + \sum_i \left(\frac{\partial S}{\partial E_i} \right)_0 \Delta E_i + \frac{1}{2} \sum \left(\frac{\partial^2 S}{\partial E^2} \right)_0 (\Delta E_i)^2 + \cdots$$

及

$$\left(\frac{\partial S}{\partial E} \right)_V = \frac{1}{T}$$

8. 应用正则系综于一个非理想气体, 其两个分子间有相互作用 $U(r_{12})$,

$$\phi = \sum_{I < i \neq j} U(r_{ij})$$

试证明其分配函数 (参看 (88) 式) 为

$$Z = \frac{1}{N!} \left(\frac{2\pi mkT}{h^2} \right)^{\frac{3N}{2}} \int e^{-\beta\phi} dq_1 \cdots dq_N$$

$$= \frac{1}{N!} \left(\frac{2\pi mkT}{h^2} \right)^{\frac{3N}{2}} V^N \left[1 + \frac{1}{V^N} \int \left(e^{-\beta \phi} - 1 \right) dq_1 \cdots dq_N \right]$$

如 $U(r_{12})$ 之效程甚短, 使

$$A \equiv \frac{2\pi N^2}{\beta} \int_0^\infty \left(e^{-\beta U(r)} - 1 \right) r^2 dr = \frac{2\pi N^2}{3} \int_0^\infty e^{-\beta U(r)} \frac{dU}{dr} r^3 dr$$

$$= a - bNkT, \quad a, b = 常数$$

由 (84) 及 (91) 式, 试证气态方程式为 van der Waals 方程式

$$p = \frac{NkT}{V} - \frac{1}{V^2} (a - bNkT)$$

第19章 Boltzmann, Bose-Einstein 及 Fermi-Dirac 统计

19.1 引 言

前在第 16 章第 3 节中, 我们详述 Boltzmann 统计, 兹择要综结此所谓 "古典统计" 之方法, 假定及结果如下:

(1) 此理论的出发点, 系计算一个 (气体) 系统的分子, 在 6 维度的 μ 相空间的各相室 (cell) 中的排列方式数目最大值的分布. 此排列数目最大值之分布, 自系 "最可能的分布". 这最可能的分布的计算, 纯系一数学的计算, 不牵涉力学或热力学的观念的 (故我们称这个理论为 "统计" 而不是 "统计力学").

(2) Boltzmann 的理论的基本假定, 乃系将上述从几率计算所得的 "最可能的分布", 认为即系 "热力平衡态的分布". 根据此假定, 欲知一个系统在平衡态的某一性质, 只需计算该性质在最可能的分布之值. 这个假设, 将热力学与几率的观念关联起来: 使热力学第二定律获得一个几率性的解释和根据, 使热力学的熵观念和几率联系起来.

(3) 由此理论, 即获得最可能的分布 (亦即平衡态的分布), 如 (16-53) 式之 n_i

$$
\begin{aligned}
&n_i = \frac{N}{Z} g_i e^{-\beta\epsilon_i}, \quad \beta = 1/kT \\
&Z = \sum_i g_i e^{-\beta\epsilon_i} \\
&\epsilon_i = \text{分子在相格 } i \text{ 的能量}
\end{aligned}
\tag{19-1}
$$

(19-1) 称为 Boltzmann 分布 (或 Boltzmann 定理).

上述的 Boltzmann 统计, 有下列的弱点: (一) 一是 "技术性" 的, 即是在计算几率的最大值时, 需假设各相格中的分子数 n_i 是大数目, 俾可用 Stirling 近似式. (二) 一是 "物理性" 的, 即是假设各个分子间无相互作用, 俾分子在各相格中的分布是完全独立的. 为避免第 (一) 点, Darwin 与 Fowler 作一理论, 将 "最可能的分布" 代以 "平均的分布", 欲求某一物理量 Q 在平衡态之值, 只需计算 Q 在所有分布 (排列) 的平均值. 这理论可无须用 Stirling 近似式, 而所得结果, 与 Boltzmann 理论相同 (见第 17 章).

为补救上第 (二) 点, Maxwell 及 Boltzmann 引入 $6N$ 维度 Γ 相空间的理论.

这个理论无须假设分子间无相互作用, 而是将分子的运动以 Liouville 方程式考虑在内. 故这理论不再是纯几率 (排列的代数) 性而系包括动力学观念的. 这是 "统计力学" 的意义. 惟此理论含有一基本假定, 即所谓 ergodic 假定是也. 这假定经数学家的研究, 是不能成立的 (见第 16 章第 4 节).

为避免用 ergodic 假定为统计力学的基石, Gibbs 引入系综的理论 (见第 18 章).

上述的几个理论的比较及总结, 可参阅第 18 章末节.

Boltzmann 理论的结果 (1) 式, 已成为物理学中一极普遍且基本的定理. 惟当应用 (1) 于辐射能的问题时, 则引致一与实验结果不符的所谓 Wien 定律 (见《量子论与原子结构》甲部第 1 章). 由此乃有新的统计 ——Bose 统计—— 的创立. 在述此新统计前, 我们将略述 Boltzmann 统计在辐射问题所遇的挫折.

在黑体辐射能的光谱分布问题中, 有 Wien 的律 (见《量子论与原子结构》甲部第 1 章 (1-17a,b) 式). Wien 假设辐射的波长及强度, 系放射的分子速度 v 的函数. 按 Boltzmann 定理 (包括分子速度分布定律), N 个分子中其速度介于 v 与 $v + \mathrm{d}v$ 间者, 其数为

$$N_v \mathrm{d}v \propto N \exp\left(-\frac{mv^2}{2kT}\right) v^2 \mathrm{d}v \tag{19-2}$$

Wien 假设黑体辐射能密度 ϕ_ν 为下式函数 (按 (2) 式):

$$\phi_\nu \mathrm{d}\nu = g(\nu) \exp\left(-\frac{f(\nu)}{T}\right)$$

惟此函数务需满足 Wien 位移定律的形式 (见《量子论与原子结构》甲部第 1 章 (1-9′) 式), 故 Wien 获下 "定律"

$$\phi_\nu \mathrm{d}\nu = A' \frac{8\pi\nu^3}{c^3} \exp\left(-\frac{b\nu}{T}\right) \mathrm{d}\nu, \quad A' = 常数 \tag{19-3}$$

或写作

$$\phi_\nu \mathrm{d}\nu = A \frac{8\pi\nu^2}{c^3} h\nu \mathrm{e}_-^{h\nu/kT} \mathrm{d}\nu, \quad A = 常数 \tag{19-3a}$$

按 Planck 之黑体辐射公式

$$\phi_\nu \mathrm{d}\nu = \frac{8\pi\nu^2}{c^3} \frac{h\nu}{\mathrm{e}^{h\nu/kT} - 1} \mathrm{d}\nu \tag{19-4}$$

其在 $\frac{h\nu}{kT} \gg 1$ 时之极限式, 与 (3a) 较, 得见 $A = 1$, 此点及 (3a) 式在 $h\nu/kT$ 不极大于 1 时与 (4) 式之差别, 皆显示 Boltzmann 统计应用于辐射时的失败处.

19.2　Bose 统计——黑体辐射 Planck 公式

1924 年印度之 S. N. Bose 创一新的排列计数法, 计算光子的分布几率, 由之可导得 Planck 公式 (4), 其理论如下.

设有 N_ν 个 (不可辨别的) 光子, 其频率为 ν, 其能量为 $h\nu$ 的, 分布于 G_ν 个相室中, 每室的光子数无何限制. 此分布的安排法之数, 简易之计算法如下: 兹以点 ● 代表光子, G_ν 个相室以 $G_\nu-1$ 竖线隔分, 如下 *

$$\tag{19-5}$$

光子所有分布法之总数为

$$(N_\nu + G_\nu - 1)!$$

因光子是不可辨别的, 各相室 (竖线) 亦不可辨的, 故不同的分布数乃成

$$\frac{(N_\nu + G_\nu - 1)!}{N_\nu!\,(G_\nu - 1)!} \tag{19-6}$$

如 N_1 个光子分布于 G_1 个相室, N_2 个于 G_2 个相室, 等等, 则分布之总数为 (6) 式对 $\nu = 1, 2, 3, \cdots$ 的乘积

$$W_{\text{B-E}}(N_1, N_2, \cdots) = \prod_\nu \frac{(N_\nu + G_\nu - 1)!}{N_\nu!\,(G_\nu - 1)!} \tag{19-7}$$

$W_{\text{B-E}}$ 代表 Bose-Einstein 统计之分布数 (见下节).

兹求最可能的分布 $N_1, N_2, N_3, \cdots$, 亦即求 $N_1, N_2, \cdots$ 使 $W_{\text{B-E}}$ 得最大值. 此变分问题的附带条件乃辐射 (光子) 的能量为一固定值, 即

$$\sum_\nu N_\nu \epsilon_\nu = E = 常数 \tag{19-8}$$

由 (7) 式, 用 Stirling 近似式, 及 (8) 式, 即得

$$\sum_\nu \left\{ \ln \frac{N_\nu + G_\nu - 1}{N_\nu} - \beta\epsilon_\nu \right\} \delta N_\nu = 0 \tag{19-9}$$

如 $N_\nu + G_\nu \gg 1$, 则此式成

$$N_\nu = \frac{G_\nu}{e^{\beta\epsilon_\nu} - 1} \tag{19-10}$$

---

* 此计算法, 似初见于 1914 年 P. Ehrenfest 与 H. Kammerlingh Onnes 一文.

G_ν 之值可计算如下: 在体积 V 中, 频率介于 ν 与 $\nu + \mathrm{d}\nu$ 间之振动数为

$$G_\nu \mathrm{d}\nu = \frac{8\pi V \nu^2}{c^3} \mathrm{d}\nu \tag{19-11}$$

频率介于 ν 与 $\nu + \mathrm{d}\nu$ 间之辐射能密度 ϕ_ν 为

$$\phi_\nu = \frac{1}{V} N_\nu \epsilon_\nu$$
$$= \frac{8\pi \nu^2}{c^3} \frac{\epsilon_\nu}{\mathrm{e}^{\beta \epsilon_\nu} - 1}$$

如第 16 章, β 可得为 $1/kT$. 如使 $\epsilon_\nu = h\nu$, 则上式成 Planck 公式 (4)

$$\phi_\nu = \frac{8\pi h \nu^3}{c^3} \frac{1}{\mathrm{e}^{\beta h \nu} - 1} \tag{19-12}$$

在此理论中, 与第 16 章第 3 节的不同点, 是附带条件 (8) 之外, 更无如气体分子问题的

$$\sum_\nu N_\nu = N = 常数 \tag{19-13}$$

的条件, 盖光子不断的被放出及吸收, 其数不是一恒数也. 没有 (12) 式条件的结果, 是少了一个 Lagrange 因子, 因之 (12) 式乃无 (3a′) 式中的 A 常数, 这是需注意的.

Bose 将他的论文寄给爱因斯坦, 爱因斯坦认为极重要, 即代其译成德文, 加一附注, 刊载于 Zeitschrift für Physik 26, 178(1924), 并即推广 Bose 之理论于气体. 这理论称为 Bose-Einstein 统计.

19.3　Bose-Einstein 统计

爱因斯坦之文, 载于 Sitzs d. Akad. Wiss. Berlin 3, (1924), 兹使 $N_p \mathrm{d}p$ 为动量介于 p 与 $p + \mathrm{d}p$ 间之分子 (或质点) 数, G_p 相室数. (7) 式乃代以

$$W_{\text{B-E}}(N_1, N_2, \cdots) = \prod_p \frac{(N_p + G_p - 1)!}{N_p!(G_p - 1)!} \tag{19-14}$$

作 $N_1, N_2, \cdots$ 之变分, 使 $W_{\text{B-E}}$ 得最大值, 其附带条件为 (8) 及 (13). 第 (9) 式现乃成

$$\sum_p \left\{ \ln \frac{N_p + G_p - 1}{N_p} - \beta \epsilon_p + \gamma \right\} \delta N_p = 0, \quad \gamma = 常数 \tag{19-15}$$

由此即得

$$N_p = \frac{G_p}{\mathrm{e}^{-\gamma + \beta \epsilon_p} - 1}, \quad \beta = \frac{1}{kT} \tag{19-16}$$

γ 之值, 系由下归一化式定之

$$\int N_p \mathrm{d}p = N \tag{19-17}$$

因 N_p 不能成负值, 故 γ 有一最大值 $\gamma_m (\gamma_m > 0)$

$$-\gamma_m + \beta\epsilon_0 \geqslant 0 \tag{19-18}$$

ϵ_0 系最小的能值.

但如 γ 系负的, 且

$$-\gamma + \beta\epsilon_0 \gg 1 \tag{19-19}$$

则 (16) 式之 N_p, 将为

$$N_p \simeq A\mathrm{e}^{-\beta\epsilon_p} \tag{19-20}$$

而此乃 Boltzmann 分布式 (1) 也.

兹计算 (16) 式中之 G_p. $G_p\mathrm{d}p$ 乃在 μ 相空间体积 $4\pi p^2 \mathrm{d}pV$ 中的相室数: 如相室的体积单位为 h^3, 则

$$G_p\mathrm{d}p = \frac{1}{h^3}V4\pi p^2\mathrm{d}p = \frac{4\pi V}{h^3}\sqrt{2m\epsilon_p}\mathrm{d}\epsilon_p \tag{19-21}$$

$$N_p\mathrm{d}p = \frac{4\pi V}{h^3}\frac{1}{\mathrm{e}^{-\gamma+\beta\epsilon_p}-1}p^2\mathrm{d}p \tag{19-22}$$

$$= \frac{4\pi V}{h^3}\frac{1}{\mathrm{e}^{-\gamma+\beta\epsilon_p}-1}\sqrt{2m\epsilon_p}\mathrm{d}\epsilon_p \tag{19-22a}$$

(19) 条件, 按 (16) 式, 系 (以 j 代 p)

$$G_j \gg N_j \tag{19-23}$$

故 (14) 式约为

$$W_{\text{B-E}} = \prod_j \frac{G_j(G_j+1)\cdots(G_j+N_j-1)}{N_j!}$$

$$\cong \prod_j \frac{(G_j)^{N_j}}{N_j!} \tag{19-24}$$

(23) 式的意义是: N_j 个分子, 可纳入 G_j 个相室中, G_j 数远大于 N_j. 另一看法是: N_j 个分子纳入一个权重为 G_j 的相室中.

现回看第 16 章第 3 节之 Boltzmann 统计 (16-36) 式, 将 N 个分子, 分布为: N_1 个在权重为 G_1 的相室, N_2 个在权重为 G_2 的相室, 余类推, 其几率 (或排列之数) 为

$$W_{N_1,N_2,\cdots} = N!\prod_j \frac{1}{N_j!}(G_j)^{N_j}$$

如我们除以 $N!$ 而定义 Boltzmann 统计之几率为

$$W_{\mathrm{B}} \equiv \prod_j \frac{(G_j)^{N_j}}{N_j!} \tag{19-25}$$

即系 (16-116) 式. 第 16 章第 5 节末, 曾指出去掉 $N!$ 因子的原因, 如避免了所谓 Gibbs 的佯谬等. 现由 (25) 式与 (24) 式比较, 得见另一理由, 即系当 $G_j \gg N_j$ 时, $W_{\mathrm{B-E}}$ 趋近 W_{B}, 换言之, 当分子数 N_j 远小于相格数 (或其权重)G_j 时, 则 Bose-Einstein 统计与 Boltzmann 统计之差别趋于零也.

由经验, 我们知 Bose-Einstein 统计, 适用于光子, 自旋为整数 (即自旋角动量为 $\frac{1}{2\pi}h$ 之整倍数) 之基本粒子, 及含有偶数之基本粒子的原子或分子或原子核. 从量子力学的观点言, 则 Bose-Einstein 统计, 适用于波函数对质点交换有对称性的系统. (见下文第 20 章)

适用 Bose-Einstein 统计的系统, 其性质有与适用 Boltzmann 统计的不同处. 关于此点, 将于引入另一统计 —— 所谓 Fermi-Dirac—— 后, 一并研讨之.

19.4　Fermi-Dirac 统计

1925 年, W. Pauli 由原子结构的问题, 发现所谓 "排斥原则"(见本书第二册乙部第五章), 谓在任何一个系统 (原子, 分子) 中, 不可能的有两个电子具有完全相同的量子数. 1926 年量子力学创立展开, 从量子力学的观点, Pauli 原则乃相当于下的叙述: 任何一个系统, 其电子的波函数, 务必对两个电子的交换有反对称性. 由于这个原则, 在相空间的单位相室中, 不能有一个以上的电子. 故电子 (及其他粒子其自旋角动量为 $\frac{h}{2\pi}$ 之 $\frac{1}{2}, \frac{3}{2}, \frac{5}{2}, \cdots$ 倍数者)在相空间的分布, 所遵守的统计与 Bose-Einstein 的及 Boltzmann 的都不同.

设有 N_j 个不可辨别的质点, 分布于 G_j 个相室 (或权重为 G_j 的一相室). 由于 Pauli 原则, 务需有下关系:

$$G_j \geqslant N_j \tag{19-26}$$

计算分布的排列数的简易法, 可由图 19.1(参看第 2 节图).

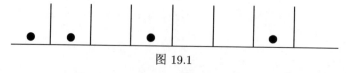

图 19.1

排列法的数, 系由 G_j 个物中取出 N_j 个之数,

$$\frac{G_j!}{N_j!(G_j - N_j)!} \tag{19-27}$$

故分布 N_1 于 G_1 相室, N_2 于 G_2 相室, 余类推的总数为

$$W_{\text{F-D}}(N_1, N_2, \cdots) = \prod_j \frac{G_j!}{N_j!(G_j - N_j)!} \tag{19-28}$$

以变分法求 $N_1, N_2, \cdots$ 使 $W_{\text{F-D}}$ 有最大值时, 附带条件为此系统之总能量之守恒 (8) 及质点总数之守恒 (13),

$$\sum_j N_j \epsilon_j = E = 常数$$

$$\sum_j N_j = N = 常数$$

此变分计算之结果为

$$\sum_j \left\{ \ln\left(\frac{G_j}{N_j} - 1\right) - \beta\epsilon_j + \gamma \right\} \delta N_j = 0 \tag{19-29}$$

或

$$N_j = \frac{G_j}{e^{-\gamma + \beta\epsilon_j} + 1} \tag{19-30}$$

由此式, 得见如

$$-\gamma + \beta\epsilon_j \gg 1 \tag{19-31}$$

则

$$G_j \gg N_j \tag{19-32}$$

由 (28) 式, 可得

$$W_{\text{F-D}} = \prod_j \frac{G_j(G_j - 1)\cdots(G_j - N_j + 1)}{N_j!}$$

$$\cong \prod_j \frac{(G_j)^{N_j}}{N_j!} \tag{19-33}$$

故 $W_{\text{F-D}}$ 亦趋近 Boltzmann 值 (25),

$$W_{\text{F-D}} \cong W_{\text{B}}, \quad 当 \quad G_j \gg N_j 时 \tag{19-34a}$$

此与 (24) 式 $W_{\text{B-E}}$ 趋近 W_{B}

$$W_{\text{B-E}} \cong W_{\text{B}}, \quad 当 \quad G_j \gg N_j 时 \tag{19-34b}$$

情形相同. 当 $G_j \gg N_j$ 时, 两个分子同在一相室之几率甚小, 三种统计之差别亦自小也.

第 (30) 式中 γ 之值, 正负皆可, 无 Bose-Einstein 统计之 (18) 限制.

19.5　三种统计的关系 ——L. Brillouin 法

B, B - E 及 F - D 三种统计有 (34a), (34b) 的关系外, 更可以 Brillouin 的方法获得下述的关系.

设 N_j 个质点分布于 G_j 个相室 (或能态) 的情形如下: 首个质点自有 G_j 个分布法. 假设次一质点的分布法为 $G_j - a$, 第三质点的分布法为 $G_j - 2a$; 余类推, 第 N_j 个质点的分布法为 $G_j - (N_j - 1)a$. 故 N_j 个质点的分布法为下乘积:

$$G_j(G_j - a)(G_j - 2a) \cdots (G_j - (N_j - 1)a)$$

因这 N_j 个质点系不可辨别的, 故可辨别的分布法为

$$\frac{G_j(G_j - a) \cdots (G_j - (N_j - 1)a)}{N_j!}$$

如将 N 个质点分布, 使 N_1 分布于 G_1 相室, N_2 于 G_2, 余类推, 则分布排列的总数为

$$W = \prod_j \frac{G_j(G_j - a) \cdots (G_j - (N_j - 1)a)}{N_j!} \tag{19-35}$$

兹求 $N_1, N_2, \cdots$ 使 W 有最大值, 其附带条件为 (8) 及 (13)

$$\sum_j N_j \epsilon_j = E = 常数, \quad \sum_j N_j = N = 常数$$

变分法计算之结果为

$$\sum_j \left\{ \ln \left(\frac{G_j}{N_j} - a \right) - \beta \epsilon_j + \gamma \right\} \delta N_j = 0$$

由此即得

$$N_j = \frac{G_j}{e^{-\gamma + \beta \epsilon_j} + a} \tag{19-36}$$

$$= \begin{cases} \dfrac{G_j}{e^{-\gamma + \beta \epsilon_j} - 1}, & \text{Bose-Einstein} \\[2mm] G_j e^{\gamma - \beta \epsilon_j}, & \text{Boltzmann} \\[2mm] \dfrac{G_j}{e^{-\gamma + \beta \epsilon_j} + 1}, & \text{Fermi-Dirac} \end{cases} \tag{19-37}$$

由 (37) 式可得解释如下: 遵守 Bose-Einstein 统计的质点, $a = -1$, 即质点有较大几率聚于同一相室. 遵守 Boltzmann 统计的质点, $a = 0$, 意即相室有无质点, 皆不影响后来的质点的几率; 遵守 Fermi-Dirac 统计的质点, $a = 1$, 意即他们有不与另一质点同在一相室的趋势, 此效应与 Pauli 原则同.

各统计理论的分布公式 (37) 式中之 γ 常数, 皆可由 (13) 式定之

$$\sum N_j = N(质点的总数)$$

19.6 简 并 系 统

由 (37) 式, 得见如 (见前 (19), (31) 式)

$$-\gamma + \beta\epsilon_j \gg 1 \tag{19-38}$$

则 B-E, F-D 及 B 三种统计的分布皆相同 (34a, b). 如

$$\exp(-\gamma + \beta\epsilon_j) \cong 1 \tag{19-39}$$

则 B-E 及 F-D 两统计的分布定律, 皆大异于古典 B 统计. 与 B 统计的性质的差异, 谓为简并性 (degeneracy). 一个系统之是否是简并系统, 第一点自是该系统所遵守的统计是否 B-E 或 F-D(见上第 3 节末, 第 4 节首段). 次乃视 γ 及 $\beta = 1/kT$ 之值而定.

以遵守 Boltzmann 统计之理想气体 (无外力场之情形下) 言, 由 (21) 式之 G_p 及 (17) 式

$$\int_0^\infty G_p \mathrm{d}p = N$$

即得

$$\mathrm{e}^\gamma = \frac{N}{V}\left(\frac{h^2}{2\pi mkT}\right)^{3/2} \tag{19-40}$$

或

$$-\gamma = \ln\left\{\frac{V}{N}\left(\frac{2\pi mkT}{h^2}\right)^{3/2}\right\} \tag{19-40a}$$

$$N_v \mathrm{d}v = N\left(\frac{m}{2\pi kT}\right)^{3/2}\exp\left(-\frac{mv^2}{2kT}\right)v^2\mathrm{d}v \tag{19-41}$$

此即 Maxwell 分布定律也.

以遵守 E-B 或 F-D 统计之气体 (无外力场) 言, 则由 (37) 式之 G_p 及 (17), (22a) 式, 可得

$$N = \frac{2\pi V}{h^3}(2mkT)^{3/2}\int_0^\infty \frac{\sqrt{x}\mathrm{d}x}{\mathrm{e}^{-\gamma+x}\mp 1}, \qquad \left\{\begin{array}{l} \text{B-E} \\ \text{F-D} \end{array}\right. \tag{19-42}$$

$$x \equiv \frac{\epsilon}{kT}$$

欲求 e^γ 之值, 兹计算 (42) 式中之积分如下. 使

$$U(b, \gamma) \equiv \int_0^\infty \frac{x^b \mathrm{d}x}{\mathrm{e}^{x-\gamma} \mp 1} \tag{19-43a}$$

$$= \int_0^\infty \mathrm{d}x x^b \sum_{j=1}^\infty (\pm)^{j-1} \mathrm{e}^{j(\gamma-x)}$$

$$= \Gamma(b+1) \left[\mathrm{e}^\gamma \pm \frac{1}{2^{b+1}} \mathrm{e}^{2\gamma} + \frac{1}{3^{b+1}} \mathrm{e}^{3\gamma} \pm \cdots \right]^*, \quad \begin{cases} \text{B-E} \\ \text{F-D} \end{cases} \tag{19-43}$$

故

$$U \left(\frac{1}{2}, \gamma \right) = \frac{\sqrt{\pi}}{2} \left[\mathrm{e}^\gamma \pm \frac{1}{2^{3/2}} \mathrm{e}^{2\gamma} + \frac{1}{3^{3/2}} \mathrm{e}^{3\gamma} \pm \cdots \right], \quad \begin{cases} \text{B-E} \\ \text{F-D} \end{cases} \tag{19-43b}$$

以 (43a) 代入 (42) 式,

$$N = \frac{V}{h^3} (2\pi m k T)^{3/2} \left[\mathrm{e}^\gamma \pm \frac{1}{2^{3/2}} \mathrm{e}^{2\gamma} + \frac{1}{3^{3/2}} \mathrm{e}^{3\gamma} \pm \cdots \right], \quad \begin{cases} \text{B-E} \\ \text{F-D} \end{cases} \tag{19-44}$$

总能 E 为

$$E = \frac{2\pi V}{h^3} (2m)^{3/2} (kT)^{3/2} \int_0^\infty \frac{x^{3/2} \mathrm{d}x}{\mathrm{e}^{-\gamma+x} \mp 1} \tag{19-45}$$

由 (43) 式, $b = \frac{3}{2}$, 得

$$U \left(\frac{3}{2}, \gamma \right) = \frac{3\sqrt{\pi}}{4} \left[\mathrm{e}^\gamma \pm \frac{1}{2^{5/2}} \mathrm{e}^{2\gamma} + \frac{1}{3^{5/2}} \mathrm{e}^{3\gamma} \pm \cdots \right], \begin{cases} \text{B-E} \\ \text{F-D} \end{cases} \tag{19-43c}$$

以 (43c) 代入 (45) 式并用 (43a) 式, 即得

$$E = \frac{3}{2} N k T \frac{\left[\mathrm{e}^\gamma \pm \dfrac{1}{2^{5/2}} \mathrm{e}^{2\gamma} + \dfrac{1}{3^{5/2}} \mathrm{e}^{3\gamma} \pm \cdots \right]}{\left[\mathrm{e}^\gamma \pm \dfrac{1}{2^{3/2}} \mathrm{e}^{2\gamma} + \dfrac{1}{3^{3/2}} \mathrm{e}^{3\gamma} \pm \cdots \right]}, \quad \begin{cases} \text{B-E} \\ \text{F-D} \end{cases} \tag{19-46}$$

$$= \frac{3}{2} N k T \left[1 \mp \frac{1}{2^{5/2}} \mathrm{e}^\gamma + \left(\frac{1}{2^4} - \frac{2}{3^{5/2}} \right) \mathrm{e}^{2\gamma} \cdots \right], \begin{cases} \text{B-E} \\ \text{F-D} \end{cases} \tag{19-46a}$$

气态方程式为

$$pV = \frac{2}{3} E \tag{19-47}$$

---

* 用 Γ 函数的定义 $\Gamma(n+1) = \int_0^\infty \mathrm{e}^{-x} x^n \mathrm{d}x, \quad n > -1.$

由 (46a) 式, 即得

$$pV = NkT\left[1 \mp \frac{1}{2^{5/2}}\mathrm{e}^{\gamma} + \left(\frac{1}{2^4} - \frac{2}{3^{5/2}}\right)\mathrm{e}^{2\gamma}\cdots\right], \quad \begin{cases} \text{B-E} \\ \text{F-D} \end{cases} \tag{19-48}$$

此处我们务需注意者, 系此方程与

$$pV = NkT$$

之差别, 并非由于气体分子间之相互作用而致的, 而系来自量子统计的效应的. 在通常温度下, 此效应 e^{γ} 甚微小. 在极低温时, 则量子效应及分子间相互作用二者皆较重要.

19.6.1 弱简并: $\gamma < 0, \mathrm{e}^{\gamma} \ll 1$

设第 (38) 式的条件可满足, 则 B-E 及 F-D 统计皆接近古典 B 统计. 此情形称为弱简并.

如 $\mathrm{e}^{\gamma} \ll 1$, 则 γ 之值, 可由 (44) 式以逐步求近法解之,

$$\mathrm{e}^{\gamma} = \xi\left[1 \mp \frac{1}{2^{3/2}}\xi + \cdots\right], \quad \begin{cases} \text{B-E} \\ \text{F-D} \end{cases} \tag{19-49}$$

$$\xi \equiv \frac{Nh^3}{V}(2\pi mkT)^{-3/2} (\text{与 (40) 式比较}) \tag{19-50}$$

$$\ll 1$$

以最轻之气体氢言, 在通常温度及密度 $\frac{N}{V}$ 下,

$$\xi \simeq 10^{-4} \tag{19-51}$$

故在通常温度及密度情形下, 所有的气体, 皆可应用 B 氏统计.

19.6.2 强简并之 B-E 气体 ($\gamma = 0$ 谓为完全简并)

由 (37) 式, 如 $\gamma = 0$, 则

$$N_j = \frac{G_j}{\mathrm{e}^{\beta\epsilon_j} - 1} \tag{19-52}$$

不再永符合 $\mathrm{e}^{\beta\epsilon_0} \gg 1$ 的条件 (19), 故此气体的性质, 将大异于遵守 B 统计之气体.

由 (44), (46), (46a) 式, 一强简并的 B-E 气体, 有 *

$$N = \frac{V}{h^3}(2\pi mkT)^{3/2}\sum_{n=1}^{\infty}\frac{1}{n^{3/2}} \tag{19-53}$$

$*\sum_{n=1}^{\infty}\frac{1}{n^{3/2}} \cong 2.61$; $\sum_{n=1}^{\infty}\frac{1}{n^{5/2}} \cong 1.34$.

$$= 2.61 \frac{V}{h^3} (2\pi mkT)^{3/2} \tag{19-53a}$$

$$E = \frac{3V}{2h^3} (2\pi mkT)^{3/2} kT \sum_{n=1}^{\infty} \frac{1}{n^{5/2}} \tag{19-54}$$

$$= \frac{3}{2} \frac{N}{\sum n^{-3/2}} kT \sum n^{-5/2} \tag{19-54a}$$

$$= 0.513 \left(\frac{3}{2} NkT \right) \tag{19-54b}$$

气态方程式 (47) 可由 (54b) 得之

$$pV = 0.513NkT$$

$$p = \frac{1}{h^3} (2\pi mkT)^{3/2} kT \times 1.34 \tag{19-55}$$

此气体之压力与体积无关, 只系温度之函数. 故一完全简并的 B-E 气态, 其性质有如古典 B 气体在其临界点之下的情形.

B-E 气体在完全简并态之等体积比热, 由 (54 或 a), 为

$$C_V = \frac{3}{2} \cdot \frac{5}{2} \frac{V}{h^3} (2\pi mkT)^{3/2} k \sum n^{-5/2}$$

$$= \frac{3}{2} \cdot \frac{5}{2} \frac{1.34}{2.61} Nk$$

$$= 1.93R(每克分子) \tag{19-56}$$

此与 Boltzmann 气体之 $C_V = \frac{3}{2}R$ 不同.

强简并 B-E 气态之最好例, 为氦气在极低温的情形. 惟同位素质量为三的氦原子, 其核有二正质子及一中子, 外有二电子, 共有五个自旋为 $\frac{1}{2}$ 的质点, 其所遵守的统计系 F-D 而非 B-E.

19.6.3　爱因斯坦凝结

强简并之 Bose-Einstein 气体, 有一特殊的性质. 爱因斯坦于 1924~1925 年指出下述的 "凝结 (Einstein condensation)" 特性, 为遵守古典统计的气体所无的.

由 (53a) 式, 得见 N 与 T 之 $\frac{3}{2}$ 次方成正比, 故当温度趋近绝对零度时, N 亦趋近于零. 换言之, 按此, 则在 $T \to 0$ 时, 一容器 V 中将不能容有气体, 但这结论显系不合理的, 盖按 Bose-Einstein 统计之基本假定, 一个相空间之室 (cell) 是可以容纳无限数的分子的.

这个矛盾, 是由于前第 (21) 和 (22a) 各式之曾隐含了一个接近假设. 在 (21) 式中, 我们将分子的能 ϵ_p, 视作一连续变数. 实则按量子力学, ϵ_p 应是不连续的. 按 (21) 和 (22a) 式, 则得第 (42) 式, 此式完全忽略了居于能 $\epsilon = 0$ 态的分子. (42) 式 应作下式:

$$N = \sum \frac{G_p}{\mathrm{e}^{-\gamma+\beta\epsilon_p} - 1}$$

$$= \frac{1}{\mathrm{e}^{-\gamma} - 1} + \frac{2\pi V}{h^3} (2mkT)^{3/2} \int_0^\infty \frac{\sqrt{x}\mathrm{d}x}{\mathrm{e}^{-\gamma+x} - 1} \quad \text{(B-E)} \qquad \text{(19-42a)}$$

此式之第二项积分, 乃系 $\epsilon \neq 0$ 各项之和之 (接近) 值. 由 (42a) 式, 得见当 $T \to 0$ 时, 所有的分子都分布于 $\epsilon = 0$ 的态. 这是所 "爱因斯坦凝结" 特性.

由 (42a) 式定 γ(亦如前之由 (44) 及 (49)等式定 γ), 是一很繁难的计算. 结果 略如下: 在一温度 T_0 之下 (T_0 本身为 $\frac{N}{V}$ 之函数), γ 甚近于零 ($\gamma \cong 0$), 故极大部 分的分子皆在 $\epsilon = 0$ 态.

氦 $^4\mathrm{He}$ 分子系具有这 Bose-Einstein 气体特性的最著例子.

19.6.4　强简并之 F-D 气体, $\gamma \gg 1$

由 (37) 式, 得见如 $\gamma \gg 1$, 则 F-D 气体将大异于古典 B 气体.

(43a) 式中之积分 $U(b,\gamma)$, 因 $\gamma \gg 1$, 可按下法 (Sommerfeld 的) 计算之. 兹作 下变换:

$$\gamma y \equiv x - \gamma \qquad \text{(19-57)}$$

故 (43a) 式之积分乃成

$$U(b,\gamma) = \gamma^{b+1} \int_{-1}^\infty \frac{(1+y)^b \mathrm{d}y}{\mathrm{e}^{\gamma y} + 1}$$

$$= \gamma^{b+1} \left[\int_0^1 \frac{(1-y)^b \mathrm{d}y}{\mathrm{e}^{-\gamma y} + 1} + \int_0^\infty \frac{(1+y)^b \mathrm{d}y}{\mathrm{e}^{\gamma y} + 1} \right] \qquad \text{(19-58)}$$

兹用下关系:

$$\int_0^1 (1-y)^b \left[\frac{1}{\mathrm{e}^{-\gamma y} + 1} + \frac{1}{\mathrm{e}^{\gamma y} + 1} \right] \mathrm{d}y = \int_0^1 (1-y)^b \mathrm{d}y$$

$$= \frac{1}{b+1}$$

又

$$\int_0^\infty \frac{(1+y)^b \mathrm{d}y}{\mathrm{e}^{\gamma y} + 1} = \left(\int_0^1 + \int_1^\infty \right) \frac{(1+y)^b \mathrm{d}y}{\mathrm{e}^{\gamma y} + 1}$$

$$\cong \int_0^1 \frac{(1+y)^b \mathrm{d}y}{\mathrm{e}^{\gamma y} + 1}, \quad \text{因} \gamma \gg 1$$

故得

$$U(b, \gamma) = \gamma^{b+1} \left[\frac{1}{b+1} + \int_0^1 \frac{(1+y)^b - (1-y)^b}{1 + e^{\gamma y}} dy \right]$$

$$= \gamma^{b+1} \left[\frac{1}{b+1} + 2 \int_0^1 \frac{1}{1 + e^{\gamma y}} \sum_{j=0}^{\infty} \binom{b}{2j} y^{2j+1} dy \right]$$

$$= \gamma^{b+1} \left[\frac{1}{b+1} + 2 \sum_{k=0} \sum_{j=0} (-1)^k \binom{b}{2j+1} \int_0^1 e^{-(k+1)\gamma y} y^{2j+1} dy \right] \quad (19\text{-}59)$$

此式中之积分, 经变数的变换

$$t \equiv (k+1)\gamma y$$

成下式:

$$\int_0^{(k+1)\gamma} e^{-t} t^{2j+1} dt \simeq \int_0^{\infty} e^{-t} t^{2j+1} dt$$

$$= \Gamma(2j+2)$$

故

$$U(b, \gamma) \cong \gamma^{b+1} \left[\frac{1}{b+1} + 2 \sum_{j=0} C_{2j+2} \binom{b}{2j+1} \frac{1}{\gamma^{2j+2}} \Gamma(2j+2) \right] \quad (19\text{-}60)$$

$$C_{2j+2} = \sum_{k=0}^{\infty} (-1)^k \frac{1}{(k+1)^{2j+2}}$$

$$C_2 = 1 - \frac{1}{2^2} + \frac{1}{3^2} - \frac{1}{4^2} + \cdots = \frac{\pi^2}{12}$$

$$C_4 = \frac{7}{720} \pi^4$$

以 (60) 代入 (42), 即得 $\left(b = \frac{1}{2} \right)$

$$N = \frac{4\pi V}{3h^3} (2mkT)^{3/2} \gamma^{3/2} \left[1 + \frac{\pi^2}{8\gamma^2} + \frac{7\pi^4}{320\gamma^4} + \cdots \right] \quad (19\text{-}61)$$

由此以逐步求近法, 得

$$\gamma = \xi \left[1 - \frac{\pi^2}{12\xi^2} \cdots \right] \quad (19\text{-}62)$$

$$\xi = \left(\frac{3N}{4\pi V} \right)^{2/3} \frac{h^2}{2mkT} (\gg 1) \quad (19\text{-}63)$$

以银金属为例. 在通常温度下 (以每一原子提供一个电子计),

$$\xi \simeq \gamma = \left(\frac{3N}{4\pi V}\right)^{2/3} \frac{h^2}{2mkT} \tag{19-64}$$

$$\simeq 200 \tag{19-64a}$$

故金属中之电子, 形成一强简并的 F-D 气体. 这是由于电子之质量 m 值小之故.

兹欲计算此气体之能量, 使 $b = \frac{3}{2}$ 代入 (60) 式, 即得

$$E = \frac{4\pi V}{5h^3}(2mkT)^{3/2}\gamma^{5/2}kT\left[1 + \frac{5\pi^2}{8\gamma^2} + \cdots\right]$$

用 (61),

$$= \frac{3}{10}\frac{Nh^2}{m}\left(\frac{3N}{4\pi V}\right)^{2/3}\left[1 + \frac{5\pi^2}{12\xi^2} + \cdots\right] \tag{19-65}$$

用 (62)

$$\cong \frac{3}{5}\gamma NkT \tag{19-66}$$

由 (65), (64) 式, 在 $T = 0$ 时, 所谓 "零点能" 乃

$$E_{T=0} = \frac{3}{10}\frac{Nh^2}{m}\left(\frac{3N}{4\pi V}\right)^{2/3} \tag{19-67}$$

而按 (66), 全部气体之能 (所谓 "Fermi 海" 之能), 即等于此

$$E = \frac{3}{5}\gamma NkT = E_{T=0} \tag{19-67a}$$

由 (42) 式,

$$N = \frac{2\pi V}{h^3}(2m)^{3/2}\int_0^\infty \frac{\sqrt{\epsilon}\,\mathrm{d}\epsilon}{e^{-\gamma+\epsilon/kT}+1}, \quad \gamma \gg 1$$

兹定义强简并 Fermi 分布之 "最大 ϵ" ϵ_{m}, 为

$$N = \frac{2\pi V}{h^3}(2m)^{3/2}\int_0^{\epsilon_{\mathrm{m}}} \sqrt{\epsilon}\,\mathrm{d}\epsilon \tag{19-68}$$

$$= \frac{4\pi V}{h^3}\int_0^{p_{\mathrm{m}}} p^2\,\mathrm{d}p$$

p_{m} 乃最大 p, 亦即 $\frac{1}{2m}p_{\mathrm{m}}^2 = \epsilon_{\mathrm{m}}$. 上式乃谓由 $\epsilon = 0$ 至 $\epsilon = \epsilon_{\mathrm{m}}$, 每一单位相室 h^3 有一质点. 由 (65) 式, 得

$$\epsilon_{\mathrm{m}} = \frac{h^2}{2m}\left(\frac{3N}{4\pi V}\right)^{2/3}$$

$$= \xi kT (\text{由}(63)) \tag{19-69}$$

一强简并 F-D 气体之分布 (37) 式,

$$\frac{N_j}{G_j} = \frac{1}{1 + e^{-\gamma + \epsilon/kT}} \tag{19-70}$$

$$= \begin{cases} 1 & \text{当}\epsilon \ll \epsilon_m \\ \frac{1}{2} & \text{当}\epsilon = \epsilon_m \\ 0 & \text{当}\epsilon > \epsilon_m \end{cases} \tag{19-71}$$

(70) 式如图 19.2 所示.

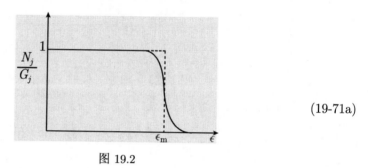

$$\tag{19-71a}$$

图 19.2

温度 T 愈低, 则在分布线 ϵ_m 处之坡度愈大. 当 $T \to 0$ 时, 则分布线成梯形如图中之虚线.

19.7　金属中之电子、原子分子中之电子

前在 (64a) 式已见在金属中的 "自由电子", 其 γ 值约为 200, 故成一强简并的 F-D 气体. 1928 年 Sommerfeld 首次应用 F-D 统计于金属中的电子, 解释了金属的比热的一个谜 (参阅《量子论与原子结构》甲部第 13 章第 1 节及第 11 章第 5 节 (5)).

由 (65) 式, 即得等体积比热

$$C_V = \left(\frac{\partial E}{\partial T}\right)_V = \frac{\pi^2 m}{h^2} \left(\frac{4\pi V}{3N}\right)^{2/3} Nk^2 T \tag{19-72}$$

$$= \frac{\pi^2}{2\xi} Nk (\text{用 } (63) \text{ 式})$$

$$S = \int_0^T \frac{1}{T} C_V \mathrm{d}T = C_V$$

以一克原子之银计 ($\xi \simeq 200$, 见 (64a) 式), 则在室温下,

$$C_V = 0.024R \tag{19-72a}$$

此值远小于古典统计 (按能量等分配定律) 之值 $\frac{3}{2}R$ 也. 按 (72) 式, 电子之比热, 需在高温时 ($T \simeq 10^{4\circ}K$) 始及古典值之半.

F-D 统计之另一应用, 系 1927 年 L. H. Thomas 及 1928 年 Fermi 之原子的统计电位理论. 兹考虑一原子, 原子核之正电荷为 Ze. 使电子与核之距离为 r. 兹假设原子核和其他 $Z-1$ 个电子所产生的电位系有球心对称性的 $U(r)$. 故电子的能量为

$$\epsilon = -eU + \frac{1}{2}mv^2 < 0 \tag{19-73}$$

$$\lim_{r \to 0} rU = Ze, \quad \lim_{r \to \infty} rU = 0 \tag{19-74}$$

F-D 分布函数 N_p 由 (22), (37) 式为

$$N_p \mathrm{d}p = 2\frac{4\pi V}{h^3}\frac{1}{e^{-\gamma + \beta\epsilon} + 1}p^2 \mathrm{d}p \tag{19-75}$$

此式之 2 乘因数, 系由于每 h^3 室中有两个相反的自旋角动量电子而来的. 如以 (73) 代入此式, 则可写作

$$N_p \mathrm{d}p = \frac{8\pi V}{h^3}\frac{1}{e^{-\gamma' + \beta\epsilon_p} + 1}p^2 \mathrm{d}p, \tag{19-76}$$

$$\gamma' \equiv \gamma + \beta eU, \quad \epsilon_p = \frac{1}{2m}p^2 \tag{19-77}$$

按 (61) 式, 电子之密度 $\frac{N}{V}$ 为 [以 (76) 中之 γ' 代入 (61) 式]

$$n = \frac{N}{V} = \frac{8\pi}{3}\left(\frac{2mkT}{h^2}\right)^{3/2}(\gamma')^{3/2} \tag{19-78}$$

兹计算 (77) 式中 γ 及 βeU 二项之值. 原子中电子密度, 约为 $10^{25}/\mathrm{cm}^3$. 按 (63) 式, 则

$$\gamma \cong \xi \cong 10^4. \tag{19-79}$$

$\beta eU(r)$ 之值, 如以距原子核甚近处计算 ($r \simeq \frac{1}{10}a_0, a_0$ 为 Bohr 的氢轨半径 $a_0 = \left(\frac{h}{2\pi e}\right)^2\frac{1}{m} = 0.58 \times 10^{-8}\mathrm{cm}$), 设 $Z = 40$, 则

$$\beta eU(r) \simeq 10^6 \tag{19-80}$$

故可略去 γ 而使

$$\gamma' = \beta e U \tag{19-81}$$

以此代入 (78) 式, 则得电密度 ρ

$$\rho = -ne$$

$$\rho = -\frac{8e}{3\sqrt{\pi}} \left(\frac{2\pi me}{h^2}\right)^{3/2} U^{3/2} \equiv -\frac{1}{4\pi} A U^{3/2} \tag{19-82}$$

此 ρ 与 U 之关系, 假设其为古典的 Poisson 方程式

$$\nabla^2 U = -4\pi\rho \tag{19-83}$$

如 $U(r)$ 系有圆心对称性 (如在原子的情形), 则此式成

$$\frac{\mathrm{d}^2 U}{\mathrm{d}r^2} + \frac{2}{r}\frac{\mathrm{d}U}{\mathrm{d}r} = A U^{3/2} \tag{19-83a}$$

解此式的边界条件为

$$\lim_{r \to 0} (rU) = Ze \qquad \text{(见 (74) 式)}$$

$$4\pi \int_0^\infty n(r) r^2 \mathrm{d}r = Z \quad \text{(总电子数)} \tag{19-84}$$

兹作下述的变换, 引入无因次之长度 x

$$x = (ZeA^2)^{1/3} r = \left(\frac{128Z}{9\pi^2}\right)^{1/3} \frac{r}{a_0}, \quad a_0 = \text{Bohr 半径}$$

$$U(r) = Zer\phi(x) \tag{19-85}$$

则 (83a), (84) 式成

$$\frac{\mathrm{d}^2\phi}{\mathrm{d}x^2} + \frac{\phi^{3/2}}{\sqrt{x}} \tag{19-86}$$

$$\phi(0) = 1, \lim_{x \to \infty} \phi(x) = 0 \quad \text{(见 (74) 式)}$$

$$\int_0^\infty \sqrt{x}\phi^{3/2}(x)\mathrm{d}x = 1 \tag{19-87}$$

(86) 式在 (87) 条件下之解, 可以计算机得之. (见《量子论与原子结构》乙部第 9 章)

此 Thomas-Fermi 统计位函数 $U(r) = Zer\phi(x)$ 的应用颇广, 详可参考 P. Gombas: *Die Statistische Theorie des Atoms und Ihre Anwendungen* (1949) 书.

19.8 量子统计对金属输运性质之应用

第 9 章述气体运动论对热之传导现象的处理. 第 13 章述热之传导及电之传导现象, 在所谓 "不可逆热力学" 中的讨论. 在金属中, 热及电之传导, 皆借电子. 在电子力学发展之前, Lorentz 之电子理论, 对这些现象, 皆有根据 Boltzmann 统计之理论及计算.

设金属中之自由电子 (即导电及导热之电子, 在金属中可自由移动者) 之分布函数为

$$f(\boldsymbol{r}, \boldsymbol{v}, t) \equiv f(x, y, z, v_x, v_y, v_z, t) \tag{19-88}$$

$$n(\boldsymbol{r}, t) = \int f(\boldsymbol{r}, \boldsymbol{v}, t) \mathrm{d}\boldsymbol{v} \tag{19-88a}$$

$$\int n(r, t) \mathrm{d}r = N$$

则电流密度 I 及热通量 J (其 x 分量) 为

$$I_x = \int e v_x f \mathrm{d}\boldsymbol{v} \tag{19-89}$$

$$J_x = \frac{1}{2} m \int v^2 v_x f \mathrm{d}\boldsymbol{v} \tag{19-89a}$$

导电系数 σ 及导热系数 κ 为

$$\boldsymbol{I} = \sigma \boldsymbol{E} = -\sigma \nabla \phi \tag{19-90}$$

$$\boldsymbol{J} = -\kappa \nabla T \tag{19-91}$$

Drude 按 Lorentz 之电子理论, 计算此二系数, 得下述的结果:

$$\frac{\kappa}{\sigma T} = 2 \left(\frac{k}{e} \right)^2$$

$$= 1.49 \times 10^8 (\mathrm{erg/e.m.u.degree})^2 \tag{19-92}$$

$k = \dfrac{R}{N}$ =Boltzmann 常数, e 为电子的电荷. (92) 式与由实验结果的关系 —— Wiedemann-Franz 定律 —— 形式相符

$$\frac{\kappa}{\sigma T} = (2.3 - 2.5) \times 10^8 \quad (\text{同上单位}) \tag{19-93}$$

惟系数的数值不甚符.

本节将述 Sommerfeld 应用 F-D 统计于同此问题的结果.

按 (75) 式, 电子的分布为

$$dN = \frac{2m^3V}{h^3} \frac{1}{1 + e^{-\gamma+\beta\epsilon}} dv_x dv_y dv_z, \quad \epsilon = \frac{1}{2}mv^2 \qquad (19\text{-}94)$$

兹用 (88), (88a) 式中之 f 函数, 并使 f_0 为局部平衡态 (localequilibrium) 之值,

$$dN = f_0 V dv_x dv_y dv_z \qquad (19\text{-}95)$$

f_0 系 v_x, v_y, v_z, T 及 γ 之函数,

$$f_0 = \frac{2m^3}{h^3} \frac{1}{1 + e^{-\gamma+\beta\epsilon}} \qquad (19\text{-}96)$$

由于 T 及 γ 系坐标 r 的函数, 故 f_0 亦系 r 的函数.

兹以一金属杆, 顺置于一电场 E, 如图 19.3 所示. 按 (8-15a), f 之 Boltzmann 方程式为

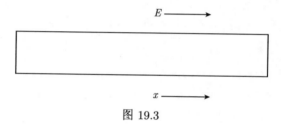

图 19.3

$$\frac{\partial f}{\partial t} + \frac{\partial f}{\partial x} v_x + \frac{eE}{m} \frac{\partial f}{\partial v_x} = \left(\frac{\partial f}{\partial t}\right)_{\text{coll.}} \qquad (19\text{-}97)$$

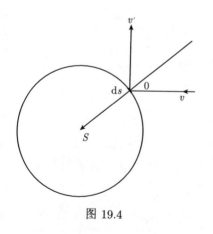

图 19.4

此处之撞碰, 乃指电子与金属原子的散射而言. 这些原子, 可视作静止的. 电子与其他电子之散射, 在此问题中, 都是忽略不考虑的.*

为简单计, 设视电子与原子的撞碰, 如图 19.4 所示. 原子为一弹性球, 半径为 a. 设电子之速度为 v, dS, 为一面积素, 其向内之单位法线向量为 s, ϑ 为 v 与 s 之夹角. n 为每单位体积的电子数. 由此, 每秒每单位体积中, 一个原子与速度在 v_x, v_y, v_z 与 $v_x + dv_x$, $u_y + du_y$, $v_z + dv_z$ 间之电子的撞碰数为

---

* 电子与电子的散射, 不改变所有电子之动量, 故其对电或热的传导的影响, 不如与原子撞碰的大. 但严格言之, 电子与电子的撞碰, 是不应完全忽略去的.

$$\mathrm{d}v_x\mathrm{d}v_y\mathrm{d}v_z \int nf(\boldsymbol{r},\boldsymbol{v})v\cos\vartheta\mathrm{d}S$$

$$= \mathrm{d}v_x\mathrm{d}v_y\mathrm{d}v_z \int nfv\cos\vartheta a^2\mathrm{d}\omega \tag{19-98}$$

$\mathrm{d}\omega = \dfrac{\mathrm{d}S}{a^2}$ 为立体角. 在一个 Fermi 气体 (电子) 中, 相空间之每一个单位室, 只能容 (两) 电子. 故只当散射后的电子的相末已被占据时, (98) 式之散射才可能发生. 如散射后电子的速度为 v' (图 19.4), (98) 式应修正为

$$\mathrm{d}v_x\mathrm{d}v_y\mathrm{d}v_z \int \left(1 - \frac{h^3}{2m^3}f(\boldsymbol{r},\boldsymbol{v}')\right) nf(\boldsymbol{r},\boldsymbol{v})v\cos\vartheta a^2\mathrm{d}\omega \tag{19-99}$$

如 $\dfrac{h^3}{2m^3}f(\boldsymbol{r},\boldsymbol{v}')=1$, 则上式等于零, 意谓 v' 的 "位已满" 了. (99) 式乃 $f(\boldsymbol{r},\boldsymbol{v})$ 的减少率 (每秒每单位体积的减少数). 但亦有其他电子经散射后其速度成 $\boldsymbol{v}$ 者. 这样的散射, 使 $f(\boldsymbol{r},\boldsymbol{v})$ 增加. 同上得 (99) 式之理, 此增加率为

$$\mathrm{d}v_x\mathrm{d}v_y\mathrm{d}v_z \int \left(1 - \frac{h^3}{2m^3}f(\boldsymbol{r},\boldsymbol{v}')\right) nf(\boldsymbol{r},\boldsymbol{v}')v\cos\vartheta a^2\mathrm{d}\omega^* \tag{19-100}$$

故 $f(\boldsymbol{r},\boldsymbol{v})$ 的净增加率为

$$\left(\frac{\partial f}{\partial t}\right)_{\text{coll.}}\mathrm{d}v_x\mathrm{d}v_y\mathrm{d}v_z =$$

$$(100)-(99) = \mathrm{d}v_x\mathrm{d}v_y\mathrm{d}v_z \int n(f(\boldsymbol{r},\boldsymbol{v}') - f(\boldsymbol{r},\boldsymbol{v}))v\cos\vartheta a^2\mathrm{d}\omega \tag{19-101}$$

现在作些假设, 使问题的计算简单些:

(i) 假设 $f(\boldsymbol{r},\boldsymbol{v})$ 与局部平衡的 f_0 之差别甚小, 且可写作下式:

$$f(\boldsymbol{r},\boldsymbol{v}) = f_0 + \chi(x,v^2)v_x \tag{19-102}$$

(ii) 由于假设原子为一光滑圆球 (图 19.4), 故

$$v^2 = v'^2, \chi(x,v^2) = \chi(x,v'^2)$$

$$\boldsymbol{v} - \boldsymbol{v}' = 2(\boldsymbol{v}\cdot\boldsymbol{s})\boldsymbol{s} = 2v\cos\vartheta s \tag{19-103}$$

以上代入 (101) 式, 即得

---

* (100) 式积分内应系 $v'\cos\vartheta'$, 惟由对称关系 (图 19.4), $v'\cos\vartheta' = v\cos\vartheta$.

$$\left(\frac{\partial f}{\partial t}\right)_{\text{coll.}} = -2na^2v^2\chi(x,v^2)\int s_x\cos^2\vartheta\,\mathrm{d}\omega^* \tag{19-104}$$

$$= -\pi a^2 nv\chi v_x \tag{19-105}$$

以此代入 (97) 式, 即得 $(|\chi v_x| \ll |f_0|)^{**}$

$$\frac{\partial f_0}{\partial x} + \frac{eE}{mv}\frac{\partial f_0}{\partial v} = -\pi a^2 nv\chi \tag{19-106}$$

兹引入 "平均自由径"(见下文 (114) 式下的一段)

$$\lambda = \frac{1}{\pi na^2} \tag{19-107a}$$

(106) 式可写成下式:

$$\chi(x,v^2) = -\frac{\lambda}{v}\left(\frac{\partial f_0}{\partial x} + \frac{eE}{mv}\frac{\partial f_0}{\partial v}\right) \tag{19-107}$$

现可计算 (89) 式之电流密度 I 及 (89a) 之热通量 J. 按 (69)f_0 式, f_0 在速度空间是各方同性的, 故

$$\int v_x f_0\mathrm{d}v = 0, \quad \int v^2 v_x f\mathrm{d}v = 0$$

故由 (89), (89a), (102), (107) 式, 即得

$$I = \iiint ev_x^2\chi\mathrm{d}v_x\mathrm{d}v_y\mathrm{d}v_z = \frac{4\pi e}{3}\int_0^\infty v^4\chi\mathrm{d}v$$

$$= \frac{4\pi e}{3}\left[-\int_0^\infty \lambda v^3\frac{\partial f_0}{\partial x}\mathrm{d}v + \frac{eE}{m}\int_0^\infty f_0\frac{\partial}{\partial v}(\lambda v^2)\mathrm{d}v\right] \tag{19-108}$$

$$J = \frac{2\pi m}{3}\left[-\int_0^\infty \lambda v^5\frac{\partial f_0}{\partial x}\mathrm{d}v + \frac{eE}{m}\int_0^\infty f_0\frac{\partial}{\partial v}(\lambda v^4)\mathrm{d}v\right] \tag{19-109}$$

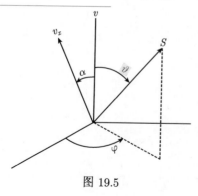

图 19.5

* 计算此积分, 可取 v 为极轴, 如图 19.5 所示. 按球面三角,

$$s_x = \cos sx = \cos\alpha\cos\vartheta + \sin\alpha\sin\vartheta\cos\varphi$$

$$= \frac{v_x}{v}\cos\vartheta + \frac{\sqrt{v_y^2 + v_z^2}}{v}\sin\vartheta\cos\varphi$$

$$\mathrm{d}\omega = \sin\vartheta\mathrm{d}\vartheta\mathrm{d}\varphi$$

$$\int s_x\cos^2\vartheta\mathrm{d}\omega = \frac{\pi v_x}{2v} \tag{19-104a}$$

$$^{**}\ \frac{\partial f_0}{\partial v_x} = \frac{\partial f_0}{\partial v}\frac{\partial v}{\partial v_x} = \frac{v_x}{v}\frac{\partial f_0}{\partial v}.$$

兹作下列的变换：

$$\xi \equiv \frac{mv^2}{2kT}, \quad L \equiv \lambda v^2$$

$$\lambda v^4 = \frac{2kT}{m}\xi L, \quad \lambda v^2 v\mathrm{d}v = \frac{kT}{m}L\mathrm{d}\xi \tag{19-110}$$

由 (96)f_0 式, 即得

$$\frac{\partial f_0}{\partial x} = -\frac{\partial f_0}{\partial \xi}\left(\frac{\partial \gamma}{\partial x} + \frac{\xi}{T}\frac{\partial T}{\partial x}\right) \tag{19-111}$$

使 A_1, A_2, A_3 代下列各积分：

$$\int_0^\infty \frac{\partial f_0}{\partial x}L\mathrm{d}\xi = -\int_0^\infty f_0\frac{\partial L}{\partial \xi}\mathrm{d}\xi \equiv -A_1$$

$$\int_0^\infty \frac{\partial f_0}{\partial x}\xi L\mathrm{d}\xi = -\int_0^\infty f_0\frac{\partial (L\xi)}{\partial \xi}\mathrm{d}\xi \equiv -A_2 \tag{19-112}$$

$$\int_0^\infty \frac{\partial f_0}{\partial x}\xi^2 L\mathrm{d}\xi = -\int_0^\infty f_0\frac{\partial (L\xi^2)}{\partial \xi}\mathrm{d}\xi \equiv -A_3$$

则 (108), (109) 式可写为

$$\boldsymbol{I} = \frac{4\pi e}{3m}\left[eA_1\boldsymbol{E} - kTA_1\frac{\partial \gamma}{\partial x} - kTA_2\frac{1}{T}\frac{\partial T}{\partial x}\right] \tag{19-113}$$

$$\boldsymbol{J} = \frac{4\pi e}{3m}\left[kTA_2\boldsymbol{E} - \frac{(kT)^2}{e}A_2\frac{\partial \gamma}{\partial x} - \frac{(kT)^2}{e}A_3\frac{1}{T}\frac{\partial T}{\partial x}\right] \tag{19-114}$$

此二式中, I 式 $\frac{1}{T}\frac{\partial T}{\partial x}$ 项之系数, 与 J 式 $\nabla\phi = -E$ 之系数皆为 $\frac{4\pi e}{3m}kTA_2$. 此正符合 Onsager 之 Reciprocity 关系. 见第 13 章, (13-47a, b), (13-58), (13-64), (13-66) 各式.

欲计算 (90), (91) 式中之导电系数 σ 及导热系数 κ, 需计算 (112) 式的 A_1, A_2, A_3 积分. 积分中之 λ 之定义为 (107a) 式, 不能视为一常数, 盖电子与原子的散射, 不能以半径为固定的 a 的圆球视原子, 而应视 λ 为散射截面 πa^2 的函数, 而此 πa^2 乃电子与原子的相对速度 v 的函数也. 换言之, λ 乃 v 的函数, 或 $\lambda = \lambda(\xi)$. 但除非按量子力学详细的计算 λ(或截面 πa^2), 我们不知 $\lambda(\xi)$ 函数的形式. 但如我们假设 $\lambda(\xi)$ 可对 ξ 展开,

$$\lambda(\xi) = \sum_{j=0}^\infty B_j\xi^j \tag{19-115}$$

则 (112) 式之 A_1 为

$$A_1 = \frac{2kT}{m}\sum_{j=0}^\infty (j+1)B_j\int_0^\infty f_0\xi^j\mathrm{d}\xi$$

$$= \frac{2kT}{m} \cdot \frac{2m^3}{h^3} \sum (j+1)B_j \int_0^\infty \frac{\xi^j}{1+\mathrm{e}^{-\gamma+\xi}} \mathrm{d}\xi$$

此积分正是 (43a) 式的 $U(j,\gamma)$, 其值已于第 (60) 式获得者. 由 (64a), 我们已知在金属中, γ 之值甚大 ($\gamma \simeq 200$). 故取 (60) 式之第一项已足,

$$A_1 = \frac{2kT}{m} \cdot \frac{2m^3}{h^3} \gamma \sum B_j \gamma^j$$

$$= \frac{2kT}{m} \cdot \frac{2m^3}{h^3} \gamma \lambda(\gamma), \quad \text{用 (115) 式} \tag{19-116}$$

由 (90) 与 (113) 式, 可得

$$\sigma = \frac{4\pi e^2}{3m} A_1 \tag{19-117}$$

$$= \frac{16\pi m e^2 kT}{3h^3} \gamma \lambda(\gamma)$$

$$= \frac{8\pi e^2}{3h} \left(\frac{3N}{8\pi V}\right)^{2/3}, \quad \lambda(\gamma) \text{用 (64) 式之 } \gamma \tag{19-118}$$

因 γ 系 T 之函数, 故 σ 亦系 T 之函数.*

次乃计算导热系数 κ. 由 (113) 式, 得见即使 $I=0$ 时, 如有 T 之梯度 $\frac{\partial T}{\partial x} \neq 0$ 或 $\frac{\partial \gamma}{\partial x} \neq 0$(即金属杆不均匀的情形), 则有电场 E 的产生,

$$eE - kT\frac{\partial \gamma}{\partial x} = k\frac{A_2}{A_1}\frac{\partial T}{\partial x} \tag{19-119}$$

以此代入 (114) 式, 即得

$$J = -\frac{4\pi k^2 T}{3m}\left(A_3 - \frac{A_2^2}{A_1}\right)\frac{\partial T}{\partial x} \tag{19-120}$$

故

$$\kappa = -\frac{4\pi k^2 T}{3m} A_2 \left(\frac{A_3}{A_2} - \frac{A_2}{A_1}\right) \tag{19-121}$$

A_2, A_3 积分法, 与上计算 A_1 的相似, 但我们作些近似假设, 略去在导数 $\left(\dfrac{\mathrm{d}\lambda}{\mathrm{d}\xi}\right)_{\xi=\gamma}$, $\left(\dfrac{\mathrm{d}^2\lambda}{\mathrm{d}\xi^2}\right)_{\xi=\gamma}$ 之项. 结果可综结为

$$\frac{A_2}{A_1} \simeq \gamma + \frac{4C_2}{\gamma} \tag{19-122}$$

---

* 由实验结果之估计, 以铜言, 在 $T = 1000°C$ 时, $\lambda \simeq 7×10^{-7}$cm, 在 $T = -200°C$ 时, $\lambda \simeq 4×10^{-5}$cm.

$$\frac{A_3}{A_2} \simeq \gamma + \frac{8C_2}{\gamma}$$

C_2 为 (60) 式中之 $\dfrac{\pi^2}{12}$. 以此代入 (121) 式, 即得

$$\kappa = \frac{4\pi k^2 T}{3m} \cdot \frac{\pi^2}{3\gamma} A_2 \tag{19-123}$$

由 (117) 及 (122), 即得

$$\frac{\kappa}{\sigma T} = \frac{\pi^2}{3} \left(\frac{k}{e}\right)^2 \tag{19-124}$$

$$= 2.44 \times 10^8 (\text{erg/e.m.u.degree}) \tag{19-125}$$

此式即 Wiedemann-Franz 定律; 其数值与许多金属的实验值甚相符 (见 (93) 式, 较 Lorentz-Drude 的结果 (92) 式之值 1.49×10^8 为佳).

19.9 量子统计对电热现象之应用

第 13 章曾从所谓 "不可逆热力学"(热力学加入气体运动论 (输运过程) 的观念) 研讨几个热电现象, 如 Thomson, Seebeck, Peltier 等效应. 本节将应用 Fermi-Dirac 统计于这些效应的系数的计算 (与由古典统计及 Lorentz 之电子理论所得之结果比较之).

19.9.1 Thomson 效应

由第 13 章 (13-54) 式, 在稳定电流情形下, 我们已获下述的能之方程式

$$\frac{\partial Q}{\partial t} = \frac{1}{\sigma} I^2 + \text{div}(\kappa \nabla T) + \sigma I \cdot \nabla T \tag{19-126}$$

左方系每单位体积的能之增加率. 右方第一项系 Joule 热产生率, 第二项热由传导的产生率; 第三项则系 Thomson 热. 前节已由量子统计计算 σ 及 κ 两系数 (其比例, (124) 式). 本节将以量子统计计算 Thomson 系数 σ, Peltier 系数 Π_{AB} 等.

由 (113) 式, 用 (117) 式, 即得

$$E = \frac{1}{\sigma} I + \frac{1}{e} kT \frac{\partial \gamma}{\partial x} + \frac{k}{e} \frac{A_2}{A_1} \frac{\partial T}{\partial x} \tag{19-127}$$

由 (114) 式, 与 (113) 式消去 $eE - kT\dfrac{\partial \gamma}{\partial x}$ 并用 (121) 式, 即得

$$J = \frac{kT}{e} \frac{A_2}{A_1} I - \kappa \frac{\partial T}{\partial x} \tag{19-128}$$

以此二式代入能之方程式

$$\frac{\partial Q}{\partial t} = IE - \mathrm{div}J \tag{19-129}$$

即得

$$\frac{\partial Q}{\partial t} = \frac{1}{\sigma}I^2 + \frac{\partial}{\partial x}\left(\kappa\frac{\partial T}{\partial x}\right) + \frac{kT}{e}\frac{\partial}{\partial x}\left(\gamma - \frac{A_2}{A_1}\right)I \tag{19-130}$$

由 (122) 式及 (64) 式, 即得

$$\frac{\partial}{\partial x}\left(\gamma - \frac{A_2}{A_1}\right) = -\frac{\partial}{\partial T}\left(\frac{4C_2}{\gamma}\right)\frac{\partial T}{\partial x} \tag{19-131}$$

$$= -\frac{2\pi^2 mk}{3h^2}\left(\frac{8\pi V}{3N}\right)^{2/3}\frac{\partial T}{\partial x} \tag{19-131a}$$

(此处 $8\pi V$ 代替 (64) 式中之 $4\pi V$, 因电子有自旋故.)

以此式代入 (130), 并与由经验得来的 (126) 式比较, 即得 Thomson 系数

$$|\sigma| = \frac{2\pi^2 mk^2 T}{3eh^2}\left(\frac{8\pi V}{3N}\right)^{2/3} \tag{19-132}$$

以银在 $T = 300\mathrm{K}$ 计, 此理论 σ 值为

$$\sigma = 1.5 \times 10^{-6}\mathrm{V}/^\circ\mathrm{C} \tag{19-132a}$$

实验值为

$$\sigma = 1.2 \times 10^{-6}\mathrm{V}/^\circ\mathrm{C} \tag{19-133}$$

按古典 Boltzmann 统计, e^γ 为 (40) 式. 如以此式计算 A_1, A_2 等积分, 则 σ 为一常数 (各金属皆同此)

$$\sigma = \frac{3k}{2e} \cong 100 \times 10^{-6}\mathrm{V}/^\circ\mathrm{C} \tag{19-134}$$

远大于实验值 (133) 及量子统计的结果 (132).

上述 Sommerfeld 的理论, 虽有近似性的假设, 但无疑的可显示金属中之电子, 遵守 F-D 统计也. 此理论只能得 σ 之绝对值如 (132), 未能辨其正负性.

19.9.2　Seeback 效应

第 13 章第 2 节述 Seeback 现象, 并定义此效应系数 $\epsilon(\mathrm{V}/^\circ\mathrm{C})$[见 (13-36, 13-37) 式]. 本节将计算 ϵ 之理论公式.

设以 A, B 两不同金属, 直连如图 19.6 所示. 两端及接连处之温度亦如下图.

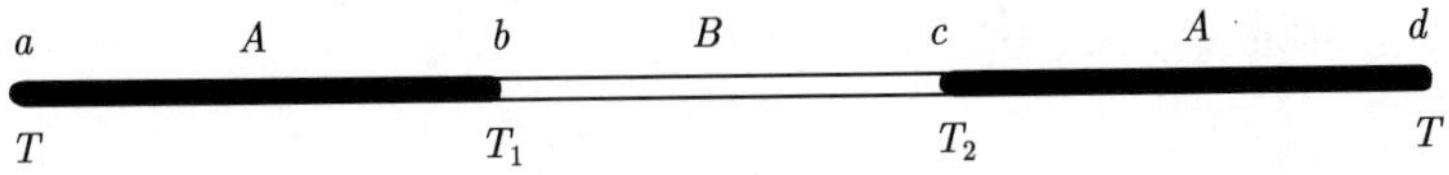

图 19.6

因无电流, 故由 (113) 式即得 (119) 式

$$E = \frac{k}{e}\frac{A_2}{A_1}\frac{\partial T}{\partial x} + \frac{kT}{e}\frac{\partial \gamma}{\partial x} \qquad (19\text{-}135)$$

a, d 两点的电位差 $V_{ad} = V(d) - V(a)$, 按 (135) 式, 可计算之.

$$\begin{aligned}
V_{ad} &= \int_a^d E\mathrm{d}x = \frac{k}{e}\int_a^d \frac{\partial T}{\partial x}\frac{A_2}{A_1}\mathrm{d}x + \frac{k}{e}\int_a^d T\frac{\partial \gamma}{\partial x}\mathrm{d}x \\
&= \frac{k}{e}\int_a^d \frac{\partial T}{\partial x}\left(\gamma + \frac{\pi^2}{3\gamma}\right)\mathrm{d}x + \frac{k}{e}\int_a^d T\frac{\partial \gamma}{\partial x}\mathrm{d}x, \text{用 (122)} \\
&= \frac{k}{e}\int_a^d \mathrm{d}(T\gamma) + \frac{k\pi^2}{3e}\int_a^d \frac{\mathrm{d}T}{\gamma} \\
&= \frac{k\pi^2}{3e}\left[\int_T^{T_1}\frac{\mathrm{d}T}{\gamma_A} + \int_{T_1}^{T_2}\frac{\mathrm{d}T}{\gamma_B} + \int_{T_2}^{T}\frac{\mathrm{d}T}{\gamma_A}\right] \\
&= \frac{\pi^2 k}{3e}\left[\int_{T_1}^{T_2}\left(\frac{1}{\gamma_B} - \frac{1}{\gamma_A}\right)\mathrm{d}T\right] \qquad (19\text{-}136)
\end{aligned}$$

由 (64) 式,

$$V_{ad} = \frac{\pi^2 k}{3e}\frac{2mk}{h^2}\left(\frac{8\pi}{3}\right)^{2/3}\int_{T_1}^{T_2}\left[\left(\frac{V}{N}\right)_B^{2/3} - \left(\frac{V}{N}\right)_A^{2/3}\right]T\mathrm{d}T \qquad (19\text{-}137)$$

$$= \frac{\pi^2 k^2 m}{3eh^2}\left(\frac{8\pi}{3}\right)^{2/3}\left[\left(\frac{V}{N}\right)_B^{2/3} - \left(\frac{V}{N}\right)_A^{2/3}\right](T_2^2 - T_1^2) \qquad (19\text{-}138)$$

(略去 $\dfrac{V}{N}$ 对温度才改变, 盖固体之膨胀系数甚小也.)

按 (138) 式, 以银–钠之温度热偶 (在 0°C) 计,

$$V_{ad} \simeq 1.0 \times 10^{-6}\mathrm{V}/°\mathrm{C} \qquad (19\text{-}138a)$$

实验结果为

$$V_{ad} \simeq 3.00 \times 10^{-6}\mathrm{V}/°\mathrm{C} \qquad (19\text{-}139)$$

按古典 Lorenlz 电子理论, 则

$$V_{ad} = \frac{k}{e} \left[\ln \left(\frac{N}{V} \right)_B - \ln \left(\frac{N}{V} \right)_A \right] (T_2 - T_1) \tag{19-140}$$

$$\simeq 72 \times 10^{-6} \text{V}/^\circ\text{C} \tag{19-140a}$$

19.9.3　Peltier 效应

第 13 章第 2 节述 Peltier 现象及定义 Peltier 系数 (13-18), (13-38) 式. 本节将按量子统计计算 Peltier 系数 Π.

由上 (130) 式, 如温度梯度 $\dfrac{\partial T}{\partial x} = 0$, 又无 Joule 热, 则

$$\frac{\partial Q}{\partial t} = \frac{kT}{e} \frac{\partial}{\partial x} \left(\gamma - \frac{A_2}{A_1} \right) I \tag{19-141}$$

以此与 (13-18) 式 Π_{AB} 之定义比较, 即得 A, B 两金属之 Π 系数

$$\Pi_{AB} = \frac{kT}{e} \int_A^B \frac{\partial}{\partial x} \left(\gamma - \frac{A_2}{A_1} \right) \mathrm{d}x = \frac{kT}{e} \left[\gamma - \frac{A_2}{A_1} \right]_A^B \tag{19-142}$$

由 (122) 式,

$$\Pi_{AB} = -\frac{\pi^2 kT}{3e} \left[\frac{1}{\gamma_B} - \frac{1}{\gamma_A} \right]$$

$$= -\frac{2\pi^2 m k^2 T^2}{3eh^2} \left(\frac{8\pi}{3} \right)^{2/3} \left[\left(\frac{V}{N} \right)_B^{2/3} - \left(\frac{V}{N} \right)_A^{2/3} \right] \tag{19-143}$$

如 $A=$ 铜, $B=$ 银, 则此理论值为

$$\Pi_{AB} = 100 \times 10^{-6} \text{V} \tag{19-144}$$

此处是正号, 乃谓电流由铜流至银时吸收热. 实验结果为

$$\Pi_{AB} = -30 \times 10^{-6} \text{V} \tag{19-145}$$

(此值不甚准确). 按 Lorentz 电子理论 (用古典统计), 则

$$\Pi_{AB} \cong 9000 \times 10^{-6} \text{V} \tag{19-146}$$

总结本章第 8, 9 两节: 虽则 Sommerfeld 的计算作了若干近似假设, 但无疑的显示量子 (Fermi-Dirac) 统计之于金属内自由电子, 远胜于古典 (Boltzmann) 统计.

习　　题

1. 试从下述的观点, 导出辐射的平均能 (见 (11), (12) 式):

$$\overline{E} = \frac{h\nu}{e^{\beta h\nu} - 1}$$

有 G 个室, 其中 G_0 个有零个光子, G_1 个有 1 个光子, 余类推, 分布之数目为

$$W = \frac{G!}{\Pi G_j!}, j \text{ 之最大值, 是极大的数 } N$$

求在下条件下, W 之最高值:

$$\sum_0^N G_j = G$$

$$\sum_0^N E_j G_j = E$$

如使 $E_j = jh\nu$, 及 $N \to \infty$, 求 G_j, $\overline{E} = \dfrac{E}{G}$.

2. 设一个二原分子之能, 可写成移动能. 转动能及振动能之和

$$E = E_{\text{tr}} + E_{\text{rot}} + E_{\text{uil}}$$

证明其分配函数为

$$Z = \sum e^{-\beta E_{\text{tr}}} \cdot \sum e^{-\beta E_{\text{rot}}} \cdot \sum e^{-\beta E_{\text{uil}}}, \quad \beta = 1/kT$$

3. 设一晶体之振动能为

$$E_n = \sum_{j=1}^{3N} \left(n_j + \frac{1}{2} \right) h\nu_j$$

证明其分配函数为

$$Z = \prod_{j=1}^{3N} \left(\frac{e^{\frac{1}{2}\beta h\nu_j}}{1 - e^{\beta h\nu_j}} \right), \quad \beta = \frac{1}{kT}$$

其熵为

$$S = k \sum_{j=1}^{3N} \left[-\ln(1 - e^{-\beta h\nu_j}) + \frac{\beta h\nu_j}{e^{\beta h\nu_j} - 1} \right]$$

4. 求弱简并的 F-D 气体及弱简并的 B-E 气体之等温压缩系数.

5. 求强简并的 F-D 气体的物态方程式 (近似式). 比较强简并 F-D 气体之等温压缩系数与弱简并 F-D 气体之等温压缩系数.

6. 求强简并 F-D 气体之熵, 至 T^2 项.

7. 金属中之自由电子, 在何温度时不再是简并态?

8. 计算一克分子之氧气体 (B-E 气体) 在其临界温度 T_C 之全部能. ($T_C \simeq 140K$)

第 20 章　量子统计与量子力学

20.1　引　言

第 19 章述 B-E 及 F-D 统计, 是从分配几率的代数组合计算法的观点, 而未提及它们和量子力学的关系. 本章将从量子力学的观点, 来看这两种统计的意义. 下文将用些量子力学的基本知识为出发点.

我们先定义些名词, 略与本章之前的有不同处. 前此我们称一个气体 (或一块金属) 为一个 "系"(system), 一个 "系" 由许多分子构成. 我们引入一个系综的观念, 一个系综乃是想像的许多 (在巨观上) 相同的 "系" 构成的.

现在我们改称原子, 分子 (甚或电子) 等为 "系" (system); 一个由许多 "系" 构成的 (如一个气体), 称为 "系集"(assembly). 在统计力学中, 我们的对象是 "系集"—— 由许多 (数目极大如 10^{23}) 不能辨别的系 (原子等) 构成的. 这个 "不可辨别" 的观念, 是一极基本重要的观念.

为简单而同时显出态函数与系间之交换之对称性关系, 我们取一个系集, 由彼此独立 (无相互作用) 的 N 个系构成的. 每一个系的态函数 ϕ 由 Schrödinger 方程式定之

$$(H(1) - E_k)\phi_k(1) = 0 \tag{20-1}$$

k 代表态 k(所有的量子数), (1) 代表系 1 所有的坐标 (如 q_1, 包括自旋 s_1 等). (1) 可由 (1), (2), $\cdots$ 到 (N). k 则可由 $i, j, k_1 \cdots$ 至无限数. E_k 系在态 k 之能.

系集之 Hamiltonian 及态函数为 (系间无相互作用)

$$H = \sum_{j=1}^{N} H(i) \tag{20-2}$$

$$\Psi(1, 2, \cdots, N) = \prod_{i=1}^{N} \phi_{k_\alpha}^{(i)} \tag{20-3}$$

此处之 $k_\alpha =$ 上述的 $i, j, k, \cdots$ 等量子数组中之任一组,

$$(H - E)\Psi(1, 2, \cdots, N) = 0 \tag{20-4}$$

$$E = E_{k\alpha} + E_{k\beta} + \cdots E_{kN} \tag{20-5}$$

由于系集中各系皆相同 (不可分辨的), 故如将 Ψ 内系 1 和系 2 互调, (原是系 1 在态 k_α, 系 2 在态 k_β, 互调后系 2 在态 k_α, 系 1 在态 k_β), 使 (3) 式中之 $\Psi(1,$

$2, \cdots, N)$ 变为 $\Psi(2, 1, \cdots, N)$, 则 $\Psi(2, 1, \cdots, N)$ 仍系式 (4) 之解, 其能仍为 (5) 式之 E.

如将 N 个系作各互换, 则有 $N!$ 个 Ψ, 每个皆满足 (4) 及 (5) 式. 此 $N!$ 个 Ψ 之任何线性组合, 亦满足 (4) 及 (5) 式. 故 (4) 式有 $N!$ 个线性独立的态函数 Φ_i,

$$\Phi_\mu(1, \cdots, N) = \sum_\nu^{N!} a_{\mu\nu} \Psi_\nu, \quad \mu = 1, 2, \cdots, N!$$
$$= \sum_\nu^{N!} a_{\mu\nu} P_\nu \Psi(1, 2, \cdots, N) \tag{20-6}$$

此处 $\Psi_\nu = P_\nu \Psi(1, 2, \cdots, N)$ 乃谓 Ψ_ν 是由 (3) 式之 $\Psi(1, 2, \cdots, N)$ 作若干个系的互换而成的.

现我们引入 Pauli 原则的一般化形式*, 即谓系集中任何两个系的互换, 皆导致 $\Phi(1, 2, \cdots, N)$ 改变其正负号. 由这个条件, 上述的 $N!$ 个 $\Phi_\mu(1, 2, \cdots, N)$, 只有一个有此反对称性的. 如 Ψ 是 (3) 式, 则此反对称的 Φ 系

$$\Phi_a(1, 2, \cdots, N) = \frac{1}{\sqrt{N!}} \begin{vmatrix} \phi_\alpha(1)\phi_\alpha(2)\cdots\phi_\alpha(N) \\ \phi_\beta(1)\phi_\beta(2)\phi_\beta(N) \\ \cdots\cdots \\ \phi_\nu(1)\phi_\nu(2)\phi_\nu(N) \end{vmatrix} \tag{20-8}$$

如将任意两个系 (如 1, 2) 互换, 则行列式 (8) 两竖行对调, 其值即变号也. Φ_a 之 a, 乃示 "反对称" 之意. $\dfrac{1}{\sqrt{N!}}$ 乃归一化常数.

上述之对称性, 与第 (2) 式的简化假设 (各系间无相互作用) 是无关的. 如 H 不能以 N 个独立的系一和表示, 则第 (3), (5) 式均不适用, 惟第 (6) 式则仍适用, 只是 $\Psi(1, 2, \cdots, N)$ 不能写为 N 个 $\phi(i)$ 的乘积而已. 在此情形下, Pauli 原则不能以 (8) 式示之, 而需代以下式

$$\Phi_a(1, 2, \cdots, N) = \frac{1}{\sqrt{N!}} \sum_P (-1)^P P \Psi(1, 2, \cdots, N) \tag{20-9}$$

$(-1)^P$ 代表一算符, 即如在 $P\Psi(1, 2, \cdots, N)$ 中各系 i, j 等的排列, 凡与 $\Psi(1, 2, 3, \cdots, N)$ 排列之差别为奇数的一对互换者, 乘上 $(-)$ 号, 凡与 $\Phi(1, 2, \cdots, N)$ 排列之差别

---

*Pauli 原则, 原系对原子 (或分子) 中的电子言, 不可能有两个或两个以上的电子, 具有完全相同的量子数. 在量子力学中, 上第 (2), (3), (4), (6) 各式中之 $i = 1, 2, \cdots, N$ 皆指电子; Pauli 原则, 等于要求

$$\Psi(1, 2, 3, \cdots, N) = -\Psi(2, 1, 3, \cdots, N) \tag{20-7}$$

为偶数一对互换者, 乘以 (+) 号. 此 (9) 式满足 $\Phi(1, 2, \cdots, N)$ 之反对称条件. 如 Ψ 可写成 (3) 式, 则 (9) 式即简化成 (8) 式.

在下文讨论统计的性质时, 重要者是上述的对称性质, 和第 (8) 式的特别简单性式, 是无关的.

在前述之 $N!$ 个线性独立组合 Φ_μ 中, 只有一个是反对称的如 (9) 式. 此外只有一个是对称的, 即谓 $\Phi_s(1, 2, \cdots, N)$ 中各系 $1, 2, \cdots, N$ 任何的互换, Φ_s 皆不变. 这个对称的函数, 相当于第 (8) 及第 (9) 式的表示式者, 显系

$$\Phi_s(1, 2, \cdots, N) = \frac{1}{\sqrt{N!}} \sum (+1)^P P \phi_\alpha(1) \phi_\beta(2) \cdots \phi_\nu(N) \tag{20-10}$$

$$\Phi_s(1, 2, \cdots, N) = \frac{1}{\sqrt{N!}} \sum (+1)^P P \Psi(1, 2, 3, \cdots, N) \tag{20-11}$$

$(+1)^P$ 乃谓在 $N!$ 项中, 无论 $1, 2, \cdots, N$ 如何互换安排, 其系数皆系 $+1$.

我们将见遵守 (9) 式 (反对称性态函数) 之集系, 其统计为 F-D 的; 遵守 (11) 式 (对称性态函数) 之集系, 其统计为 B-E 的. Dirac 氏 (1926~1927) 首详研讨对称性与统计的关系.

20.2　F-D 统计

第 17 章曾计算下述分布的几率: 有 N 个系 (原子或分子, 或其他粒子), 每系之能态为 $\epsilon_0, \epsilon_1, \epsilon_2, \cdots$, 其先机几率为 $g_0, g_1, g_2, \cdots$ (g_i 为能态 i 的简并度, 即谓态 i 有 g_i 个态函数 ϕ_i). 使 n_0 个系在态 ϵ_0; n_1 个系在态 $\epsilon_1, \cdots$ 等之分布几率为

$$W_{(n)} = \frac{N!}{\prod_i n_i!} \prod_i g_i^{n_i} \tag{20-12}$$

如各系的性质, 系属于遵守 Fermi-Dirac 统计的, 则上式之几率, 不复能应用了. 按上节所述的条件, 系集中不能有两个 (或两个以上) 系可有同一个 ϕ_α 的. 换言之,

$$\text{只当 } n_i = 0, 1 \text{ 时}, W = 1 \tag{20-13}$$
$$\text{如 } n_i = \text{任何其他数}, W = 0$$

(13) 式之 W, 兹替代了 (12) 式之 W.

我们现用第 17 章 (17-1)~(17-11) 各式的方法. 兹乃以 (13) 式之几率 W, 求 n_j 之平均值

$$\bar{n}_j = \frac{\sum_{(n)} n_j W}{\sum_{(n)} W} \tag{20-14}$$

此式之 $\sum\limits_{(n)}$ 和, 乃所有 $n_0, n_1, n_2, \cdots$ 满足下二条件的

$$\sum_{j=0} n_j = N = 常数 \tag{20-15}$$

$$\sum_{j=0} n_j \epsilon = E = 常数 \tag{20-16}$$

欲求 $\sum W$, 兹取下式 $Z(x, z)$(产生函数)

$$Z = (1 + xz^{\epsilon_0})(1 + xz^{\epsilon_1})(1 + xz^{\epsilon_2}) \cdots$$
$$= \prod_j (1 + xz^{\epsilon_j}) \tag{20-17}$$

此式可写为

$$Z = \sum \prod_j x^{n_j} z^{n_j \epsilon_j} \tag{20-18}$$

在此式中, 凡 n_j 不等于 0 或 1 者皆除外不计. 如引用 (13) 式中 W 的定义, 则此 (18) 式又可写作

$$Z = \sum \prod_j W x^{n_j} z^{n_j \epsilon_j} \tag{20-19}$$
$$= \sum W x^{\sum n_j} z^{\sum n_j \epsilon_j}$$

有了 W 的限制, 上式之和, 可写为

$$Z = \sum_{n_0, n_1, n_2} W x^{\sum n_j} z^{\sum n_j \epsilon_j} \tag{20-20}$$

此处之 $n_0, n_1, n_2, \cdots$ 无须再加限制而可有任意正整数. 第 (14) 式所需之 $\sum W$, 乃系 Z 式展开后 $x^N z^E$ 一项之系数. 第 (17) 式中的第一项, 相当于所有 $n_j = 0$, 其最末一项则所有 $n_j = 1$, 其中间各项, 则有些 $n_j = 0$, 有些 $n_j = 1$.

现用同第 17 章 (17-14,14a) 式之法, Z 展开后 $x^N z^E$ 项之系数乃 (视 Z 为 x, z 两个复变数的函数) 系

$$\sum_{(n)} W = \left(\frac{1}{2\pi i} \right)^2 \iint_{C_x \ C_z} \frac{Z \mathrm{d}x \mathrm{d}z}{x^{N+1} z^{E+1}} \tag{20-21}$$

C_x, C_z 乃在 x 面、z 面上之封闭径.

次求计算 (14) 式的 $\sum\limits_{(n)} n_j W$. 将 (19) 式对 ϵ_γ 作微分, 即得

$$\frac{1}{\ln z} \frac{\partial Z}{\partial \epsilon_j} = \sum_{n_0, n_1, \cdots} n_j \prod_j W x^{n_j} z^{n_j \epsilon_j} \tag{20-22}$$

$\sum\limits_{(n)} n_j W$ 乃上式右方 $x^N z^E$ 之系数, 故亦即系 $\dfrac{1}{\ln z}\dfrac{\partial Z}{\partial \epsilon_\gamma}$ 展开后之 $x^N z^E$ 项之系数.

故

$$\sum_{(n)} n_r W = \left(\frac{1}{2\pi i}\right)^2 \int\limits_{C_x} \int\limits_{C_z} \left(\frac{1}{\ln z}\frac{\partial Z}{\partial \epsilon_\gamma}\right)\frac{\mathrm{d}x}{x^{N+1}}\frac{\mathrm{d}z}{z^{E+1}} \tag{20-23}$$

由 (17) 式, 可写为

$$Z = \prod_j \left(1 + x\left(\mathrm{e}^{\ln z}\right)^{\epsilon_j}\right) \tag{20-24}$$

故

$$\frac{1}{\ln z}\frac{\partial Z}{\partial \epsilon_\gamma} = \frac{Zxz^{\epsilon_\gamma}}{1 + xz^{\epsilon_\gamma}} = Zx\frac{\partial}{\partial x}\ln(1 + xz^{\epsilon_\gamma}). \tag{20-25}$$

欲计算 (21) 及 (23) 两个积分, 我们用同第 17 章 (17-20) 式之马鞍点法. 先计算 (23) 之对 x 及 z 积分. 设在 x 之实数轴上之马鞍点为 $x = \xi$, 在 z 之实数轴之马鞍点为 $z = \zeta$, 由 (21) 及 (23)(25) 式, 即得

$$\bar{n}_r = \frac{\sum\limits_{(n)} n_r W}{\sum\limits_{(n)} W} = \frac{\xi\frac{\partial}{\partial \xi}\ln(1+\xi\zeta^{\epsilon_\gamma})\iint \frac{Z}{x^{N+1}}\frac{\mathrm{d}x\mathrm{d}z}{z^{E+1}}}{\iint \frac{Z}{x^{N+1}}\frac{\mathrm{d}x\mathrm{d}z}{z^{E+1}}} = \frac{\zeta^{\epsilon_\gamma}}{\frac{1}{\xi} + \zeta^{\epsilon_\gamma}} \tag{20-26}$$

如第 17 章 (17-35), 我们可鉴定

$$\zeta = \mathrm{e}^{-1/kT} \equiv \mathrm{e}^{-\beta}\ \ \beta = \frac{1}{kT} \tag{20-27}$$

故

$$\bar{n}_r = \frac{1}{\frac{1}{\xi}\mathrm{e}^{\beta\epsilon_\gamma} + 1} \tag{20-28}$$

在上理论中, ζ 及 ξ 乃两个参数 (由统计计算来的). 和温度之关系, 可由与第 17 章 (17-35) 式同法鉴定之, 结果为 (27) 式. 如写 ξ 成

$$\xi = \mathrm{e}^r \tag{20-29}$$

则 (28) 式成

$$\bar{n}_r = \frac{1}{\mathrm{e}^{-\gamma+\beta\epsilon_\gamma} + 1} \tag{20-30}$$

此乃 F-D 统计之分布函数也 (见第 19 章 (19-37) 式).

20.3   B-E 统计

第 1 节 (11) 式有一完全对称的态函数 (与系间的互换, 有对称性, 即态函数不变). 如一个系集有此特性, 任何一个能态 ϵ_α, 皆可以有任意数的系, 任何的系的分布, 其几率 W 皆等于 1,

$$W = 1, \quad n_i = 任意数 \tag{20-31}$$

兹仍系求 (14) 式平均值

$$\overline{n}_r = \frac{\sum n_r W}{\sum W} \tag{20-32}$$

附有条件如 (15), (16)

$$\sum n_j = N \tag{20-33}$$

$$\sum n_j \epsilon_j = E \tag{20-34}$$

现将 (17) 式改为

$$Z = (1 + xz^{\epsilon+} + x^2 \mathrm{e}^{2\epsilon_0} + \cdots)(1 + xz^{\epsilon_1} + x^2 \mathrm{e}^{2\epsilon_1} + \cdots)(\cdots)$$

$$= \prod_j \left(\sum_{n=0}^{\infty} x^n z^{n\epsilon_j} \right) \tag{20-35}$$

如 $|x|, |z|$ 皆小于 1(见下文), 则上式可写作

$$Z = \prod_j \frac{1}{1 - xz^{\epsilon_j}}, \tag{20-35a}$$

按前 (21)~(26) 式之计算, (25) 式现乃代以

$$\frac{1}{\ln z} \frac{\partial Z}{\partial \epsilon_\gamma} = \frac{Zxz^{\epsilon_\gamma}}{1 - xz^{\epsilon_\gamma}} = -Zx \frac{\partial}{\partial x} \ln(1 - xz^{\epsilon_\gamma}) \tag{20-36}$$

第 (32), (30) 式乃成

$$n_r = \frac{1}{\frac{1}{\xi} \mathrm{e}^{\beta\epsilon_\gamma} - 1} \tag{20-37}$$

$$n_r = \frac{1}{\mathrm{e}^{-\gamma + \beta\epsilon_\gamma} - 1} \tag{20-37a}$$

由 (18-37) 式, 即见此系 B-E 统计分布函数.

20.4 Boltzmann 统计

由第 18 章 (18-28) 式, 我们已用平均 n_r 值法获得 Boltzmann 统计分布. 兹不嫌重复, 再以上法导之.

相当于第 (12) 式, 我们现取下式之 Z 函数

$$Z = \sum_{n_0, n_1, \cdots} N! \frac{1}{\prod_i n_i!} \prod_i g_i^{n_j} x^{\sum n_j} z^{\sum n_j \epsilon_j} \tag{20-38}$$

$$= N! \sum_{n_0, n_1, \cdots} \prod_j \frac{1}{n_j!} g_j^{n_j} x^{n_j} z^{n_j \epsilon_j} \tag{20-38a}$$

此乘积 $\prod$ 之和 $\sum$, 可写为和之乘积如下

$$Z = N! \prod_j \sum_{n=0}^{\infty} \frac{1}{N!} g_j^n x^n z^{n\epsilon_j} \tag{20-38b}$$

$$= N! \prod_j \exp(g_j x z^{\epsilon_j}). \tag{20-38c}$$

为计算 $\sum n_r W$, 如 (22) 式, 得

$$\frac{1}{\ln z} \frac{\partial Z}{\partial \epsilon_r} = Z g_r x z^{\epsilon_r} \tag{20-39}$$

由 (26) 式, 即得

$$\bar{n}_r = \xi g_r \zeta^{\epsilon_r} \tag{20-40}$$

$$= \xi g_r e^{-\beta \epsilon_r}, \quad \beta = \frac{1}{kT}$$

此即 Boltzmann 分布函数也 (见 (17-28), (17-35) 式). 此处之 ξ 参数, 即系 (18-28) 式中之

$$\xi = \frac{N}{Z(\zeta)}, \quad \zeta = e^{-\beta} \tag{20-41}$$

上三种统计的应用, 见第 19 章, 兹不赘.

上文 (30) 及 (37a) 表之 F-D 及 B-E 统计分布公式, 与上章的 (19-37), 有表面上的不同处, 即 (30), (37a) 式之分子为 1 而 (19-7) 式的为 G_j 也. 本章的计算, 系假设每个系皆不是简并的, 即谓每一能 ϵ_j 只有一个态函数 (以第 (1), (2), (3) 的情形为例, 每一 ϵ_j, 只有一个 ϕ_i). 如系集中的系有简并性 (能态 ϵ_j 有一个以上, G_j 个的态函数), 则 (30), (37a) 将为 G_j 倍, 与 (19-37) 式相同矣.

第 21 章 微观的可逆性与巨观的不可逆性

21.1 导 言

本册所论的三部门物理学 —— 热力学, 气体运动论与统计力学 —— 皆系描述及讨论物质的性质的, 但它们的出发观点不同. 热力学的观点是所谓 "巨观" 的 (macroscopic): 它用以描述物质性质及观察现象的概念和变数, 是由人们处理日常所遇的 "巨量" 物质 (matter in bulk) 的经验而来的. 这些变数, 如温度, 压力, 体积, 函数如内能, 熵等, 都称为 "巨观", 这是因为它们与物质的分子观念无关. 整部古典热力学, 完全建立在几个经验性的定律上, 未用到分子的一个名词. 这几个定律, 是第零定律, 第一定律和第二定律. 古典热力学的范围是物质在平衡态的性质.

气体运动论的出发点, 是从物质的分子论观点, 描述和讨论巨量物质的性质. 这观点称为 "微观" 的 (microscopic) 分子的. 描述, 是古典力学的问题; 描述分子的变数, 是分子的坐标 q 和动量 p: 分子运动的定律, 是力学的运动方程式. 一克分子, 有 $N = 6 \times 10^{23}$ 个分子, 故有 $6N$ 个 q_i, p_i 变数. 气体运动论是企图用几率观念和方法, 由这微观的出发点, 获得一个对 "巨量" 的物质的巨观性质的描述 (或理论.) 它的范围, 平衡态之外, 可包括非平衡的现象.

统计力学, 是用几率观念及几率性的基本假定, 由微观的观念, 作巨观观念 (如热力学函数熵等) 及物质的巨观性质的描述及理论.

这三部门物理学, 所用的基本观点及观念、方法皆不同, 但它们是彼此关联, 互相补充的. (见第 16 章第 2 节之图, 表出热力学之熵 S, 气体运动论之 H 函数, 统计力学之几率 W, 三者间的关系). 如我们只考虑平衡态的问题, 则这三部门物理学, 大致已构成一很充足的理论.

惟当我们作更深入的研讨时, 便发现仍有极深邃的问题, 有待了解. 最基本的问题, 是如何由基于可逆性的力学之微观, 可以了解显系不可逆的许多巨观现象 (见第九章的热传导, 气体扩散等过程). 为清晰起见, 兹以气体为例, 述明问题的所在.

气体分子之运动方程式为

$$\dot{q}_k = \frac{\partial H}{\partial q_k}, \quad \dot{p}_k = -\frac{\partial H}{\partial q_k}, \quad k = 1, \cdots, 3N \tag{21-1}$$

这些方程式的形式, 不经时间变动 t 之逆转 $t \to -t$ 而改变, 故他们对时间的方向, 无何分别. 又按 Poincaré 之 Ergodic 定理 (见第 8 章第 3 节 (2)), 此系统之相点 $P(q_1, q_2, \cdots, q_N, p_1, p_2, \cdots, p_N)$, 如在 t_0 时为 P_0, 经一长时间后, 将回近 P_0 点.

故此系统, 有准周期性. 换言之, 按力学, 一个气体的动力学态 $P(q_1, \cdots, q_N, p_1, \cdots, p_N)$, 是完全由上方程式确定, 无趋近 "平衡态" 的性质的. 所谓热力平衡的观念, 是在力学范围之外的.

我们次看热传导过程. 热传导之方程

$$\frac{\partial T}{\partial t} = \frac{\kappa}{\rho c_v} \nabla^2 T \tag{21-2}$$

(见第 9 章 (9-12) 式), 经时 t 的逆转 $t \to -t$ 而变形式

$$-\frac{\partial T}{\partial t} = \frac{\kappa}{\rho c_v} \nabla_2 T$$

这个不可逆性, 表示热传导现象的基本特性, 即一个孤立系的温度分布, 永趋向一均匀分布之平衡态.

上述方程式 —— Fourier 定律 —— 之导出 (第 9 章), 并非由力学得来的. 即第 11 章 (11-58) 式, 亦然. 故问题乃系加何从微观的基本可逆性观点, 了瞭巨观现象之有时的箭向 (永趋向平衡态) 性质.

在第 1 章第 2 节, 我们曾提及热力学的第零定律 (此系指 Uhlenbeck 氏的观点). 此定律谓一个孤立系统, 终必达到热力平衡态. 这是基于经验的一个基本假定, 他的证明, 显系在热力学本身范围之外的. 如由力学出发, 求解释一个孤立气体何以 (及如何) 趋近平衡态, 正是上述的问题. 这个问题, 可称为 Boltzmann 问题, 是不浅显的问题. 下文将基于本册已引入的观念及理论, 作一研讨.

21.2　热力学第零定律

欲从微观观点了解巨观中的 "趋近平衡态", 我们仍以气体为例. 一个有 N 分子的气体, 其微观的描述系分子的 $q_k, p_k, k = 1, 2, \cdots, N$ 及其运动方程式 (1). 兹假设分子间无相互作用, 则此气体之动力态, 可以 N 个 (q_k, p_k) 点, 于 6 维 μ 相空间之分布表之.

兹设想此 μ 空间 (其总体积为 Ω) 划分为 ν 个小室, 每室之体积为 $\omega, \nu = \Omega/\omega \gg 1, \nu \ll N$. 此气体之 "态", 可作以下 "巨观" 的描述: 第 i 室中有 n_i 个分子. N 个分子在 ν 个室的分布, 乃 $n_1, n_2, n_3, \cdots$. 几率最大的 (most probable) 分布为

$$\bar{n}_i = \frac{Ng_i}{Z} \exp\left(-\beta U(r_i) - \frac{1}{2}\beta m v_c^2\right) \tag{21-3}$$

这个分布的几率 W, 远远大于任何稍异的分布

$$\bar{n}_i = n_i + \delta n_i \tag{21-4}$$

Boltzmann 氏作一基本假定, 以此几率最大的分布即系平衡态的分布. 上述的理论, 系从分子观点出发, 引入几率性的观念 (分布的观念), 与热力学的平衡态 (巨观的) 观念连接起来. 关于这些点, 已于第 16 章第三节详述之.

上述理论只系关于平衡态 (几率性) 的状态, 尚与趋向平衡态的过程无关. 关于此点, 我们引入 Γ 相空间, 以此空间的一相点 P 的运动 (按第 (1) 式运动方程式), 表气体分子的运动. N 分子在 μ 空间 ν 室的分布几率 W 系

$$W_{(n_i)} = \frac{N!}{\prod n_i!} \left(\frac{\omega}{\Omega}\right)^N \tag{21-5}$$

(见 (16-89) 式). 当 n_i 满足上 (3) 式时, $W_{(n_i)}$ 有极强的最高值. 这最大几率的分布 (按 Boltzmann, 即相当于平衡态的分布), 在 Γ 空间, 占其体积 Ω^N 之绝大部分,

$$W_{(\bar{n}_i)} \Omega^N = \frac{N!}{\prod \bar{n}_i!} \left(\frac{\omega}{\Omega}\right)^N \Omega^N$$

一个气体由任何的始态 (相点 P_0) 开始, 其相点 P 将永不断的在 Γ 空间运行, 按 Poincaré 的 Ergodic 定理, 将无限的接近 Γ 中任何一点. 在很长时间中, P 在 Γ 空间一体积 $\Delta\Omega$ 的时间 Δt, 与 $\Delta\Omega$ 体积成正比 (见 (16-88) 式). 按前述之 Boltzmann 理论, Γ 体积的绝大部分属于平衡态的分布, 故 P 点的绝大部时间是在平衡态中.

Γ 空间当然有 (无限的) 点 Q, 相当于 μ 空间极小几率的分布 (亦即非平衡态的分布). 当 P 的轨道接近任一 Q 点时, 则气体接近一非平衡态, 这相当于一个起伏; 起伏的大小, 则视 Q 点性质而定 (Q 点中有极端性的, 如相当于所有 N 分子皆在体积素 $\Delta x \Delta y \Delta z$ 中, 或其速度皆限在 x, y, z 坐标轴方向等. 用数学术语, 这些 Q 点的 measure 系零, 故可忽去不论).

按此观点, 一个气体, 从任何的始态, 皆趋入平衡态, 且一经进入平衡态, 则 (除有起伏外), 将继续停留于平衡态. (此理论, 已于第 16 章第 3, 4, 5 各节述之.) 按此, 我们已获得对热力学第零定律的几率性的了解. 我们在巨观观点说一个系统以不可逆的过程趋近平衡态, 是基于几率的观点, 而不是绝对性的, 不是微观的叙述.

21.3 巨观观点的几率性及不可逆性

由上节, 我们一经引入 "分布" 的观念, 便离开了微观的观点. 我们只考虑 ν 个室中的分子数 $n_1, n_2, \cdots, n_\nu$, 而放弃了对每个分子的坐标及动量的知识. 在第 15 章, 我们定义 "无规"(random) 过程, 乃系以几率分布 (probability distribution) 定义的过程. 我们在此将试更阐述由于巨观中引入 "分布" 观念, 故巨观必包含机率性.

兹仍以一个气体的微观描述 (Γ 相空间一点 P, 代表气体的一个动力态), 和巨观的描述 (μ 相空间的 $n_1, n_2, \cdots, n_\nu$ 分布) 为例. μ 空间一个分布 $(n_i) \equiv (n_1, n_2, \cdots,$

n_ν), 相当 Γ 空间极大数目的点 P. 每一 P 点, 属于一定的 (n_i) 态; 反之, 如仅知 (n_i) 态, 则未能知 P 点为很多点中的何点.

兹考虑气体动力态的变动. 分子按第 (1) 式方程式运动, 在微观之 Γ 空间, P 沿一完全决定的轨道运行. 设 P 在 $t=0$ 时为 P_0, 在 t 时为 P_t. 在 μ 空间, 其态为 (n_i). 及 $(n_i)_t$, 惟 $(n_i)_t$ 不复能以如第 (1) 式的定律计算得来. 由 μ 空间 ν 个室的观点, 我们只可讲 (n_i). 有变为各个分布 (n_i) 的几率.

兹引入巨观的变数, 如气体中某处 r 在时 t 的密度, 温度等

$$n = n(r,t) \tag{21-6}$$

$$T = T(r,t) \tag{21-7}$$

(见第 11 章, (11-2),(11-17, 18) 式). 由巨观的观点, n 及 T 都呈现起伏的现象的 (气体即在热力平衡态, 对光亦有散射现象, 这散射作用是来自密度的无规起伏的.) 这无规的起伏, 是不遵守决定性的 (deterministic) 定律, 只可作几率性的描述的.

总结上述: 微观的描述, 是遵守决定性的 (动力学), 对时间是可逆的定律的. 一引入了巨观的观点 (即引入了巨观的变数, 如前述的 μ 空间的 (n_i), 第 (6), (7) 式的 $n(r,t), T(r,t)$ 等), 便失掉了许多详细的知识, 失掉了决定性的定律, 而代以几率性的知识. 前第 1, 2 节曾指出, 微观的基本可逆性, 在巨观则成为几率性的不可逆性.

第 14 章第 2 节曾导出无规起伏与散逸 (dissipation) 关系的定理. 该定理的导出, 虽系对 Markov 过程的一特例 (Brownian 运动之 Langevin 方程式) 而作, 但可藉之得见无规起伏必引致散逸 (或耗散), 因之过程必有不可逆性. 该章第 3 节更由 Markov 过程的几率, 直接证明不可逆性为必然的结果.

21.4　由微观描述至巨观描述: 收缩法

由前数节, 我们已知由微观的描述进入巨观的描述, 首步是将数目极大的微观变数, (如分子之 $q_i, p_i, i = 1, 2, \cdots, N$) 代以远小数目的巨观变数 (如热力学的 p, V, T 等). 第 (1) 式的变数为 N 对 (三维的)q_i 和 p_i; 第 (2) 式的变数则系一个在三维空间的 $T(r,t)$ 函数而已. 第 (2) 式 Fourier 定律, 基础可以说是经验性的. 我们兹问: 如何的按第 2 节所述的精神, 可以由微观的理论, 获得如第 (2) 式的巨观定律.

我们仍以一个气体系统为例. 一个气体的 N 个分子, 遵守第 (1) 式的运动方程式. 这是纯粹的微观理由. 我们不可能的去追踪 $N \sim 10^{23}$ 个分子的运动. 我们引入几率的, 或统计的观念 —— 即系综的观念 (见第 12 章第 4 节 (12-7) 式) 及系综中各系统的分布函数. 此分布函数

$$\rho(q_1, \cdots, q_N, p_1, \cdots, p_N, t) \tag{21-8}$$

系 $6N$ 个 (微观) 变量的函数. 按纯粹动力学, 此函数满足 Liouville 方程式

$$\frac{\partial \rho}{\partial t} = (H, \rho) \tag{21-9}$$

(见 (16-72) 式). 这方程式 ($6N$ 维空间的函数 ρ) 之解, 需有始条件, 即需知在 $t = t_0$ 时, $\rho(q_1^0, \cdots, q_N^0, p_1^0, \cdots, p_N^0, t_0)$ 之值. 换言之, 这虽引入了几率的观念, 仍是 "微观" 的理论. 由此微观, 改至巨观的第一步, 乃第 12 章第 2 节之 B-B-G-K-Y 理论.

(A) 由 Liouville 方程式之描述至 Boltzmann 方程式之描述.

第 12 章已详述由 Liouville 方程式及 s 个分子的分布函数

$$F_s = F_s(q_1, \cdots, q_s, p_1, \cdots, p_s, t), s = 1, 2, \cdots N \tag{21-10}$$

可得 $F_1, F_2, F_3, \cdots$ 等函数的方程式系统 (见 (12-16, 18) 式). 这一方程式系统, 自然与 Liouville 方程式等效的, 但 F_1 和 $F_2, F_3, \cdots$ 的性质有基本的不同处, 有如第 12 章第 (12-18) 式下及第 11 章第 3 节 (3) 下的分析. Bogoliubov 指出一个气体本身即有三个不同的时间标 (或特征时间常数)[见 (11-66), (11-67) 式之 t_0, t_1, t_2]. 由于

$$t_0 \ll t_1 \ll t_2 \tag{21-11}$$

我们见 F_1 在时间上的变迁, 和 $F_2, F_3, \cdots$ 等的都不同. 有了这个基本性分别的认识, 便可进行求 (12-16, 18) 方程式系统之解. 解法之一, 系根据第 (11) 式的关系, 引入三个时标 (time scale) 和变数 τ_0, τ_1, τ_2,(见 (12-29), (12-30), (12-31) 各式). 并将 F_1 及 F_2 按参数 $\epsilon = t_0/t_1 = t_1/t_2$ 展开 [见 (12-32), (12-33), (12-34) 各式]. 如是即得 ϵ^0, ϵ^1 次的方程式

$$\frac{\partial F_1^{(0)}}{\partial \tau_0} + K_1 F_1^{(0)} = 0 \tag{21-12}$$

$$\frac{\partial F_1^{(0)}}{\partial \tau_1} + \frac{\partial F_1^{(1)}}{\partial \tau_0} + K_1 F_1^{(1)} = n_0 L_1(\boldsymbol{q}_1, \boldsymbol{p}_1; 2) F_2^{(0)}(\boldsymbol{q}_1, \boldsymbol{p}_1, \boldsymbol{q}_2, \boldsymbol{p}_2; \tau) \tag{21-13}$$

$$\frac{\partial F_2^{(0)}}{\partial \tau_0} + K_2 F_2^{(0)} = 0 \tag{21-14}$$

$$K_1 = \frac{1}{m} \boldsymbol{p}_1 \cdot \nabla_1$$

$$K_2 = \sum_{i=1}^{2} \left(\frac{1}{m} \boldsymbol{p}_i \cdot \nabla_i - \nabla_i V_{ij} \cdot \frac{\partial}{\partial \boldsymbol{p}_i} \right), \quad j \neq i = 1, 2 \tag{21-15}$$

$$L_1(\boldsymbol{p}_1, \boldsymbol{q}_1; 2) = \iint d\boldsymbol{q}_2 d\boldsymbol{p}_2 \nabla_1 V_{12} \cdot \frac{\partial}{\partial \boldsymbol{p}_1}$$

$$n_0 = \frac{N}{V} = 单位体积之分子数 \,(平均值)$$

第 (12), (13), (14) 式, 如用无因次之函数 F_1, F_2, 即系 (12-35, 36, 38) 式. 解 (12), (13), (14) 之步骤, 一如 (12-41)~(12-51). 如我们作 (12-44) 式之假定

$$G^{(0)}(q_1, p_1, q_2, p_2; \tau_0 = 0) = 0 \tag{21-16}$$

则获 Boltzmann 方程式 (见第 11 章 (11-1,1a) 式). 如不作 (16) 式假定, 而视两个分子 1, 2 的相关函数 $G^{(0)}$ 在 $\tau_0 = 0$(及任何时) 皆系一无规函数, 则于 Boltzmann 方程式外, 多获一项 $\tilde{C}$ 如下:

$$\left(\frac{\partial}{\partial t} + v_1 \cdot \frac{\partial}{\partial r_1}\right) F_1 = \left(\frac{\partial F_1}{\partial t}\right)_{\text{coll.}} + \tilde{C}(q_1, p_1; t) \tag{21-17}$$

$$\tilde{C}(q_1, p_1; t) = n_0 \iint d\boldsymbol{q}_2 d\boldsymbol{p}_2 \nabla_1 V_{12} \cdot \frac{\partial}{\partial \boldsymbol{p}_1} G^{(0)}(\boldsymbol{q}_1, \boldsymbol{p}_1, \boldsymbol{q}_2, \boldsymbol{p}_2; t) \tag{21-18}$$

如 $G^{(0)}$ 乃一无规起伏函数, 则 $\tilde{C}$ 亦系无规起伏项. 第 (17) 式称为有起伏之 Boltzmann 方程式. (上述结果, 见李述忠及作者于 International Jour. Theor. Phys. 7, 267(1973) 一文.)

　　第 (17) 式 (或使 $\tilde{C} = 0$ 所得之 (11-1, 1a)Boltzmann 方程式), 系在六维 (q, p) 相空间的函数 F_1 的方程式, 比 $6N$ 维 $(q_1, \cdots, q_N, p_1, \cdots, p_N)$ 相空间的函数 F_N(或 ρ) 的 Liouville 方程式, 简化多了. 这个简化, 谓为 "收缩"(contraction). 由微观之 $6N$ 个变数, "收缩" 为 6 个变数; 或谓由 $6N$ 维空间的描述 "收缩" 为 6 维空间的描述.

　　上述之 "收缩" 程序, 由于 (16) 式之始态条件, 使源自 Liouville 方程式的时间可逆性, 变为 Boltzmann 方程式的不可逆性. 关于此不可逆性的后果, 已于第八章详述之.

　　如不作第 (16) 式的始态条件, 而使

$$G^{(0)}(q_1, p_1, q_2, p_2; \tau_0 = 0) = 为 \ \tau_1 \ 之无规起伏函数 \tag{21-19}$$

则所得之广义 Boltzmann 方程式 (17), 按第十五章第 2 节的起伏–散逸定理, 该方程式 (17) 必有散逸 (耗散, dissipation). 此亦导致方程式之不可逆性. 换言之, 由可逆的微观描述 (Liouville 方程式), 经几率性假定 (19), 则收缩后的描述 (第 (17) 式), 必有不可逆性. 此点亟宜明辨之. Boltzmann 方程式 (见第 8 章) 之不可逆性, 原系来自撞碰积分 (见 (8-11) 式) 中的几率性假定. 现乃可知如不作该假定 (或第 (16) 始态假定), 亦将获一不可逆的描述.

(B) 由 Boltzmann 方程式之描述至巨观的流体动力方程式之描述

由微观至巨观的次一步, 乃作另一 "收缩", 由 Boltzmann 方程式之六维空间函数 $F(q,p,t)$, 收缩为三维空间函数

$$\text{密度 } n(\boldsymbol{r},t), \text{ 流速度 } \boldsymbol{u}(\boldsymbol{r},t), \text{ 温度 } T(\boldsymbol{r},t) \qquad (21\text{-}20)$$

的流体动力方程式 (见 (11-20), (11-21), (11-22) 式)$n, \boldsymbol{u}, T$ 的定义为 (11-2), (11-6) 及 (11-17, 18). 此阶段的方法, 系视 $F(q,p;t)$ 的对时变更, 为 F 对 $\boldsymbol{n}(\boldsymbol{r},t), \boldsymbol{u}(\boldsymbol{r},t), T(\boldsymbol{r},t)$ 的函数

$$F(\boldsymbol{r},\boldsymbol{p}|n(\boldsymbol{r},t),\boldsymbol{u}(\boldsymbol{r},t),T(\boldsymbol{r},t)) \qquad (21\text{-}21)$$

由 Boltzmann 方程式 (11-1, 1a)(亦即第 (17) 式中使 $\tilde{C}=0$), 即可得 (11-20a, 21a, 22a) 三个流体动力方程式. Chapman 与 Enskog 解 Boltzmann 方程式的方法, 系将 F 按一参数 ξ 展开 (见 (11-30), 或 (11-30a) 式),

$$F = F_{(0)}\left[1+\xi\phi+\xi^2\psi+\cdots\right]$$

每阶次之 $\phi, \psi, \cdots$ 皆如 (21) 式, 视为 $n, \boldsymbol{u}, T$ 之函数, 由各流体动力方程式之解求之. 此数方程式, 乃成 (11-62), (11-63a) 及 (11-64a) 式. 这些方程式, 有导热系数 κ 及黏性系数 μ 出现, 成不可逆的方程式. 总结 Chapman-Enskog 的理论, 由 Boltzmann 方程式之 $F(q,p;t)$ 描述, 可得巨观变数 $n(\boldsymbol{r},t), \boldsymbol{u}(\boldsymbol{r},t), T(\boldsymbol{r},t)$ 的描述, 且其方程式系不可逆的, 正适合巨观的不可逆的趋近平衡态的现象的描述.

如采第 (17) 式的广义 Boltzmann 方程式, 则无规起伏项 $\tilde{C}$, 将导致亦有无规起伏项之流体动力方程式. 按第 15 章第 2 节之起伏–散逸定理, 这些起伏亦将引致不可逆性.

第 (20) 式的 $n, \boldsymbol{u}, T$ 巨观函数, 将 Boltzmann 方程式 "收缩" 至流体动力方程式. 此理论包含了巨观的定律加 Fourier 定律 (2) 及牛顿的定律 (见 (11-58) 及 (11-57) 二式.)

索　引